U0295846

国家出版基金项目
NATIONAL PUBLICATION FOUNDATION

钢锭和锻件
超声波探伤缺陷彩色图谱

陈昌华　著

范　弘　主审

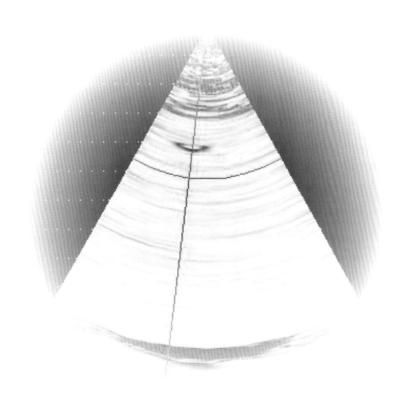

合肥工业大学出版社

图书在版编目(CIP)数据

钢锭和锻件超声波探伤缺陷彩色图谱/陈昌华著.—合肥：合肥工业大学出版社，2021.5
ISBN 978－7－5650－5097－8

Ⅰ.①钢… Ⅱ.①陈… Ⅲ.①钢锭—缺陷检测—超声检验—图集②锻件—缺陷检测—超声检验—图集 Ⅳ.①TF771.2-64②TG316.1-64

中国版本图书馆CIP数据核字（2021）第079424号

钢锭和锻件超声波探伤缺陷彩色图谱

陈昌华 著   策 划 汤礼广 马成勋   责任编辑 马成勋 刘 露 袁 媛 张惠萍

出 版	合肥工业大学出版社	版 次	2021年5月第1版
地 址	合肥市屯溪路193号	印 次	2021年5月第1次印刷
邮 编	230009	开 本	889毫米×1194毫米　1/16
电 话	理工编辑部：0551－62903018	印 张	29
	市场营销部：0551－62903198	字 数	850千字
网 址	www.hfutpress.com.cn	印 刷	安徽联众印刷有限公司
E-mail	hfutpress@163.com	发 行	全国新华书店

ISBN 978－7－5650－5097－8   定价：245.00元

王明章　马鞍山钢铁股份有限公司特钢公司

徐文龙　马鞍山市星新机械材料有限公司

吴　连　马鞍山市星新机械材料有限公司

周　月　马鞍山市星新机械材料有限公司

钱德桥　马鞍山中桥金属材料有限公司

钱德武　马鞍山中桥金属材料有限公司

陈仕春　马鞍山市晓春模具材料有限公司

徐良昆　马鞍山市晓春模具材料有限公司

焦敬品　北京工业大学

许培杰　广东汕头超声电子股份有限公司超声仪器分公司

高宇豪　广东汕头超声电子股份有限公司超声仪器分公司

詹红庆　广东汕头超声电子股份有限公司超声仪器分公司

杨贵德　广东汕头超声电子股份有限公司超声仪器分公司

尹述港　卡麦隆（上海）机械有限公司

Brandon Phay Y H　卡麦隆（上海）机械有限公司

曹军利　福默诗贸易（上海）有限公司

姚　良　苏州迈拓金属检测服务有限公司

刘　丽　苏州迈拓金属检测服务有限公司

徐大岭　苏州迈拓金属检测服务有限公司

陈　尧　安徽省众望科希盟科技有限公司

　　锻造生产是提供机械零部件毛坯的主要加工方法之一。锻造不仅可以得到机械零部件的形状，更能改善金属内部组织，提高金属的机械性能和物理性能。如今在机械制造业中，几乎所有受力大、要求高的重要零部件，都需要采用锻造方法生产制造。从某种意义上讲，一个国家的锻件年产量、模锻件在锻件总产量中所占比例以及大型锻造设备拥有量等指标，在一定程度上反映了其工业化水平的高低。

　　锻件的主要生产工艺过程包括炼钢、锻造和热处理，锻件生产中的每一道工序都对锻件的质量产生重要影响。只有在锻件生产的各个环节中采取严格、有效的监控措施，才能生产出高质量的锻件产品。这就要求不仅在锻件的锻造工序后进行质量检验，还要从锻件的原料（如连铸坯、模铸锭和电渣锭等）的质量控制入手，只有确保原材料质量，才能保证锻造质量。

　　超声波检测是发现原材料和锻件中缺陷、保证锻造质量的有效手段。然而，长期以来在锻造行业中关于原材料超声波探伤和锻件超声波探伤的专著很少，针对整个锻件生产过程质量控制的有关超声波探伤的书籍几乎是空白，这不得不说是一种缺憾。陈昌华同志在总结多年钢锭和锻件超声波探伤经验基础上撰写的《钢锭和锻件超声波探伤缺陷彩色图谱》一书，弥补了这一缺憾。该书收集和整理了大量超声波探伤缺陷图谱，并与低倍、金相和扫描电子显微镜等手段获得的检验图谱相结合，对锻件缺陷进行了全方位描述，还结合锻件失效分析，对缺陷的形成、发展、危害进行了详细介绍，对锻件生产过程质量控制来说，应用这种综合分析方法可以说是一次创新性探索，因此本书具有广泛的借鉴意义和参考价值。

　　我很高兴将本书推荐给从事锻件超声波检测、金属原材料超声波检测或相关工作的同行或工程技术人员，相信它一定会给这些人员的工作带来很大的帮助和启发。

中国金属学会无损检测分会

副主任

二〇二一年三月十日

锻件在航空航天、造船、兵器、石油化工、汽车、采矿和核电等领域起着举足轻重的作用，而且其使用范围广、需求量大。锻件的质量直接影响重大装备的运行水平及可靠性和安全性，因此，人们对锻件的质量越来越重视。

锻件生产的各个环节，如炼钢、钢锭浇注、锻造、热处理等均可能使锻件产生缺陷，因此在每道生产工序中均要对锻件进行检测，只有及时发现缺陷，并采取适当应对措施，才能避免缺陷的扩大。

在锻件生产中通常采用无损检测技术对锻件进行质量检验，无损检测技术的运用在一定程度上反映了一个国家的工业发展水平。超声波检测与其他常规无损检测技术相比，具有检测对象广泛、检测深度大、缺陷定位准、灵敏度高、速度快、对人体无危害以及现场使用方便等特点。超声波检测与宏观检验、金相检验、扫描电子显微镜检验等检测技术相结合，形成一套科学的检测方法，可极大地减少和避免缺陷的产生，并可对已经产生的缺陷进行原因分析，能及时地对生产过程进行反馈，从而优化生产工艺。常规的五大无损检测技术分别是超声波检测（UT）、磁粉检测（MT）、射线检测（RT）、渗透检测（PT）、涡流检测（ET），经过多年的发展，其中超声波检测已成为国内外应用最广泛、使用频率最高、发展速度最快的一种无损检测技术。

为了让从事炼钢、锻造和热处理工作的人员及锻件检测者熟悉锻件的生产过程，了解锻件产生缺陷的原因，优化生产工艺，作者总结自己多年来从事钢锭和锻件质量检测工作的经验，同时参阅国内外相关行业众多的生产检测案例，特撰写此书。

本书共分八章，介绍的主要内容有超声波检测技术及其应用、钢锭缺陷及其探伤分析案例、锻件缺陷及其探伤分析案例、热处理缺陷及其探伤分析案例、探伤缺陷的宏观检验及其分析案例、探伤缺陷的金相检验及其分析案例、探伤缺陷的扫描电子显微镜检验及其分析案例、锻件探伤典型缺陷失效分析案例等。本书的特色主要体现在以下几个方面：

一是阐述了各种超声波检测技术的发展历史及其应用，并大量列举将超声波C扫描技术、相控阵技术和超声波显微镜技术应用到锻件实际生产中的案例。

二是通过对连铸坯、模铸锭、电渣锭进行超声波探伤试验的大量研究，验证和总结出了钢锭质量与其碳当量的对应关系。利用这一关系可快速预判钢锭质量，可及时为炼钢及浇注的生产过程提供质量反馈。同时，本书还引入钢锭质量等级的探伤分级概念，这对三种钢锭的生产及后续锻造过程可起到指导作用。

三是通过大量的案例，将锻件缺陷性质与其探伤波形或图形特征进行对比研究，总结出了反映锻件内部缺陷的A型超声波扫描特征图谱、C型超声波扫描特征图谱、相控阵特征图谱、截面图图谱等图谱。利用这些图谱，不仅可对锻件缺陷进行定性判断，还可进一步研究缺陷的形成原因，从而可对锻造原材料生产方式进行正确选择、对锻造比等锻造参数进行及时改进或优化，消除了万能锻造工艺卡。

四是通过将超声波探伤结果与宏观检验、金相检验、扫描电子显微镜检验对缺陷的检验结果进行对比与分析，验证超声波探伤结果的正确性，同时罗列出缺陷的超声波探伤结果与低倍检验、金相检验、扫描电子显微镜检验结果的对应图谱，突出超声波探伤缺陷图谱在缺陷定性方面的重要作用。

五是利用超声波探伤结果对大量锻件缺陷进行失效分析，深入研究了锻件缺陷产生的原因。用失效分析的理念对超声波探伤缺陷进行剖析，可达到有目的地促进超声波探伤技术人员提高检测水平的作用。

六是通过数值计算得到了超声波在具有人工反射体的金属工件中传播的声场图片，将仿真结果与日常检测对比，证明了基于ABAQUS有限元软件模拟超声波传播和反射过程的可行性；同时还采用ProCAST仿真了钢锭凝固温度的数值场，采用Deform仿真了锻造成形的数值场，希望通过数值模拟不断提高冶金工艺水平，最大限度地减少冶金缺陷，以提高钢锭和锻件的产品质量。

作者在撰写本书过程中曾获得很多单位及其个人的支持与帮助，如：安徽工业大学的研究生陈尧，南京迪威尔高端制造股份有限公司的陈新华、陈海山、陈庆勇、董政、龚洋道、哈曜、胡家豪、胡娟、孔德贵、刘晓磊、闵明、栗玉杰、宋雷钧、史朝刚、施虹屹、石向圈、徐加银、徐正茂、汪海潮、王鹏飞、汪洋、张利，张洪、张思瑞、张大伟，马鞍山钢铁股份有限公司技术中心的陈联满、陈能进、李蓓、浦红、汤志贵、杨丽珠、赵志海、祝宝芹，马鞍山市华信锻造有限公司的杨磊，马鞍山中兴锻造有限公司的钱德兴，三鑫重工机械有限公司的缪志刚，等等，在此，对他们的付出表示深深的感谢。另外，作者还参考和引用了一些有关著作和文献中的部分内容，在此谨向这些著作和文献的作者表示真诚的谢意。

本书试验所用的标准试块、对比试块（东岳牌），均由山东瑞祥模具有限公司（山东济宁模具厂）的魏忠瑞提供；所用的超声波检测仪器，均由上海汕超仪器设备有限公司顾雪松提供；所用的超声波探头，均由常州超声电子有限公司潘振新提供。在此也对上述企业及个人表示感谢。

由于经验和水平有限，加之时间仓促，本书中的错误和不妥之处在所难免，希望有关专家、同行和广大读者批评指正。

作者　陈昌华

二〇二一年二月二十五日

目录

第 一 章
超声波检测技术及其应用

1.1 超声波检测技术简介

无损检测是指在不破坏和不损伤受检物体的前提下，对物体有无缺陷进行检测的一种技术，其中超声波检测是常用的无损检测技术之一。超声波是指频率大于 20kHz，并且能在连续介质中传播的机械波。超声波无损检测技术始于 20 世纪 30 年代。1929 年苏联的物理学家萨哈诺夫最早提出利用穿透法检查固体内部结构和缺陷的方法，并于 1936 年完成了利用连续波穿透法探伤的实验室研究。第二次世界大战期间，以声脉冲反射为基础的声纳设备在法国问世，并成功地用于对水下潜艇检测。在声纳技术的基础上，美、英两国分别于 1944 年和 1964 年成功研制出脉冲反射式超声波探伤仪，并逐步应用于锻件和厚钢板的检测。到 20 世纪 60 年代，超声检测技术已经成为无损检测有效和可靠的手段，并在工业探伤领域得到了广泛应用。20 世纪 70 年代，随着计算机技术的发展及介入，人们不仅提高了超声波检测设备的抗干扰能力，而且还利用计算机的运算功能，实现了对缺陷信号的自动读数、自动识别、自动补偿、自动定量和自动报警。20 世纪 80 年代，大规模集成电路和微机技术的快速发展带动了数字化超声波探伤技术的发展，使获得的检测数据更加形象具体。

超声波探伤是国内外应用最广泛、使用频率最高且发展较快的一种无损检测技术。超声波检测技术与其他常规检测技术相比，它具有被测对象范围广、检测深度大、缺陷定位准确、检测灵敏度高、成本低、使用方便、速度快、对人体无害以及便于现场检测等优点。几十年来，超声波无损检测几乎应用于所有的工业行业，如作为基础工业的钢铁工业、机器制造工业、石油化工工业、铁路运输工业、船舶工业、航空航天工业以及高速发展中的新技术产业如集成电路工业、核电工业等。目前超声波检测技术已大量应用于金属材料和构件的检测，包括产品生产的质量在线监控和设备在役检查，其检测技术水平日益提高，应用频度和领域也日益增多。

由于数字超声波检测技术和运动扫描技术的结合可以检测到工件内部结构的二维信号和三维数据，并可以实现工件层析图的三维重构，因此超声波检测技术在工业无损检测应用领域具有极大的实用价值和研究意义。随着软件、硬件技术的快速发展以及工业自动化程度的不断提高，超声波自动化检测技术可应用于生产的各个环节，并可实现在线自动检测。近年来，人工智能技术、人工神经网络技术、机器人技术、自适应技术等技术的逐渐成熟，推动了超声波检测技术的进一步发展。使得超声波检测技术具有更广阔的发展前景。

1.2 A 型超声波探伤扫描技术及其应用

1.2.1 概述

A 型超声波探伤技术因其探伤时的回波显示采用幅度调制（Amplitude Modulation）而得名。A 型超声波探伤仪是目前工业超声检测领域中应用较广泛的设备，它结构简单、体积小、重量轻、操作简便，特别适用于现场检测。它具有缺陷定位精度高、能确定缺陷当量尺寸、灵敏度高以及只需手工操作工件、适用于各种工件检测等优点。

用 A 型超声波探伤仪进行检测时，由回波所在的位置可测得工件的厚度、缺陷在工件中的深度以及缺陷的当量大小；根据回波的其他一些特征，如波幅和波形密度等，还可以在一定程度上对缺陷进行定性分析。然而由于其综合了声学、材料、传感器等多方面的知识，因此对操作人员的素质和经验提出的要求比较高。

1.2.2 工作原理

（1）模拟式 A 型脉冲反射超声波探伤仪

模拟式 A 型脉冲反射超声波探伤仪主要由同步电路、发射电路、扫描电路、接收放大电路、显示电路、辅助电路以及电源七大部分组成，其电路示意图见图 1-1 所示。

① 同步电路

同步电路又称触发电路，它每秒钟产生数十至数千个脉冲，用来触发探伤仪的扫描电路、发射电路等，使之步调一致，有条不紊地工作。因此，同步电路是整个仪器的中枢，同步电路出了故障，整个仪器便无法工作。

② 发射电路

在同步脉冲信号的触发下，发射电路产生大幅度的高频电脉冲输送给超声波探头，激励探头发出具有相同中心频率的脉冲超声波入射到被测工件中去。发射脉冲的幅度（脉冲电压）大小和持续时间

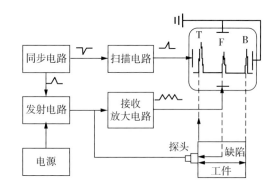

图 1-1 模拟式 A 型脉冲反射超声波探伤仪电路示意图

（脉冲宽度）决定着发射功率的大小。目前商品化超声波探伤仪的发射脉冲幅度为 300~500V，有些大功率的超声波探伤仪器发射脉冲幅度高达 900V。在实际超声波检测中，可以根据具体需要调整仪器发射功率的大小。

③ 扫描电路

扫描电路又称时基电路，用来产生锯齿波电压，其电压与时间成正比，并加在示波管水平偏转板上，使示波管显示屏上的光点沿水平方向做等速移动，产生一条水平扫描时基线。扫描电路中锯齿波电压直接影响水平线性，即影响定位的准确性。

④ 接收放大电路

接收电路由衰减器、射频放大器、检波器和视频放大器等组成。它对由缺陷回波引起的压电晶片产生射频电压的电信号进行放大、检波，最后加至示波管的垂直偏转板上，并在显示屏上显示。由于接收的电信号非常微弱，通常只有数百微伏到数千微伏，而示波管全调制所需电压为几百伏，所以接收电路必须有约 10^5 倍（100dB）的放大能力。接收放大电路的性能对探伤仪性能影响极大，它直接影响探伤仪的垂直线性、动态范围、检测灵敏度、分辨力等重要技术指标。

⑤ 显示电路

显示电路主要由示波管及外围电路组成。其中，显示屏上纵坐标所显示脉冲波的高度与探头所接收的超声波能量成比例。缺陷波的高度与缺陷的大小、性质、位置有关。通过缺陷波在显示屏上横坐标的位置，可以对缺陷定位；通过缺陷波在显示屏上纵坐标的高度，可以估计缺陷的大小。

⑥ 电源

电源的作用是给探伤仪各部分电路提供适当的电能，使整机电路工作。标准探伤仪一般用 220V 交流电，探伤仪内部有供各部分电路使用的变压、整流及稳压电路。携带式探伤仪多用蓄电池供电。

⑦ 辅助电路

除上述基本电路之外，探伤仪还有各种辅助电路，如延迟电路、闸门电路、报警电路等。

参照图1-1，现将模拟式A型脉冲反射超声波探伤仪的工作过程简要说明如下：

同步电路产生的触发脉冲同时加至扫描电路和发射电路，扫描电路受触发开始工作，产生锯齿波扫描电压，加至示波管水平偏转板，使电子束发生水平偏转，在显示屏上产生一条水平扫描线。与此同时，发射电路被触发，产生调频窄脉冲，加至探头，激励压电晶片振动，在工件中产生超声波。超声波在工件中传播，遇缺陷或触到底面便发生反射，当它返回探头时，又被压电晶片转变为电信号，经接收电路放大和检波，加至示波管垂直偏转板上，使电子束发生垂直偏转，在水平扫描相应位置上产生缺陷波和底波，根据缺陷波的位置可以确定缺陷的埋藏深度，根据缺陷波的幅度可以估算缺陷当量的大小。

（2）数字式A型脉冲反射超声波探伤仪

① 一般工作原理

所谓数字式超声波探伤仪主要是指发射、接收电路的参数控制和接受信号的处理、显示均采用数字化方式的仪器。数字式超声波探伤仪是计算机技术和超声波探伤仪制作技术相结合的产物。它在传统的超声波探伤仪的基础上，采用计算机技术实现仪器功能的精确和自动控制、信号获取与处理的数字化和自动化，以及实现检测结果的可记录性和可再现性。因此，它具有传统超声波探伤仪的基本功能，同时又增加了数字化带来的数据测量、显示、存储与输出功能。近年来，数字式超声波探伤仪发展很快，已基本替代模拟式仪器。

② 数字式仪器与模拟式仪器的异同

图1-2是典型数字式A型脉冲反射超声波探伤仪的电路图。数字式仪器与模拟式仪器的发射电路、接收放大电路的前半部分相同，但信号经放大到一定程度后，数字式仪器由模/数转换器将模拟信号变为数字信号，然后由微处理器进行处理，在

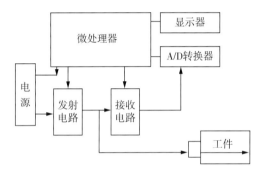

图1-2　典型数字式A型脉冲反射
超声波探伤仪的电路图

显示屏上显示出来。数字式仪器的显示是二维点阵式的，不同于模拟式仪器由单行扫描线经幅度调节显示波形，数字式仪器的显示是由微处理器通过程序来控制显示器实现逐行逐点扫描。数字式仪器不再需要同步电路，而是由微处理器通过程序来协调各部分的工作。

1.2.3　仪器及缺陷举例

（1）仪器

图1-3所示为模拟式A型超声波探伤仪，图1-4所示为数字式A型超声波探伤仪。

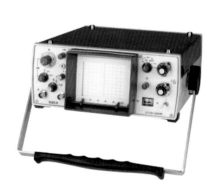

图1-3　模拟式A型超声波探伤仪

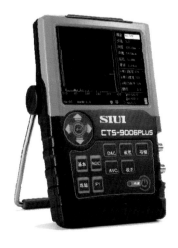

图1-4　数字式A型超声波探伤仪

（2）缺陷波形

典型 A 型超声波探伤缺陷波形如图 1-5 所示。

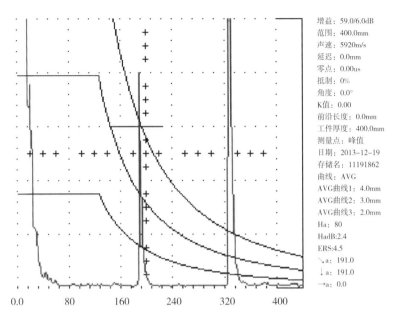

增益：59.0/6.0dB
范围：400.0mm
声速：5920m/s
延迟：0.0mm
零点：0.00us
抵制：0%
角度：0.0°
K值：0.00
前沿长度：0.0mm
工件厚度：400.0mm
测量点：峰值
日期：2013-12-19
存储名：11191862
曲线：AVG
AVG曲线1：4.0mm
AVG曲线2：3.0mm
AVG曲线3：2.0mm
Ha：80
HadB:2.4
ERS:4.5
↘a：191.0
↓a：191.0
→a：0.0

图 1-5 典型 A 型超声波探伤缺陷波形

1.2.4 应用案例

（1）工件概况

圆棒锻件材料为 AISI 4140，冶炼方式为 EBT＋LF＋VD，热处理状态为 N、Q&T，其中，N 为正火（Normalization），Q 为淬火（Quench），T 为回火（Temper）。圆棒锻件尺寸如图 1-6 所示。

（2）A 型超声波检测

从外圆径向对圆棒进行 A 型超声波检测，发现工件内部有断续性缺陷显示，缺陷位于工件的中心区域，区域范围 50mm 左右。超声波探伤波形如图 1-7 所示。

图 1-6 圆棒锻件尺寸

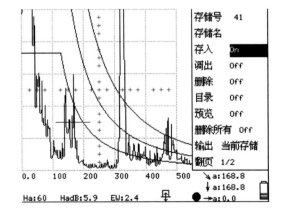

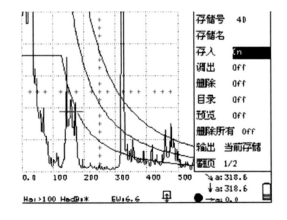

图 1-7 超声波探伤波形

（3）相控阵超声波检测

采用相控阵检测仪对圆棒锻件进行检测，采用 1×32 阵子相控阵探头做圆断面全覆盖扫描。360°扫查后由仪器自动作出的圆棒锻件截面图如图 1-8 所示。由图可知锻件内部存在圆环状缺陷，疑似为偏析状的缺陷。

（4）低倍检验

对圆棒锻件进行取样解剖分析。低倍试样经 1∶1 工业盐酸水溶液热浸蚀，低倍酸洗面未见疏松、孔洞和裂纹等冶金宏观缺陷，按 ASTM E381 标准评级，表面条件为 S-1，随机情况为 R-3，中心分离物为 C-2，存在锭型偏析，位于距外表面 50mm 左右的同心圆上，工件边缘无低倍缺陷。低倍检验结果如图 1-9 所示。

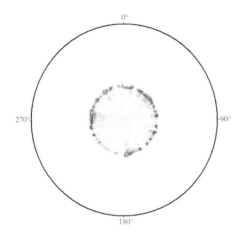

图 1-8　圆棒锻件截面图

图 1-9　低倍检验结果

（5）结论

由超声波检测反映圆棒锻件存在缺陷，经低倍检验验证，可知该工件确实存在偏析的冶金缺陷。

1.2.5　A 型超声波探伤的优点、缺点及发展前景

（1）A 型超声波探伤的优点、缺点

A 型超声波探伤常用的检测物理量只有 3 个：弹性脉冲的传播时间，即声时；回波或透射波的能量，即当量；机械振荡通过某段距离后的衰减程度，即相对值。而对埋藏在工件内部的缺陷大小、形状、深度、倾斜角、表面粗糙度、内部填充物、一个大缺陷还是数个小缺陷的紧密组合等因素是无法知道的。此外，其检测存在一定盲区，尤其是对近表面的缺陷和薄壁工件不起作用。

另外，A 型超声波探伤的检测结果与检测人员的专业知识、技术水平、工作经验等有关，存在较大的主观性，只有经验丰富的探伤人员才能根据材料的特性和回波的特征较为准确地判断出缺陷的类型。因此，A 型超声波探伤存在着局限性，探伤可靠性不高，在检测中最好能结合其他检测方法加以判断。

为了获得工件内部的解剖图像，继 A 型超声波探伤仪后，B 型、C 型、D 型、3D 型、TOFD 和相控阵数字超声波探伤仪先后问世。由于它们有一个共同特点就是实现了对工件的断层显示，因此通常将这一类型仪器称为超声波断层扫描探伤仪。

（2）A 型超声波探伤的发展前景

超声波探伤的前景之一就是开发超声波探伤缺陷数据库管理系统。例如，在探伤管理系统中突显云技术的应用，利用云存储、云处理、云管理功能，实现超声探伤技术和云服务的完美结合（如图 1-10 所示）。探伤管理系统的工作流程如下：

① 用超声探伤仪进行现场探伤。

② 将探伤数据通过 U 盘、内外网络、无线方式等传送至云服务器。

③ 探伤人员通过云服务对数据进行整理，整理内容包括仪器状态信息、探伤缺陷波形和工件相关信息等。

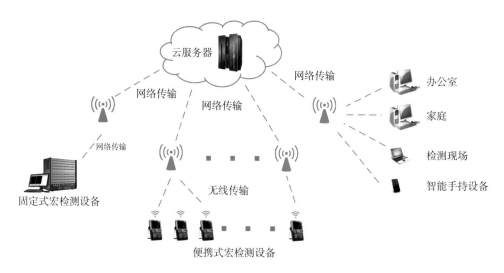

图 1-10　超声波探伤管理系统

④ 对超声波探伤数据进行分析，找出缺陷性质以及产生的内在原因，结合工艺对原材料、锻造和热处理生产提出反馈意见。

⑤ 自动生成超声波探伤数据报告。

通过基于云服务器端的超声波探伤缺陷数据库管理系统（如图 1-11 所示），可以达到如下目标：

① 通过记录，对所有探伤人员探伤过程中的仪器设置、采用的标准、探伤结果等数据进行保存、处理、统计、汇总、分析、总结，最大限度地获取准确的探伤结论。

② 通过收集所有探伤缺陷数据，对疑难点采用多种检测方法（包括解剖试验）进行比对验证，使探伤人员提高波形识别能力，提高判断缺陷大小、缺陷性质以及缺陷形态的能力。

③ 通过对大量的探伤数据和波形的分析，对探伤发现的缺陷进行分类研究，找出缺陷产生的生产环节，进而消除导致缺陷产生的因素，以达到提高产品质量的目的。

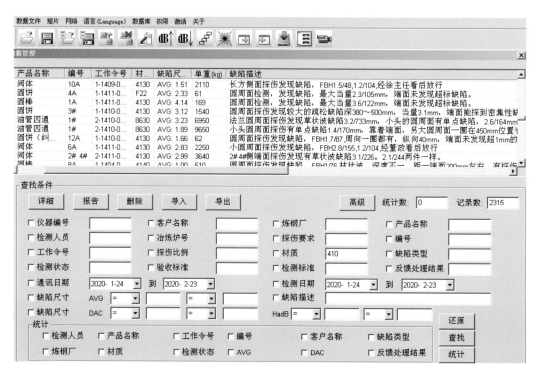

图 1-11　超声波探伤缺陷数据库管理系统

1.3　B型超声波探伤扫描技术及其应用

1.3.1　概述

B型超声波探伤技术，因其成像方式采用辉度调制（Brightness Modulation）而得名，其显示的图像是工件的二维超声波断层图（或称剖面图），B型超声波扫描示意图如图1-12所示。

B型超声波探伤时采用辉度调制方式显示深度方向所有界面的反射回波，但探头发射的超声波声束在水平方向上却是以快速电子扫描的方法（相当于快速等间隔改变A型超声波探头在工件上的位置），逐次获得不同位置的深度方向所有界面的反射回波。当一帧扫描完成，便可得到一幅由超声波声束扫描方向决定的垂直平面二维超声波断层图像，这个图像称为线扫断层图像，如图1-13所示。

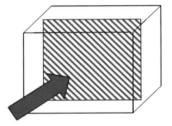

图1-12　B型超声波扫描示意图

图1-13　线扫断层图像

也可以通过改变探头的角度（机械或者电子的方法），使超声波束指向方位快速变化，使每隔一定的小角度，被探测方向不同深度所有界面的反射回波都以亮点（或颜色）的形式显示在对应的扫描线上，从而形成一幅由探头摆动方向决定的垂直扇面二维超声波断层图像，这个图像称为扇扫断层图像，如图1-14所示。

1.3.2　工作原理

（1）模拟式B型超声波探伤仪

模拟式B型超声波探伤仪可以显示工件内部缺陷的横断面形状。图1-15为模拟式B型超声波探伤仪工作原理图。

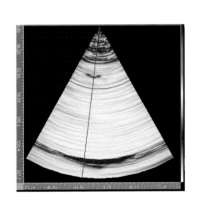

图1-14　扇扫断层图像

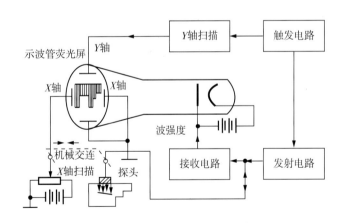

图1-15　模拟式B型超声波探伤仪工作原理图

模拟式B型超声波探伤仪将Y轴扫描电路产生的锯齿波电压加在示波管的垂直偏转板上，使扫描线在荧光屏的垂直方向（纵坐标）扫描，超声波的发射与扫描是同时的（每发射一次即扫描一次）。示波管水平偏转板上加有直流电压，由于有机械连动装置，探头在工件表面水平移动时，水平偏转板上的电压随之改变，这样就使扫描线在荧光屏上也随之做水平移动（沿横坐标移动）。由于探头移动的速度低于扫描速度，因此探头在工件表面某点停留的瞬间，扫描线已在荧光屏相应的横坐标上向垂直方向重复扫描多次了（亦即超声波发射多次）。

探伤仪在通常状态（无反射波）时，调节"辉度"旋钮，使荧光屏上的扫描线看不出或隐约可见（使示波管不发射电子或电子密度小时）。当超声波在缺陷或工件底部反射回来，并经放大器放大后，加到示波管的阴极（反射波为负时）或栅极（反射波为正时），使示波管发射电子（或电子密度增大）并在荧光屏上显示亮点。这样，当探头移动时，缺陷或工件底部的反射波使荧光屏在相应的位置发亮，工件内部的横断面缺陷就显示出来了。

探头沿工件的移动与示波管扫描线的水平移动是同步的，因此探头移动的速度不能太快。为使显示的图像在荧光屏上保留，应选用长余辉的示波管。图像的亮度与示波管的余辉特性、重复频率、反射波强度及探伤速度有关。

（2）数字式 B 型超声波探伤仪

数字仪器的信号处理是用程序来实现的。通常数字式 B 型超声波探伤仪在探伤时首先是去除信号中的噪声，其次是将已经去除噪声的信号进行再处理，包括增益控制、衰减补偿、信号包络、FFT 分析及图像显示等。超声信号经接收部分放大后，由模/数转换器变为数字信号传给电脑；换能器（即探头）的位置可受编码电机控制或由人工操作，由转换器将位置变为数字传给计算机。计算机再把随时间和位置变化的超声波形进行复杂的处理，得出探伤的各种扫描数据，进而设置有关参数，或将处理结果的波形、图形等在屏幕上显示、打印出来，或给出光、声识别及报警信号。

1.3.3　仪器及缺陷举例

（1）仪器

如图 1-16 所示为 B 型超声波探伤仪。

（2）缺陷描述

图 1-17 所示为焊接板 B 型超声波探伤扫描（下面简称"B 扫描"）检测结果图，图 1-18 所示为焊接板周向 B 扫描和径向 B 扫描检测结果图。

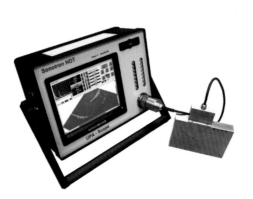

图 1-16　B 型超声波探伤仪

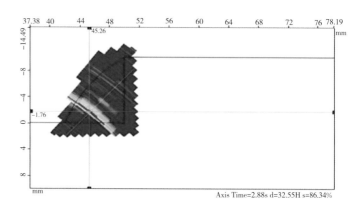

图 1-17　焊接板 B 扫描检测结果

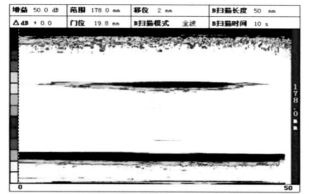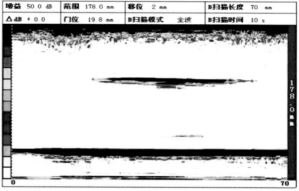

图 1-18　焊接板周向 B 扫描（左）和径向 B 扫描（右）检测结果

1.3.4　应用案例

图 1-19 所示为电渣锭中心缩孔的 B 扫描缺陷图，图中三条直线从上到下依次代表始波、中心缩孔回波和底波。由此可见，B 扫描不仅能反映缺陷的位置，而且还能反映缺陷的形貌。此外，B 扫描通常还与 C 型超声波探伤扫描相结合对工件进行缺陷检测。

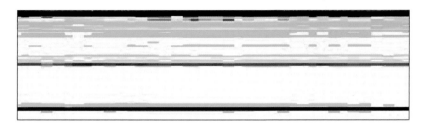

图 1-19　电渣锭中心缩孔的 B 扫描缺陷图

1.3.5　B 型超声波探伤扫描技术的优点、缺点及发展前景

B 型超声波探伤仪扫描得到的是工件内部的主视图，这对于掌握缺陷在主截面上的位置、形貌等信息很有帮助。线扫式断层 B 型超声波检测适用于弧形平面型工件，如对板材的检查，而扇扫式断层 B 型超声波检测适用于部位的检查。现代 B 型超声波检测仪器通常同时具备以上两种探查功能，它通过配用不同的超声探头（或有机玻璃斜楔），可方便地进行转换使用。

1.4　C 型超声波探伤扫描技术及其应用

1.4.1　概述

C 型超声波探伤是在 B 型超声波探伤的基础上发展而来的，它可以获得具有类似于 X 射线拍片后的图像。由于 B 型超声波探伤获得的是一帧垂直断层图像，即被探查工件的垂直解剖图像，而被探查工件的水平解剖图像却不易获得，但在实际应用时会要求探伤显示仪具有 X 射线拍片类似的效果，因此人们在 B 型超声波探伤的基础上成功研制了 C 型超声波探伤仪。

C 型超声波探伤扫描（下面简称"C 扫描"）能够给出图像化的检测结果，能直观显示被检测工件的某一深度范围内的缺陷信息，使缺陷的定量、定性、定位更加准确，可减少人为因素的影响。因此，超声波 C 扫描检测技术应用广泛，基于该技术的超声波 C 扫描检测系统种类繁多，针对不同应用对象和用途的新产品层出不穷。通过对其系统软件、硬件的改进，可不断拓展超声波 C 扫描检测技术的应用范围。

1.4.2　工作原理

超声波 C 扫描成像是利用超声波探伤原理提取垂直于声束指定截面（即横向截面像）的回波信息而形成二维图像的技术，其原理简单，可获取不同截面的信息，因此应用广泛。由于扫描时采用逐点逐行扫描，扫描时间较长，所以一般应用于实验室研究。超声波 C 扫描具体过程如下：图 1-20 所示，在水浸法脉冲反射式 C 扫描成像中，超声波换能器不但要沿 X 方向扫描，而且还要沿 Y 方向扫描，即面扫描（二维扫描）。为获得某一与声束轴线垂直的断面在 $z=z_0$ 处的图像，扫描声束应聚焦于该平面，并从换能器接收到的散射信号中选取对应于 $z=z_0$ 处的信号幅度，调制图像中与物体坐标 (x, y) 相应像素的亮度，以获得 $z=z_0$ 截面的图像。改变扫描声束聚焦的平面，即可获得物体不同深度的 C 扫描截面图像。

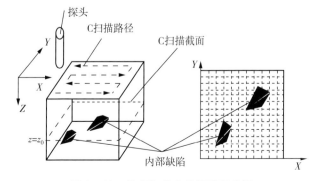

图 1-20　超声波 C 扫描原理示意图

1.4.3　仪器及缺陷举例

（1）仪器

如图1-21所示为水浸式超声波C扫描仪。

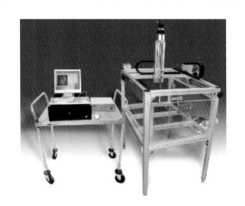
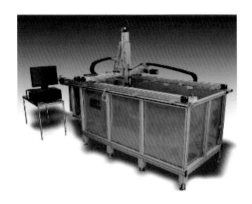

图1-21　水浸式超声波C扫描仪

图1-22、图1-23和图1-24分别为实验室水浸式超声波检测仪的整体设备、机械系统及其示意图。

图1-22　实验室水浸式超声波检测仪整体设备　　　　　　图1-23　实验室水浸式超声波检测仪的机械系统

实验室水浸式超声波检测系统的探头依靠发射脉冲波来进行检测，有频率为10MHz、20MHz和25MHz的高频率探头。这些高频率的探头主要用于对精细材料和高灵敏度的检测，属于超声波显微检测技术，其检测分辨率极高。检测设备通过机械运动完成对被检件的扫描，其机械系统主要使被检件做机械运动。系统的机械运动包括R轴的单向旋转运动和X轴、Y轴、Z轴的双向直线运动。

在检测系统中，为适应超声波检测对系统运行精度的要求，X轴、R轴、Y轴采用高精度步进电

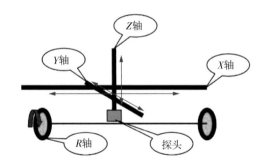

图1-24　实验室水浸式超声波检测仪机械系统示意图

机控制方案，通过控制步进电机驱动器输出高精度脉冲实现精确控制电机运行的速度、加速度、位置等，Z轴则采用手动调整。机械方面为了满足检测的要求，各直线运动机构由滚珠圆柱滑轨导向，驱动电机经行星齿轮减速器由滚珠丝杠传动形成直线运动，机械传动精度可达到0.05mm。

实验室水浸聚焦超声波C扫描比常规检测更为直观，可以看到不同深度缺陷在同一图像中的显示，其自动化检测可避免手动操作的不稳定性，重现性好。图1-25为复合材料试样超声波C扫描显示图，箭头所指处为内部缺陷位置。

图1-25　复合材料试样超声波 C 扫描显示图

（2）缺陷类型分析

缺陷类型的判断是超声波检测的难点之一，在目前广泛应用的脉冲反射式超声波检测法中，用来发现缺陷和判断缺陷特征的主要信息就是回波，试验中发现被检测材料中不同缺陷的超声波回波特征各不相同。因此，根据超声波回波信号重建得到的缺陷图像包含了反映各类缺陷本质特征的几何信息和声学信息，其中显示最直观的是缺陷的几何形状特征。

缺陷的几何特征指缺陷的大小（面积、长度）、形状、分布和密集程度。在超声波检测中，一般将缺陷划分为点状、线状、片状及体积状等缺陷。

通过对超声波 C 扫描的缺陷图像以及生产中缺陷的产生原因与分布情况的综合分析，可将几种典型缺陷的超声波 C 扫描图像几何特征总结如下（见表1-1所列）。

表1-1　典型缺陷的超声波 C 扫描图像几何特征

点状类型	尺寸特征：缺陷的 X、Y、Z 方向的宽度均小于 λ； 图像特征：呈圆形或椭圆形单个点状分布，面积和层级较小，边界轮廓清晰且形状不规则，呈现低幅度色显，色差较小
线状类型	尺寸特征：缺陷的 X、Y、Z 方向的宽度之一大于 3λ，另两个方向的宽度均小于 λ； 图像特征：呈细长形，层级较小，长短径比大于3，边界轮廓清晰且形状规则，呈现低幅度色显，色差较小
条状类型	尺寸特征：缺陷的 X、Y、Z 方向的宽度之一大于 3λ，宽度之二在（1~2）λ 范围，另一个方向的宽度小于 λ； 图像特征：呈细条形，层级较小，长短径比大于3，边界轮廓清晰且形状规则，呈现低幅度色显，色差较小
片状类型	尺寸特征：缺陷的 X、Y 两个方向的宽度均大于 3λ，Z 方向的宽度小于 λ； 图像特征：水平面面积较大，层级较小，边界轮廓清晰且形状不规则，局部色差明显

（续表）

体积状类型		尺寸特征：缺陷的 X、Y、Z 方向的宽度均不小于 3λ； 图像特征：呈球形或椭圆形单个孔状分布，面积和层级较大，边界轮廓颜色变化较大且有规则，缺陷图像整体杂乱有规则，中心色差较大	
团重叠状类型		尺寸特征：缺陷的 X、Y、Z 方向的宽度均不小于 3λ； 图像特征：叠形或不规则孔腔单个夹杂状分布，面积和层级较大，边界轮廓颜色变化不清晰且无规则，缺陷图像整体杂乱无规则，中心色差较小	
多点类型	多点分散型	小缺陷	尺寸分布特征：点与点之间距离大于 13mm，缺陷的 X、Y、Z 方向的宽度均小于 λ； 图像特征：呈圆形或椭圆形多个稀疏点状分布，面积和层级较小，边界轮廓清晰且形状不规则，呈现低幅度色显，色差较小
		大缺陷	尺寸分布特征：点与点之间距离大于 13mm，缺陷的 X、Y、Z 方向的宽度之一大于 λ； 图像特征：缺陷图像整体杂乱无规则多点稀疏分布，面积和层级较大，边界轮廓颜色变化较大且无规则，中心色差较小
	多点密集型	小缺陷	尺寸分布特征：点与点之间距离小于 13mm，缺陷的 X、Y、Z 方向的宽度均小于 λ； 图像特征：呈圆形或椭圆形多个密集点状分布，面积和层级较小，边界轮廓清晰且形状不规则，呈现低幅度色显，色差较小
		大缺陷	尺寸分布特征：点与点之间距离小于 13mm，缺陷的 X、Y、Z 方向的宽度之一大于 λ； 图像特征：缺陷图像整体杂乱无规则多点密集分布，面积和层级较大，边界轮廓颜色变化较大且形状无规则，中心色差较小

注：λ 为超声波探头的波长，X、Y、Z 为笛卡尔坐标的三个方向。

1.4.4 应用案例

（1）工件概况

锻件材料为 AISI 4130，其尺寸为 78mm×91mm×108mm，锻件尺寸如图 1−26 所示。经 A 型超声波探伤，内部缺陷回波为单峰类型。A 型超声波探伤结果如图 1−27 所示。

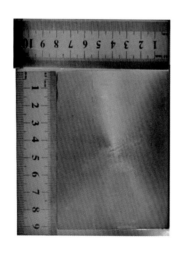 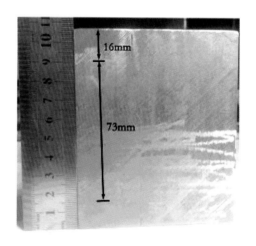

图 1−26 锻件尺寸

（2）C 扫描检测

采用水浸式超声波探伤仪对工件进行 C 扫描。为避免工件边部的影响，设置扫描范围为 76×90mm，高度方向门位为 16mm、门宽为 73mm。门（即用来设置扫描范围）的设置如图 1−26 右图所示。所以 C 扫描时被扫查部分的尺寸为 76×90×73mm。

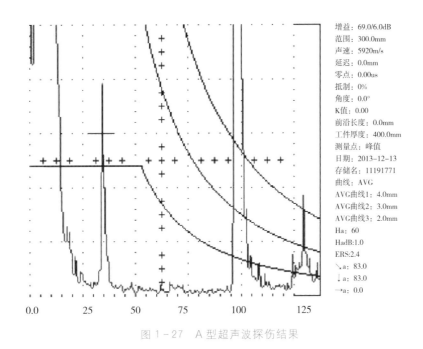

增益：69.0/6.0dB
范围：300.0mm
声速：5920m/s
延迟：0.0mm
零点：0.00us
抵制：0%
角度：0.0°
K值：0.00
前沿长度：0.0mm
工件厚度：400.0mm
测量点：峰值
日期：2013-12-13
存储名：11191771
曲线：AVG
AVG曲线1：4.0mm
AVG曲线2：3.0mm
AVG曲线3：2.0mm
Ha：60
HadB：1.0
ERS：2.4
↘a：83.0
↓a：83.0
→a：0.0

图 1-27　A 型超声波探伤结果

（3）扫描结果

如图 1-28 所示，C 扫描俯视图中，箭头所指处即为工件内部缺陷，缺陷呈单个点状；Y 轴截主视图为 D 型超声波探伤扫描（下面简称"D 扫描"）结果；X 轴截主视图为 D 扫描结果。从 B 扫描、D 扫描结果可以看出，缺陷有一定宽度。结合 A 扫描超声波探伤结果，预判定工件缺陷为裂纹或者孔洞类缺陷。

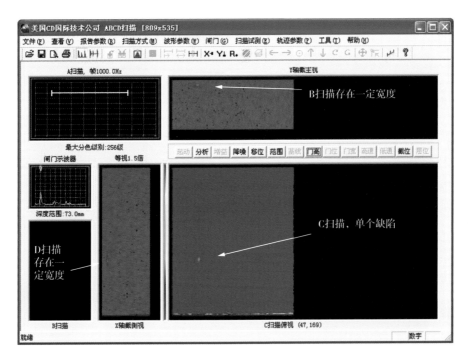

图 1-28　B 扫描、C 扫描、D 扫描结果

再对缺陷进行分层显示（如图 1-29 所示）。缺陷分布在垂直方向从 76 层到 81 层，每层 0.1mm，则缺陷高度方向尺寸约为（81-76）×0.1=0.5mm；缺陷距上表面约为 16+76×0.1=23.6mm。

（4）低倍检验

根据以上扫描结果，对工件进行解剖取样分析，如图 1-30 所示。低倍试样经 1∶1 工业盐酸水溶液热浸蚀，可以看出确实存在小孔洞缺陷，如图 1-31 所示。

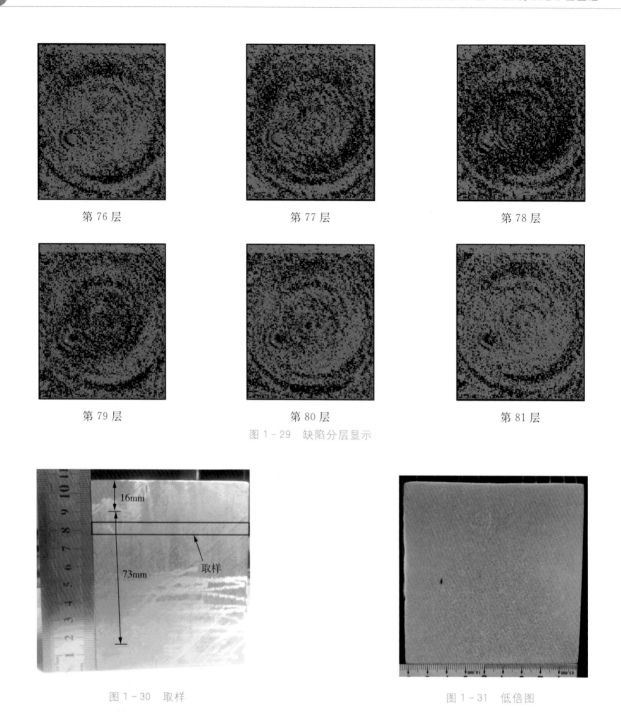

第 76 层 第 77 层 第 78 层

第 79 层 第 80 层 第 81 层

图 1－29　缺陷分层显示

图 1－30　取样

图 1－31　低倍图

可见，C 扫描不但能够扫描出工件内部缺陷，还可以结合 B 扫描、D 扫描，了解缺陷的形貌。

1.4.5　C 型超声波探伤扫描技术的优点、缺点及发展前景

自 1956 年第一台 C 扫描检测仪器在美国问世以后，这种检测技术被迅速应用到材料内部的质量检测上。C 扫描实现了材料检测的自动化，使检测结果呈直观的图像显示，并且可以做永久性记录。尤其重要的是 C 扫描具有良好的穿透性，对缺陷具有较高的灵敏度和可靠性。它可以使我们获得构件内部缺陷、损伤的最大量信息，例如缺陷的位置分布、形状和大小等。

由于其具有自动化程度高、检测结果直观可靠和便于永久保存等优点，因此 C 扫描检测技术为缺陷的定量、定性、定位的最终判定提供了有利的判定依据。利用其高频超声波具有波长短、方向性好及分辨率高等特点对工件进行 C 扫描，不仅可对微小缺陷（例如非金属夹杂物）进行检测，还可利用 A 扫描中缺陷的深度位置及 C 扫描中缺陷距试样边界距离进行定位；同时，C 扫描图像可再现单个大颗粒夹杂

物或小夹杂物团重叠的形貌；此外，通过C扫描可获得试样的超声波层析成像，进而获得缺陷的具体形状和精确尺寸。这些优点可为工件的安全评定、寿命评估和有限元应力计算等提供准确的预测依据。

目前，国外在大型C扫描检测系统上的技术优势明显，主要表现在：具有成熟的曲面跟踪检测能力，能够完成大型双曲率曲面构件的检测；软件的功能强大，能够对检测结果进行三维显示；等等。相比较而言，国内成熟的产品多为中小型C扫描检测系统，其检测工件尺寸相对小、软件功能较少，但是检测的针对性较强。

C扫描检测系统的发展方向为：①为适应异型构件检测，需要进行系统定制；②根据主流需要进行产品（系统）生产的系列化；③对系统性能进行提升，如增强不同工况下超声波检测中的噪声抑制和软件功能；④与超声波新技术相结合，以提高检测的效率和能力，如结合相控阵技术实现快速检测。

1.5　D型超声波探伤扫描技术及其应用

1.5.1　概述

D型超声波探伤与B型超声波探伤显示方式相同，区别在于D型超声波探伤获得的是侧视图，而B型超声波探伤获得的是主视图。

1.5.2　工作原理

D型超声波探伤是用深度方向所有界面反射回波，以及用探头发射的超声波声束在垂直方向进行电子扫描的方法逐次获得不同位置的深度方向所有界面的反射回波。当N帧扫描完成后，便可得到一幅由超声波声束扫描方向决定的垂直平面二维超声断层图像（侧视图）。

1.5.3　仪器及缺陷举例

（1）仪器

D扫描仪如图1-32所示。

（2）缺陷举例

D扫描缺陷显示如图1-33所示。

1.5.4　应用案例

图1-34为电渣锭中心缩孔的D扫描图，由图可以看见明显的中心缩孔形貌。D扫描不仅能反映缺陷的位置，而且能反映缺陷的端面（侧视图）形貌。

D扫描的应用在1.4.4节中已有所阐述。

图1-32　D扫描仪

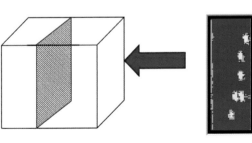

图1-33　D扫描缺陷显示

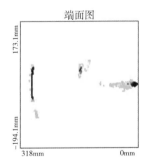

图1-34　电渣锭中心
缩孔的D扫描图

1.5.5　D型超声波探伤扫描技术的优点、缺点及发展前景

D扫描可以得到工件内部情况的侧视图（端面图），这对于掌握缺陷的侧面形貌和缺陷在侧面上的位置等信息都有帮助。通常D扫描结合B扫描、C扫描等其他探伤方法可以对缺陷进行综合评判。

1.6　3D 型超声波探伤扫描技术及其应用

1.6.1　概述

通用的 B 型超声波、C 型超声波、D 型超声波探伤仪器对缺陷的深度和空间分布不能一次记录成像，而 3D 型超声波扫描（下面简称"3D 扫描"）能产生一个准三维的投影图像，它能使缺陷的大小、形状及空间位置以三维图像形式展示，给人以直观感觉。因此，必须使仪器显示坐标轴做适当旋转变换。

使用三维图像，通过对 X 向、Y 向、Z 轴纵横截面的观察，进行精确的三维重构分析，能够掌握工件缺陷的侧面及断层立体结构。数据场的三维可视化（3D 图形）效果可通过如图 1-35 左边的 C 扫描投影图、B 扫描主视图和右边的 3D 扫描图像的对照显示出来。

1.6.2　工作原理

3D 扫描有两种工作方式：一种是探头在 X 轴、Y 轴进行机械扫描，同时在 Z 轴方向做垂直检测，三个坐标结合得到三维数据；另一种是探头做扇形扫描或线形扫描，并与一维的直线运动相结合，从而得到三维数据。通常根据具体要求选择不同工作方式的 3D 扫描。

1.6.3　仪器及缺陷举例

3D 扫描仪及探伤缺陷显示器如图 1-36 所示。

 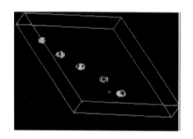 

图 1-35　C 扫描投影图、B 扫描主视图、3D 扫描图像　　　　图 1-36　3D 扫描仪及
探伤缺陷显示器

1.6.4　应用案例

样品为不锈钢试块，该试块尺寸为 $100×100×70mm$，有 25 个平底孔，孔的深度都为 20mm，直径分别为 1mm 和 2mm。采用 2MHz 纵波相控阵探头（16×16 阵子）进行 3D 扫描探伤测试。不锈钢试块如图 1-37 所示，试块尺寸及探伤示意图如图 1-38 所示。

用相控阵检测的 S 波形图和 3D 扫描探伤结果如图 1-39 所示，3D 扫描探伤结果的切面图如图 1-40 所示。由此可见，3D 扫描对缺陷的显示更加直观。

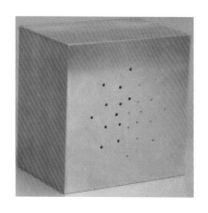 

图 1-37　不锈钢试块

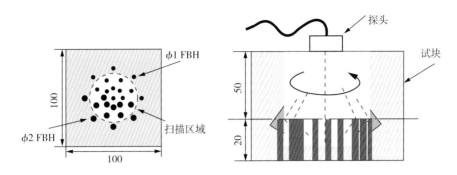

图 1-38 试块尺寸及探伤示意图

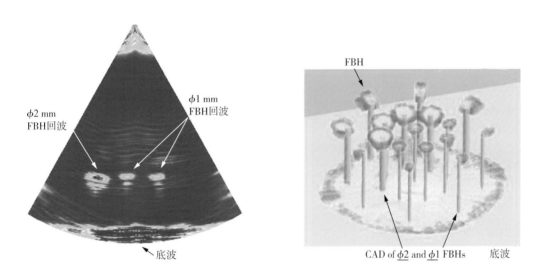

图 1-39 相控阵检测的 S 波形图（左）和 3D 探伤结果（右）

1.6.5 3D 型超声波探伤扫描技术的优点和缺点

优点：3D 扫描可以得到缺陷的三维形貌，其三维数据与有限元软件相结合，可分析缺陷的发展情况，预测工件的使用寿命，从而及时掌握工件的安全性等信息。

缺点：3D 扫描得到的信息并不能保证完全正确，这就需要不断提高仪器精度，如通过增加探头阵子数（一般认为不低于64 阵子数）或者在工件多个方向对其进行扫描以得到更准确的扫描结果。

1.7 TOFD 超声波探伤扫描技术及其应用

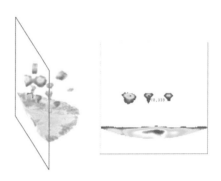

图 1-40 3D 探伤结果的切面图

1.7.1 基本介绍

TOFD 超声波检测方法，即衍射波时差法（Time of Flight Diffraction），是 20 世纪 70 年代末提出的一种超声波检测方法。它是一种可以精确测量缺陷埋藏深度和缺陷高度的超声波检测技术，可为评价被检测件的可靠性提供试验数据。TOFD 检测技术在非常规无损检测技术中具有非常广阔的发展空间。TOFD 检测技术具有快速高效、高精度、高可靠性的特点，且具有基本统一的质量标准，因此被广泛应用于锅炉压力容器、核工业、电力工业、石油天然气和化工等行业领域。

广义的 TOFD 检测技术是用缺陷端点的超声衍射波传播时间差等信息，来定量、定位或定性评价缺陷的方法。

狭义的 TOFD 检测技术是使用一对同尺寸、同频率和同角度的纵波斜探头（指入射点相差不超过 2mm、频率相差不超过 10%、角度相差不超过 2°，灵敏度相差不超过 2dB 的探头），按一定间距（PCS）相向地置于被检测焊缝（缺陷）两侧，一发一收，利用衍射时差等超声波信息进行缺陷定位、定量、定性的评价方法。通常所指的 TOFD 检测技术就是这种规范化的 TOFD 检测技术。图 1-41 所示为使用规范化 TOFD 检测技术时的探头设置。

1.7.2 工作原理

（1）TOFD 检测法基本原理

当超声波扫到裂纹端部时，按惠更斯原理，此端部为新的声源，它会以 360°方向发射衍射波，此衍射波可由接收探头检出（TOFD 检测法基本原理示意图如图 1-42 所示），只要测出脉冲入射的传播时间，就可以求出缺陷在工件厚度方向的深度和缺陷高度。

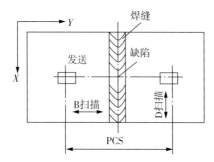

图 1-41 使用规范化 TOFD 检测技术时的探头设置

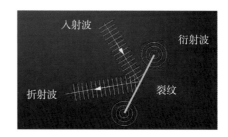

图 1-42 TOFD 检测法基本原理示意图

传统超声波检测主要依靠从缺陷上反射的能量大小来判断缺陷，TOFD 检测技术是依靠超声波与缺陷端部的相互作用发出的衍射波来检出缺陷并对其进行定量的。从理论上讲，TOFD 检测方法克服了常规超声波探伤的一些固有缺点，缺陷的检出和定量不受声束角度、探测方向、缺陷表面粗糙度、试件表面状态及探头压力等因素的影响。

如图 1-43 所示，TOFD 成像产生 4 种信号：表面波 A 为工件表面传播的侧向波，底面波 D 为工件底面的反射波，上端波 B 为缺陷上端的散射波，下端波 C 为缺陷下端的衍射波。工件侧向波 A 和缺陷的下端波 C 相位相同，缺陷上端波 B 与工件底面波 D 相位相同，但 AC 与 BD 相位相反。若工件内没有缺陷，则在探伤仪显示屏上只有侧向波 A 和底面波 D；若工件存在缺陷，则在侧向波 A 和底面波 D 之间就会出现缺陷的上端波 B 和下端波 C。

TOFD 成像产生 4 种信号均以纵波传播。回波较强的侧向波 A 和底面波 D 可作为被检区厚度范围的时间闸门或监视波，较之微弱的缺陷端部散射波和衍射波则出现在上述两者之间。测出缺陷的上下端部散射波和衍射波的传播时间，即可算出该缺陷的埋藏深度和自身高度。

（2）TOFD 图像显示

当超声波的传播方向与探头运动方向平行时检测的 TOFD 图像为 B 扫描图像。图 1-44 为 TOFD 的 B 扫描中双探头移动方向（垂直于焊缝方向）示意图。

超声波的传播方向与探头运动方向垂直时检测的 TOFD 图像为 D 扫描图像。图 1-45 为 TOFD 的 D 扫描中双探头移动方向（平行于焊缝方向）示意图。

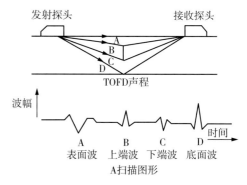

图 1-43 TOFD 成像产生的 4 种信号

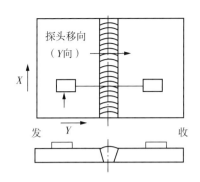

图 1-44　TOFD 的 B 扫描中双探头
移动方向（垂直于焊缝方向）示意图

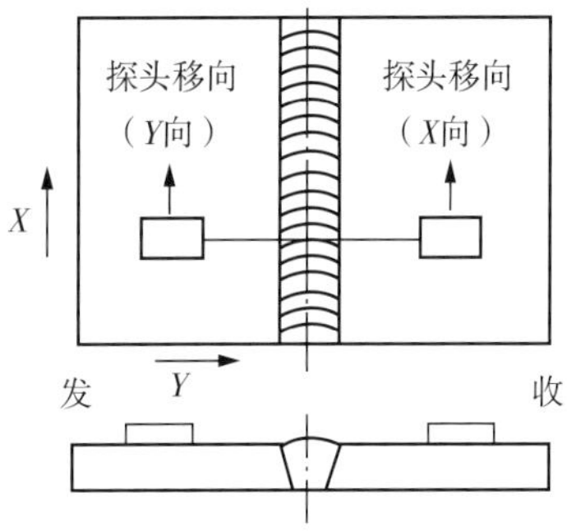

图 1-45　TOFD 的 D 扫描中双探头
移动方向（平行于焊缝方向）示意图

1.7.3　仪器及缺陷举例

（1）仪器

如图 1-46 所示为 TOFD 超声波探伤仪器。

（2）TOFD 典型图像

图 1-47 为 TOFD 超声波探伤获得的典型图像。

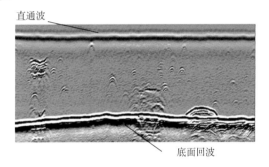

图 1-46　TOFD 超声波探伤仪器

图 1-47　TOFD 超声波探伤获得的典型图像

（3）TOFD 超声波探伤缺陷类型

如图 1-48 至图 1-55 所示为 TOFD 超声波探伤检测出的各种缺陷类型。

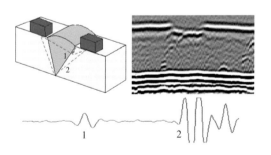

图 1-48　近表面裂纹

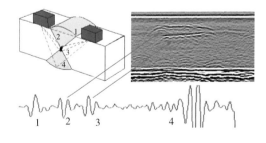

图 1-49　未焊透

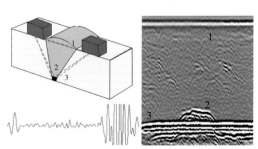

图 1-50　根部未焊透

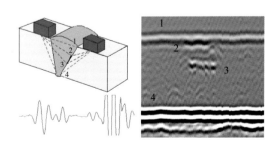

图 1-51　侧壁未熔合

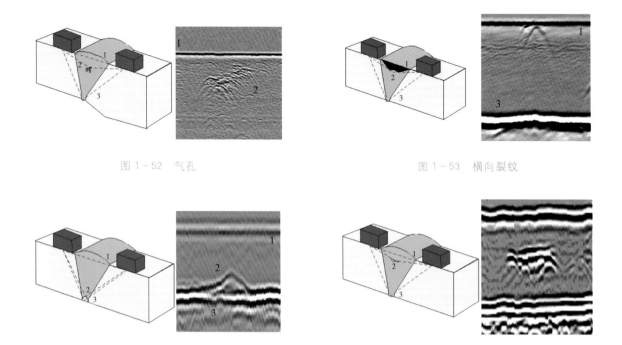

图 1 - 52　气孔　　　　　　　　　　　　　　图 1 - 53　横向裂纹

图 1 - 54　根部内凹　　　　　　　　　　　　图 1 - 55　未熔合

1.7.4　应用案例

（1）气孔和夹渣

体积型缺陷的典型实例就是气孔和夹渣。气孔和小块夹渣有较短的长度和高度，且在 D 扫描中产生的信号看起来像弧形。如果夹渣有一定长度，则有一个一定长度的平直信号，如图 1 - 56 所示。

长条夹渣可能是在焊接过程中留下的，回波要更长一些。这些缺陷经常被断成几节，如图 1 - 57 所示。一般来说，它们的高度很小，不可能有明显的上尖端和下尖端信号。很少有气孔或者夹渣能分辨其深度。这两个信号虽有相位差，但是一般难以辨认，因为从目标尖端的信号来看，类似气孔和夹渣，反射信号较强，但得不到波幅较高的衍射信号，只有下部的回波由衍射产生。

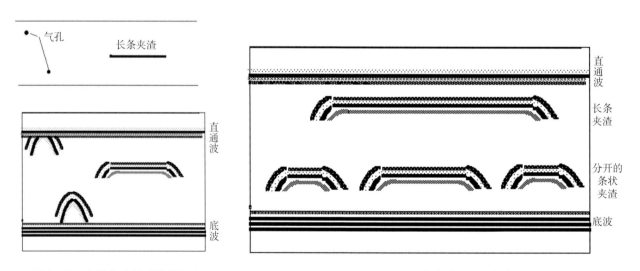

图 1 - 56　气孔和夹渣非平行扫查　　　　　　图 1 - 57　长条夹渣非平行扫查

（2）内部裂纹

内部裂纹缺陷信号由上下尖端衍射波组成，两个信号的振幅应该比较弱而且有相似的振幅，如图 1 - 58 所示。相位信息是非常重要的，如果相位相反，信号肯定属于同一缺陷。对于一个非平行扫查，如果缺陷不是接近于两个探头的中心线，在评估高度时会出现一些误差，在评估深度时会出现较大误差。

　　如果内在体积缺陷或者夹渣有足够的深度，其信号看起来像裂纹，但是尖端信号常常更清晰。由于裂纹尖端轮廓有变化，所以以振幅差异作为辨认的方法只是一种参考。如果对 TOFD 检测的结果不确定，可以利用大范围角度的横波探头来帮助区别平面和体积缺陷。

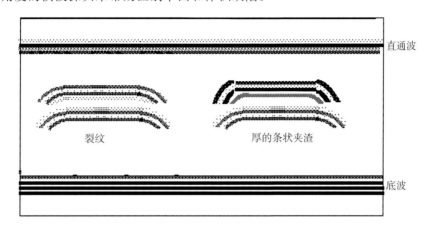

图 1-58　内部裂纹和长条夹渣非平行扫查

　　（3）上表面开口型裂纹

　　上表面开口型裂纹使直通波信号变形，如图 1-59 所示。这些缺陷的信号只有下尖端回波这一个信号，因此显示没有相位改变。

　　（4）下表面开口型裂纹

　　下表面开口型缺陷具有如图 1-60 所示的轮廓。当缺陷角度相对于边缘来说相当陡峭时，则衍射的有效能量下降，裂纹的回波可能不会自始至终延伸到底面，气孔和夹渣的回波信号却能延伸到大角度，如图 1-61 所示。信号延伸超过底面时，裂纹的回波信号会突然停止。

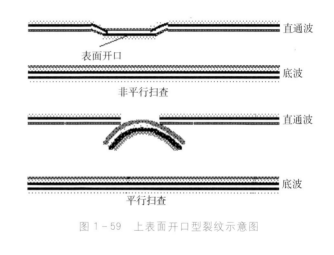

图 1-59　上表面开口型裂纹示意图

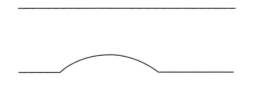

图 1-60　下表面开口型缺陷轮廓

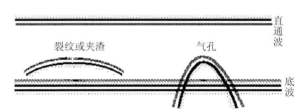

图 1-61　近底面或开口型缺陷非平行扫查

1.7.5　TOFD 超声波探伤技术的优点和缺点及发展前景

　　（1）TOFD 超声波探伤技术的优点

　　TOFD 检测可靠性好，具有很高的缺陷检出率，比常规脉冲回波超声波检测的可靠性要高得多；该检测技术采用衍射时差对缺陷定量的精度远远高于常规脉冲回波超声波检测；该检测技术检测时简便快捷，不需做锯齿扫查，检测效率高，操作成本低；该检测技术除了用于检测外，还可用于缺陷扩展的监控，是有效且能精确测量裂纹增长的方法之一。

　　（2）TOFD 超声波探伤技术的缺点

　　TOFD 检测技术对近表面缺陷的检测可靠性不够，对检样上下表面存在检测盲区；对缺陷的定性比较困难，TOFD 检测技术虽然能区分上表面开口、下表面开口及埋藏缺陷，但不能准确判断其缺陷性质；TOFD 图像识别和判读比较难，对数据分析需要丰富的经验；横向缺陷检测比较困难。

（3）TOFD 超声波探伤技术的发展前景

随着电子技术的快速发展，目前 TOFD 检测技术也得到迅速发展。在欧洲一些国家，TOFD 检测技术作为一种先进的无损检测技术已被广泛应用；在我国，虽然 TOFD 检测技术也已普及，但检测人员还需要不断积累经验，提高检测技巧，强化 TOFD 图谱数据分析和评价的能力，以促进我国无损检测技术的进一步发展。

1.8　相控阵超声波探伤扫描技术及其应用

1.8.1　基本介绍

相控阵超声波检测的基本概念源于相控阵雷达，即使用若干压电阵元组成阵列换能器，实现波束的相控发射和接收。

相控阵超声波检测技术的应用始于 20 世纪 60 年代，由于该系统复杂且制作成本高，因而在工业无损检测方面的应用受到限制。后来，由于相控阵技术以其灵活的声束偏转及聚焦性能越来越引起人们的重视，加之计算机仿真、大规模集成电路等多种高新技术在相控阵超声波成像领域中的综合应用，使得相控阵超声波检测技术得以快速发展。

20 世纪 80 年代初，相控阵超声波检测技术已成功应用于临床医疗诊断。20 世纪 90 年代，相控阵超声波检测成像技术在欧美等国家开始逐步应用于石油和天然气长输管线焊缝检测、海洋平台结构环焊缝检测及核电站检测等领域。以相控阵超声波检测技术为代表的管道全自动检测在国外已经进入实用阶段，代表了管道焊缝检测技术的发展方向。

相控阵超声波检测技术的研究走在世界前列的有加拿大、美国、英国和日本等国家，一些公司利用相控阵技术生产了一系列性能优越的医用超声波诊断和治疗产品，还有一些公司已生产出商业化相控阵超声波工业检测系统及相控阵换能器。

我国在 2001 年引入全自动相控阵系统 PipeWIZARD，并成功应用于国家重点工程——"西气东输"工程；2003 年，中国石油天然气管道科学研究院有限公司等单位成功地研制出国产化的大口径环焊缝相控阵超声波无损检测设备，该设备的研制成功填补了我国在此方面技术上的空白。近年来，随着国内外对相控阵全聚焦技术的深入研究，相控阵超声波检测技术作为一种高速、精确的探伤方法，已经在我国的工业上得到广泛应用。

1.8.2　工作原理

相控阵是一种可以单独调节各个晶片的激发时间，以控制声束轴线和焦点等参数的换能器晶片阵列。

相控阵探头有两种主要阵列类型：线形阵列（如图 1-62 所示）、圆形阵列（如图 1-63 所示）。线形阵又分为一维线形阵和二维矩形阵；圆形阵又分为一维环形阵和二维扇形阵。应用相控阵探头能实现线形扫查、扇形扫查、动态深度聚焦等。

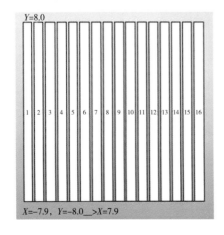

图 1-62　线形阵列

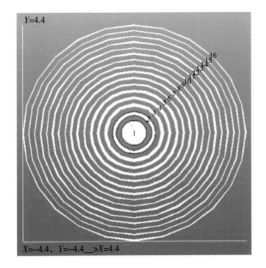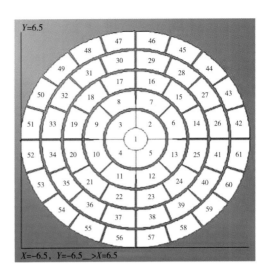

图 1-63　圆形阵列

相控阵超声波技术基于惠更斯原理，即分别调整每个阵元发射/接收的相位延迟，使其产生具有不同相位的超声波子波束在空间叠加干涉。相控阵超声波技术可在不移动探头的情况下实现对波束相控阵的控制，这种控制主要分为两类：①超声波束的偏转，如图 1-64（a）所示；②超声波束的聚焦，如图 1-64（b）所示。

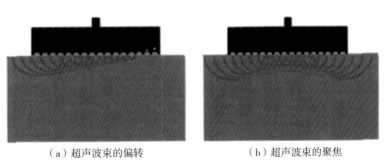

（a）超声波束的偏转　　　　　　　　　　（b）超声波束的聚焦

图 1-64　同一相控阵探头控制波束偏转和聚焦

相控阵合成的超声波束遇到目标后产生回波信号，而回波信号到达各晶片的时间存在差异，按照回波到达各晶片的时间差对晶片信号进行延时补偿并相加合成，就能将特定方向回波信号叠加增强，而其他方向的回波信号会因此减弱甚至抵消。相控阵波束接收示意图如图 1-65 所示。

1.8.3　仪器及缺陷示例

（1）相控阵超声波探伤仪器

相控阵超声波探伤仪器如图 1-66 所示。

（2）相控阵超声波探伤的缺陷特征

相控阵超声波探伤的几种典型缺陷的尺寸和图像特征见表 1-2 所列。

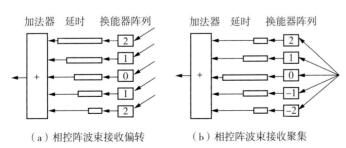

（a）相控阵波束接收偏转　　　　　（b）相控阵波束接收聚集

图 1-65　相控阵波束接收示意图　　　　　　　图 1-66　相控阵超声波探伤仪器

表 1-2　相控阵超声波探伤的几种典型缺陷的尺寸和图像特征

点状类型			尺寸特征：缺陷的 X、Y、Z 方向的宽度均小于 λ； 图像特征：呈圆形或椭圆形单个点状分布，图像浅蓝、轮廓清晰
线状类型			尺寸特征：缺陷的 X、Y、Z 方向的宽度之一大于 3λ，另两个方向的宽度均小于 λ； 图像特征：呈细长形，长短径比大于 3，图像深黄或深红、轮廓清晰，探头环绕 90°分析，缺陷面积较小呈局部线状分布
条状类型			尺寸特征：缺陷的 X、Y、Z 方向的宽度之一大于 3λ，宽度之二在 $1\sim2\lambda$ 范围内，另一个方向的宽度小于 λ； 图像特征：呈近似细长形，长短径比大于 3，图像深黄或深红、轮廓清晰，探头环绕 90°分析，缺陷面积较小呈局部条状分布
片状类型			尺寸特征：缺陷的 X、Y 两个方向的宽度均大于 3λ，Z 方向的宽度小于 λ； 图像特征：图像深黄或深红、轮廓清晰，探头环绕 90°分析，缺陷面积较大呈局部片状分布
体积类型			尺寸特征：缺陷的 X、Y、Z 方向的宽度均不小于 λ； 图像特征：呈圆形或椭圆形单个孔状分布，图像深黄或深红、轮廓清晰，探头环绕 90°分析，缺陷面积较大呈局部体积状分布
团重叠状			尺寸特征：缺陷的 X、Y、Z 方向的宽度均不小于 3λ； 图像特征：呈叠形或不规则孔腔单个夹杂状分布，图像深黄或深红、轮廓不清晰，探头环绕 90°分析，缺陷面积较大呈局部团重叠状分布
多点类型	多点分散型	小缺陷	尺寸特征：点与点之间距离大于 13mm，缺陷的 X、Y、Z 方向的宽度均小于 λ； 图像特征：呈圆形或椭圆形多个稀疏点状分布，图像浅蓝、轮廓紊乱，探头环绕 90°分析，缺陷面积呈孤岛状且间距较大、不相连分布
		大缺陷	尺寸特征：点与点之间距离大于 13mm，缺陷的 X、Y、Z 方向的宽度之一大于 λ； 图像特征：呈整体杂乱无规则多点稀疏分布，图像深黄或深红、轮廓紊乱，探头环绕 90°分析，缺陷面积呈孤岛状且间距较大、不相连分布
	多点密集型	小缺陷	尺寸特征：点与点之间距离小于 13mm，缺陷的 X、Y、Z 方向的宽度均小于 λ； 图像特征：呈圆形或椭圆形多个密集点状分布，图像浅蓝、轮廓紊乱，探头环绕 90°分析，缺陷面积呈孤岛状且间距较小、偶尔相连分布
		大缺陷	尺寸特征：点与点之间距离小于 13mm，缺陷的 X、Y、Z 方向的宽度之一大于 λ； 图像特征：呈杂乱无规则多点密集分布，图像深黄或深红、轮廓紊乱，探头环绕 90°分析，缺陷面积呈孤岛状且间距较小、偶尔相连分布

注：λ 为超声波探头的波长，X、Y、Z 为笛卡尔坐标的三个方向，幅度由低至高，色显分别为蓝、黄、红。

1.8.4　应用案例

（1）被测锻件及其锻造工艺

被检测锻件为风机轴，具体几何尺寸如图 1-67 所示。

风机轴材料牌号为 Q345D，由钢锭经锻造而成。将坯料经拔长、镦粗、滚圆等工艺锻到所需工艺尺寸。锻后冷却方式为空冷或堆冷，锻后热处理方式为正火。

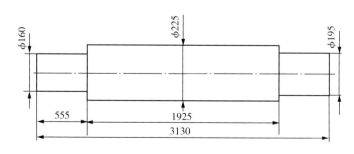

图 1-67　风机轴几何尺寸

（2）检测方案

首先将相控阵超声波探伤仪的探头（简称"相控阵探头"）置于被测风机轴表面，沿锻件轴向进行粗略扫查，依据扫描得到的 A 扫描图形粗略判断锻件内部可能存在缺陷的位置，然后利用扇形扫描对缺陷集中区域进行检测，再将探头置于锻件圆周方向不同位置进行检测。轴向扫查路径如图 1-68 所示。

轴向扫查路径

图 1-68　轴向扫查路径

（3）检测结果

① A 型超声波检测

用 A 型超声波探伤仪对被测风机轴进行轴向扫查，发现在风机轴内部存在明显缺陷，缺陷分布区域如图 1-69 所示。

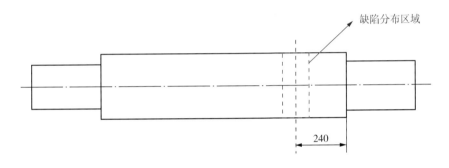

缺陷分布区域

240

图 1-69　缺陷分布区域

缺陷特征波形如图 1-70 所示。由缺陷特征波形可见，在一次底波和始波之间存在指数下降的丛集草状（连峰带降低草状）回波，波与波之间难以分辨，且在检测过程中移动探头时波形变化较迅速，有时出现波幅很低的不稳定蠕动波形，底波幅度有一定降低。根据相关文献预测锻件缺陷类型为疏松类或偏析类缺陷。

② 相控阵扇形检测

检测过程中所使用的相控阵探头共 32 个晶片，探头宽度为 20mm，检测时所有晶片同时激发，扫查方式为扇形扫描，扫查角度为 -20°~20°。其扇形扫描结果如图 1-71、图 1-72 所示。

将相控阵探头环绕缺陷位置 90°对缺陷位置进行检测，其扇形扫描结果如图 1-73、图 1-74 所示。

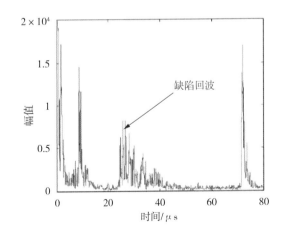

缺陷回波

图 1-70　缺陷特征波形

根据以上相控阵检测结果，发现缺陷区域点与点之间的距离均小于 13mm，图像浅蓝或深黄，缺陷位置轮廓紊乱；探头环绕 90°分析，发现缺陷面积呈孤岛状且间距较小，偶尔相连分布。

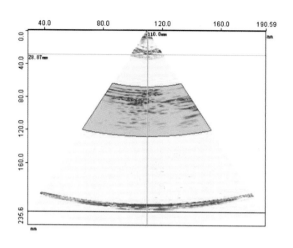

图1-71 扇形扫描结果

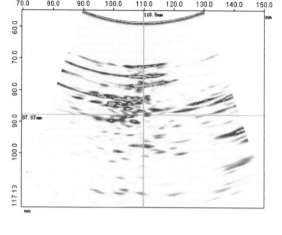

图1-72 闸门区域放大结果

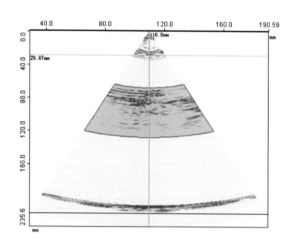

图1-73 探头环绕90°结果

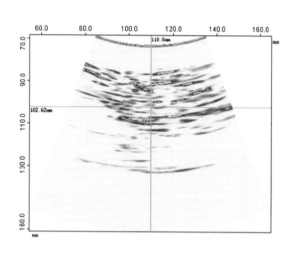

图1-74 探头环绕90°闸门区域放大结果

③ 相控阵3D检测

采用探头为1×32阵子的相控阵检测仪对锻件进行检测，做扇形扫描，探头直线扫查距离为200mm，后由仪器自动做出锻件内部缺陷的3D示意图，如图1-75所示。由图可知锻件内部可能存在疏松类缺陷。

综合以上缺陷特征波形、相控阵扇形扫描结果和3D扫描结果，预估锻件内部缺陷类型为疏松类缺陷。该缺陷大致位于锻件的心部位置，其疏松的存在对底波有一定影响，但影响不是很大，因此预估该缺陷为中心疏松。

（4）低倍检验

根据上述探伤时标定的缺陷位置，采用线切割的方法在缺陷位置取两块低倍试样进行低倍检验，试块厚度为25mm，将根据低倍检验结果对探伤预估结果进行确认。锻件低倍取样位置如图1-76所示。

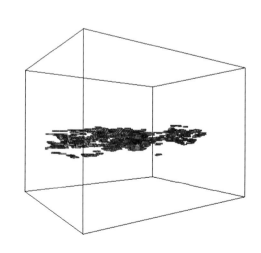

图1-75 锻件内部缺陷的3D示意图

试样的低倍检验结果如图1-77所示，低倍检验结果的局部放大如图1-78所示。由低倍检验结果可见，被测试件存在方形偏析带，而且在心部存在组织疏松。

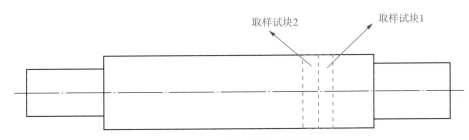

图 1-76　锻件低倍取样位置

图 1-77　低倍检验结果

图 1-78　低倍检验结果的局部放大

（5）分析结果

根据缺陷 A 扫描和相控阵扇形检测结果的综合分析以及低倍检验的验证，确认被测风机轴中存在中心疏松和偏析缺陷。

1.8.5　优点和缺点及发展前景

相控阵超声波检测技术较传统的超声波检测技术具有明显优势：①采用电子方法控制声束，可在不移动或少移动探头的情况下进行快速检测，可扫查厚、大工件和形状复杂工件的各个区域，检测精度、检测效率成倍提高，若进行的是核工业设备的检测，可减少受辐照时间；②通过优化控制焦点尺寸、焦区深度和声束方向，可使信噪比和灵敏度等性能提高；③相控阵超声波检测技术采用较好的 B 型扫描显示，显示缺陷方式更加直观，避免由于人工判别缺陷造成的漏判情况。

当然，相控阵超声波检测技术在实现上面临着诸多挑战，如要求压电晶片电声性能好、相邻单元间隔声性能好，避免产生旁瓣（声束角度较大时更应注意该问题），注意时间延迟的精确控制以及声束方向、形状及声压分布的仿真等。

近年来国内外对相控阵超声波检测技术的研究非常活跃。相控阵超声波检测技术作为一种高速、精确的探伤方法，已经得到广泛应用。例如已在核工业、航空工业、锅炉压力容器、石油天然气管道、火车车轮质量检验等方面引入相控阵超声波技术进行缺陷检测；对传统的超声波检测效果不太理想的奥氏体焊缝、混凝土和复合材料，也进行了相控阵超声波检测的尝试。相控阵超声波检测技术作为一种先进的无损检测方法在工业无损检测领域具有良好的应用前景。

1.9　超声导波检测技术及其应用

1.9.1　基本介绍

超声导波检测技术是 20 世纪 90 年代初，由美国西南研究院（SwRI）的无损检测团队经过近 20 年的研究与开发所发明的一种新型检测技术。第三代 MsSR3030R 超声导波检测系统，已经被广泛应用于多种工业领域中，如用于大型构件快速、低成本的检测和长期状态的监测。这种检测方法灵敏度高，同时还能快速提供大面积区域结构的综合状态信息。

频率高于 20kHz 的导波称为超声导波。超声导波检测技术（又称长距离超声遥探法）主要用于在线管道检测，例如对由碳钢、不锈钢等材料制造的无缝管、纵焊管、螺旋焊管的检测，还广泛应用于油气管等各种管道的检测。

超声波检测技术能检出管道中的内外部腐蚀或冲蚀、环向裂纹、焊缝错边、焊接缺陷、疲劳裂纹等缺陷。超声导波检测的优点是超声导波能长距离传播且衰减很小，在一个位置固定脉冲回波阵列就可一次性对管壁进行长距离（由数十米到百米）大范围和100%快速检测（100%覆盖管道壁厚），检测过程简单，不需要耦合剂，工作温度的范围为$-40℃\sim938℃$，只要剥离一小块防腐层用以放置探头环即可进行检测，特别是对地下埋管在不开挖状态下的长距离检测更具有独特的优势。超声导波能提供各种不同的特征波形，便于操作者现场评判，检测结果可自动存储，便于后续处理。

1.9.2 工作原理

超声导波检测的工作原理：探头阵列发出一束超声能量脉冲，此脉冲充满整个圆周方向和整个管壁厚度并向远处传播，当遇到管道内外壁由腐蚀或缺陷引起的金属缺损时（由于管道横截面（厚度）发生了改变），于是在缺损处会有反射波返回。通过有关仪器分析由同一探头阵列检出的这种反射信号便可探知管道的内外部缺陷位置、大小和腐蚀状况。

图1-79为管道腐蚀的常规超声波检测与长距离超声导波检测原理示意图。常规超声波检测是在经过表面清理的管道外表面逐点扫查或抽检进行超声测厚，而超声导波检测是以探头套环位置发射低频导波，其导波沿管线向远处传播，甚至在保温层下面传播，能在一定范围内100%覆盖长距离的管壁，并对其进行检测，所反射的回波经探头被仪器接收，由此评价管道的腐蚀状况。另外架设在一个探测位置的探头阵列可向两侧长距离发射导波和接收回波信号，从而可对探头套环两侧的长距离管壁做100%检测，从而达到更长的检测距离。

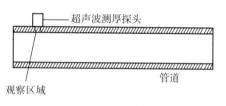
（a）管道腐蚀的常规超声波检测

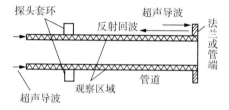
（b）管道的长距离超声导波检测原理示意图

图1-79 常规超声波检测与长距离超声导波检测的方法和原理示意图

超声导波检测装置主要由固定在管道上的探伤套环（探头矩阵）、检测装置（低频超声探伤仪）和用于控制及数据采样的计算机三部分组成。

探头套环由一组并列的等间隔的换能器阵列组成，组成阵列的换能器数量取决于管径大小和使用的波型。换能器阵列绕管道周向布置。探头套环的结构可以是一分为二，用螺丝固定以便装拆（多用于直径较小的管道），或者采用柔性探头套环（充气式探头套环），内置气泵，靠空气压力保证探头与管体充分接触（多用于直径较大的管道），也有的磁致伸缩换能器采用环氧树脂胶粘接（适用于管道外表面状态较差的情况，且检测灵敏度高于机械耦合方式的灵敏度）。只需对接触探头套环的管道表面进行清理但无需耦合剂，无需在清除和复原大面积包覆层或涂层上花费工夫，也不开挖、不拆保温层，从而大大减少了为接近管道所需要的各项费用，降低了检测成本，这也是超声导波检测的优点之一。因此可应用于常规超声波检测难以接近的区域，如有管夹、支座、套环的管段，穿公路、过河等埋地管线和水下管线，以及在交叉路面下或桥梁下的管道等。

1.9.3 仪器及缺陷举例

（1）仪器及安装

超声导波检测仪器中的探伤套环及其安装如图1-80所示。

（2）探伤波形

超声导波检测仪器中的探伤波形案例如图1-81所示。

图 1-80 探伤套环及其安装

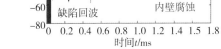

图 1-81 探伤波形案例

1.9.4 应用案例

厚壁管道作为重要的高温、高压承载部件，广泛应用于电力、石化和军工等领域，其中典型的部件如热电机组和固定式压力容器等，如图 1-82 所示。

图 1-82 热电机组（左）和固定式压力容器（右）

厚壁管道周向导波检测采用由 500kHz 直探头与 60°的楔形块组合成的斜探头来进行。对工件轴向刻痕，刻痕轴向长 25mm，径向深 1.5mm，周向宽 1mm，距离两端轴向截面分别为 200mm 和 430mm。如图 1-83 所示，利用周向 Lamb 波进行外壁轴向缺陷检测。斜探头在位于缺陷周向 300mm 处检测出缺陷回波信号，缺陷回波如图 1-84 所示。缺陷回波幅值较大，信噪比好，且能接收到多次反射回波。

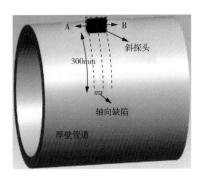

图 1-83 被测工件及刻痕

图 1-84 缺陷回波

1.9.5 优点、缺点及发展前景

超声导波检测的优点：

① 单点激励即可实现构件的长距离检测；

② 导波传播需要导波横截面上全部质点的参与，可对内部和外部缺陷同时检测，因而能够实现 100% 检测；

③ 通过选用适当的模态和频率，根据缺陷的反射信号实现检测；

④ 在保持高灵敏度的前提下实现对地下构件、水下构件、带包覆层构件、多层结构构件及混凝土内部构件的检测；

⑤ 能够检测一些很难接近或根本无法接近的区域；

⑥ 多模态、多频率导波在缺陷检测、定位、定性、定量等方面具有巨大潜力；

⑦ 检测成本低、速度快。

超声导波检测的缺点：

① 由于频散现象的存在，导波随传播距离增加，波形会发生变化，从而使导波波形复杂；

② 由于多模态存在，导波在遇到不连续等边界条件发生变化时会产生模态转换，从而使导波信号成分复杂；

③ 信号解释难度大；

④ 缺陷检测的灵敏度及精度较低；

⑤ 受外界环境及边界条件影响大，如构件承载、外带包覆层材料特性的影响等。

导波检测是无损检测领域较具意义的突破性检测技术之一，它越来越多地被用在石油、化工、能源等行业管线的缺陷检测上。目前超声导波检测技术还在发展中，其中一些新的技术仍在实验中。

1.10 多通道超声波探伤扫描技术及其应用

1.10.1 基本介绍

多通道超声波自动探伤系统被广泛应用于冶金、机械、钢铁等行业，这是因为多通道超声波自动探伤系统能同时检测多个探伤面，能同时进行多种缺陷的全面检查，实现自动化扫描，提高了产品超声波探伤的速度、效率和可靠性。在自动检测应用中，往往需要同时采用多个探头组进行多个方向缺陷的扫查，各路检测有独立的工作频率、入射角度、波形方式、检测范围及检测灵敏度等。倘若同时使用若干个超声波探伤仪进行探伤，无论从体积、功耗、造价或操作复杂度来说，都是不适宜的，而多通道超声波探伤技术便较好地解决了这些困难问题。

多通道探伤绝不是多个单通道探伤仪简单地叠加，因为一般情况下叠加的各通道超声波的收发会严重地相互干扰，而多通道探伤则是在同一个同步单元的管理下互相协调地工作，各通道工作时间的分配能依据探伤方法的需要灵活地加以改变。

多通道超声波探伤仪主要应用于超声波自动检测，要适应自动探伤的要求，必须具备以下条件：

① 要有较高的探伤效率。在自动扫查时能及时发现缺陷，进行定位、记录和报警、存储，所以要求有较高重复频率，才能提高扫查线速度，保证探伤密度。

② 要求各个通道性能一致，确保读数精确、可靠。在扫查过程中，对同样的缺陷被不同通道检测到时，应有相同结果，这样才不会误检和漏检，以便于缺陷定量和设立探伤工艺标准。

③ 要求适应能力要强。在实际应用中，往往会使用不同的工作频率、不同的量程范围和不同的灵敏度，因此要求探伤仪能适应这些场合的探伤工作。

④ 能自动进行缺陷波的识别和报警。在自动探伤场合，人工监视缺陷波是不可取的，所以探伤仪的功能已经从对超声波回波的拾取、显示功能，延伸到了探伤条件的自动选定、自动读数、自动补偿、自动定量、自动识别和自动报警等。

⑤ 要求抗干扰能力强。自动探伤仪一般伴随着大容量的机电传动装置，生产现场往往有行车、焊机的存在，因此电源条件比较恶劣，电磁干扰比较强，自动探伤仪一定要能在这种环境下连续工作，排除杂波干扰，才能减少误判和漏检。

1.10.2 工作原理

多通道超声波检测仪可分为多通道模拟信号前端、FPGA 信号处理系统、ARM 主机以及外设接口等部分。其硬件结构如图 1-85 所示。

（1）多通道模拟信号前端

多通道模拟信号前端主要包括超声波发射接收电路、通道选择模块、信号调理模块以及 A/D 转换模块。超声波发射接收电路结构相互一致，用于产生激励超声波探头的高压负脉冲，并接收来自探头的回波信号，回波信号被送入信号调理电路进行放大等处理，然后在 FPGA 的控制下进行 A/D 转换。通道选择电路用以控制超声波通道的开关。

（2）FPGA 信号处理系统

FPGA 是仪器中用于数字信号处理的核心部件。利用 FPGA 进行信号处理系统的设计，具有易实现复杂算法、处理速度快、器件内信号延时小、器件功耗低及电磁兼容性好等优点。系统所设计的专门用于超声波检测的数据处理芯片，可对采集到的数据进行适当的信号处理（如数字滤波、数字检波和非均匀压缩）。另外，FPGA 还要完成按键控制、发射延迟调节、通道选择等控制逻辑的处理。

（3）ARM 主机

ARM 主机作为系统的主控制器，负责整个系统的工作流程和对外围设备的控制。ARM 系统从 FPGA 信号处理系统中读取检测波形数据，进行实时数据处理和实时波形显示，完成仪器的显示和控制以及超声波探伤的各种功能，并为用户提供友好的操作界面。

（4）外设接口

现代的检测仪通常包含各种后处理装置，根据检测仪给出的信息对检测结果进行处理。因此，有必要设计形式多样的接口电路以便与不同的后处理装置进行通信。其中，典型的通信接口有 RJ45（网络通讯接口）、USB 接口、并行打印接口等。

软件是系统的重要组成部分。随着数字式超声波检测仪的发展，检测系统的软件部分承载着越来越重要的角色。软件分四层设计，分别为设备驱动层、操作系统层、应用程序层和人机接口层，仪器软件结构如图 1-86 所示。其中设备驱动层包括高压发射强度的选择、通道选择、发射延迟调节、压缩比调节、波形传输 A/D 和 D/A 转换、键盘驱动、RTC 时钟驱动等；操作系统层为整个软件的调度控制中心，为设备驱动和应用程序编写提供相应的软件接口；应用程序层建立在设备驱动层和人机接口层之上，主要是完成检测的各种功能，包括通道预制、参数设置、整个仪器的校正、数据采集后的滤波程序等；人机接口层为仪器的界面控制和界面显示，诸如检测结果和检测频率、增益等参数的显示。

程序设计中，将各个层按功能划分为若干模块，这样的设计方式便于软件的开发、维护及升级。

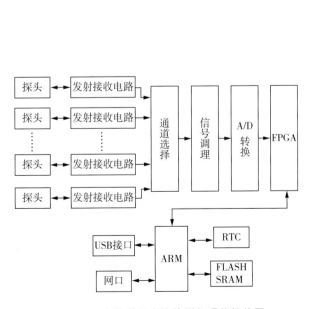

图 1-85　多通道超声波检测仪硬件结构图

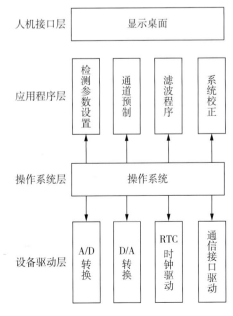

图 1-86　仪器软件结构图

1.10.3　仪器及峰值、截面图举例

（1）仪器

图1-87所示为多通道数字超声波探伤仪。

图1-87　多通道数字超声波探伤仪

（2）峰值和截面图

图1-88为多通道超声波探伤仪扫查后的开关量、瞬态量的峰值图和截面图。

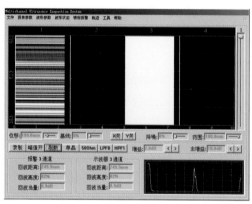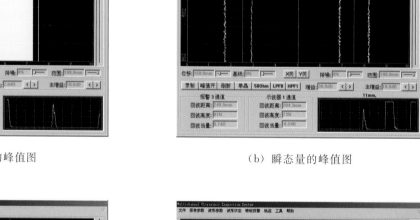

（a）开关量的峰值图　　　　　　　　　　（b）瞬态量的峰值图

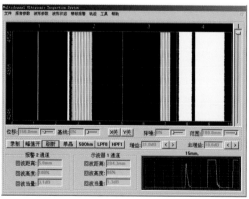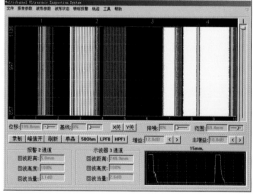

（c）开关量的截面图　　　　　　　　　　（d）瞬态量的截面图

图1-88　多通道超声波探伤仪扫查后的开关量、瞬态量的峰值图和截面图

1.10.4　应用案例

图 1-89 是对某工件进行的多通道探伤示意图，图中箭头所指处为缺陷回波。

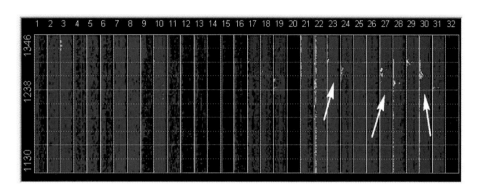

图 1-89　多通道探伤示意图

1.10.5　发展前景

随着计算机技术和电子技术的不断发展，常规超声检测仪已在超声检测、数据采集与分析、成像处理等方面有了很大发展，这为多通道超声检测仪的研制奠定了基础。为了全面提高检测速度和检测实时性以及获取更多的信息，需要研制更多的多通道、高集成度的超声检测系统。

1.11　激励脉冲技术及其应用

激励脉冲信号（或称超声波功率源）是一种用于产生并向超声波换能器提供超声波能量的装置。激励脉冲信号的激励方式有两种：一种是他激式，另一种是自激式。如果按末级功放管所采用的器件类型分，又可分四种：电子管式超声波发生器、可控硅逆变式超声波发生器、晶体管式超声波发生器及功率模块超声波发生器。电子管式与可控硅逆变式超声波发生器目前基本已淘汰，当前广泛使用的是晶体管式超声波发生器。他激式超声波发生器主要包括两部分：前级是振荡器，后级是放大器。一般通过输出变压器耦合，把超声波能量加到换能器上。而自激式超声波发生器是把振荡、功放、输出变压器及换能器集为一体，形成一闭环回路，回路在满足幅度、相位反馈等条件下，组成一个有功率放大的振荡器，并谐振于换能器的机械共振频率上。

超声波激励脉冲信号的特性，使它在科学研究、工业生产和医学领域等得到日益广泛的应用。例如，我们可以利用超声波来测量海底的深度和探索鱼群、暗礁、潜水艇等；在工业上，则可以用超声波来检测金属内部的裂纹、气孔等缺陷；在医学领域则可以用超声波技术来灭菌、清洗，更重要的用途是利用它做成各种超声波理疗和诊断仪器。

1.11.1　发射电路功率

关于 A 型显示脉冲超声波探伤仪的基本工作原理在本章第 1.2 节已有所介绍。我们知道，在同步脉冲信号的触发下，发射电路产生大幅度的高频电脉冲输送给超声波探头，激励探头发出具有相同中心频率的脉冲超声波入射到被测材料中去（如图 1-90 所示）。发射脉冲的幅度（脉冲电压）和持续时间（脉冲宽度）的大小决定着发射功率的大小。目前商品化超声波探伤仪的发射脉冲幅度多在 $300\sim500\text{V}$，有些大功率的超声波探伤仪器发射脉冲幅度能高达 900V。在实际超声波检测中，可以根据具体需要调整仪器发射功率的大小。

发射功率大，其脉冲电压高，会涉及超声换能器元件的承受能力是否适合。如果电压太高，会导致压电晶片发热、加速老化甚至被击穿损坏，所以大功率超声波探伤仪使用的是专用探头而不能使用普通探头。此外，发射功率大，其脉冲宽度也大，会影响检测时的分辨力，如果在要求高分辨力，特别是近表面分辨力要求高的情况下，则不宜使用过高的发射功率。当然，发射功率大，会带来检测灵敏度高、

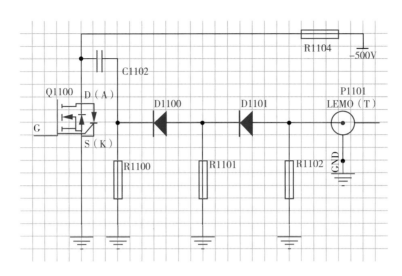

图 1-90　发射电路基本工作原理

穿透距离大、穿透力强的好处，因此必须兼顾分辨力要求和被检材料的具体情况（如材料声衰减大小）等进行综合考虑。

1.11.2　激励脉冲频率

传统超声波检测仪器使用脉冲方式激励超声波探头，即产生一个高压放电负脉冲激励压电晶片，从而激发出超声波，这种激励方式简单可靠，但是难以控制超声波发射的各种参数如频率、振幅、脉冲宽度等。新一代超声波仪器的发展趋势是采用数字化超声波发射模块，波形激励方式多样化。在这种方式下，激励信号的频率、振幅、脉冲宽度等各种参数均可控，并可以产生任意复杂的波形信号去激励发射超声波，从而提高检测灵敏度和信噪比。

同步电路输出的控制脉冲应具有陡峭的前沿以保证分辨率的要求，还要具有一定的触发功率，此外，还必须注意同步脉冲的重复频率（单位时间内产生同步脉冲信号的次数，特别是在高速探伤的超声波自动化检测系统中，这是很重要的参数之一）。目前商品化超声波探伤仪的重复频率一般在 $50\sim4000$ Hz。同步脉冲信号的重复频率决定了发射电路在单位时间内施加到超声波探头上的发射电脉冲的次数，亦即决定了超声探头在单位时间内发射超声脉冲的次数。

重复频率太高时，会使得两次超声脉冲之间的时间间隔太短，容易使第二次触发的超声脉冲与第一次触发的超声脉冲反射回波相遇而发生干扰，或者是在第一次触发的超声脉冲的周期内形成干扰，或者说是第一次触发的脉冲波尚未充分衰减而落入第二次触发的周期内形成干扰等，结果会产生幻影波（如图 1-91 所示）、假信号等。

当被检材料透声性优良，而重复频率选择过高时，还会出现所谓的"游动波"，特别在钢（例如5CrNiMo、1Cr11Ni2W2MoV、Cr17Ni2 等）或铝合金锻件中容易出现。这种游动波酷似缺陷的反射回波信号，其特点是从荧光屏水平刻度的始波位置出发缓慢地（快慢不一）向底波方向移动，直至越过第一次底波之后，从始波位置起又重新出现并向底波方向游动，在不同条件下，其移动速度不同，有时极为缓慢，因此在探伤检测中应注意识别。当把重复频率降低后，这种游动波现象就会消失，因此其识别也是比较简单的。

1.11.3　激励脉冲振幅

振动是声学的基础，只有声源的振动才能发射出声波。超声波与普通声波一样，是振动在弹性介质中的传

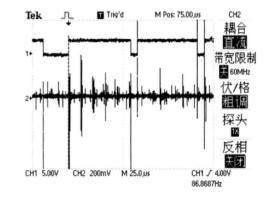

图 1-91　超声波探伤仪检测的幻影波

播。因此机械振动源和弹性介质是超声波产生的物理基础。振动物体离开平衡位置的最大距离叫振幅，振幅在数值上等于最大位移。振幅是标量，单位为米或厘米。机械振动中最简单的形式是一个自由度振动系统，弹性质点振动系统如图1-92所示。例如，一个弹簧振子，元件的质量为 m，置于无摩擦的表面上，弹簧的弹性系数为 k。如果系统具有一初始位移量，则必然有一个弹性力使系统产生振动。根据虎克定律，弹性力 $F = -k\xi$。就是说，在弹簧的弹性限度内，弹性力 F 的变化与位移量的变化成正比，弹性力的方向与位移方向则相反。

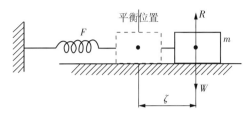

图 1-92　弹性质点振动系统

在振动过程中，它只是自身做能量的转换，由势能和动能相互转换。在平衡位置处，动能最大，势能为零；在最大振幅处，势能最大，动能为零。对于无阻尼的自由振动来说，振子的势能与动能之和保持恒定值，所以孤立质点的振动不会发生能量的传递。但是，在连续的弹性介质中，当某一质点受到外界作用而在其平衡位置做机械振动时，通过质点间的弹性力作用，就会把这个振动传给与它相邻的质点，使后者也在自己的平衡位置附近振动，如此继续下去，机械振动就在整个媒质中传播开来。

在材料无损评价中，非线性超声的衰减特性已经受到密切关注。大振幅超声波在材料中传播时产生的一些非线性效应，是由主频产生的二次（或高次）谐波以及驱动振幅对接收到信号的振幅的非线性相关性引起的。测试非线性效应能够获取材料的多种特性，如疲劳、微裂纹、薄膜涂层的特性等。其灵敏度远远高于超声衰减和波速测试等传统的线性方法。实际上，很多信息只能通过非线性测试才能得到。但是，在过去进行这些测试非常困难，原因是这些方法固有的特殊性，缺乏相应的检测仪器。非线性效应产生的信号常常比线性信号小几个数量级，很容易被噪声所掩盖。非线性测试需要在试样中激发振幅很大的信号。RITEC SNAP 是世界上第一套专门用于材料无损评估时的非线性效应研究的超声测试系统，堪称世界一流。特别是当需要使用电磁声传感器和空气耦合传感器时，SNAP 更可以大显身手。与其他超声系统相比，SNAP 具备以下特殊性能：在复合材料和其他困难材料中，能激发非常短（短至一个循环）的 RF 脉冲，进行可重复的测试；能激发功率高达 5kW 的高能 RF 声脉冲群，从而能驱动效率较低的传感器。

众所周知，超声波振动的振幅（位移量）是超声波设备的关键指标之一。超声波振动的振幅直接代表了超声波输出能量的大小，也关系到相关材料的强度和设备的使用寿命。因为频率高、振幅小的超声波，常用的测试手段对它无能为力，故很难测量。对于超声波振动系统，从传递力的角度看，$F = ma$，其中 m 是运动物体的质量，a 是该质量物体的运动加速度，也就是位移量对时间的二次导数（位移量对时间的一次导数是速度，速度再对时间的一次导数就是加速度）。若位移量太大，物体内部应力太大超过材料本身的抗拉强度，就会造成材料开裂或断裂。一般而言，对 20K 系统，铝合金的振幅不能超过 $50\mu m$、合金钢的振幅不能超过 $80\mu m$、钛合金的振幅不能超过 $100\mu m$。因此，发射电路施加至压电晶片的振幅不易过大。

1.11.4　激励脉冲宽度

激发脉冲超声波的电脉冲一般是一个上升沿小于 20ns 的很尖很窄的脉冲。而从超声脉冲波的波形看，其幅度是由小变大，然后又由大变小，而不是直接从大变小，并且振动可以持续 $1\sim10\mu s$。

发射的超声波是电压脉冲施加在探头上使之振动而产生的，虽然负尖波脉冲也可以产生超声波，但方波具有更好的可控性和调谐性：一次方波激励使超声波探头产生两次振动。以美国泛美 EPOCH4 仪器信号测试为例，选择 PULSER SQUARE 的 FREQ 为 0.28MHz，其产生两次振动的波形图如图 1-93 所示。

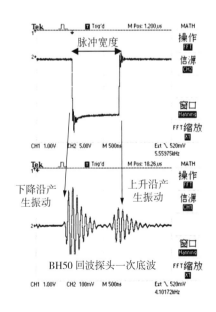

图 1-93　激励方波使超声波探头产生两次振动的波形图

激励方波的宽度调节可以使两次振动进行叠加或减弱，当脉冲宽度设置为探头频率周期的一半时（6.25 MHz时使用80ns），通过信号叠加，此时回波灵敏度最大，以美国泛美EPOCH4仪器信号测试为例，选择PULSER SQUARE的FREQ为6.25MHz，如图1-94至图1-96所示；而脉冲宽度设置为探头频率周期的一个周期时（7.6 MHz时使用132ns），两个信号反相，叠加可以产生很小的振幅信号，此时分辨率最高，以美国泛美EPOCH4仪器信号测试为例，选择PULSER SQUARE的FREQ为3.125MHz，如图1-97至图1-99所示。

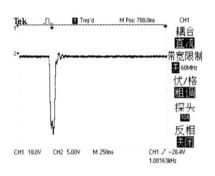

图1-94　激励方波宽度80ns信号

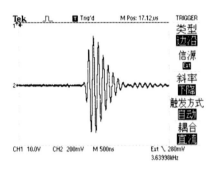

图1-95　回波探头一次底波信号叠加

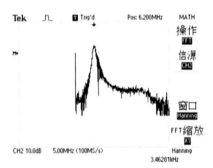

图1-96　探头频率6.25MHz频谱分析

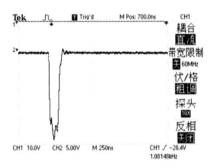

图1-97　激励方波宽度132ns信号

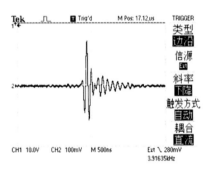

图1-98　回波探头一次底波信号相减

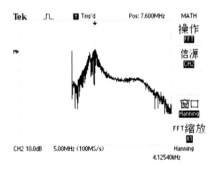

图1-99　探头频率7.6MHz频谱分析

在实际使用中，探头均有一定的带宽，最优的脉冲宽度必须通过实验来获得，具体调试方法：将底面回波信号设置为屏幕高度的80%左右，从该探头中心频率的一个周期开始校准脉冲宽度，但有时因为探头带宽较宽，激励脉冲宽度对波形的影响并不大。

1.11.5　发射电路和激励脉冲对超声波探伤的影响

发射电路对整个系统的性能指标有重要影响，与其直接相关的最大检测范围、盲区范围是决定仪器性能的重要指标。与普通声波（可闻波）相比，超声波具有许多特性，其中最突出的特性有：①由于超声波的频率高，因而波长很短，它可以像光线那样沿直线传播，使我们可以只向某一确定的方向发射超声波；②由超声波所引起的媒质微粒的振动，即使振幅很小，加速度也非常大，因此具有很高的能量。

发射电路被触发而产生为激励探头发射超声波的电脉冲，其机理是利用电容器的充放电来实现的，当重复频率太高时，电容器充放电的时间间隔将会显著缩短，易产生电容器尚未充电到额定电压值时就开始放电的现象，从而导致发射功率下降使检测灵敏度降低。

材料组织在超声声场的作用下，当超声波满足小振幅条件时，声源与其声场之间为线性关系，即无论在声场的任何距离上，介质质点都重复声源的振动规律，但当超声波不满足小振幅条件，而具有一定振幅（有限振幅，达到有限振幅的波为有限振幅波）时，在材料组织中，随着传播距离的增加，必然有谐波成分产生，但材料组织的谐波信号微弱，主要为反射（大界面产生反射）和散射（小界面产生散射）基波。由于有限振幅波的传播速度不是常数，而与介质的非线性参量及质点的振速有关，致使波形发生畸变，波形的畸变必然伴随谐波的产生，相继出现高次谐振、分谐振、高次分谐振等。

根据试验的数据，如激励的探头频率为 f（MHz），方波宽度为 t（ns），则有如下结论：

① 重复频率选择过高，将导致发射功率变小，使检测灵敏度降低，以及会出现幻影波、假信号。

② 大振幅超声波在材料中传播时，会产生一些非线性效应，是主频产生的二次（或高次）谐波以及驱动振幅对接受到信号的振幅的非线性相关性引起的。

③ 匹配方波宽度为探头中心频率一半时，此时产生的波形幅度将比同等电压激励的负尖波产生的幅度高 12dB 左右。

④ 当 $2ft=1$ 时，方波激励可以获得良好的分辨率及灵敏度。

⑤ 当 $2ft<1$ 时，方波激励可以获得良好的分辨率，但灵敏度下降。

⑥ 当 $2ft>1$ 时，方波激励可以获得良好的灵敏度，但分辨率下降。

随着电子技术和软件技术的进一步发展，数字智能化超声波探伤仪的发展前景非常广阔。相信不久的将来，更加先进的新一代数字智能化超声波探伤仪将逐步取代传统的模拟式超声波探伤仪，以图像显示为主的探伤仪将会在工业检验中得到广泛应用。

1.12 超声波扫描显微镜技术及其应用

1.12.1 超声波扫描显微镜的基本原理

超声波扫描显微镜（SAM）是以现代微波声学、硬件信号处理和计算机软件为基础，可以无损、精密地观察材料内部结构三维图像（3D Image）的新型声学设备。超声波检测具有良好的穿透性、反射性，易于穿透不透明的物体，在两种声阻抗之间易形成反射波。声压反射率公式为

$$r_p = (Z_2\cos\alpha - Z_1\cos\beta) / (Z_2\cos\alpha + Z_1\cos\beta)$$

式中，Z_1 为介质的声阻抗；Z_2 为介质的缺陷声阻抗；α 为入射角；β 为反射角。当超声波垂直入射时，$\cos\alpha=\cos\beta=1$；当入射波与反射波同为一种波型时，$\alpha=\beta$，上述公式可简化为 $r_p = (Z_2 - Z_1) / (Z_2 + Z_1)$。超声波显微反差的机理是被测材料微观声学参数或力学参数的差异与分布。

传统超声检测技术的工作频率是 1～10MHz，由于其使用频率较低，检测分辨率不高；而超声波显微检测技术最常用的工作频率为 10～100MHz，甚至可以达到 2GHz，检测分辨率极高。超声波扫描显微镜的特点在于能够精确地反映出材料声波和微小的弹性介质之间的相互作用，并对从材料内部反馈声阻抗的信号进行分析，图像上（B-Scan，C-Scan）的每一个象素点对应着材料内某一特定深度的一个二维空间坐标点上的信号反馈。一幅完整的图像由逐行逐列的扫描材料完成，反射回来的超声波信号经调理后送出检波或射频，这样就可以用信号传输的时间反映出材料的深度，用户可通过屏幕上的数字波形展示出接收到的反馈信息（A-Scan，TOFD），设置相应的门控电路，用这种定量的时间差测量（反馈时间显示），就可以选择所要分析的材料深度。

超声波扫描显微镜分析是分析材料多层结构分布的最重要的无损检测方法，可以很好地探测出空洞、分层和水平裂纹，这是光学显微镜（属于破坏性检验）、X 射线检测方法无法替代的。由于超声波检测原

理主要是平面波反射，因而对垂直裂纹（如绝大多数的开口裂纹、垂直分量较大的弯曲裂纹）的分辨能力不强，一般材料多层结构的检测需要较高的超声频率。图 1-100 所示为超声波扫描显微镜检测典型空洞的结果。

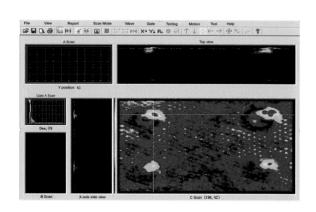

图 1-100　超声波扫描显微镜检测典型空洞的结果

1.12.2　超声波扫描显微镜的特点

在超声波显微检测技术发展的初期阶段，人们通常认为高频率的检测在超声波显微检测技术应用中占有优势。然而，由于材料声衰减与声频率的平方相关，频率越高，声衰减越大，穿透材料厚度越浅。所以，材料内部的无损检测，最常用的频率范围为 $10\sim100\mathrm{MHz}$。压电换能器在高频电信号的激励下，产生频率为 $10\sim100\mathrm{MHz}$ 的超声波，通过声学聚焦透镜在耦合介质（如水中）中会聚，会聚的声束遇到材料试样表面发生折射，声束在试样内部进一步会聚聚焦，最终在一定深度处聚成焦点。此焦点形状并不是几何上简单的圆点，而是聚焦成一个沿纵深方向的纺锤形狭窄区域。该区域横向尺寸越小，声学显微镜的横向分辨率就越高。纵向尺寸与声透镜的凹面曲率半径有关，它直接影响声学显微镜的纵向分辨率及探测深度。

德国最早发明了一种新型的显微镜，它不再用光，而是用超声波扫描进行工作。这种显微镜对于物质最纤细的组织结构能够做出准确判断，该显微镜是世界第一台用超声波扫描进行工作的显微镜。超声波扫描显微镜，扫描分辨率为 $0.1\mu\mathrm{m}$，最小扫描范围为 $0.25\mu\mathrm{m}\times0.25\mu\mathrm{m}$。目前，德国的 KSI 超声波扫描显微镜 C-SAM（SAT）是世界上最先进的显微镜（如图 1-101 所示）。超声波扫描显微镜，主要应用领域是半导体器件芯片、复合材料及钢铁组织等内部的失效分析，其可以检查到：材料内部的晶格结构、杂质颗粒、夹杂物、沉淀物、裂纹、分层缺陷、空洞、气泡、空隙等。

普通光学显微镜的构造主要分为三部分：机械部分、照明部分和光学部分。光学显微镜在 1590 年由荷兰的杨森父子首创。现在的光学显微镜可把物体放大 1500 倍，分辨的最小极限达 $0.2\mu\mathrm{m}$。光学显微镜的种类很多，除一般的光学显微镜以外，主要有暗视野显微镜，它是一种带有暗视野的聚光镜，从而使照明的光束不从中央部分射入而是从四周射向标本的显微镜。还有荧光显微镜，它是一种以紫外线为光源，使被照射的物体发出荧光的显微镜。

电子显微镜是 1931 年在德国柏林由克诺尔和哈罗斯卡首先装配完成的。这种显微镜用高速电子束代替光束。由于电子流的波长比光波短得多，所以电子显微镜的放大倍数可达 80 万倍，分辨的最小极限可达 $0.2\mathrm{nm}$。1963 年开始使用的扫描电子显微镜已能让人看到物体表面的微小结构。

超声波扫描显微镜是 1990 年由德国 KSI 公司在世界上领先研制而成。近年来，超声波扫描显微镜 C-SAM 已被成功地应用于电子工业、化学工业及钢铁工业等领域，尤其是用于封装技术研究及材料分析的实验室。由于超声波具有不用拆除组件外部封装的非破坏性检测能力，故 C-SAM 可以有效地检出材料中因水气或热能所造成的破坏，例如结合层、气孔及裂缝等。超声波在行经介质，若遇到不同密度或弹性系数的物质时，即会产生反射回波。而此种反射回波强度会因材料密度不同而有所差异，C-SAM 利用此特性检出材料内部的缺陷并依据所接收的信号变化使之成像，还可由影像确定缺陷的相对位置。

图 1-101　德国的 KSI 超声波扫描显微镜

超声波扫描显微镜的特点是可以放置多个门电路，因此我们在监控屏幕下得到材料内部不同深度的多幅图像。在超声波频率高达 2GHz 时，仪器最高分辨率可以达到 $0.1\mu m$。根据需要可以选择多个传感器，从而得到不同频率的声波信号。超声波扫描显微镜可对每一个扫描点反馈回来的信号进行振幅及其正负和传输时间的分析，并用颜色（连续谱、灰度谱）表示出声波相位的反转情况。

1.12.3　X 射线与 C - SAM 成像原理

X 射线在穿透物体过程中会与物质发生相互作用，因吸收和散射而使其强度减弱。强度衰减程度取决于物质的衰减系数和射线在物质中穿越的厚度。如果被透照物体的局部存在缺陷，且构成缺陷的物质的衰减系数又不同于试件，该局部区域的透过射线强度就会与周围产生差异。把胶片放在适当位置使其在透过射线的作用下感光，经暗室处理后得到底片。底片上各点的黑化程度取决于射线照射量，由于缺陷部位和完好部位的透射射线强度不同，底片上相应部位就会出现黑度差异。底片上相邻区域的黑度差异被定义为"对比度"。把底片放在观片灯光屏上借助透过的光线观察，可以看到由对比度构成的不同形状的影像，评片人员可据此判断缺陷情况并评价试件质量。

超声波扫描显微镜 C - SAM 内部造影原理为电能经由聚焦转换镜产生超声波触发在待测材料上，将超声波的反射或穿透信号接收后进行影像处理，再以影像及信号加以分析。声学显微镜是无损、精细、高灵敏度地观察物体内部及表层结构的新型检测设备，能用于观察材料内部不同深度、尺寸为微米到百微米的结构和缺陷。声学显微镜由声学部件（包括换能器、声透镜等）、高低频电路、高速程控运放、高速 AD、精细扫描装置、微机软硬件系统等部分组成。换能器产生的声波被声透镜聚焦，遇检测试件表面发生折射，声波进一步聚焦，声波遇试件内部缺陷时产生反射，反射波返回换能器，经处理后在显示器上呈现出其内部不均匀性的图像。

C - SAM 可以在不需破坏封装的情况下探测到结合层、空洞和裂缝，且拥有类似 X 射线的穿透功能，并可以找出问题发生的位置和提供分析数据。

1.12.4　超声波扫描显微镜的应用

超声波显微检测系统主要由声透镜、脉冲发射/接收装置、超高速 A/D 卡、机械扫描装置等部件组成。如图 1 - 102 所示为接触法平面式探伤扫描架，如图 1 - 103 所示为水浸法转动式探伤扫描架。超声波扫描显微镜利用时间门电路技术可以获得和区分材料内不同深度处的反射回波信号。C - SAM 通常有以下三种工作模式：①内部成像。即显示器上呈现出材料内部不同深度处的声学图像。②表层、亚表层成像。此时声透镜的理想焦点在材料的内部。材料的反射信号由入射纵波的反射波和透镜边缘区的入射波在材料表面形成泄漏表面波的再辐射波两部分相干叠加而成，此时可从材料表面反射波中获取表层和亚表层的结构信息。③z 轴扫描工作状态和 $V(z)$ 曲线。由表层成像工作可知，表面反射信号由两个分量组成，当声聚焦透镜在同一试样中沿垂直于表面的 z 方向扫描时所得输出电压信号 V 随 z 的变化称为 $V(z)$ 函数。$V(z)$ 函数具有瑞利波半波长的周期性振荡。不同材料的 $V(z)$ 曲线不同，$V(z)$ 函数可作为材料的声学特性，因此，也称为材料的"声学指纹"。

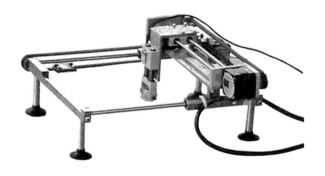

图 1 - 102　接触法平面式探伤扫描架

图 1 - 103　水浸法转动式探伤扫描架

　　超声波显微检测应用比较成功的是在生物医学工程中对活体组织和细胞的研究以及在微电子工程中对集成电路内部结构的分析与研究。目前，国内外已有将 C-SAM 应用于材料科学中晶格组织、结构失效分析的研究。

　　超声波扫描显微镜的特点非常适合进行各种二维、三维检测和微焦点计算纵向、横向断层扫描（μCT）应用，可获取整个材料三维空间的内部和外部信息，包括组成、结构、虚拟断面分析、应力和尺寸测量等。下面列举其试验结果与案例分析。

　　① 图 1-104 为金属试样平底孔的连续谱深度 C 扫描图像。在平底孔试样上获得了同深度处的 C 扫描图像，平底孔直径为 ϕ2mm，ϕ1.6mm，ϕ1.2mm，ϕ0.8mm，ϕ0.4mm。

图 1-104　金属试样平底孔的连续谱深度 C 扫描图像

　　② 图 1-105、图 1-106 为灰度谱和连续谱幅度 C 扫描图像。在试样上获得的不同深度处的两幅 C 扫描图像（灰度谱扫描、连续谱扫描）。

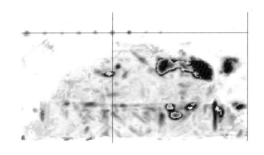

图 1-105　灰度谱幅度 C 扫描图像

图 1-106　连续谱幅度 C 扫描图像

　　③ 图 1-107 为层间连续谱幅度 C 扫描图像。z 轴上每层 0.1mm 深度变化可反映材料结构的组织形貌、缺陷的发展趋势。5mm 厚度的复合材料，选择了 15 层的影像剖析。

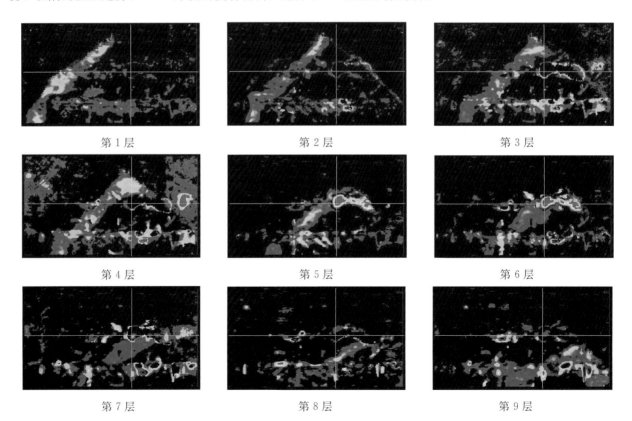

第 1 层　　　　　　　　　　第 2 层　　　　　　　　　　第 3 层

第 4 层　　　　　　　　　　第 5 层　　　　　　　　　　第 6 层

第 7 层　　　　　　　　　　第 8 层　　　　　　　　　　第 9 层

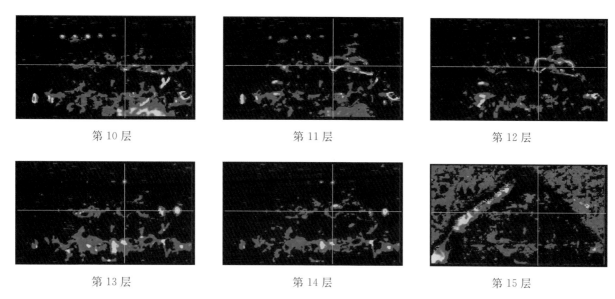

| 第10层 | 第11层 | 第12层 |

| 第13层 | 第14层 | 第15层 |

图 1-107　层间连续谱幅度 C 扫描图像

利用超声波显微检测技术可以获得材料缺陷在不同深度（或纵度）层面上的超声波 C 扫描（或 B 扫描）图像。实验结论表明：二维声学图像可以显示出缺陷在一定深度（或纵度）处的剖面图像；三维图像可以得到缺陷的立体图像、三维几何尺寸和相对空间分布；通过减小机械扫描步长，可以获得具有更高分辨率的图像质量，特别适合于分散的单点细小夹杂、气孔类的检测以及大尺寸缺陷的局部精细检测。

1.13　粗晶材料的超声波检测技术及其应用

在进行超声波检测时，当被检测材料的晶粒较粗大时，会产生严重的噪声并造成声波衰减，使超声波检测的灵敏度、强穿透力等特性下降。因此，提高强散射材料缺陷检出能力和信噪比是无损检测领域中的重要研究课题。

粗晶材料是超声波探伤中经常遇到的强散射材料，其对超声波检测能力的影响是由材料本身的组织特点决定的。

1.13.1　常见的粗晶材料

（1）奥氏体不锈钢、双相不锈钢

奥氏体钢冷却时不经过相变，常温下的晶粒就是高温时的粗大奥氏体晶粒。奥氏体不锈钢对超声波的散射很大，散射信号作为噪声在探伤仪屏幕上呈现草状回波，同时散射使衰减增大，缺陷信号强度大大降低。另外，奥氏体钢的热处理（如固溶处理）并不能改变其奥氏体组织，无法细化晶粒。

双相不锈钢为"奥氏体＋铁素体"组织，它们各占约 50％，铸造时也易出现晶粒粗大现象。另外，双相不锈钢通常在加工后经过固溶热处理，若温度控制不当，也会造成晶粒粗大。

粗晶粒的奥氏体不锈钢和双相钢的铸件很难进行超声波探伤，常会出现无底波情况，图 1-108 为 F51 双相不锈钢在探伤时出现的无底波波形图。

（2）灰铸铁

灰铸铁中含碳量高（大于 2.11％），材料内部含

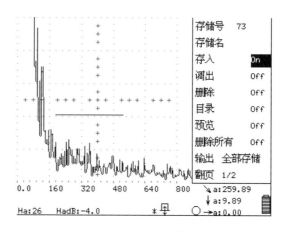

图 1-108　F51 双相不锈钢探伤无底波波形图

有大量片状石墨。若进行超声波检测，这些片状石墨和粗大晶粒会造成非常显著的散射回波和信号衰减，因此，通常情况下灰铸铁很难采用超声波探伤。

1.13.2　晶粒度对超声波检测的影响

材料晶粒度对超声波检测的影响表现在散射和衰减两个方面。超声波无损检测对象，通常是多晶体金属材料，其内部由大量随机分布的晶粒和晶界间夹杂物组成。超声波信号进入材料内部，会在各种界面发生散射。

超声波散射与材料晶粒平均直径有关，当晶粒平均直径 d 与波长 λ 的比值小于 0.1 时，散射现象微弱，对超声波检测不会造成大的影响；而当其比值大于 0.1 时，散射现象将显著增强，超声波检测的信噪比降低、灵敏度下降。另外，超声波的散射还与材料各向异性程度、超声波频率等因素有关。

在瑞利散射区，散射系数与晶粒平均直径、各向异性程度以及超声波频率 f 之间的定量关系由下式给出：

$$\alpha_s = c_2 \bar{d}^3 f^4$$

式中，α_s 为散射系数；c_2 是与材料各向异性程度相关的常数；$\bar{d}$ 为晶粒平均直径。可见，晶粒越粗大，材料各向异性程度越严重，超声波频率越高，散射越强烈。

图 1-109 为不同晶粒度材料散射幅度曲线与超声波换能器频率响应曲线的相对位置关系示意图。通常，细晶粒材料散射幅度曲线与换能器频带范围交叠小，散射现象微弱；粗晶粒材料的散射幅度曲线与换能器频带发生较大交叠，散射现象明显，信噪比低，超声波对缺陷检出能力严重下降。散射会造成严重的材料噪声，而衰减则导致缺陷与底波信号等材料结构特征信号的弱化，衰减是导致超声波对缺陷检出能力下降的另一重要原因。总之，材料晶粒度是超声波检测灵敏度的重要影响因素。

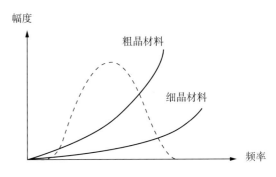

图 1-109　晶粒散射幅度与换能器频率响应曲线示意图

1.13.3　粗晶材料的现有检测手段

目前人们对粗晶材料的检测的手段大致有三种。

（1）采用低频窄带探头进行检测

这是一种纯物理的方法，目的是避开可能发生强烈散射的频带，降低散射噪声。但这种方法探伤分辨率低、灵敏度低，对探头的窄带性和系列化要求较高。如锻件探伤时采用 2.5MHz 探头，而在钢锭探伤时，由于钢锭晶粒相对粗大，则采用 1MHz 探头，但是 1MHz 的探头不能发现 2.95mm 以下的缺陷，灵敏度较低。

（2）采用聚焦技术

一种方式是传统的做法，即采用大直径聚焦探头。由于聚焦探头有一段聚焦细声束，利用细声束进行探伤可以减少杂波，提高探测灵敏度。

另一种方式是采用相控阵技术，实现焦点位置的动态控制，这样可以避免普通聚焦探头为实现全深度聚焦检测而对不同深度范围频繁更换探头的麻烦，例如本书"附录十三　相控阵 A、B 型试块测试方法"中就介绍了相控阵中的动态聚焦技术。

聚焦技术可以通过使用细声束和小聚焦区域在一定程度上抑制散射噪声对检测的干扰，但单纯依靠聚焦，不可能达到我们所期望的缺陷检出能力，因为在聚焦区内仍有大量的散射体存在。

（3）采用信号处理技术，提取缺陷信息

在粗晶材料超声波信噪比增强方面，小波变换、分离谱等技术的运用已取得良好效果。超声波探伤一般使用持续时间很短的脉冲超声波，一个脉冲波可以看作是由无限多个不同频率的正弦波（谐波）所组成。超声脉冲遇到缺陷反射后，各谐波的变化造成了频谱的变化，从而为人们提供了判断缺陷性质的信息。但超声回波信号具有时变特性，在数学上不能满足傅里叶分析的条件，从广泛应用的频谱图形上也不能有效地提取缺陷特征。而小波分析在时域和频域中都具有良好的分析能力，是一种理想的分析非稳态信号的途径，适于对超声波脉冲回波信号的分析。

另外，数字信号处理技术的采用，则进一步提高了缺陷的超声波检出能力。例如粗晶材料超声波检测的时频分析处理方法，先获得优质时频图像，然后提取时频图像缺陷信息，最后实现缺陷信息的 A 型显示，该方法可以检测粗晶材料中微小的缺陷，具有非常好的信噪比增强效果。

1.14　超声波检测的人工反射体仿真

超声波反射法是当前超声波检测领域中应用最为广泛的一种检测方法，该方法是根据缺陷反射回波声压的高低来评价缺陷的大小，然而由于工件中的缺陷形状及性质均不相同，这就使得通过超声检测结果确定缺陷的实际大小和形状特征成为超声检测界的难点。即使超声检测结果中缺陷回波的声压大小相同，缺陷的真实大小和形状特征也可能有很大差异，为此常规工业检测中引用当量法和测长法来对其进行评价。超声波探伤中常用的规则反射体有大平底、平底孔、长横孔、短横孔和球孔等，而锻件产品中常出现气孔、夹杂、偏析、局部疏松、整体疏松、缩孔、裂纹、白点及分散多点等缺陷。

针对声场中规则反射体的反射问题和其声场中的声压分布问题，最常用的软件模拟方法主要采用三种方法：FEM（有限元法）、FDM（有限差分法）、BEM（边界元法）。这三种模拟方法均可称为数值仿真方法，而其中研究 FEM 方法的厂家及机构是最多的。FEM 是一种高效的数值模拟方法，该方法通过将连续的单元离散成为有限个小单元，对每一个小单元再利用单元场函数来分别求解，最终将所有小单元求解的结果进行集合并代表整个连续体的场函数，非常适合解决弹性波动力学中的各种复杂问题。

目前商用的有限元分析软件非常多，其中常用的有限元仿真软件有 ANSYS、ABAQUS、PATRAN、NASTRAN 等。这些软件各有其优点和缺点，它们对仿真超声波检测金属产品缺陷的检测效果也各不相同。经过多次实验仿真模拟的对比分析，本书采用 ABAQUS 软件来进行模拟仿真计算研究。ABAQUS 被广泛地认为是目前功能最强的有限元软件，可以分析复杂的固体力学、结构力学问题，特别是能够驾驭非常庞大复杂的问题和模拟高度非线性问题，在大量的高科技产品研究中发挥着巨大的作用。

1.14.1　人工缺陷仿真模型

利用 ABAQUS 软件建立超声波在各向同性弹性介质中的传播方程，可以获得超声波在金属工件中的整个传播过程以及在人工反射体处的反射和散射特征；通过分析超声波的传播过程和声场分布，能够准确评估反射体的位置和大小。采用 ABAQUS 仿真软件进行的分析方法，可以应用于实际超声波探伤对象和探伤过程。

本节构建的人工反射体超声波检测的有限元模型为：金属工件长度 100mm，高度 50mm，材料为 45 号钢（弹性模量 $E=209$GPa，泊松比 $\nu=0.269$，密度 $\rho=7890$kg/m³）；假设人工反射体（在垂直纸面方向）的宽度远大于其长度和高度，这样可将金属工件中垂直于人工反射体传播的超声检测的三维问题简化为二维处理，使得有限元剖分网格的数量大大减少，降低了模型求解的计算量和运算时间。在 ABAQUS 中建立的金属工件及其人工反射体的二维仿真模型如图 1-110 所示。

为了增加探头发射能量，提高检测的轴向分辨率，本书采用空间上高斯分布、时间上汉宁窗调制的三周期正弦信号作为载荷，以近似模拟换能器声场分布，其中，激励信号中心频率为 2.5MHz。图 1-111 为其激励信号的时域波形。

在分析步长的定义中，采用动力学求解算法，通过增加单位时间内的增量步数可提高结果的输出精度。在本节仿真中，时间增量为 0.5ns。对于上述 45 号钢，材料中的纵波波速为 5748m/s，当采用中心频率为 2.5MHz 的超声波进行数值模拟时，对应的声波波长为 2.3mm。设定全局网格尺寸为 0.1mm，远远小于声波波长的 1/10，满足计算收敛性要求。网格尺寸方程要求如下：

$$L \leqslant \lambda_{\min}/10$$

$$\lambda_{\min} = V_{C}/f_{\max}$$

式中，L 为网格尺寸，$\lambda_{\min}$ 为最小波长，V_{C} 为波速，$f_{\max}$ 为探头最大频率。

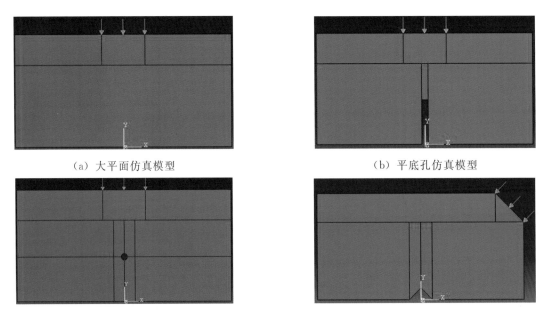

（a）大平面仿真模型　　　　　　　　　　　　（b）平底孔仿真模型

（c）圆柱孔仿真模型　　　　　　　　　　　　（d）V形槽仿真模型

图 1－110　二维模型仿真模型

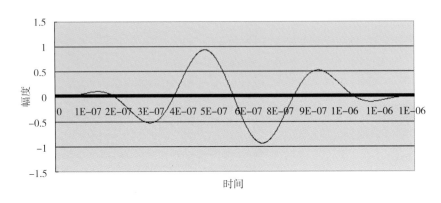

图 1－111　激励信号的时域波形

1.14.2　大平面（底面）的缺陷仿真模型

固体中超声波散射是声学的基本问题之一，同时也是超声波检测的核心问题。图 1－112 所示为大平面（底面）的超声波入射与反射波场分布，从声波在 $30\mu s$ 时的反射波场分布图可以看出大量的散射波振面，因此可以证明入射至大平面（底面）前，不会产生反射散射信息。其中，检测平面与反射平面相互平行的金属构件，其仿真参数设置：时间长度计算式为 $(2\times50/5.748)\times10^{-6}=1.74\times10^{-5}s$，建议设为 $2.5\times10^{-5}s$；设置振动波的采样频率为 $200MHz$；设置历程输出点数为 6000 点。

分析超声波检测仿真回波信号，第一个波包为始波，如图 1－113（a）所示；第二个波包为晶片边部阵元衍射回波，如图 1－113（b）所示；第三个波包为底面回波，如图 1－113（c）所示；图 1－113（d）所示给出了传感器返回衍射波场汇合处能量分布。根据 $X-Y$ 图节点坐标，可以计算位移 U，在可视化模块上，选择"在未变形图上绘制云图"和"创建 X、Y 数据"，利用"历程输出"绘制云图。图 1－114 所示为大平面（底面）的超声波仿真反射波形。

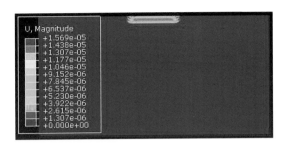

（a）0.5μs 时的波场分布

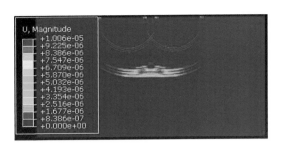

（b）10μs 时的入射波场分布

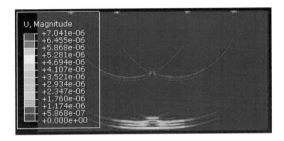

（c）20μs 时的入射波场分布

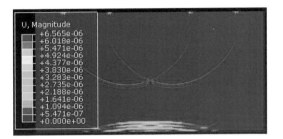

（d）20μs 时的反射波场分布

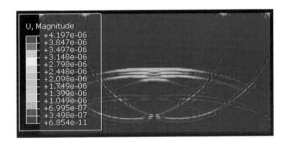

（e）30μs 时的反射波场分布

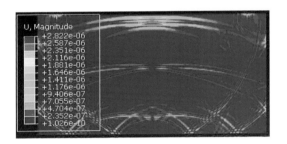

（f）40μs 时的反射波场分布

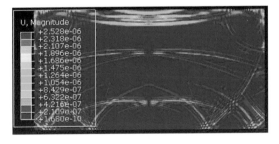

（g）41μs 时的二次反射波场分布

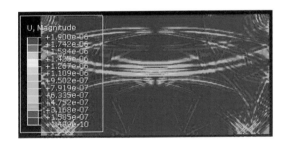

（h）50μs 时的二次反射波场分布

图 1-112　大平面（底面）的超声波入射与反射波场分布

（a）1μs 时的波场分布

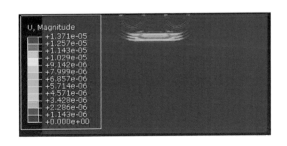

（b）3μs 时的入射波场分布

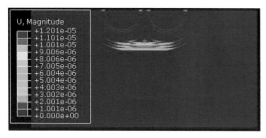

（c）4μs 时的入射波场分布

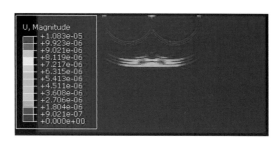

（d）5μs 时的反射波场分布

图 1－113　传感器返回衍射波场分布

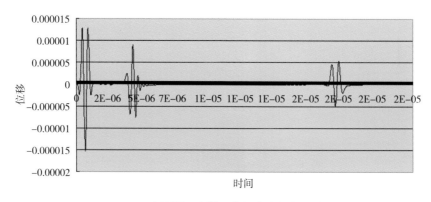

图 1－114　大平面（底面）的超声波仿真反射波形

1.14.3　圆形（平底孔）的缺陷仿真模型

在有限元数值模拟中，换能器的模拟是关键部件之一，选取合适的换能器激励方式可以模拟出接近实际换能器声场的结果并减少程序运算的误差。本书采用 $\phi20\text{mm}$ 直径等幅加载的换能器，激励信号基于 Matlab 软件编写，为了增加探头发射能量，提高检测的轴向分辨率，因此采用空间上高斯分布、时间上汉宁窗调制的三周期正弦信号作为载荷，通过有限元仿真软件模拟不同加载方式的换能器声场，并对理论和实验结果进行了比较。图 1－115 所示为圆形（平底孔）的超声波入射与反射波场分布。声波传播通过平底孔时，一部分继续前进，另一部分被反射回来，如图 1－115（c）所示。声波传播至底面时，一部分呈"V"字形波阵面向两侧传播，另一部分被反射回来，如图 1－115（f）所示。从图中可以看出平底孔反射信号稳定且无干扰，孔的波阵面为平面波。图 1－116 所示为圆形（平底孔）的超声波仿真反射波形。

（a）0.5μs 时的波场分布

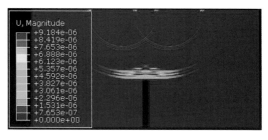

（b）10μs 时的入射波场分布

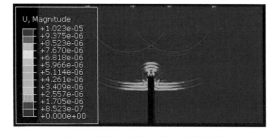

（c）11μs 时的入射通过平底孔波场分布

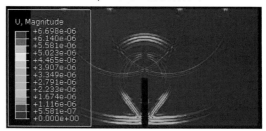

（d）20μs 时的反射波场分布

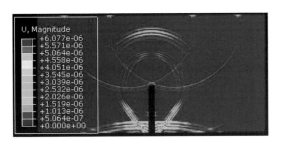

（e）21μs 时的反射波场分布

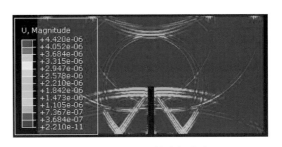

（f）30μs 时的反射波场分布

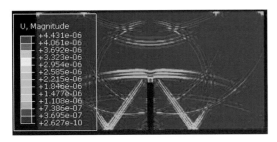

（g）31μs 时的反射通过平底孔波场分布

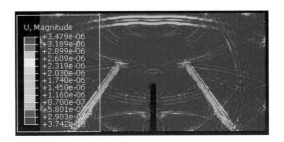

（h）40μs 时的反射波场分布

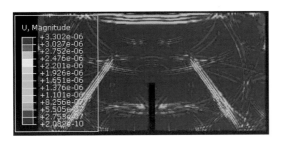

（i）41μs 时的二次反射波场分布

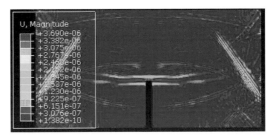

（j）50μs 时的二次反射波场分布

图 1－115　圆形（平底孔）的超声波入射与反射波场分布

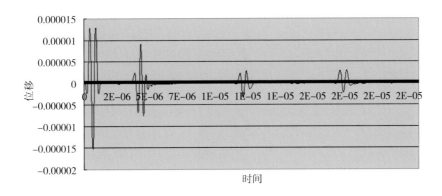

图 1－116　圆形（平底孔）的超声波仿真反射波形

1.14.4　圆柱孔的缺陷仿真模型

在仿真区域的中心设置一直径为 3mm 的横向圆柱孔，整个区域网格控制采用三角形单元形状。采用有限元数值模拟，在模型制作、参数选取和变动及对模拟结果的数据处理方面，较之实物模型试验皆具有无比的灵活性和优越性。从图 1－117 中可以清晰地看到，其横孔入射平面上纵波沿孔壁爬行 1/4 圆周后的爬行情况及平面纵波入射时在孔壁产生的爬行纵波的爬行情况。该结果证实了理论估计，弥补了实验的不足。当声波返回传播时，爬行通过横孔后，波阵面呈"雁子"形向两侧推进，可以看出反射信号成同轴圆柱面的波阵面。图 1 - 118 为圆柱孔的超声波仿真反射波形。

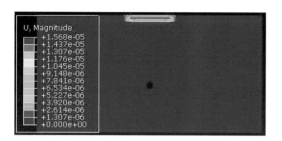

（a）0.5μs 时的波场分布

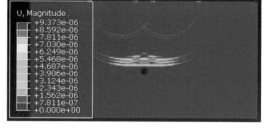

（b）10μs 时的入射波场分布

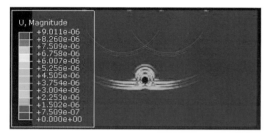

（c）11μs 时的入射通过孔波场分布

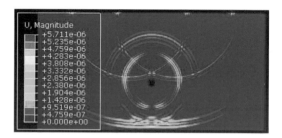

（d）20μs 时的入射波场分布

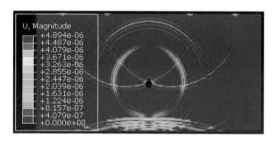

（e）20μs 时的反射波场分布

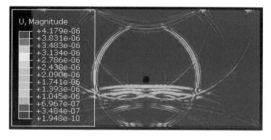

（f）30μs 时的反射波场分布

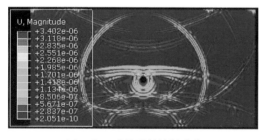

（g）31μs 时的反射波场分布

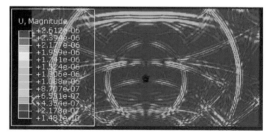

（h）40μs 时的反射波场分布

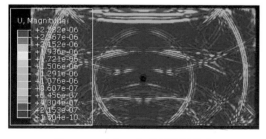

（i）40μs 时的二次反射波场分布

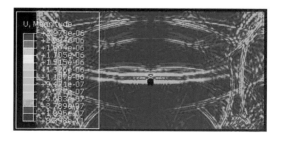

（j）50μs 时的二次反射波场分布

图 1 - 117　圆柱孔的超声波入射与反射波场分布

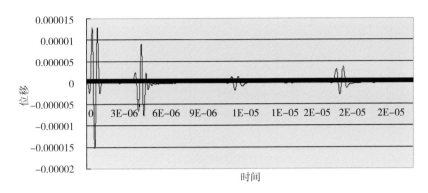

图 1-118　圆柱孔的超声波仿真反射波形

1.14.5　V 形槽的缺陷仿真模型

图 1-119 所示为其斜入射纵波在工件中传播和与工件底面 V 形槽相互作用的波场分布情况。入射纵波由右向左传播，它们可分为三个部分：第一部分声波从 V 形槽左侧传过并在工件底面发生反射，如图 1-119（e）所示，这部分反射波不能被探头接收到；第二部分声波直接投射在 V 形槽的右边上并发生反射，由于 V 形槽的右边与探头晶片平行，所以这部分反射波被探头接收；第三部分声波投射在 V 形槽右侧的底面并发生发射，这部分反射波会与 V 形槽的反射波相遇，其汇聚过程如图 1-119（d）所示。相遇后的 V 形槽反射波不会受干扰，继续保持平面波阵面向探头传播。斜入射纵波的辐射声场分布较为复杂，但仿真计算结果与理论分析和实验结果具有较好的符合性。图 1-120 所示为 V 形槽的超声波仿真反射波形，图中第一个信号为始波，第二个信号为探头边缘回波，第三个信号消减为 V 形槽的反射回波。

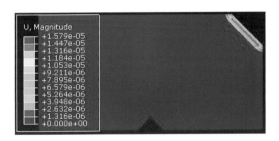

（a）0.5μs 时的波场分布

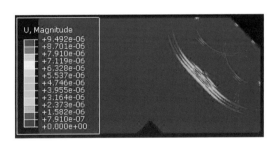

（b）10μs 时的入射波场分布

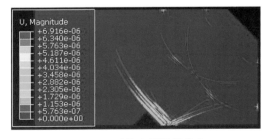

（c）20μs 时的入射波场分布

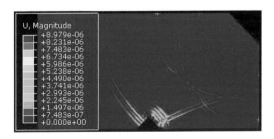

（d）20μs 时的反射波场分布

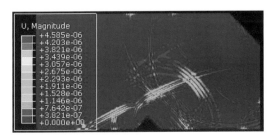

（e）30μs 时的反射波场分布

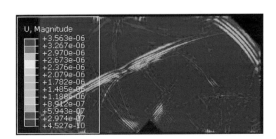

（f）40μs 时的反射波场分布

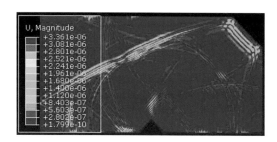 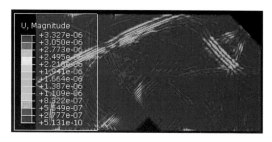

（g）41μs 时的二次反射波场分布　　　　　　　　（h）45μs 时的二次反射波场分布

图 1-119　V 形槽的超声波入射与反射波场分布

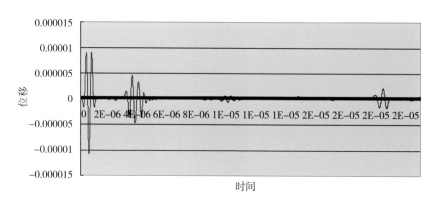

图 1-120　V 形槽的超声波仿真反射波形

需要补充说明的是，虽然斜入射横波检测的应用场合更多，但斜入射纵波在锻件探伤中也常常被用到，它的仿真研究及其结果分析对实际检测工作具有指导作用。

1.14.6　结语

本节通过数值计算得到超声波在具有人工反射体的金属工件中传播的声场照片，并将仿真结果与日常检测相对比，证明基于 ABAQUS 有限元软件模拟超声波传播和反射过程的可行性。使用 ABAQUS 法可以方便地优化检测方案和修改参数，为研究复杂形貌缺陷的超声波检测提供了有效手段。主要结论如下：

① 在探头激励信号的选取上采用了空间上高斯分布、时间上汉宁窗调制的三周期正弦信号作为载荷，使能量能够有效集中于主声束，减少了旁瓣的影响，提高了检测的轴向分辨率。

② 从平底孔仿真结果的分析可知，平面入射的超声波到达平底孔时，反射波阵面仍为平面型；声波传播至底面时，有一部分呈 "V" 字形波阵面向两侧传播。

③ 从横孔仿真结果的分析可知，一部分入射波沿孔壁爬行 1/4 圆周并发生散射，形成圆柱面的辐射波；入射声波通过横孔后，波阵面呈 "雁子" 形向前传播。

④ 从 V 形槽仿真结果的分析可知，入射至 V 形槽右边上的反射波，会与入射至槽右侧的底面回波相遇。相遇后的 V 形槽反射波不受干扰，保持原有反射路径继续传播。

1.15　超声阵列成像技术及其应用

常规相控阵检测 B 扫描成像方法主要有普通 B 扫描成像、深度聚焦 B 扫描成像以及扇形扫描成像。本节主要研究超声波相控阵全矩阵数据预处理及成像方法，即利用全矩阵数据实现常规相控阵三种 B 扫描成像和全聚焦成像，并对几种成像方法的成像质量进行对比评价。在此基础上，将脉冲压缩技术应用于相控阵全聚焦成像中，并对全聚焦成像进行了幅值补偿。下面重点介绍几种典型阵列成像方法，包括普通 B 扫描成像、深度聚焦 B 扫描成像、扇形扫描成像、全聚焦成像等，并给出一种常用的阵列成像算法评价指标。

1.15.1　全矩阵数据处理成像方法

与常规相控阵扫查获得的数据相比，全矩阵采集获得的数据蕴含着更丰富的信息，通过对其进行处理，可以获得更多的缺陷特征信息。全矩阵数据是超声阵列后处理检测方法的基础。

全矩阵数据采集是指在检测过程中，换能器阵列中各阵元依次激励超声波，换能器中所有阵元分别独立接收回波信号的过程。对于阵元数为 N 的相控阵换能器，全矩阵数据采集过程可描述为：使换能器中的阵元从第 1 个开始依次激励超声波，每个阵元激励时，换能器中所有阵元分别独立接收回波信号，每次得到 N 组数据。若换能器的第 i 个阵元激励超声波，第 j 个阵元接收超声波，其得到的回波信号可表示为 $f_{(i)j}(t)$（$i=1，2，3，\cdots，N；j=1，2，3，\cdots，N$），全矩阵数据采集共获得 $N \times N$ 组数据。图 1-121 为全矩阵数据采集模式示意图，红色阵元进行激励，所有阵元进行接收。

全聚焦成像的基本思想是将声束聚焦到成像区域的每一个像素点，与传统超声成像相比具有更高的分辨率。常规超声波相控阵检测无法实现全聚焦成像，必须通过对全矩阵数据进行处理方可实现全聚焦成像。

成像时，需要首先建立成像坐标系，定义相控阵探头中每个阵元在坐标系中的位置以及每个成像像素点在坐标系中的位置。由于阵元长度方向尺寸远远大于阵元宽度方向的尺寸，因此可以将成像坐标系简化为如图 1-122 所示的二维坐标系。坐标系原点定义在阵元序列的中心，其中（$x_{tx}，z_{tx}$）为激励阵元的坐标，（$x_{rx}，z_{rx}$）为接收阵元的坐标，（$x，z$）为成像点坐标。根据上述成像坐标系，下面介绍几种典型的成像方法。

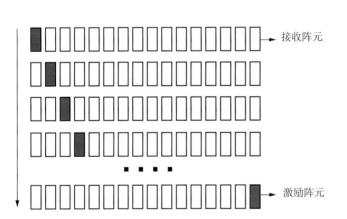

图 1-121　全矩阵数据采集模式示意图　　　　　　图 1-122　成像二维坐标系

（1）平面 B 扫描成像

平面 B 扫描成像原理示意如图 1-123 所示。常规相控阵检测扫查模式为线性电子扫查，晶片发射和接收时均不施加任何延时法则。激发的一组晶片称为电子孔径，由其产生平面波束，通过电子孔径的不断移动实现 B 扫描成像。

利用全矩阵采集数据进行平面 B 扫描成像，是将每个电子孔径所对应的全部阵列数据在成像点位置进行幅值叠加，按照式（1-1）实现平面 B 扫描成像。

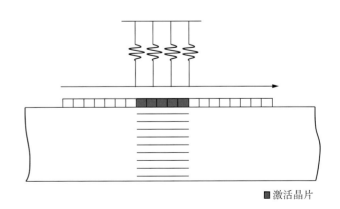

■激活晶片

图 1-123　平面 B 扫描成像原理示意图

$$I(x, z) = \left| \sum h_{\text{tx, rx}} \left(\frac{2z}{c} \right) \right| \tag{1-1}$$

式中，$h_{\text{tx, rx}}$ 为 t 晶片发射、r 晶片接收时的阵列数据；D 为电子孔径宽度；c 为声波波速；(x, z) 为成像点位置坐标。

（2）聚焦 B 扫描成像

聚焦 B 扫描成像原理如图 1-124 所示。常规相控阵检测扫查方式为线性电子扫查，通过对每个电子孔径上的晶片施加聚焦延时，实现对特定位置的聚焦成像。利用全矩阵采集数据进行聚焦 B 扫描成像，是将每个电子孔径对应阵列数据按发射、接收晶片与聚焦点的距离，计算声波传播时间，在聚焦点位置进行虚拟聚焦，并将信号幅值叠加，按照式（1-2）实现聚焦 B 扫描成像。

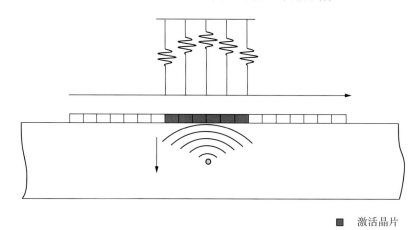

■ 激活晶片

图 1-124　聚焦 B 扫描成像原理示意图

$$I(x, z) = \left| \sum h_{\text{tx, rx}} \left(\frac{\sqrt{(x_{\text{tx}} - x)^2 + z^2} + \sqrt{(x_{\text{rx}} - x)^2 + z^2}}{c} \right) \right| \tag{1-2}$$

式中，$h_{\text{tx, rx}}$ 为 t 晶片发射、r 晶片接收时的阵列数据；D 为电子孔径宽度；c 为声波波速；(x, z) 为聚焦点位置坐标。

（3）扇形 B 扫描成像

扇形扫描成像原理如图 1-125 所示。常规相控阵检测的扫查方式为扇形扫查，通过对一组特定晶片施加不同的延时法则，实现检测过程中声束有一定角度偏转的 B 扫描成像。

利用全矩阵采集数据进行扇形扫描成像，是在极坐标系中将全部阵列数据在成像点位置进行幅值叠加，按照式（1-3）实现扇形 B 扫描成像。

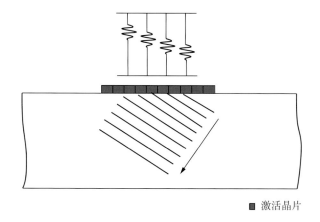

■ 激活晶片

图 1-125　扇形扫描成像原理示意图

$$I(x, z) = \left| \sum h_{\text{tx, rx}} \left(\frac{2r + x_{\text{tx}} \sin\theta + x_{\text{rx}} \sin\theta}{c} \right) \right| \tag{1-3}$$

式中，$h_{\text{tx, rx}}$ 为 t 晶片发射、r 晶片接收时的阵列数据；c 为声波波速；$(r、\theta)$ 为成像点在极坐标中的位置。

（4）全聚焦成像

全聚焦成像原理如图 1-126 所示。常规超声相控阵检测无法实现全聚焦成像，必须通过对全矩阵数据进行处理方可实现全聚焦成像，其基本思想是将声束聚焦到成像区域的每一个像素点。

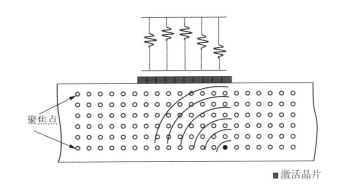

图 1-126　全聚焦成像原理示意图

利用全矩阵数据进行全聚焦成像，是将全部阵列数据按发射、接收晶片与成像点的距离计算声波传播时间，在每个成像点位置进行虚拟聚焦，并将信号幅值叠加，按照式（1-4）进行全聚焦成像。

$$I(x,\ z) = \left| \sum h_{tx,\ rx} \left(\frac{\sqrt{(x_{tx}-x)^2 + z^2} + \sqrt{(x_{rx}-x)^2 + z^2}}{c} \right) \right| \tag{1-4}$$

式中，$h_{tx,\ rx}$ 为 t 晶片发射、r 晶片接收时的阵列数据；c 为声波波速；$(x,\ z)$ 为成像点位置坐标。

1.15.2　成像算法评价指标

不同成像算法在对同一点状缺陷进行成像检测时所表现出的检测能力往往不同，因此需要对阵列成像方法的性能进行评价。这里是利用阵列性能评价指标 API 对不同成像算法、成像质量进行评价。API 的定义如式（1-5）所示。

$$API = \frac{A_{-6dB}}{\lambda^2} \tag{1-5}$$

式中，A_{-6dB} 为缺陷成像区域内，由成像幅值最大值下降－6dB 所对应的成像区域面积；λ 为声波波长。

从上式可以看出，API 越小，则成像分辨率越高。

1.15.3　超声阵列成像技术在圆棒锻件损伤检测中的应用

基于上述研究，现将超声波相控阵技术应用于大型锻件缺陷检测的试验研究中。其中主要试验内容有：大型锻件的现场检测试验，设计相关检测方案，结合 A 扫描结果以及扇形扫描结果对锻件内部缺陷进行定性分析，并对锻件进行解剖实验，根据低倍试验验证相控阵缺陷检测、缺陷定性分析方法的有效性。在此基础上，在实验室条件下运用相控阵 B 扫描、扇形扫描、C 扫描成像检测方法对缺陷特征、缺陷性质进行分析，并将全聚焦成像方法初步应用于锻件检测。

（1）锻件及加工工艺

被检测锻件为圆棒，被测圆棒如图 1-127 所示，其几何尺寸如图 1-128 所示。

图 1-127　被测圆棒

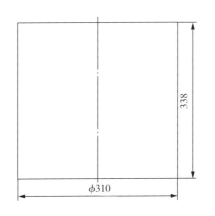

图 1-128　被测圆棒几何尺寸

该圆棒材料牌号为410，由连铸坯锻造而成，锻造温度控制在1200℃～850℃，锻造比为4。材料规格为 $\phi300mm$，锻造工艺为：首先将坯料拔长到550mm，然后再镦粗滚圆锻压到规定工艺尺寸。锻后冷却方式为炉冷，锻后热处理方式为退火。

（2）检测方案设计及结果分析

利用超声波相控阵技术对圆棒进行检测，综合使用A扫描和扇形扫描对圆棒内部缺陷进行检测，并根据A扫描波形及扇形扫描结果对锻件内部所存在的缺陷进行定性分析。检测过程中的基本参数设置见表1-3所列。

表1-3　检测参数设置

参数名称	参数值/单位	参数名称	参数值/单位
轴向扫查范围	3130mm	周向扫查范围	502.4mm～706.5mm
扫查类型	简单电子扫查	信号增益	74dB
信号频率	5MHz	声速	5830m/s
信号带宽	65%	探头晶片数量	32
探头晶片间距	0.1mm	探头晶片宽度	0.5mm
扫查方式	扇形扫描	扫查角度	−20°～20°

检测时，首先将相控阵探头置于被测圆棒表面沿锻件端面进行粗略扫查，如图1-129所示，依据扫描得到的A扫描波形，粗略判断锻件内部缺陷在轴向上的位置；再利用扇形扫描对缺陷集中区域进行检测，将探头置于锻件圆周方向上不同位置对锻件进行检测。

图1-129　扫查路径

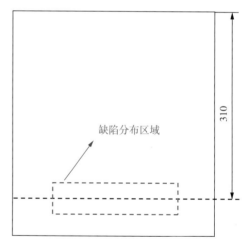

图1-130　缺陷分布区域

通过对被测圆棒的粗略扫查，发现在圆棒内部存在明显缺陷，缺陷分布区域如图1-130所示。将探头置于圆棒侧面，对缺陷区域进行检测，缺陷检测A扫描波形如图1-131所示。

根据A扫描波形图分析可以发现，缺陷回波为尖锐单峰，无草状回波，且缺陷回波幅值较高，对底波有明显的吸收作用，底波基本消失。根据相关文献，判断锻件缺陷类型为大型孔洞类缺陷或较大的裂纹。

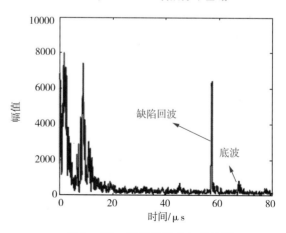

图1-131　缺陷检测A扫描波形

相控阵扇形扫描结果如图 1－132 所示。

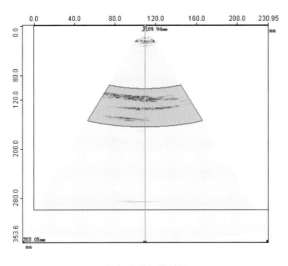
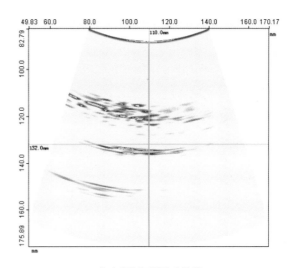

（a）扇形扫描结果　　　　　　　　　　　　　　（b）闸门区域放大结果

图 1－132　相控阵扇形扫描结果

将相控阵探头环绕缺陷 90°进行检测，检测结果如图 1－133 所示。

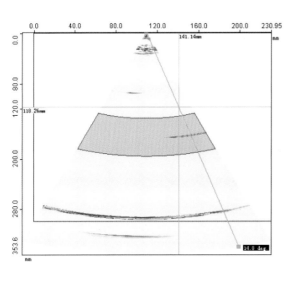
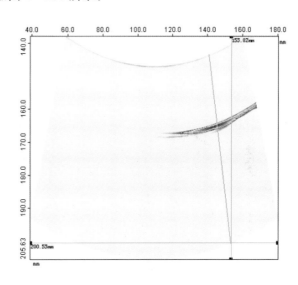

（a）扇形扫描结果　　　　　　　　　　　　　　（b）闸门区域放大结果

图 1－133　探头环绕 90°检测结果

根据以上相控阵检测结果进行分析，缺陷沿 X、Y、Z 方向的宽度均较大，图像深黄，且轮廓清晰。由探头环绕 90°检测结果可知，缺陷面积较大且呈局部体积状分布，缺陷分布具有一定的方向性。根据以上特征及相关文献可判断为大尺寸孔洞缺陷或裂纹缺陷。

综合以上缺陷波形特征及相控阵扇形扫描分析结果，预估锻件内部缺陷类型为大尺寸孔洞类缺陷，缺陷分布具有一定的方向性，且当量尺寸较大，位于锻件中心偏下的位置。

（3）解剖分析

根据探伤时标定的缺陷位置，采用线切割的方法在缺陷位置取两块低倍试样进行低倍检验，试样宽度为 25mm，根据低倍检验结果对探伤预估结果进行验证。锻件低倍取样位置如图 1－134 所示。

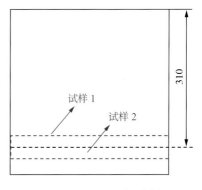

图 1－134　锻件低倍取样位置

被测锻件宏观低倍形貌如图 1-135 所示，低倍局部放大形貌如图 1-136 所示，通过低倍检测结果可以发现，在锻件中心偏下位置存在较大的孔洞类裂纹缺陷。缺陷位置及缺陷类型与实际检测结果相一致。

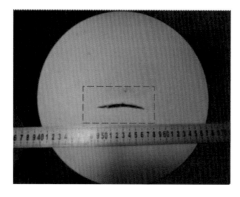

图 1-135　被测锻件宏观低倍形貌

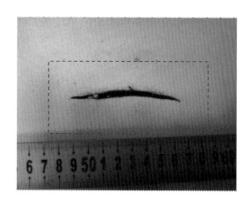

图 1-136　低倍局部放大形貌

1.16　基于散射系数矩阵的缺陷识别方法

在结构中传播的超声波遇到缺陷时，会发生反射和散射现象。超声波发生散射时，将改变其单方向传播特性，向空间不同方向传播，形成超声散射场。该超声波散射场中包含有丰富的缺陷信息，如缺陷的位置、形状、大小及方向等。利用布置在被测试件上的多个敏感元件拾取这些信息后，就可以从中提取缺陷的特征信息。相控阵探头由多个独立的阵元按一定的排列方式组成，每个阵元既可以接收信号也可以激励信号，故利用相控阵探头代替传统的多个探头阵列，不仅可接收一定角度范围的散射信号，提取缺陷的特征信息，同时也降低了检测系统的复杂性。

针对结构中裂纹检测及方向识别问题，本书提出了一种基于散射系数分布的裂纹识别方法。利用阵列的全矩阵数据构造了基于子阵列的裂纹超声散射系数计算模型，通过研究阵列散射系数分布与裂纹方向关系，从而识别裂纹，并可通过检测实验验证该方法对缺陷识别的有效性。

1.16.1　缺陷识别方法的验证

为了验证基于散射系数分布的缺陷识别方法对缺陷类型和方向识别的可行性，利用有限元仿真软件对孔缺陷、裂纹缺陷进行仿真，并用该方法进行不同缺陷类型及缺陷方向的识别。

下面主要应用 CIVA 软件中超声波仿真的缺陷响应模块获得缺陷的全矩阵数据。CIVA 软件是一款专业的无损检测仿真软件，可以进行超声、涡流、X 射线等无损检测方法的仿真。而且 CIVA 软件仿真建模是基于半解析法，其计算速度比其他常用有限元仿真软件的计算速度快。

利用 CIVA 软件进行仿真时，激励信号中心频率为 5MHz，采样率为 100MHz，这里仿真研究所用的探头为线性阵列相控阵探头，其参数见表 1-4 所列。另外，设置数据采集模式为全矩阵采集，以得到缺陷的全矩阵数据。对于后续的实验及实际检测未作特别说明时，激励信号中心频率、采样率所用相控阵探头参数与仿真时参数一致，因此在实验和实际检测时对探头基本参数将不再赘述。

表 1-4　探头基本参数

参数名称	参数值
阵元个数	32
阵元宽度	0.5mm
中心频率	5MHz
阵元间距	0.1mm

在 CIVA 中建立如图 1-137 所示的缺陷仿真模型，尺寸为 120mm×80mm×25mm，材料为铝，孔缺陷直径为 3mm，裂纹缺陷长 3mm，与水平方向（X 轴）平行，两缺陷中心距上表面均为 30mm，与左右两端距离相同，均为 60mm。仿真时，线性阵列相控阵探头位于缺陷中心的正上方。仿真模型中缺陷全聚焦成像结果如图 1-138 所示，缺陷均位于距检测表面 30mm 处。

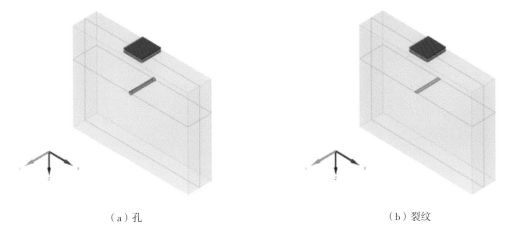

（a）孔　　　　　　　　　　　　　　　　（b）裂纹

图 1-137　缺陷仿真模型

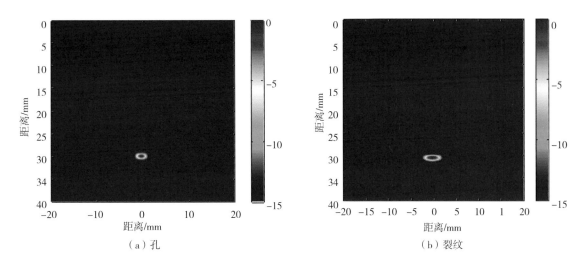

（a）孔　　　　　　　　　　　　　　　　（b）裂纹

图 1-138　缺陷全聚焦成像结果

确定缺陷的位置后，可以得到其散射系数分布图（子阵列包含阵元数为 8，相邻子阵列间隔阵元数为 1）及当入射角等于散射角时散射系数分布图（如图 1-139、图 1-140 所示）。孔缺陷的散射系数分布图的颜色基本一样，而裂纹缺陷的散射系数分布图主对角线周围存在幅值明显高于周围区域的带状区域（脊带）；当入射角等于散射角时，孔缺陷的散射系数大小基本一致，变化较小，裂纹缺陷的散射系数呈先增加后减小的趋势，在此方向处散射系数值最大，能够较准确地确定裂纹的方向。

仿真结果表明基于散射系数分布的缺陷识别方法可以实现有无方向缺陷的区分及有方向性缺陷（裂纹）方向的识别。由于篇幅所限，其研究工作主要集中在裂纹缺陷的方向识别上。

1.16.2　锻件中自然缺陷检测试验

在人工模拟缺陷检测实验的基础上，将基于散射系数分布的缺陷识别方法应用于两个锻件的实际缺陷检测中。检测时，将线性阵列相控阵探头置于最佳检测位置，进行全矩阵数据采集，根据以上研究所得的最佳子阵列参数，计算缺陷位置的散射系数分布，确定缺陷的方向。

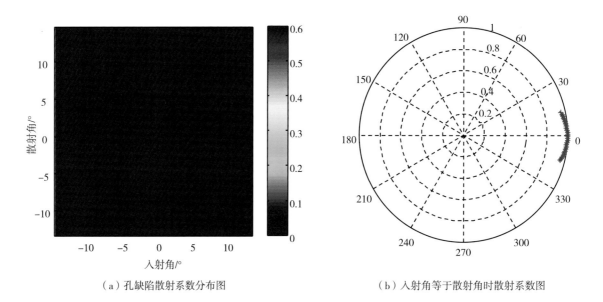

（a）孔缺陷散射系数分布图　　　　　　　　（b）入射角等于散射角时散射系数图

图 1-139　孔缺陷的散射系数分布

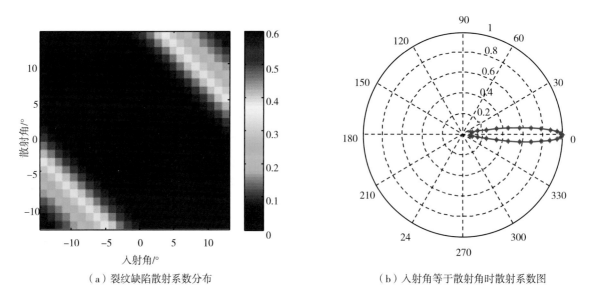

（a）裂纹缺陷散射系数分布　　　　　　　　（b）入射角等于散射角时散射系数图

图 1-140　裂纹缺陷的散射系数分布

（1）柱形锻件中缺陷识别

第一个待检测锻件为柱形，如图 1-141（a）所示。被测锻件尺寸为 235mm×160mm×43mm。经相控阵探头初步扫查，该锻件含有开口缺陷，且当量尺寸较大。根据初步扫查结果，对锻件进行解剖，从中取出部分试块，如图 1-141（b）所示。锻件中含有一裂纹缺陷，裂纹长约为 7cm。从试件正面测量，缺陷与水平方向近似成 20°～22°角；从试件反面测量，缺陷与水平方向近似成 25°～28°角。

检测时，要确定合适的检测位置：首先，将相控阵探头置于被测锻件表面，沿锻件端面进行粗略扫查，根据实时显示的 A 扫描波形中缺陷回波的有无，确定能够检测到缺陷的区域；然后，在该区域内进行精细扫查，找到缺陷信号幅值最大的位置。此位置即为最佳的检测位置，缺陷识别检测时，探头将在该位置进行全矩阵数据采集。

利用在最佳的检测位置采集的全矩阵数据对缺陷进行全聚焦成像，结果如图 1-142 所示。结果表明，缺陷位于探头右侧 30mm 处，距检测表面约 50mm。

（a）完整锻件

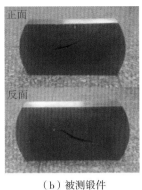
（b）被测锻件

图 1-141　柱形锻件待测试件

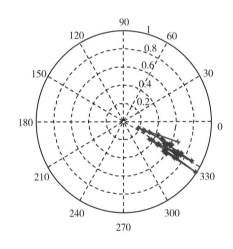

图 1-142　柱形锻件中缺陷全聚焦成像结果

根据缺陷成像结果确定缺陷的位置后，设置子阵列包含阵元数为 1，相邻子阵列间隔阵元数为 1，计算其散射系数分布，结果如图 1-143 所示。从图中可以看出，缺陷散射系数分布中的散射系数整体较小，脊带分布比较混乱，当入射角等于散射角时散射系数波动较大，测得缺陷的角度为 34.16°。由前几节的实验结果可知，当缺陷散射系数分布中入射角等于散射角时，散射系数波动较大，其变化规律不呈明显的先增加后减小趋势，缺陷角度测量误差较大。

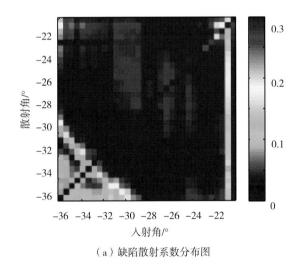
（a）缺陷散射系数分布图　　　　　　　　　　　　（b）入射角等于散射角时散射系数图

图 1-143　子阵列包含阵元数为 1 时柱形锻件缺陷散射系数分布

此外，由于实际缺陷的界面比较粗糙，且线性阵列相控阵探头的单个阵元较小，使得检测所得信号的幅值较小、信噪比差。因此，在计算缺陷的散射系数分布时，应适当增加子阵列中包含的阵元数，改善散射系数分布的效果。但若子阵列包含阵元数过多时，缺陷散射系数分布的脊带将会很宽。此时，将无法根据其散射系数分布的形状判断缺陷的类型。经多次尝试后发现，当子阵列包含阵元数为 6 时，缺陷的散射系数分布效果较好，其入射角等于散射角时的散射系数变化规律明显，且较平滑，如图 1-144 所示。此时，测得缺陷的角度为 30.18°。

从图 1-144（b）可知，试件两侧面上裂纹的形状、长度及方向明显不同。因此，可以断定锻件中裂纹界面并非简单平面，应该是有一定波动的曲面。因此，检测实验得到的角度测量结果可以在一定程度上反映锻件内裂纹面的方向。

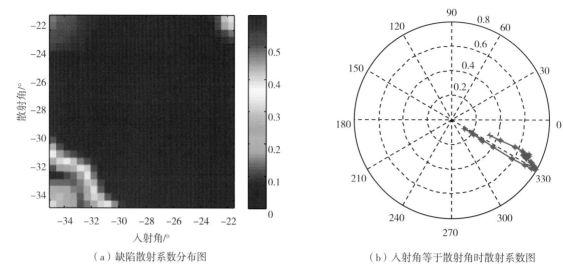

（a）缺陷散射系数分布图　　　　　　　　　　　　　（b）入射角等于散射角时散射系数图

图 1－144　子阵列包含阵元数为 6 时柱形锻件缺陷散射系数分布

（2）套头管体中缺陷检测

第二个待检测锻件为套头管体，是生产中检测出的不合格锻件，如图 1－145（a）所示。被测锻件尺寸如图 1－145（b）所示，其高为 280mm，外径为 400mm，内径为 150mm。

（a）被测锻件

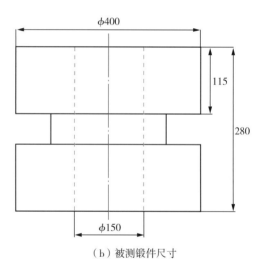

（b）被测锻件尺寸

图 1－145　套头管体待测试件及其尺寸

首先，将相控阵探头置于被测锻件端面进行粗略扫查，依据扫描得到的 A 扫描图形粗略判断锻件内部可能存在缺陷的位置。其次，在存在缺陷的位置进行精细扫查，找到缺陷信号幅值较大的位置，将探头固定在该处采集全矩阵数据。利用全矩阵数据对缺陷进行全聚焦成像，结果如图 1－146 所示。检测结果表明，缺陷位于检测表面下端 190mm 处。

通过缺陷成像结果确定缺陷的位置后，设置子阵列包含阵元数为 1、相邻子阵列间隔阵元数为 1，计算缺陷位置处的散射系数分布，结果如图 1－147 所示。与上节中被测锻件的检测结果相似，缺陷的散射系数分布图中的散射系数整体较

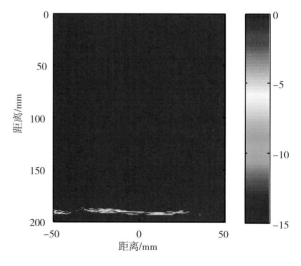

图 1－146　套头管体中缺陷全聚焦成像结果

小，脊带分布较混乱，当入射角等于散射角时散射系数波动较大，测得缺陷的角度为 3.51°。将子阵列包含阵元数增加为 6 时，缺陷的散射系数分布规律性较好，其入射角等于散射角时的散射系数变化规律明显，且较平滑，结果如图 1-148 所示，此时测得缺陷的角度为 2.51°。

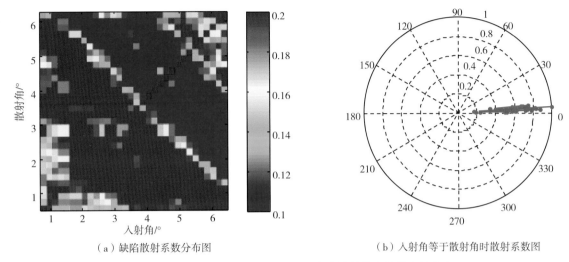

（a）缺陷散射系数分布图　　　　　　　　　　　（b）入射角等于散射角时散射系数图

图 1-147　子阵列包含阵元数为 1 时套头管体缺陷散射系数分布

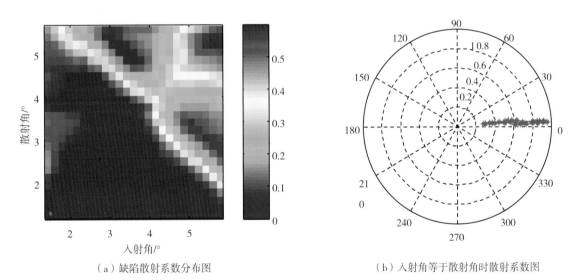

（a）缺陷散射系数分布图　　　　　　　　　　　（b）入射角等于散射角时散射系数图

图 1-148　将子阵列包含阵元数增加为 6 时套头管体缺陷散射系数分布

根据检测时标定的缺陷位置，从锻件中取样，并对取样试块进行低倍观察，取样位置如图 1-149 所示。

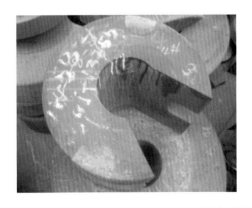 

图 1-149　取样位置

低倍检测结果如图 1-150 所示。从图中可以看出，试样中有一条裂纹，裂纹呈枝状分布，该裂纹与管内孔近似垂直，裂纹距离检测端面约 190mm，长度约 75mm。

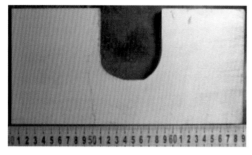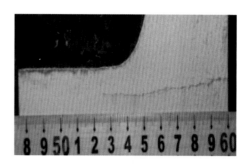

（a）整体结果　　　　　　　　　　　　　　　　　（b）局部放大结果

图 1-150　低倍检测结果

（3）疲劳裂纹检测

以上检测实验中涉及的缺陷多为开口裂纹，利用基于散射系数分布的缺陷识别方法，可以很好实现其检测和定位。下面尝试将基于散射系数分布的缺陷识别方法应用于疲劳微裂纹的检测与识别。被测试件如图 1-151 所示。材质为钢，尺寸为 240mm×47mm×25mm，在其中部有一长 20mm 线切割缺口，利用疲劳试验机在线切割顶端处加工一长约 9mm 的疲劳裂纹，此裂纹尖端距离检测表面 20mm。在激励频率为 5MHz 和 4MHz 情况下，分别对其进行超声波相控阵检测实验。

基于检测所得全矩阵数据对缺陷进行全聚焦成像和谐波成像，结果如图 1-152 所示。与全聚焦成像结果相比，谐波成像结果是近场区伪像较少，但是两种成像结果均无法判断是否存在缺陷。因此，基于线性成像及散射系数分布的缺陷识别方法无法实现疲劳微裂纹检测。

图 1-151　被测试件

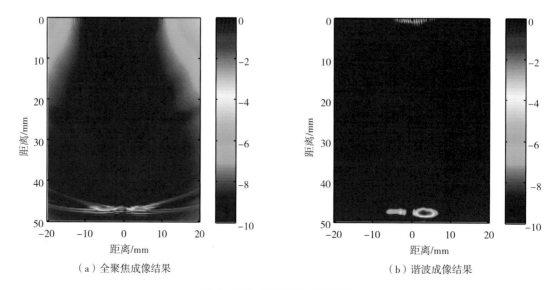

（a）全聚焦成像结果　　　　　　　　　　　　　　（b）谐波成像结果

图 1-152　疲劳裂纹成像结果

1.16.3 结论

以上针对结构中裂纹检测及方向识别问题，提出了一种基于散射系数分布的裂纹识别方法。主要利用实验检测数据研究基于散射系数分布的裂纹识别方法中参数设置对检测结果的影响，并将其应用于不同方向人工模拟裂纹缺陷及实际锻件缺陷检测。实验得出以下结论：

① 基于全矩阵数据，构造了基于子阵列的裂纹超声散射系数计算模型。基于子阵列散射系数分布与裂纹方向关系，提出了一种基于散射系数分布的裂纹识别方法。

② 基于仿真得到的全矩阵数据，对基于散射系数分布的裂纹识别方法进行了验证。结果表明，提出基于散射系数分布的缺陷识别方法可以很好地实现对试块中孔和裂纹的识别。

③ 实验检测所得的最佳检测位置与理论计算的最佳结果吻合程度较好，当相邻子阵列间隔阵元数为1时，包含阵元数为1，裂纹方向识别综合效果最佳。

④ 针对小角度裂纹识别中存在的散射系数部分脊带缺失和角度测量误差大的问题，将谐波成像技术引入散射系数计算中，可以提高缺陷的成像质量和角度测量结果的精度。

⑤ 基于超声散射系数分布的缺陷识别方法可以很好地实现对试块中多个模拟缺陷检测及方向识别，检测误差小于10%。

⑥ 将基于超声散射系数分布的缺陷识别方法应用于锻件中自然缺陷检测，结果表明，该方法可以较好地实现锻件中自然缺陷的检测及方向识别。

1.17 超声波探头技术及其应用

1.17.1 超声波探头简介

超声波探头是超声波探伤装置中较重要的组成部分，主要由超声波换能器和其他必要的结构共同组成。其中超声波换能器是一种可以将电能和声能互相转换的器件，分为压电换能器、磁致伸缩换能器、电磁声换能器和激光超声波换能器。超声波无损检测中常用的超声波探头一般采用压电换能器，即利用压电晶片的正压电效应和逆压电效应进行电能和声能互相转换。

1.17.2 超声波探头结构和材料

超声波探头主要由压电晶片、阻尼、吸声材料、隔声材料、声匹配、电匹配、楔块、外壳、插座等部分构成，如图1-153所示。

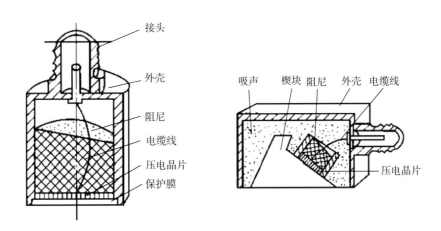

图1-153 超声波探头结构和材料

（1）压电晶片

压电晶片可分为压电单晶、压电陶瓷（多晶体）、压电聚合物以及压电复合材料等类型。每类又可细分为多种材料。

用于无损检测的压电材料需关注的主要是厚度方向振动对应的性能参数，具体见表 1-5 所列。

表 1-5   用于无损检测的压电材料的主要性能参数

性能参数	符号	含　义
机电耦合系数	K_t	压电晶片中机械能与电能之间相互转换的效率。K_t 越大，灵敏度越高
相对介电常数	$\varepsilon_{33}^T/\varepsilon_0$	压电晶片介电性能的参数。同尺寸的压电陶瓷，$\varepsilon_{33}^T/\varepsilon_0$ 越大，电容越大
机械品质因素	Q_m	压电晶片振动时克服内摩擦所消耗能量的大小。Q_m 越大，机械损耗越小，则灵敏度会增高，但探头分辨力下降，脉冲变宽，盲区也增大
压电应变常数	d_{33}	在压电晶体上施加单位电压时所产生的应变大小。d_{33} 越大，发射性能越好，发射灵敏度越高
压电电压常数	g_{33}	作用在压电晶体上单位应力所产生的电压梯度大小。g_{33} 越大，接收性能越好，接收灵敏度越高
频率常数	N_t	压电晶片的厚度与频率的乘积，是一个常数。晶片材料一定，频率越高，厚度越小
声阻抗	Z	声学特性参数。用于声匹配，密度和声速越大，Z 越大
居里温度	T_c	退极化的温度。T_c 越高，可使用温度越高

① 压电单晶

压电单晶是最早得到应用的压电材料。压电单晶各向异性，产生压电效应机理和其特定方向上的原子排列有关。常用的有石英、硫酸锂、碘酸钾、铌酸锂等。除石英外，其余几种材料的压电单晶制造工艺复杂、成本高。传统的压电单晶在无损检测常规应用中逐步被压电陶瓷所替代。

② 压电陶瓷（多晶体）

压电陶瓷（多晶体）是无损检测中应用最为广泛的压电材料。压电陶瓷材料如图 1-154 所示。材料各向同性，为了使其具有压电效应，必须进行极化处理。常用的有锆钛酸铅（PZT）、钛酸铅（PbTiO$_3$）和偏铌酸铅（PbNb$_2$O$_6$）。

PZT 的 d_{33} 和 K_t 都很大，灵敏度很高，是最常用的压电陶瓷。缺点是其 K_p 也大，易产生径向杂波，同时需要使用高效阻尼块来降低 Q_m 值，提高分辨力和减小盲区。并且其 $\varepsilon_{33}^T/\varepsilon_0$ 较大，N_t 小，不宜制成高频探头。

图 1-154   压电陶瓷材料

PbTiO$_3$ 的 K_t 较大，K_p 较小，径向杂波少，机械强度比 PZT 晶片好，且性能稳定。$\varepsilon_{33}^T/\varepsilon_0$ 较小，适合用作高频探头。缺点是其 Q_m 大，需要采用高阻尼，同时灵敏度也略低于 PZT。

PbNb$_2$O$_6$ 有一些比较特殊的优点。K_t 较大，K_p 较小，径向杂波少。Q_m 小，分辨力高。$\varepsilon_{33}^T/\varepsilon_0$ 较小，适合用作高频探头。居里温度高，在 550℃ 左右，可用于制作高温探头。其缺点主要是其灵敏度较低，目前主要应用于对灵敏度要求不高的情况。

③ 压电聚合物

PVDF 聚偏氟乙烯是应用最广泛的压电聚合物。PVDF 压电薄膜是一种柔软、质轻、高韧度的塑料薄膜，可以根据需要制成各种形状、厚度的元件。其频带响应宽，声阻抗接近水，并且可以用作超高频探头，是一种极有发展前途的压电材料。但是现阶段，相对于压电陶瓷材料而言，PVPF 压电薄膜灵敏度低，因此应用受限。

④ 压电复合材料

压电复合材料是由压电材料进行切割填充或者混合聚合物而形成的，压电复合材料如图 1-155 所示。

压电复合材料径向振动很弱，串扰声压小，机械品质因数 Q 值低，带宽大（80%～100%），机电耦合系数值大，灵敏度高，信噪比优于普通压电材料探头。声速、声阻抗、相对绝缘常数及机电系数容易调整，易与声阻抗不同的材料匹配（从水到钢），尤其和低声阻抗材料匹配佳，可通过陶瓷体积率的变化，调节超声波灵敏度。随着加工成本的逐步下降，压电复合材料的应用越来越广泛。

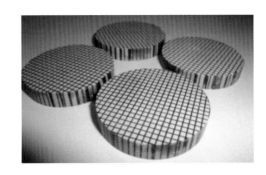

图1-155　压电复合材料

（2）阻尼、吸声材料和隔声材料

阻尼、吸声和隔声都是为了让探头有效地减少不需要的杂波，提高信噪比的关键部分。其中阻尼还可以提高探头的分辨力。

① 阻尼

阻尼一般是采用环氧树脂和钨粉按一定比例配成的材料。声阻抗必须比较大以便产生较大的阻尼作用从而提高探头的分辨力，同时要求有较强的吸声作用，尽可能吸收掉晶片向后发射的声波从而减少杂波。

② 吸声材料

斜探头楔块内会有多次反射的信号，产生杂波，因此需要在声陷阱处加吸声材料将杂波吸收掉。和阻尼一样，吸声材料也可以由环氧树脂和钨粉等按一定比例配成，但是阻抗不需要太大。

③ 隔声材料

双晶探头发射和接收晶片之间一般用软木、橡胶等高声衰减材料来阻隔声的传播，防止接收晶片在探头内部直接接收到发射晶片的信号产生的杂波。

（3）匹配层

超声波探头需要做声匹配和电匹配以获得最大的回波强度和最佳的回波波形。

① 声匹配

压电晶片和工件声阻抗一般有差异，需要增加匹配层进行匹配，以增加穿透力。直探头一般用刚玉等硬质材料进行声匹配，同时起到耐磨和保护的作用。水浸探头一般用调制好声阻抗的环氧树脂，与水进行匹配。

② 电匹配

超声波探头一般会加匹配电感等匹配电路，与仪器的电阻抗进行匹配，以获得最佳的输出。

（4）楔块

斜探头和双晶探头的楔块常用有机玻璃制作，因为这种材料易于加工，在5MHz频率以下衰减系数较适宜，即对于通过它而进入工件的声能衰减不严重，而对于在声陷阱内多次反射的声能又有足够的吸收作用。当频率高于5MHz时，宜使用衰减系数比有机玻璃更小的材料制作透声楔。有机玻璃楔块的缺点是不耐磨，易破碎。

1.17.3　超声波探头分类和应用

超声波探头种类繁多，按耦合方式不同可分为接触式探头和液浸式探头；按晶片数量不同可分为单晶探头（包括单晶直探头和单晶斜探头）、双晶探头（包括双晶直探头和双晶斜探头）和多晶探头（包括相控阵探头）；按入射方式不同可分为纵波直探头、纵波斜探头、横波斜探头、爬波探头和表面波探头等。

（1）单晶直探头

单晶直探头通常为一个晶片的自发自收的纵波直探头，以探头直接接触工件表面的方式使用垂直入射纵波进行检测，单晶直探头如图1-156所示。它通常采用硬质耐磨材料作为保护片，与金属声阻抗匹配良好，可以获得较高的灵敏度。对于表面粗糙的工件可以采用软保护膜，增进粗糙接触面的耦合，也可通过更换软保护膜来延长探头的使用寿命。

单晶直探头主要用于检测与入射面平行或近似平行的缺陷，一般用于板材、锻件、铸件、胚料的探伤，特别适用于灵敏度需求高的检测应用。

图 1-156　单晶直探头

（2）单晶斜探头

单晶斜探头为一个晶片的斜探头，以探头直接接触工件表面的方式使用斜入射横波、纵波、爬波、表面波进行检测，单晶斜探头如图 1-157 所示。单晶斜探头主要用于焊缝检测、裂纹检测、片状缺陷检测，也可用于检测体积型缺陷。

图 1-157　单晶斜探头

（3）双晶直探头

双晶直探头采用两个晶片，一个用于发射，另一个用于接收。探头直接接触工件表面使用垂直入射纵波进行检测，双晶直探头如图 1-158 所示。它可以有效减少近表面盲区，在焦距范围内可获得更高的灵敏度。双晶直探头主要用于检测近表面与入射面平行或近似平行的缺陷，也可以检测体积型缺陷，是对单晶直探头检测的良好补充。

图 1-158　双晶直探头

（4）双晶斜探头

横波双晶斜探头包含两个斜射晶片，一个用于发射，另一个用于接收，使用横波进行检测。其一般用于对近表面分辨力和盲区有高要求的检测，横波双晶斜探头如图 1-159 所示。

纵波双晶斜探头包含两个斜射晶片，一个用于发射，另一个用于接收，使用纵波进行检测。其穿透力强，盲区小，一般用于对奥氏体不锈钢等粗晶高衰减材料的焊缝或裂纹进行检测，纵波双晶斜探头如图 1-160 所示。

（5）液浸探头

液浸探头可在液体中使用，探头的匹配层设计为和液体的声阻抗相匹配，以获得最佳的灵敏度和分辨力。探头还可做点聚焦或线聚焦设计，以便检出更小的缺陷，液浸探头如图 1-161 所示。液浸探头主要用于管材、棒材、板材的自动探伤。

图 1-159　横波双晶斜探头　　　　　图 1-160　纵波双晶斜探头　　　　　图 1-161　液浸探头

1.17.4　钢锭和锻件常用超声波探头

钢锭和锻件检测常用的探头主要是单晶直探头、双晶直探头和单晶斜探头。其中以单晶直探头为主，双晶直探头主要用于覆盖近表面盲区，单晶斜探头主要用于检测裂纹和片状缺陷。

锻件检测使用的单晶直探头频率一般为 2～5MHz，直径一般为 14～25mm。频率和晶片尺寸根据近场需求选择。对于需要检出小缺陷的情况，应尽可能地选用高频率。

由于钢锭晶粒粗大，衰减系数高，因此钢锭检测使用的单晶直探头频率一般为 0.5～2MHz。晶片尺寸一般为直径 14～30mm。对于衰减系数特别大或尺寸特别大的钢锭，为了获得足够的回波强度，需要对探头进行高灵敏度设计，采用高灵敏度晶片和低阻尼。考虑到钢锭表面粗糙度，通常需要采用软膜直探头来增进耦合。

1.18　超声波试块技术及其应用

1.18.1　超声波试块简介

（1）超声波试块是指在特定材料上，按一定用途设计制作的标准、精确的人工反射体（人工缺陷）试样。

（2）超声波检测通常使用的是当量比较法，即利用超声波检测仪器和探头的组合，在标准、精确的人工反射体（人工缺陷）试块上，根据已知的相应信号校定仪器和探头性能，再将其拿到被检测工件上进行检测，通过对比完成对缺陷的定性、定量和定位评价。

（3）超声波检测试块的主要作用如下：

① 确定超声波检测灵敏度。

由于超声波检测仪灵敏度影响检验结果，因此在超声波检测前，需用试块上某一特定的人工反射体来调整检测灵敏度。

② 测试超声波检测仪器和探头的性能。

超声波检测仪器和探头的一些重要性能需用试块来测试。

③ 调整超声波扫描速度。

超声波检测仪利用试块可以调整仪器屏幕上水平刻度值与实际声程之间的比例关系，即扫描速度，对缺陷进行定位。

④ 评判缺陷。

评判缺陷是利用某些超声波检测试块绘出的距离-波幅-当量曲线（即实用 AVG）来对缺陷定量，它是目前常用的定量方法之一。特别是对 3N 以内的缺陷，试块比较法是最有效的缺陷定量方法之一。此外试块还可来测量材料的声速、衰减性能等。

（4）超声波试块广泛应用于航空、航天、兵器、船舶、核动力、电力、铁路、石油、天然气、化工、汽车、建筑、水利、机械制造等各行业和领域，如图 1-162 至图 1-170 所示。

图 1-162

长输管线漏磁样管

图 1-163

油气管道 AUT 试块

图 1-164

海洋石油管道检测用试块

图 1-165

高铁空心轴试块

图 1-166

车轮对比试块

图 1-167

双轨式钢轨试块

图 1-168

核电对比试块

图 1-169

航空对比试块

图 1-170

复合材料试块

1.18.2　超声波试块分类

（1）按使用功能分

① 标准试块

标准试块是指具有规定的化学成分、热处理状态、表面粗糙度、几何形状及标准的人工反射体（人工缺陷）的试块，可用于评定和校准超声检测设备。

② 对比试块

对比试块是指与受检件材料化学成分相同或相似，且含有意义明确参考反射体的试块，可用于调节超声波检测设备的幅度和（或）时间分度，以便将检出的不连续信号与已知反射体所产生的信号相比较。

③ 模拟试块

模拟试块是含模拟缺陷的试块，可以是模拟工件中实际缺陷而专门制作的样件或者是在以往检测中所发现含自然缺陷的样件。

（2）按参考反射体形状分

① 平底孔试块

包含不同直径、深度的平底孔反射体的试块，如图 1-171 所示。

② 横孔试块

包含长横孔或短横孔反射体的试块，如图 1-172 所示。

③ 槽口试块

包含矩形槽、U 形槽或 V 形槽等槽口人工反射体的试块，如图 1-173 所示。

④ 其他参考反射体，由合同各方协议约定。

图 1-171　平底孔剖面　　　　图 1-172　横孔试块　　　　图 1-173　槽口试块

1.18.3　超声波试块材料选择及质量控制

（1）标准试块材料选择原则

① 用于制作标准试块的钢材，应选用优质碳素结构钢（如 20 号钢或 45 号钢），化学成分应符合 GB/T 699—2015 的要求，晶粒度 7～8 级。

② 用于制作标准试块的钢材，经锻造、正火处理，使材质均匀而不存在声波各向异性。

③ 对于标准试块，采用超声波纵波直射技术检测时，不应出现大于该试块上最小人工相对当量平底孔反射回波幅度 25％ 的缺陷回波。

（2）对比试块材料选择原则

① 用于制造对比试块的材料，应选用与相应被检工件或材料化学成分相同或相似的材料，且其声学特性应与被检工件或材料相同或接近。

② 采用超声波纵波直射技术检测时，不应出现大于该试块上最小人工相对平底孔反射回波幅度 25％ 的缺陷回波。

（3）超声波检测用试块质量控制

① 超声波检测用试块及反射体的质量控制

a. 试块的长度、宽度、厚度以及其他外形尺寸按照相关标准要求，应采用准确度优于 ±0.01mm 的计量器具或适当方法测定。

b. 平底孔孔底面的平面度不应大于 ±0.03mm，平底孔及横孔孔径的允许公差为 ±0.05mm。平底孔及横孔的孔径、孔深、孔底平面度等几何尺寸应采用准确度优于 ±0.01mm 的计量器具或覆型膜测量技术测定。

c. 槽底面、槽侧面的平面度不应大于 ±0.03mm，槽深的允许公差为 ±0.05mm。槽的长、宽、深及槽形角度等几何尺寸应采用准确度优于 ±0.01mm 的计量器具或覆型膜测量技术测定。

d. 反射体的空间形状及位置、检测面的平行度、检测面的垂直度等形位尺寸应采用准确度优于 ±0.01mm 的计量器具或三坐标测量仪测定。

e. 标准试块的表面粗糙度 $R_a \leqslant 1.6\mu m$，非检测面的表面粗糙度 $R_a \leqslant 3.2\mu m$；对比试块表面粗糙度应与被检工件或材料的表面粗糙度相同或相近，应采用粗糙度仪测定其表面粗糙度。

② 覆型膜测量技术及方法

覆型膜是用一种可塑性材料填充至人工反射体型腔内部，经过凝固成型后取出的模型，简称覆型膜。它能很直观、形象地再现人工缺陷的立体形貌；在影像测量仪上取其点、线、面及剖面等因素进行测量，可以测量出人工缺陷的长度、宽度、深度、角度、平行度、垂直度、平面度等形位尺寸及误差精度，如图 1-174 至图 1-176 所示为几种人工反射体覆型膜的测量实例。

图 1-174 平底孔的覆型膜

图 1-175 各种槽形的覆型膜

图 1-176 孔内壁台阶的覆型膜

a. 平底孔覆型膜的测量技术

对平底孔覆型膜（如图 1-177 所示），可采用影像仪测量孔径、孔高、垂直度及平行度。平底孔孔径测量如图 1-178 所示；平底孔孔轴线与孔底面的垂直度测量如图 1-179 所示。

图 1-177 平底孔覆型膜

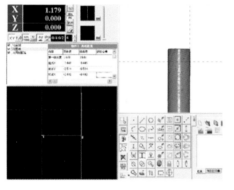
图 1-178 平底孔孔径测量

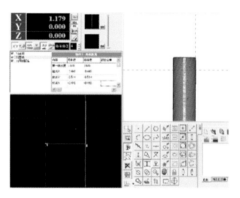
图 1-179 平底孔孔轴线与孔底面的垂直度测量

b. 槽口覆型膜的测量技术

槽口覆型膜（如图 1-180 和图 1-181 所示），可采用影像仪测量槽角度、槽高、垂直度及平行度。

图 1-180 V 形槽覆型膜

图 1-181 矩形槽覆型膜

1.18.4 超声波试块的日常维护保养及校准

（1）日常使用及维护保养

① 试块应避免磕碰划伤，尤其是检测面及缺陷位置附近不能受损，以免影响检验结果。

② 试块不得沾染腐蚀性液体，试块使用后，应及时将其擦拭干净并喷涂防锈剂，以防试块锈蚀。

③ 试块应存放在干燥处，并采取防尘措施，防止灰尘等异物进入缺陷内部影响检测结果。

④ 试块使用及存放时不得用重物压迫试块，试块应远离火源、热源等，避免试块变形。

（2）校准

① 校准项目

a. 外形几何尺寸；

b. 人工反射体尺寸；

c. 表面粗糙度。

② 校准依据

试块校准依据 JJF 1487—2014《超声波探伤试块校准规范》进行，送校单位可根据实际使用情况自主决定复校时间间隔，一般不超过 1 年。

1.18.5　钢锭和锻件常用超声波试块

（1）标准试块

① CSK-1A 平面测试试块，如图 1-182 所示，是在 IIW 试块的基础上改进而来的，主要用来测定斜探头的入射点和前沿长度、斜探头的折射角、斜探头声束轴线的偏离情况、检测仪水平线性和垂直线性及其动态范围、调整纵波探测范围和扫描速度等功能。

② V-1 平面测试试块，又称 IIW 试块，国内称 V-1 试块。该试块是荷兰代表首先提出的，故又称荷兰试块，如图 1-183 所示。

③ V-2 平面测试试块，如图 1-184 所示，又称 IIW2 试块，也是荷兰代表提出的国际焊接学会标准试块。该试块涵盖了 IIW 试块的大部分功能，但相比 IIW 试块有质量轻、形状简单、易于加工、便于携带等优点。

④ BB-50X 系列鸟形曲面检测试块，如图 1-185 所示，是在脚跟试块的基础上改进而来的，主要用来测定凹曲面斜探头的入射点和前沿长度、斜探头的折射角、斜探头声束轴线的偏离情况、检测仪器水平线性、垂直线性和动态范围、调整纵波探测范围和扫描速度等功能。该试块是由本书作者陈昌华首先提出的，故又称中国鸟形试块。

图 1-182　CSK-1A 试块　　图 1-183　V-1 试块　　图 1-184　V-2 试块　　图 1-185
　　　　　　　　　　　　　　　　　　　　　　　　　　　　　　　　　　　鸟形曲面检测试块

⑤ CB-50X 系列杯形曲面检测试块，如图 1-186 所示，是在肚兜试块的基础上改进而来的，主要用来测定凸曲面斜探头的入射点和前沿长度、斜探头的折射角、斜探头声束轴线的偏离情况、检测仪器水平线性、垂直线性和动态范围、调整纵波探测范围和扫描速度等功能。该试块是由本书作者陈昌华首先提出的，故又称中国杯形试块。

⑥ DB-P20-2 平面测试试块，如图 1-187 所示，该试块适用于检查超声波检测系统灵敏度余量的变化情况及水平线性和检查超声波检测仪增益线性及衰减器准确度两者的综合效果。

⑦ DZ-1 平面测试试块，如图 1-188 所示，该试块与 DB-P 试块配合使用测试直探头的盲区。

图 1-186　　　　　　　图 1-187　DB-P20-2 试块　　　　　　图 1-188　DZ-1 试块
杯形曲面检测试块

（2）钢锭和锻件检测常用超声波试块

① 方体锻件检测用试块

a. CS-2试块，如图1-189所示，该试块依据相关标准和根据承压设备用碳钢和低合金钢锻件超声波检测的要求而设计，适用于单晶直探头检测厚度大于45mm的碳钢和低合金钢锻件及直探头轴向检测直径大于或等于36mm的碳钢和低合金钢柱体或轴类锻件坯件。

b. CS-3试块，如图1-190所示，该试块适用于双晶直探头检测厚度小于45mm的碳钢和低合金钢锻件及双晶直探头径向检测直径大于或等于36mm的碳钢和低合金钢螺栓坯件。

图1-189　　　　　　　　　　图1-190　　CS-3试块
CS-2试块

② 筒体和饼体锻件检测用试块

筒体和饼体锻件检测主要以径向和端面为主要检测面，当选择端面为检测面时，试块选择同方体锻件。采用圆弧面为检测面时，需进行耦合状态灵敏度修正，并采用CS-4试块，如图1-191所示。该类试块适用于测定工件检测面曲率半径小于或等于250mm时由曲率不同而引起的声能损失。该试块的圆弧曲率为检测工件的0.9～1.5倍。测定圆弧面声能损失后，配合CS-2、CS-3试块确定检测灵敏度。

③ 柱体和轴类锻件检测用试块

柱体和轴类锻件轴向检测时选择CS-2、CS-3类圆柱平底孔试块。柱体和轴类锻件径向检测时，选择纵波直声束检测对比试块，如图1-192所示。

图1-191　　　　　　　　图1-192　柱体和轴类锻件径向检测用试块
CS-4试块

④ 钢锭和锻件水浸检测用试块

钢锭和锻件水浸检测用试块，如图1-193（a）所示，每套试块不少于12块，试块平底孔直径根据检测等级不同可选自ϕ0.4mm、ϕ0.8mm、ϕ1.2mm、ϕ2mm、ϕ3.2mm，金属声程可从1.6mm至检测范围最大声程。对于成套试块，在制作后应采用液浸法测定其声程-幅度曲线，通过数据点画出最佳拟合线，任一点与拟合线相差不应超过±1dB，如图1-193（b）所示。

⑤ 奥氏体钢锭和锻件检测用试块

该试块适用于检测厚度小于或等于600mm的奥氏体钢锭和锻件及奥氏体-铁素体双相不锈钢锻件，如图1-194所示。

（3）钢锭和锻件相控阵检测用试块

① 相控阵A型试块

该试块主要用于测试扇形扫描成像横向分辨力、纵向分辨力及短缺陷分辨力，如图1-195所示。

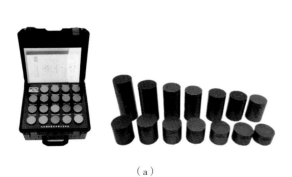

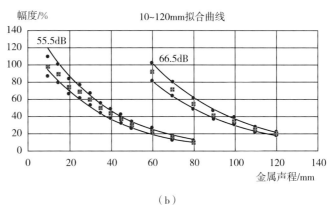

（a）　　　　　　　　　　　　　　　　　　　（b）

图1-193　钢锻件水浸检测用试块及其声程-幅度曲线

② 相控阵B型试块

该试块主要用于测试成像横向集合尺寸测量误差、成像纵向几何尺寸测量误差、扇形扫描角度范围测量误差、扇形扫描角度分辨力，如图1-196所示。

图1-194
奥氏体钢锭和锻件
检测用试块

图1-195　相控阵A型试块

图1-196　相控阵B型试块

（4）模拟试块

该试块主要用于检测方法的研究、无损检测人员的资格考核和评定、仪器探头系统的检测能力和检测工艺的评价和验证等，如图1-197至图1-202所示。

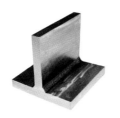

图1-197
板对接T形焊缝试块

图1-198
插入式管管对接焊缝试块

图1-199
管管对接焊缝试块

图1-200
管管对接Y形焊缝试块

图1-201
管管对接T形焊缝试块

图1-202
骑坐式管板对接焊缝试块

第 二 章

钢锭缺陷及其探伤分析案例

近年来，随着冶金、石油、石化、航天、船舶等工业的快速发展，锻件的需求量不断增加，对钢锭的质量要求也进一步提高。提高钢锭质量的主要措施有：一是改进设备，二是提高工艺水平。为此，钢厂在提高冶金质量的同时，还注重新技术的应用，最大限度地减少金属缺陷。

由于钢锭质量直接影响后期的加工过程甚至成品质量，所以对钢锭表面和内部质量的检验很重要。通常对钢锭进行化学成分检验、表面质量检验，另外还可以引入超声波探伤、磁粉检验以及低倍检验等手段，以保证钢锭的内在质量。钢锭是锻造工艺中主要的原材料，如果在锻造时选用了不合适的原材料，那么必然会影响锻造工艺，还会给产品的使用带来安全隐患，甚至有可能造成巨大的经济损失。因此在钢铁产业飞速发展的今天，不断提高钢锭质量一直是大型钢铁企业追求的目标。

2.1　钢的凝固和收缩

钢锭是由精炼钢水凝固而成的。钢锭的成形一般有连铸、模铸和电渣重熔三种方式。连铸法是通过结晶器使铸件成形并迅速凝固结晶，再由拉矫机与结晶振动装置共同作用，将结晶器内的铸件拉出，经冷却、电磁搅拌后，切割成一定长度的坯料。模铸法就是把在炼钢炉中或炉外精炼得到的合格钢水，经过盛钢桶等浇注设备，注入一定形状和尺寸的钢锭模中，再凝固成钢锭。电渣重熔法是将电极棒（自耗电极）作为原料，在重熔过程中电极棒被通过电流的渣池加热并逐渐熔化掉，形成金属熔滴。金属熔滴从电极棒顶部脱落，穿过渣池进入金属熔池。由于水冷结晶器的冷却作用，液态金属逐渐凝固形成铸锭。

根据浇注方法的不同有上注钢锭和下注钢锭之分。上注钢锭法一次浇注一根钢锭，下注钢锭法可以同时浇注多根钢锭。下注钢锭的表面质量优于上注钢锭。根据脱氧程度的不同又有沸腾钢钢锭、半镇静钢钢锭和镇静钢钢锭之分，此外还有外沸内镇钢锭。沸腾钢是脱氧不完全的钢，镇静钢是脱氧完全的钢，半镇静钢的脱氧程度介于前两者之间，更接近于镇静钢。钢锭的质量有表面质量和内部质量之分。表面质量以钢锭表面是否有结疤和裂纹及表皮的纯净度和致密度来衡量。内部质量则以钢锭内部的纯净度、致密度、低倍非金属夹杂物数量和宏观偏析的程度来衡量。沸腾钢的表面质量好，但由于锭心偏析大，内部质量不如镇静钢。钢锭铸造缺陷，如缩孔、疏松、偏析、热裂纹等都是在凝固过程中产生的。例如在钢的凝固过程中，钢的收缩得不到补偿，在最后凝固的地方就会出现缩孔或疏松。

2.1.1　钢的凝固

在钢水浇注过程中，当温度降到钢的液相线与固相线温度范围内，就会发生液态转变为固态的现象，这个过程称为凝固。钢锭在凝固过程中，其断面上一般存在着三个区域，即固相区、凝固区和液相区。对钢锭质量有较大影响的主要是凝固区的大小及其向中心延伸的情况。

采用直接测温法可以测得在不同时间不同部位钢锭的温度分布情况。如图 2-1 所示，可以用钢锭某瞬时的温度场和凝固动态曲线来表示其凝固过程。在合金的凝固动态曲线上，凝固起始点曲线与凝固终点曲线之间的纵向距离叫作凝固区域宽度。图 2-2 至图 2-4 是钢种为 20CrNi2Mo、锭型为 6.3T 方锭不同位置的表面温度凝固曲线图。

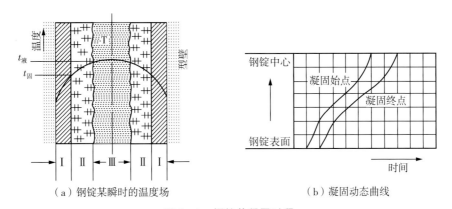

（a）钢锭某瞬时的温度场　　　　　　（b）凝固动态曲线

图 2-1　钢锭的凝固过程

T—温度场；$t_{液}$—合金液相点；$t_{固}$—合金固相点；Ⅰ—固相区；Ⅱ—凝固区；Ⅲ—液相区

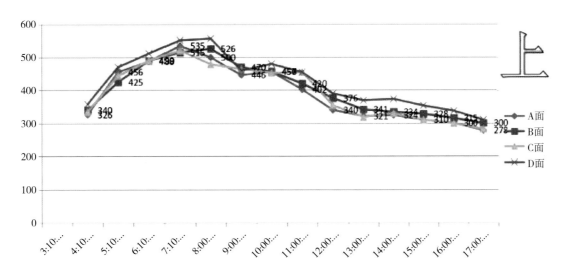

图 2-2　钢锭冒口下 200mm 处表面温度凝固曲线

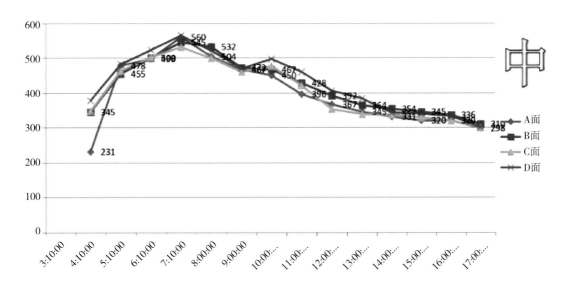

图 2-3　钢锭锭身处表面温度凝固曲线

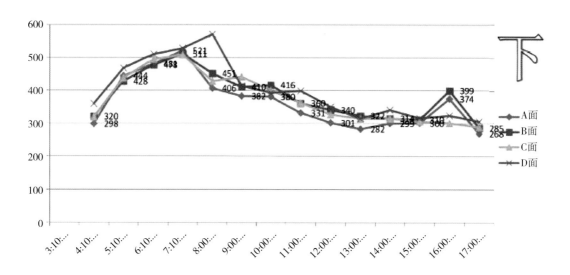

图 2 - 4 钢锭水口上 200mm 处表面温度凝固曲线

一般把钢锭的凝固方式分为三种：逐层凝固、糊状凝固和中间凝固。

① 逐层凝固：凝固过程表现为固相区逐层向液相区推移。恒温结晶的凝固和结晶温度范围窄的合金的凝固都属于该方式。

② 糊状凝固：在凝固的某一段时间内，整个钢锭断面上几乎同时凝固。合金结晶温度范围很宽或者钢锭断面上温度分布较为平坦的凝固属于该方式。

③ 中间凝固：介于逐层凝固和糊状凝固之间的凝固方式。

图 2 - 5 为钢锭的凝固方式示意图。

凝固区宽度可用来作为区分凝固方式的准则：凝固区很窄，趋向于逐层凝固方式；凝固区很宽，趋向于糊状凝固方式；介于两者之间的多属于中间凝固方式。

凝固区域宽度是由合金的结晶温度范围和断面温度梯度两个量决定的。合金的结晶温度范围与其成分有关，当合金成分确定后，合金的结晶温度范围即确定，钢锭断面的凝固区域宽度决定了温度梯度。温度梯度大，可以使宽结晶温度范围的合金成为中间凝固方式，甚至成为逐层凝固方式；温度梯度小，可以使窄结晶温度范围的合金成为糊状凝固方式。所以，温度梯度是凝固方式的重要调节因素。

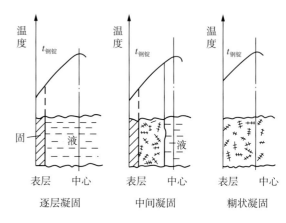

图 2 - 5 钢锭的凝固方式示意图

影响温度梯度的有合金导热系数、铸型材料的蓄热系数（铸型材料储存热量的能力，会影响钢水温度降低的快慢）、结晶潜热（钢由液体变为固体是一个放热过程，放出来的热叫作结晶潜热。对于纯金属来说，结晶潜热是影响温度的基本因素；至于合金，因为初晶的形状作用突出，故结晶潜热等热物理性质的影响在某些情况下的作用就不突出）等。

2.1.2 钢的凝固对质量的影响

① 窄结晶温度范围的合金，凝固方式为逐层凝固，冷却时随着凝固前沿始终与液态合金接触，凝固区很窄，凝固时的体积收缩就可以不断地得到补充，且随着凝固前沿不断向钢锭中心推进，宏观组织具有柱状晶的特点。钢锭产生分散疏松趋向小，而在最后凝固部位留下集中缩孔。这类合金补缩性能较好，热裂趋向较小。

② 宽结晶温度范围的合金，凝固方式为糊状凝固，在凝固初期与逐层凝固相似，一般也先在与铸模接触的表面形成细晶区。大多数宽结晶温度范围合金凝固时，先生成的细晶区的合金元素比液态合金中的低很多，因此液态合金的凝固点降低，剧烈遏制细晶区的生长，使细晶区的生长暂时停止。这样就不易生成柱状晶，而一般形成粗大的树枝等轴晶。钢锭产生集中缩孔趋向小，产生疏松趋向大，且热裂倾向大。浇注这类合金，采用普通冒口消除其疏松是很困难的，必须采取其他措施，如增加冒口的补缩压力、加速冷却等方法，减少疏松对钢锭质量的影响。

③ 中等结晶温度范围的合金，凝固方式为中间凝固，钢锭具有产生缩孔和疏松的趋向，也有热裂趋向。

总之，不同的合金形成缩孔和疏松的倾向不同。逐层凝固的合金缩孔倾向大，疏松倾向小；糊状凝固的合金缩孔倾向虽小，但极易产生疏松。由于采用一些工艺措施可以控制钢锭的凝固方式，因此，缩孔和疏松可在一定范围内互相转化。钢锭的缩孔和疏松如图 2-6 所示。

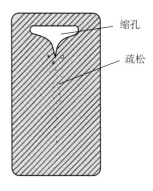

缩孔

疏松

图 2-6　缩孔和疏松示意图

2.1.3　钢的收缩

钢水从液态冷却凝固到室温的整个过程中，发生体积减小的现象，称为收缩。收缩是钢锭产生缩孔、疏松、裂纹、应力、变形等缺陷的基本原因，是重要的铸造性能之一。收缩分为以下三个阶段：

（1）液态收缩阶段

从浇注温度 $t_浇$ 冷却到液相线温度 $t_液$ 的收缩，称为液态收缩，其大小用体积收缩率计算：

$$\varepsilon_{t_液}＝\alpha_{t_液}（t_浇－t_液）\times100\%$$

式中，$\varepsilon_{t_液}$ 为液态收缩率（%）；$\alpha_{t_液}$ 为液态收缩系数（1/℃），其随温度变化较小，而随含碳量提高而增大，大约每提高 1% 含碳量，$\alpha_{t_液}$ 增大 20%，它还受气体析出及夹杂物的影响，一般在 0.4×10^{-4}/℃ 至 1.6×10^{-4}/℃ 范围内，通常取其平均值为 1.0×10^{-4}/℃；（$t_浇－t_液$）为过热度，当浇注温度 $t_浇$ 一定时，随含碳量提高，$t_液$ 将下降，$\varepsilon_{t_液}$ 增大，产生缩孔、疏松的趋向性就会增大。

（2）凝固收缩阶段

自液相线冷却到固相线温度之间所发生的收缩，称为凝固收缩。凝固收缩对钢锭质量的影响较大。凝固收缩率随含碳量的增大而增大（见表 2-1 所列），其大小可用下式计算：

$$\varepsilon_{t_凝}＝\alpha_{t_凝}（t_液－t_固）\times100\%$$

式中，$\varepsilon_{t_凝}$ 为凝固收缩率（%）；$\alpha_{t_凝}$ 为凝固收缩系数（1/℃）；（$t_液－t_固$）为钢的结晶温度范围。

表 2-1　碳钢的凝固收缩率与含碳量的关系

含碳量/%	0.1	0.25	0.35	0.45	0.70
凝固收缩率/%	2.0	2.5	3.0	4.3	5.3

（3）固态收缩阶段

自固相线温度冷却至室温所发生的收缩，称为固态收缩。在此阶段，钢锭各个方向上表现出线尺寸的缩小，因此固态收缩也可称为线收缩。固态收缩对钢锭的形状和尺寸精度影响最大，也是钢锭产生应力、变形和裂纹的重要原因。其大小可用下式计算得到：

$$\varepsilon＝\alpha（t_固－t_室）\times100\%$$

式中，ε 为固态收缩率（%）；α 为金属的固态收缩系数（1/℃）。

钢在固态阶段发生相变，使收缩系数也发生变化。其体积收缩率由三部分决定，即

$$\varepsilon = \varepsilon_{珠前} - \varepsilon_{\gamma-\alpha} + \varepsilon_{珠后}$$

式中，$\varepsilon_{珠前}$为发生珠光体转变前的收缩率；$\varepsilon_{\gamma-\alpha}$为奥氏体转变为铁素体的收缩率；$\varepsilon_{珠后}$为发生珠光体转变后的收缩率。

（4）总体积收缩率

根据以上所述，从浇注温度冷却至常温钢的总体积收缩率为

$$\varepsilon_{V总} = \varepsilon_{V液} + \varepsilon_{V凝} + \varepsilon_{V固}$$

在相同的浇注温度条件下，钢的总体积收缩率随着含碳量的提高而增大，这主要是由于钢水的液态收缩系数随着含碳量的增加而增大以及结晶温度范围随含碳量增加而扩大所致。表2-2列出了碳钢的总体积收缩率 $\varepsilon_{V总}$ 与含碳量之间的关系。

表2-2 碳钢的总体积收缩率 $\varepsilon_{V总}$ 与含碳量的关系

C/%	0.00	0.45	0.65	0.75	1.4
$\varepsilon_{V总}$/%	10.15	11.00	11.40	11.50	12.6

备注：从1600℃冷却到20℃。

合金元素的类型及其含量对钢的收缩量也有一定的影响，其影响见表2-3所列。

表2-3 合金元素对钢收缩量的影响

合金元素	合金元素加入量	收缩量（占原体积）/%			
		液态收缩（降温100℃）	凝固收缩	固态收缩（冷至20℃）	总收缩量
Ni	9.44	0.25	3.40	6.07	9.72
	26.0	0.50	3.24	5.80	9.54
	36.0	0.53	6.60	6.10	13.23
	100.0	0.30	5.86	6.60	11.96
Mn	8.5	2.28	0.44	6.15	9.87
	18.4	1.60	0.13	5.76	7.49
Si	3.6	2.05	1.77	5.95	9.77
	9.05	2.22	0.90	5.35	8.47
Cr	13.7	1.66	0.90	6.14	8.70
W	2.5	1.39	3.20	6.44	11.03

钢的收缩量对铸钢件的质量影响很大，原因如下：

① 随着含碳量的增加，钢的总收缩量明显增加，因此高碳钢较易出现缩孔、疏松缺陷。

② 钢的总收缩量与钢水的浇注温度有关，温度越高其收缩量越大，它的影响可以超过碳含量的影响。所以浇注温度高也易出现缩孔。

③ 气体含量的多少对钢的凝固前收缩有较大影响。析出气体越多，钢的收缩量越大，所以气体往往也会造成缩孔、疏松严重。

④ 合金元素对钢收缩的影响比较复杂。Mn和Si使钢的液态收缩量增大，这可能是高锰钢、高硅钢易出现缩孔的原因之一。

2.1.4　钢的收缩对质量的影响

钢水在冷却和结晶过程中所伴随发生的体积收缩,对钢锭的质量及物理、化学均匀性有重要影响,其影响有如下几个方面:

(1) 产生缩孔与疏松

缩孔和疏松的形成是金属在液体状态和凝固期间冷却时,体积减小的一种自然过程的结果。由于钢水的冷凝收缩,在浇注补缩不充分的条件下将会造成钢锭内部的缩孔和疏松缺陷,其容积最大可达浇钢容积的5%。

缩孔和疏松的实质是一样的,只是表现的形式不同。对一定成分的钢而言,从浇注到钢锭凝固、冷却完毕,缩孔与疏松的总和是一定的。铸造生产的任务就在于将分散的疏松变成集中的缩孔并将其移至冒口,在后续加工中可以切除冒口,从而消除钢锭内部的缩孔和疏松对质量的影响。最有效的措施是控制钢锭的传热条件,选择合理的钢锭形状和尺寸,采用绝热板保温帽、发热剂和防缩孔剂,控制合适的浇注温度、浇注速度和正确的补缩操作等。

钢锭内缩孔的总相对体积为

$$V_{总} = \left[\alpha_{t_{液}}\left(t_{浇} - t_{液}\right) + \varepsilon_{t_{凝}} - 1.5\alpha\left(t_{固} - t_{室}\right)\right]\left(1 - \frac{q\sqrt{\tau}}{2R}\right) \tag{2-1}$$

式中,$\alpha_{t_{液}}$ 为液态收缩系数;$t_{浇}$ 为浇注温度;$t_{液}$ 为液相线温度;$\varepsilon_{t_{凝}}$ 为凝固收缩率;α 为固态收缩系数;$t_{固}$ 为固相线温度;$t_{室}$ 为室温;q 为凝固常数;τ 为浇注时间;R 为钢锭的换算厚度(模数)。

由式 (2-1) 可知:

① 金属的液态收缩系数 $\alpha_{t_{液}}$ 和凝固收缩率 $\varepsilon_{t_{凝}}$ 越大,缩孔率越大;固态收缩系数 α 越大,缩孔率越小;

② 铸型冷却能力越强,增大了 ($t_{固} - t_{室}$) 和 q 值,缩孔率减小;

③ 提高浇注温度 $t_{浇}$,缩孔率增大;

④ 延长浇注时间 τ,缩孔率减小,当浇注时间等于钢锭凝固时间时,缩孔消失(理想状态)。但浇注时间长,温度降低,容易"浇不动";

⑤ 一般合金钢锭,模数 R 越大,缩孔率越大。

(2) 产生裂纹

钢在冷凝过程中产生的收缩一旦受阻,便产生应力。当此应力超过钢在当时温度条件下的强度极限或塑性极限时,就会造成裂纹。钢在红热状态下产生的裂纹称热裂纹,在常温状态下产生的裂纹称冷裂纹。热裂倾向主要取决于钢的收缩特性和高温塑性。收缩大而塑性差的钢,具有大的热裂倾向性。钢的冷凝收缩在不同温度的各凝固层间产生热应力、膨胀应力、悬挂应力和组织应力等多种应力,一旦在凝固层薄弱处造成应力集中,便会产生裂纹。实践表明,对钢锭热裂倾向起决定作用的不是钢锭在整个冷凝期间绝对收缩量的大小,而是它在某一时刻的最大收缩速度。在钢锭开始凝固的前5~10min内(钢锭的相变表面温度为1500℃~1200℃)是产生表面裂纹的最危险时期。

(3) 自然对流

在钢锭凝固过程中,处于凝固前沿两相区的钢水和晶体的混合物,由于温度降低和产生固相晶核,密度明显高于心部的过热钢水,因而出现自然对流,这是结晶过程冷凝收缩造成的又一种后果。在8~10t钢锭凝固过程中,发生自然对流的时间可达1h以上,金属的最大迁移速度达0.5~0.6m/s。自然对流可强化固-液界面的传热、传质过程,促进液相内的均匀混合和加速钢水过热热量的排散;可促成熔体产生垂直方向的温度梯度,使迎着热流方向生长的柱状晶略微向上倾斜,并明显地影响钢锭的晶体结构;还可以细化晶粒和促进非金属夹杂物的上浮排除等。

2.2　影响钢锭内在质量的主要因素

经过对钢锭的超声波探伤和低倍检验,可以发现如下现象:在符合规范的炼钢和浇注条件下,一些钢种如 20CrMnMo、F22、8630 等始终会出现相对严重的疏松或缩孔探伤缺陷,而另一些材料如

42CrMo、35CrMo、16Mn、20 钢、30 钢、50 钢的探伤缺陷较少。

由前所述，钢的凝固和收缩过程影响钢锭质量，即影响凝固和收缩过程的因素可以影响钢锭的冶金缺陷质量。仅从合金的特性方面研究，而不考虑外界因素如浇注工艺、气体或夹杂物、钢锭模等因素的影响（即认为外界条件都合理），我们认为影响钢锭内在质量的主要因素有：① 钢的结晶温度范围；② 钢的熔点；③ 钢的导热能力。

为了研究这 3 种因素对钢锭质量的影响，选取了一些牌号的钢种作为分析对象，各钢种化学成分见表 2 - 4 所列，它们化学成分中限值见表 2 - 5 所列。

表 2 - 4　各钢种化学成分

序号	钢牌号	化学成分/%										
		C	Si	Mn	P (≤)	S (≤)	Cr	Ni	Mo	V	Cu (≤)	Al
1	20CrMnMo	0.17~0.23	0.17~0.37	0.90~1.20	0.035	0.035	1.10~1.40	≤0.30	0.20~0.30		0.30	
2	F22	0.05~0.15	0~0.50	0.30~0.60	0.025	0.025	2.00~2.50		0.90~1.10			
3	8630	0.28~0.33	0.15~0.35	0.70~1.10	0.035	0.040	0.40~0.60	0.40~0.70	0.15~0.25			
4	4130	0.28~0.33	0.15~0.35	0.40~0.60	0.035	0.040	0.80~1.10		0.15~0.25			
5	42CrMo	0.38~0.45	0.17~0.37	0.50~0.80	0.035	0.035	0.90~1.20	≤0.30	0.15~0.25		0.30	
6	35CrMo	0.32~0.40	0.17~0.37	0.40~0.70	0.035	0.035	0.80~1.10	≤0.30	0.15~0.25		0.30	
7	16Mn	0.13~0.19	0.20~0.60	1.20~1.60	0.03	0.030	≤0.30	≤0.30	≤0.10		0.25	
8	20	0.17~0.23	0.17~0.37	0.35~0.65	0.035	0.035	≤0.25	≤0.30			0.25	
9	30	0.27~0.34	0.17~0.37	0.50~0.80	0.035	0.035	≤0.25	≤0.30			0.25	
10	50	0.47~0.55	0.17~0.37	0.50~0.80	0.035	0.035	≤0.25	≤0.30			0.25	
11	0Cr18Ni9	0.08	1.00	2.00	0.035	0.030	18.00~20.00	8.00~11.00				
12	1Cr13	0.08~0.15	1.00	1.00	0.040	0.030	11.50~13.50	0.60				
13	38CrMoAl	0.35~0.42	0.20~0.45	0.30~0.60			1.35~1.65		0.15~0.25			0.70~1.10
14	H13	0.32~0.45	0.80~1.25	0.20~0.60	0.030	0.030	4.75~5.50	1.40~1.80	1.10~1.75	0.80~1.20		
15	P91	0.08~0.12	0.20~0.50	0.30~0.60	0.020	0.010	8.0~9.5	≤0.40	0.85~1.05	0.18~0.25		≤0.04

（续表）

序号	钢牌号	化学成分/%										
		C	Si	Mn	P (≤)	S (≤)	Cr	Ni	Mo	V	Cu (≤)	Al
16	9Cr2Mo	0.85~0.95	0.25~0.45	0.20~0.35	0.025	0.025	1.70~2.10	≤0.25	0.20~0.40			
17	16MnD	0.13~0.18	0.20~0.60	1.20~1.60	0.025	0.015	≤0.30	≤0.40			0.25	
18	20CrNiMo	0.17~0.23	0.17~0.37	0.60~0.95			0.40~0.70		0.20~0.30	0.35~0.75		
19	Q345E	≤0.18	≤0.50	≤1.70	0.25	0.20	≤0.30	≤0.50	≤0.10	≤0.15	0.30	
20	40Cr	0.37~0.44	0.17~0.37	0.50~0.80			0.80~1.10					
21	4Cr13	036~0.45	≤0.60	≤0.80	0.035	0.030	12.00~14.00					
22	5CrNiMo	0.50~0.60	≤0.40	0.50~0.80	0.030	0.030	0.50~0.80	1.40~1.80	0.15~0.30			0.30~0.70
23	15-5PH	0.034	0.31	0.58	0.023	0.001	15.25	4.73			3.18	
24	F51	≤0.03	≤1.0	≤2.0	0.030	0.020	21.0~23.0	4.5~6.5	2.5~3.5			
25	LF2	≤0.30	0.15~0.30	0.60~1.35	0.035	0.040	≤0.30	≤0.40	≤0.12	≤0.08	0.40	
26	00Cr30Mo2	≤0.01	≤0.40	≤0.40	0.030	0.020	28.5~32.00		1.50~2.50			
27	08F	0.05~0.11	≤0.03	0.25~0.50	0.035	0.035	≤0.15	≤0.25				
28	08	0.05~0.12	0.17~0.37	0.35~0.65	0.035	0.035	≤0.10	≤0.25				
29	4Cr9Si2	0.35~0.50	2.00~3.00	≤0.70	0.035	0.030	8.00~10.00	≤0.60				
30	1Cr18Ni9	≤0.15	≤1.00	≤2.00	0.035	0.030	17.00~19.00	8.00~10.00				
31	F6NM	≤0.05	≤0.60	0.50~1.00	0.030	0.030	11.50~14.00	3.50~5.50	0.50~1.00			
32	4175	0.13~0.18	0.15~0.35	0.70~0.90	0.015	0.005~0.015	0.45~0.65	0.70~0.97	0.45~0.60	0.008	0.15	0.02~0.05
33	4140	0.38~0.43	0.15~0.35	0.75~1.00	0.035	0.040	0.80~1.10	0.15~0.25				
34	410	≤0.15	≤1	≤1	≤0.04	≤0.03	11.5~13.5					

（续表）

序号	钢牌号	化学成分/%										
		C	Si	Mn	P (≤)	S (≤)	Cr	Ni	Mo	V	Cu (≤)	Al
35	45	0.42~0.50	0.17~0.37	0.50~0.80			≤0.25	≤0.30			0.25	
36	LF6	≤0.22	0.15~0.30	1.15~1.50	0.025	0.025	≤0.30	≤0.40	≤0.12	0.04~0.11	0.40	
37	8620	0.18~0.23	0.15~0.35	0.70~0.90	0.035	0.040	0.40~0.60	0.40~0.70	0.15~0.25			
38	4145	0.43~0.48	0.15~0.35	0.75~1.00	0.035	0.40	0.80~1.10		0.15~0.25			
39	34CrNiMoVNA	0.34	0.25~0.30	0.5			1.5	1.55	0.2			
40	F91	0.08~0.12	0.2~0.5	0.3~0.6			8.0~9.5	≤0.4	0.85~1.05			0.40
41	WB36	0~0.17	0.25~0.5	0.8~1.2	0.030	0.025	0~0.30	1~1.3	0.25~0.5		0.5~0.8	0.015
42	20CrNi2Mo	0.17~0.23	0.20~0.35	0.40~0.70	≤0.030	≤0.030	0.35~0.65	1.6~2.00	0.20~0.30		0.30	
43	18CrNiMo	0.15~0.21	≤0.40	0.50~0.90	≤0.025	≤0.035	1.50~1.80	1.40~1.70	0.25~0.35			
44	1Cr17Ni2	0.11~0.17	0.8	0.8	0.04	0.03	16.00~18.00	1.50~2.50				
45	17-4PH	≤0.07	≤1.00	≤1.00	≤0.040	≤0.030	15.00~17.00	3.00~5.00	3.00~5.00			

表2-5　各钢种化学成分中限值

序号	钢牌号	化学成分中限值										
		C	Si	Mn	P	S	Cr	Ni	Mo	V	Cu	Al
1	20CrMnMo	0.20	0.27	1.05	0.0175	0.0175	1.250	0.15	0.25		0.15	
2	F22	0.10	0.25	0.45	0.0125	0.0125	2.250		1.00			
3	8630	0.31	0.25	0.90	0.0175	0.0200	0.500	0.55	0.20			
4	4130	0.31	0.25	0.50	0.0175	0.0200	0.950		0.20			
5	42CrMo	0.42	0.27	0.65	0.0175	0.0175	1.050	0.15	0.20		0.15	
6	35CrMo	0.36	0.27	0.55	0.0175	0.0175	0.950	0.15	0.20		0.15	
7	16Mn	0.16	0.4	1.40	0.015	0.0150	0.150	0.15	0.05		0.125	
8	20	0.20	0.27	0.50	0.0175	0.0175	0.125	0.15			0.125	
9	30	0.31	0.27	0.65	0.0175	0.0175	0.125	0.15			0.125	

（续表）

序号	钢牌号	化学成分中限值										
		C	Si	Mn	P	S	Cr	Ni	Mo	V	Cu	Al
10	50	0.51	0.27	0.65	0.0175	0.0175	0.125	0.15			0.125	
11	0Cr18Ni9	0.04	0.50	1.00	0.0175	0.015	19.00	9.5				
12	1Cr13	0.115	0.50	0.50	0.020	0.015	12.5	0.30				
13	38CrMoAl	0.385	0.325	0.45			1.50		0.20			0.90
14	H13	0.385	1.025	0.40	0.015	0.015	5.125	1.60	1.425	1.00		
15	P91	0.10	0.35	0.45	0.010	0.005	8.75	0.20	0.95	0.215		0.02
16	9Cr2Mo	0.90	0.35	0.275	0.0125	0.0125	1.90	0.125	0.30			
17	16MnD	0.155	0.40	1.40	0.0125	0.0075	0.15	0.20			0.125	
18	20CrNiMo	0.20	0.27	0.775			0.55		0.25	0.5		
19	Q345E	0.09	0.25	0.85	0.125	0.10	0.15	0.25	0.05	0.075	0.15	
20	40Cr	0.405	0.27	0.65			0.95					
21	4Cr13	0.405	0.30	0.40	0.0175	0.015	13.00					
22	5CrNiMo	0.55	0.20	0.65	0.015	0.015	0.65	1.60	0.225			0.50
23	15－5PH	0.034	0.31	0.58	0.023	0.001	15.25	4.73			3.18	
24	F51	0.015	0.50	1.00	0.015	0.01	22.00	5.50	3.00			
25	LF2	0.15	0.225	0.975	0.0175	0.02	0.15	0.2	0.06	0.04	0.20	
26	00Cr30Mo2	0.005	0.20	0.20	0.015	0.01	30.25		2			
27	08F	0.08	0.015	0.375	0.0175	0.0175	0.075	0.125				
28	08	0.085	0.270	0.5	0.0175	0.0175	0.050	0.125				
29	4Cr9Si2	0.425	2.500	0.35	0.0175	0.015	9.000	0.3				
30	1Cr18Ni9	0.075	0.500	1.00	0.0175	0.015	18.000	9.00				
31	F6NM	0.025	0.30	0.75	0.015	0.015	12.75	4.5	0.75			
32	4715	0.175	0.250	0.800	0.0075	0.0075	0.550	0.835	0.525	0.004	0.075	0.035
33	4140	0.405	0.250	0.875	0.0175	0.02	0.950	0.20				
34	410	0.075	0.500	0.50	0.020	0.015	12.000					
35	45	0.46	0.270	0.65			0.125	0.15			0.125	
36	LF6	0.11	0.225	1.325	0.0125	0.0125	0.150	0.20	0.06	0.075	0.20	
37	8620	0.205	0.250	0.80	0.018	0.04	0.500	0.55	0.20			
38	4145	0.455	0.250	0.875	0.0175	0.20	0.950		0.20			
39	34CrNiMoVNA	0.34	0.275	0.50			1.500	1.55	0.20			

（续表）

序号	钢牌号	化学成分中限值										
		C	Si	Mn	P	S	Cr	Ni	Mo	V	Cu	Al
40	F91	0.10	0.350	0.45			8.750	0.20	0.95			0.2
41	WB36	0.085	0.375	1.00	0.015	0.0125	0.150	1.15	0.375		0.65	0.0075
42	20CrNi2Mo	0.20	0.275	0.55	0.015	0.015	0.50	1.8	0.25		0.15	
43	18CrNiMo	0.18	0.20	0.70	0.0125	0.0175	1.65	1.55	0.30			
44	1Cr17Ni2	0.14	0.80	0.80	0.04	0.03	17.00	2.00				
45	17-4PH	0.035	0.50	0.50	0.02	0.015	16.25	4.00			4.00	

2.2.1　钢的结晶温度范围

（1）结晶温度范围与碳当量

钢的结晶温度范围是决定钢水凝固方式的主要因素，而凝固方式影响钢锭的冶金缺陷质量。结晶温度范围大的合金，其凝固方式偏向于糊状凝固，结晶时树枝状晶发达，形成疏松的倾向就越大；反之，结晶温度范围小的合金，形成集中缩孔的倾向就比较大。

对于铁碳合金，很容易从铁碳相图上看出其结晶温度范围（相图上，结晶温度范围即为液相线与固相线之间的垂直距离）。而对于各种不同合金，它们都有不同的合金相图，想要直观比较其结晶温度范围是很困难的。另外，可以通过实测法得到各种合金的结晶温度范围，但是工作量巨大，不适用于理论研究。

这里引入碳当量的概念。将钢铁中各种合金元素折算成碳的含量，这样算出的碳量称为"碳当量"（Carbon Equivalent），用 C. E. 标识。国际焊接学会推荐的碳当量公式 CE（IIW）如下：

$$CE（IIW）＝C＋Mn/6＋（Cr＋Mo＋V）/5＋（Ni＋Cu）/15（\%）\qquad(2-2)$$

因此比较各个合金的结晶温度范围，可先算出各种合金的碳当量，然后在铁碳相图上根据碳当量比较它们的结晶特性。结晶温度范围对结晶的影响实质就是碳当量对结晶的影响。

（2）碳当量与缩孔、疏松的关系

图 2-7 为合金成分与缩孔、疏松形成的关系图（该图参考自机械工业出版社《铸铁铸钢及其熔炼》）。由图可知：

① 碳当量一定时，总收缩量一定，总收缩量为集中缩孔体积与疏松体积之和；

② 碳当量变大时，缩孔和疏松的总量逐渐变大，也就是说产生缺陷的趋势增大，且缩孔和疏松的分配不断变化；

③ 碳当量很小时，为纯金属，易形成缩孔，不易形成疏松；

④ 碳当量从 0 增大到 2.11%（共析点）时，缩孔体积减小，疏松体积增大；

⑤ 碳当量为 2.11% 时，疏松体积最大，缩孔体积最小；

⑥ 碳当量从 2.11% 增大到 4.3%（共晶点）时，缩孔体积增大，疏松体积减小；

⑦ 碳当量为 4.3% 时，缩孔体积最大，几乎没有疏松；

⑧ 碳当量从 4.3% 增大到 6.69% 时，缩孔体积减小，疏松体积增大。

可根据图 2-7 来比较不同钢种的结晶温度范围，从而了解各钢种的缺陷情况。例如，图 2-8 为图 2-7 中的一部分。20CrNiMo 和 F22 的碳当量分别为 0.589 和 0.825，首先，由图 2-7 可知，碳当量大产生缺陷的趋势增大，因此理论上，F22 的探伤缺陷要比 20CrNiMo 多，而实际探伤时所得结果也确实如此。另外，从相图上可以看出，F22 的结晶温度范围（数字 2 表示的直线长度）比 20CrNiMo 的结晶温度范围（数字 1 表示的直线长度）大，理论上 F22 比 20CrNiMo 容易产生疏松和缩孔缺陷，这也被实际探伤所验证。

用图 2-7 分别拟合出总收缩体积与缩孔体积的公式，其中 $w(C)$ 代表碳当量。

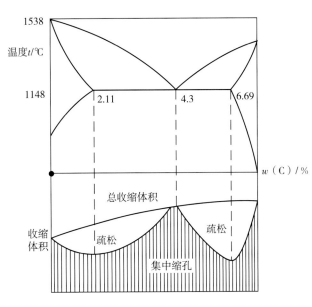

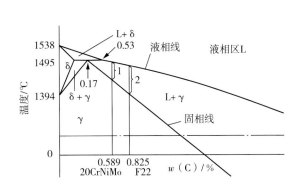

图 2-7　合金成分与缩孔、疏松形成的关系图　　　图 2-8　相图上比较合金的结晶温度范围

总收缩体积 $V_{总}$：

$$V_{总} = -0.1397w(C)^2 + 1.9975w(C) + 10.15 \tag{2-3}$$

缩孔体积 $V_{缩}$：

$$V_{缩} = 0.0541w(C)^5 - 0.836w(C)^4 + 4.0717w(C)^3 - 6.1202w(C)^2 + 0.169w(C) + 9.8464$$

$$\tag{2-4}$$

疏松体积 $V_{疏}$：

$$V_{疏} = V_{总} - V_{缩} \tag{2-5}$$

缩孔率 ξ：

$$\xi = \frac{V_{缩}}{V_{总}} \times 100\% \tag{2-6}$$

把各个合金的碳当量代入以上公式，可以得出它们的总收缩体积、缩孔体积、疏松体积和缩孔率。在实际探伤中，缩孔和疏松均产生反射回波。我们应用碳当量初步判断钢锭好坏时，使用的是与碳当量对应的总收缩体积大小作为判断依据。

（3）碳当量应用案例

应用以上相关公式计算表 2-4 各钢种的碳当量、总缩孔体积、缩孔率并列于表 2-6 中，同时采用 1MHz，ϕ30mm 的探头对各钢种的模铸锭进行探伤。探伤结果也列于表 2-6。

从表 2-6 所列中可看到，常用的 4130、8630、F22、1Cr13 等 4 种模铸锭，它们的总收缩体积分别为：11.341、11.365、11.703、14.674。因此理论上它们的缩孔和疏松的体积总和是越来越大的，也就是说探伤时，它们的探伤缺陷应越来越多。通过大量实际探伤发现，这 4 个钢种探伤缺陷从少到多依次为：4130、8630、F22、1Cr13。因此，这种使用碳当量对钢种探伤缺陷相对多少的判断是基本可行的。

表2-6　模铸锭碳当量、总体积收缩与实际探伤情况

序号	钢种	碳当量 w (C) (%)	总收缩体积	缩孔体积	缩孔率	钢锭实际探伤情况
1	08F	0.166	10.477	9.724	0.928	降低草状波
2	08	0.187	10.518	9.690	0.921	降低草状波
3	Q345E	0.313	10.762	9.416	0.875	中心疏松
4	20	0.327	10.788	9.381	0.870	降低草状波
5	LF2	0.389	10.906	9.207	0.844	中心疏松
6	LF6	0.415	10.954	9.131	0.834	降低草状波
7	16MnD	0.440	11.002	9.052	0.823	降低草状波
8	16Mn	0.452	11.024	9.016	0.818	降低草状波
9	30	0.462	11.042	8.984	0.814	降低草状波
10	WB36	0.477	11.070	8.936	0.807	中心缩孔
11	8620	0.515	11.142	8.810	0.791	中心疏松
12	20CrNi2Mo	0.572	11.246	8.618	0.766	中心疏松+缩孔
13	4715	0.586	11.272	8.570	0.760	中心缩孔+疏松
14	20CrNiMo	0.589	11.278	8.557	0.759	中心疏松+缩孔
15	45	0.612	11.320	8.479	0.749	降低草状波
16	4130	0.623	11.341	8.439	0.744	中心疏松
17	8630	0.637	11.365	8.392	0.738	中心疏松+缩孔
18	50	0.662	11.411	8.305	0.728	降低草状波
19	20CrMnMo	0.695	11.471	8.188	0.714	中心缩孔
20	35CrMo	0.702	11.483	8.165	0.711	降低草状波
21	40Cr	0.703	11.486	8.159	0.710	中心疏松
22	4140	0.754	11.577	7.982	0.689	降低草状波
23	18CrNiMo	0.790	11.641	7.859	0.675	中心疏松+缩孔
24	42CrMo	0.798	11.656	7.830	0.672	降低草状波
25	38CrMoAl	0.800	11.659	7.825	0.671	中心缩孔+疏松
26	F22	0.825	11.703	7.740	0.661	中心缩孔+疏松
27	4145	0.831	11.713	7.720	0.659	降低草状波
28	34CrNiMoVNA	0.867	11.776	7.601	0.645	中心疏松
29	5CrNiMo	0.940	11.904	7.366	0.619	中心缩孔+疏松
30	9Cr2Mo	1.394	12.663	6.346	0.501	中心缩孔+疏松
31	H13	2.068	13.684	6.789	0.496	中心疏松
32	F91	2.128	13.769	6.946	0.505	中心缩孔
33	P91	2.171	13.829	7.069	0.511	中心缩孔+疏松

（续表）

序号	钢种	碳当量 w（C）（%）	总收缩体积	缩孔体积	缩孔率	钢锭实际 探伤情况
34	4Cr9Si2	2.303	14.010	7.499	0.535	中心缩孔＋疏松
35	410	2.558	14.346	8.517	0.594	中心缩孔＋疏松
36	1Cr13	2.822	14.674	9.751	0.664	中心缩孔
37	4Cr13	3.072	14.968	10.996	0.735	中心缩孔＋疏松
38	F6NM	3.150	15.056	11.385	0.756	中心缩孔
39	15－5PH	3.602	15.532	13.410	0.863	中心疏松
40	1Cr17Ni2	3.807	15.729	14.104	0.897	中心缩孔
41	17－4PH	3.902	15.817	14.358	0.908	中心缩孔
42	1Cr18Ni9	4.442	16.266	14.791	0.909	底波小或无底波
43	0Cr18Ni9	4.847	16.550	13.846	0.837	底波小或无底波
44	F51	5.548	16.932	10.039	0.593	底波小或无底波
45	00Cr30Mo2	6.488	17.229	5.949	0.345	底波小或无底波

根据表 2-6 所列的各钢种的碳当量和实际探伤情况进行综合分析，可对各钢种的探伤波形做以下划分：

① $0 \leqslant w$（C）$\leqslant 0.45$，降低草状较多；

② $0.45 < w$（C）$\leqslant 0.77$，中心疏松较多；

③ $0.77 < w$（C）$\leqslant 2.11$，中心疏松和缩孔较多；

④ $2.11 < w$（C）$\leqslant 4.3$，中心缩孔和疏松较多；

⑤ w（C）> 4.3，中心缩孔较多，或底波小，或无底波。

图 2-7 的结论中有：碳当量很小时为纯金属，易形成缩孔，不易形成疏松。然而这里将 $0 \leqslant w$（C）$\leqslant 0.45$ 的探伤波形定义为降低草状，因为碳当量很小时，虽然缩孔率较大，但总的收缩体积较小；加之钢锭超声波探伤常用的 1MHz 的探头难以发现 FBH2.95mm 以下的小缺陷；另外，纯金属流动性很好，缩孔多在冒口处，其余部分质量较好。因此，探伤波形定义为降低草状。

表 2-6 中，w（C）较大的一些钢种多为马氏体钢，还有奥氏体不锈钢和双相不锈钢。由于马氏体组织为片状或板条状，探伤时对超声波的散射较大；奥氏体和双相不锈钢的铸锭通常情况下晶粒粗大，对超声波的散射也较大，故对这些钢种探伤时，超声波衰减较大，常出现底波小或无底波的情况，此时要注意更换更小频率（如 0.5MHz）的探头。

探伤波形的划分是以大量的模铸锭探伤的实际结果为基础的，连铸坯及电渣锭探伤也是如此。对一支钢锭，探伤路径为从水口至冒口的侧面中心母线，以水口底面回波作为探伤灵敏度进行探伤。探伤的过程是一个连续的动态过程，若在探头连续移动的整个过程中，屏幕上出现的疏松波形概率较大、缩孔概率较小，则将此探伤情况认定为中心疏松和缩孔，其他同理。

要注意到，根据碳当量对探伤波形做出的划分与实际情况不是完全符合的，原因是：虽然合金成分对钢锭质量的影响较大，但其他因素如浇钢工艺参数的合理性、钢水和钢锭模的导热性、工人操作的规范性和熟练程度等都对钢锭冶金缺陷质量有很大影响。

图 2-9 为根据表 2-6 中各钢种的碳当量与总收缩体积、缩孔体积关系所作的示意图。

表 2-6 钢锭中具有代表性的探伤波形如图 2-10 所示。

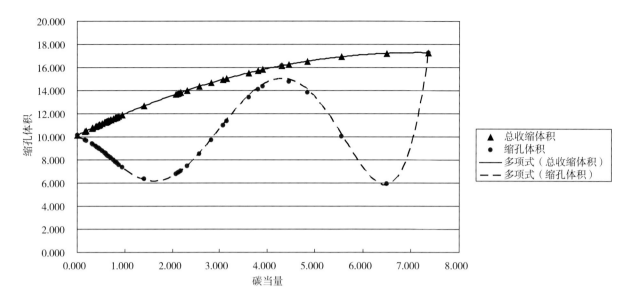

图 2-9   碳当量与总收缩体积、缩孔体积的关系示意图

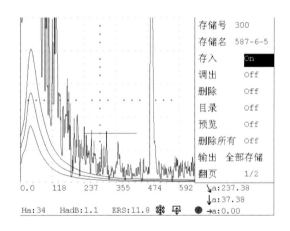

（a）16MnD 探伤波形——降低草状

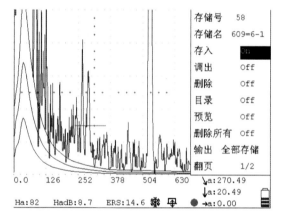

（b）4130 探伤波形——中心疏松

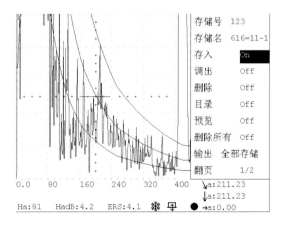

（c）18CrNiMo 探伤波形——中心疏松＋缩孔

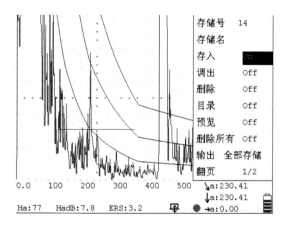

（d）410 探伤波形——中心缩孔＋疏松

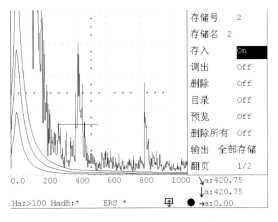
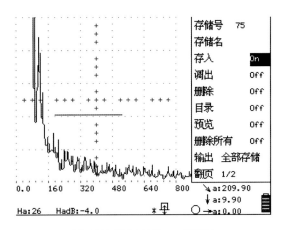

（e）17-4PH 探伤波形——中心缩孔　　　　　（f）F51 探伤波形——无底波

图 2-10　表 2-6 所列钢锭中具有代表性的探伤波形

2.2.2　钢的熔点

（1）钢水的流动性

钢水的流动性是指其在一定条件下的充型能力，是合金重要的铸造性能之一，说明液态合金本身的流动能力。钢水流动性越好，浇注时补缩能力越好，出现缩孔、疏松的趋势越小。

（2）钢的熔点

钢的熔点是指钢完全熔化的温度，也就是合金相图上液相线的温度。合金钢的熔点有下列经验计算公式：

$$t_{熔}=1536-[78w(C)\%+7.6w(Si)\%+4.9w(Mn)\%+34w(P)\%+30w(S)\%+5.0w(Cu)\%$$

$$+3.1w(Ni)\%+1.3w(Cr)\%+3.6w(Al)\%+2.0w(Mo)\%+2.0w(V)\%+18w(Ti)\%]$$

$$(2-7)$$

浇注时，钢水温度降低到稍高于熔点处时或在熔点处时，钢水将开始凝固结晶，钢水中出现大量固态小晶体，这些固态微晶降低了钢水的流动性。因此对同一钢种而言，浇钢温度越高，它与熔点之差越大，即过热度越大，钢水中固态小晶体则大大减少，流动性变好，所以熔点对流动性的影响实际上是通过影响过热度来实现的。

从理论上看，在同样的浇钢温度下，熔点越低，过热度越大，流动性越好，钢水补缩性越好，减小了产生缩孔、疏松等缺陷的趋势。但是过热度越大（熔点越低或者浇钢温度越大），钢水在凝固过程中的液态收缩越大，又增大了产生缩孔、疏松等缺陷的倾向。因此随着熔点的降低，钢锭质量先变好后变坏，即总收缩体积先变小后变大。

从实际上看，由于不同的钢种有不同的浇钢温度，不能只从熔点的变化就较精确得出钢锭产生缺陷的趋势。

根据式（2-7），计算表 2-6 各钢种的熔点，按从小到大顺序列于表 2-7 中，各钢种总收缩体积和缩孔体积也列于表 2-7 中。

表 2-7　各钢种的熔点、总收缩体积和缩孔体积

序号	钢种	熔点/℃	总收缩体积	缩孔体积
1	0Cr18Ni9	1457.17	16.550	13.846
2	9Cr2Mo	1457.54	12.663	6.346
3	4Cr9Si2	1468.46	14.010	7.499

（续表）

序号	钢种	熔点/℃	总收缩体积	缩孔体积
4	1Cr18Ni9	1469.11	16.266	14.791
5	17－4PH	1472.37	15.817	14.358
6	F51	1473.67	16.932	10.039
7	H13	1478.79	13.684	6.789
8	5CrNiMo	1479.38	11.904	7.366
9	4Cr13	1482.23	14.968	10.996
10	1Cr17Ni2	1484.52	15.729	14.104
11	15－5PH	1484.90	15.532	13.410
12	4145	1486.09	11.713	7.720
13	50	1488.61	11.411	8.305
14	00Cr30Mo2	1488.98	17.229	5.949
15	45	1493.63	11.320	8.479
16	42CrMo	1493.90	11.656	7.830
17	F6NM	1495.11	15.056	11.385
18	4140	1495.17	11.577	7.982
19	1Cr13	1495.29	14.674	9.751
20	38CrMoAl	1495.71	11.659	7.825
21	34CrNiMoVNA	1497.79	11.776	7.601
22	40Cr	1497.94	11.486	8.159
23	35CrMo	1499.20	11.483	8.165
24	8630	1501.56	11.365	8.392
25	30	1504.21	11.042	8.984
26	4130	1504.64	11.341	8.439
27	410	1507.17	14.346	8.517
28	20CrNi2Mo	1507.18	11.246	8.618
29	F91	1508.00	13.769	6.946
30	P91	1508.45	13.829	7.069
31	18CrNiMo	1508.51	11.641	7.859
32	20CrMnMo	1508.74	11.471	8.188
33	8620	1509.64	11.142	8.810
34	4715	1511.18	11.272	8.570
35	16Mn	1511.28	11.024	9.016
36	16MnD	1511.92	11.002	9.052
37	20CrNiMo	1512.34	11.278	8.557
38	WB36	1512.92	11.070	8.936
39	20	1513.53	10.788	9.381

（续表）

序号	钢种	熔点/℃	总收缩体积	缩孔体积
40	Q345E	1513.70	10.762	9.416
41	LF2	1514.60	10.906	9.207
42	LF6	1516.33	10.954	9.131
43	F22	1518.37	11.703	7.740
44	08	1523.30	10.518	9.690
45	08F	1526.20	10.477	9.724

图 2-11 为根据表 2-7 所列各钢种的熔点与总收缩体积、缩孔体积所作的关系示意图。

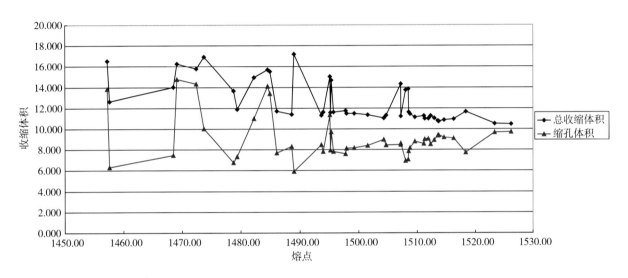

图 2-11 熔点与总收缩体积、缩孔体积的关系示意图

2.2.3 钢的导热能力

由 2.1.1 节可知，凝固区域宽度是由合金的结晶温度范围和断面温度梯度两个量决定的。温度梯度是凝固方式的重要调节因素，钢的导热系数是影响温度梯度的主要因素之一。

钢的导热能力用导热系数（即热导率）表示，是一项重要的热力性能指标，它是指当钢内维持单位温度梯度时，在单位时间内流经单位面积的热量。导热系数用 λ 表示，单位为 W/（m·℃）。

通常，钢中合金元素越多，钢的导热能力就越低。各种合金元素对导热能力的影响次序为：C、Ni、Cr 最大，Al、Si、Mn、W 次之，Zr 最小。合金钢的导热能力一般比碳钢差，高碳钢的导热能力比低碳钢差。另外，导热系数也随温度的变化而变化，故材料的导热系数多用实测的方法得到。

钢的导热能力越大，其内部温度均匀化的能力越大，温度梯度越小，可以使窄结晶温度范围的合金的凝固方式成为糊状凝固方式，增大疏松的趋势；反之，导热能力小，温度梯度大，可以使宽结晶温度范围的合金的凝固方式成为中间凝固，甚至成为逐层凝固，减小疏松的趋势。

苏铁健等人的《钢的热导率与化学成分和温度的关系》，对含碳量小于 0.9%、合金元素总质量分数小于 18% 的钢种进行了分析，分别得出 20℃、100℃、200℃、300℃、400℃、500℃下钢的热导率定量回归公式。但 20℃ 和 500℃ 下的公式没有通过显著性检验，故舍去。引用文献中的 400℃ 的热导率计算公式（元素符号表示相应元素的质量分数）：

$$\lambda_{400℃} = 40.14 - 6.61Si + 5.70C - 0.72(W + V + Mo + Cr) - 1.27(Cu + Ni + Mn) \qquad (2-8)$$

得出各钢种的 $\lambda_{400℃}$，见表 2-8 所列。

表 2-8　各钢种的导热能力

序号	钢种	$\lambda_{400℃}$	总收缩体积	缩孔体积
1	0Cr18Ni9	5.70	16.550	13.846
2	F51	10.67	16.932	10.039
3	1Cr18Ni9	11.60	16.266	14.791
4	17-4PH	14.54	15.817	14.358
5	00Cr30Mo2	15.37	17.229	5.949
6	15-5PH	18.54	15.532	13.410
7	4Cr9Si2	18.73	14.010	7.499
8	1Cr17Ni2	19.85	15.729	14.104
9	F6NM	21.91	15.056	11.385
10	1Cr13	23.15	14.674	9.751
11	H13	27.58	13.684	6.789
12	410	27.99	14.346	8.517
13	P91	30.43	13.829	7.069
14	F91	30.59	13.769	6.946
15	4Cr13	30.60	14.968	10.996
16	WB36	34.21	11.070	8.936
17	18CrNiMo	35.58	11.641	7.859
18	20CrNi2Mo	35.75	11.246	8.618
19	16MnD	36.08	11.002	9.052
20	16Mn	36.14	11.024	9.016
21	F22	36.15	11.703	7.740
22	34CrNiMoVNA	36.43	11.776	7.601
23	4715	36.53	11.272	8.570
24	20CrMnMo	36.70	11.471	8.188
25	LF6	36.88	10.954	9.131
26	Q345E	37.22	10.762	9.416
27	8620	37.44	11.142	8.810
28	20CrNiMo	37.57	11.278	8.557
29	LF2	37.58	10.906	9.207
30	8630	37.91	11.365	8.392
31	08	38.01	10.518	9.690
32	38CrMoAl	38.39	11.659	7.825
33	20	38.42	10.788	9.381
34	5CrNiMo	38.47	11.904	7.366
35	35CrMo	38.50	11.483	8.165
36	42CrMo	38.64	11.656	7.830

（续表）

序号	钢种	$\lambda_{400℃}$	总收缩体积	缩孔体积
37	4140	38.75	11.577	7.982
38	4130	38.79	11.341	8.439
39	30	38.86	11.042	8.984
40	4145	39.14	11.713	7.720
41	40Cr	39.15	11.486	8.159
42	45	39.71	11.320	8.479
43	08F	39.81	10.477	9.724
44	50	40.00	11.411	8.305
45	9Cr2Mo	40.86	12.663	6.346

图 2-12 为各钢种导热系数与总收缩体积、缩孔体积的关系示意图。

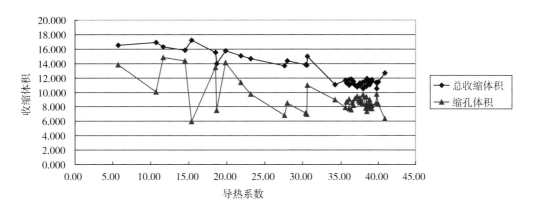

图 2-12 导热系数与总收缩体积、缩孔体积的关系示意图

2.2.4 锻造原材料生产方式

（1）三种锻造原材料的比较

要得到良好质量的锻件的前提之一就是保证原材料质量。锻造的原材料有连铸锭（坯）、模铸锭和电渣重熔锭（电渣锭）3 种钢锭。通常根据不同的产品要求选择所需的原材料。3 种钢锭主要区别在于：

① 从探伤情况来看，通常 3 种钢锭内部冶金缺陷质量由好到差依次为电渣锭、模铸锭、连铸锭。电渣锭作为锻造原材料是最优的，但其成本比较高。

② 从钢锭尺寸看，模铸能够铸直径或边长很大的圆锭或多角锭，电渣重熔锭次之，而连铸锭的尺寸就有限制，一般直径大于 600mm 的连铸锭中心质量较难控制。

③ 从钢种特性来看，有的材料的连铸锭不适合锻造成实心件。如 F22 连铸锭缩孔缺陷较大，下料锻造时，空气进入缩孔，造成内部氧化，通过锻造不能消除已氧化的缺陷对质量的影响。而 F22 模铸锭虽然有缩孔，但它可以用来锻造实心件，因为模铸锭可以整打整锻，避免了空气进入缩孔造成氧化。若是锻造空心件，原材料钢锭的心部在加工中被冲去，则 3 种钢锭都是可以选择的。

在锻造生产中，要把锻造产品的形状、尺寸、质量要求与原材料的特性结合起来，选择合适并经济的原材料。基本原则为：

① 对于模铸锭，探伤缺陷少或者没有探伤缺陷的钢种可考虑用连铸坯替代，以降低成本，如碳钢；探伤缺陷多的钢种可考虑使用电渣锭，以提高锻造质量。

② 锻造空心件，3 种钢锭均可选择。

③ 锻造实心件，有些钢种可以选择连铸锭下料锻，如碳钢；或可以选择模铸锭整打整锻，质量要求比较高的锻件可以考虑使用电渣重熔锭。

（2）钢锭探伤分级及其应用

① 钢锭探伤心部缺陷分极方法

总结钢锭探伤的经验，将探伤情况分为 5 个等级（钢锭的偏析除外）。探伤分级见表 2 - 9 所列。"中心疏松＋缩孔"表示疏松占的比例大于缩孔，"中心缩孔＋疏松"表示缩孔占的比例大于疏松。5 个探伤等级的波形和断面低倍示意图如图 2 - 13 至图 2 - 17 所示。

表 2 - 9　探伤分级

探伤等级	探伤波形	钢锭断面缺陷描述
0	降低草状	无明显缺陷，晶粒呈粗大状，如图 2 - 13 所示
1	中心疏松	中心有分散细小孔洞，图 2 - 14 所示
2	中心疏松＋缩孔	中心有分散细小孔洞，且有小的集中孔洞，如图 2 - 15 所示
3	中心缩孔＋疏松	中心有集中孔洞，且有少量分散细小孔洞，如图 2 - 16 所示
4	中心缩孔	中心有较大集中孔洞，如图 2 - 17 所示

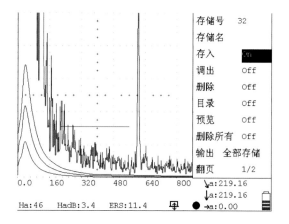

（a）降低草状

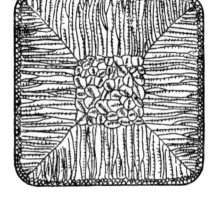

（b）对应低倍示意图

图 2 - 13　等级 0 的波形和断面低倍示意图

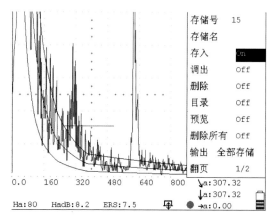

（a）中心疏松

（b）对应低倍示意图

图 2 - 14　等级 1 的波形和断面低倍示意图

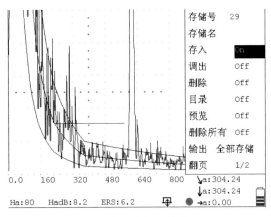 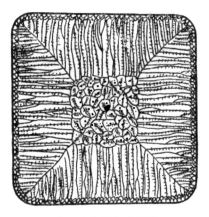

（a）中心疏松＋缩孔　　　　　　　　　　　（b）对应低倍示意图

图 2-15　等级 2 的波形和断面低倍示意图

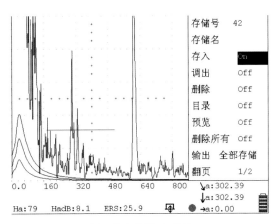 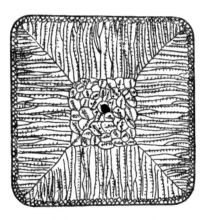

（a）中心缩孔＋疏松　　　　　　　　　　　（b）对应低倍示意图

图 2-16　等级 3 的波形和断面低倍示意图

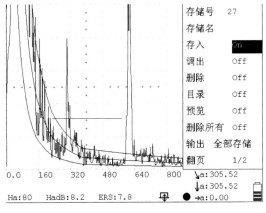 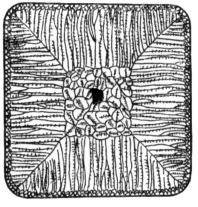

（a）中心缩孔　　　　　　　　　　　　　（b）对应低倍示意图

图 2-17　等级 4 的波形和断面低倍示意图

② 钢锭偏析缺陷分级方法

钢和合金的凝固发生在一定的温度和溶质浓度范围内，由于溶质元素存在液相和固相的溶解度差异以及在凝固过程中的选分结晶，因此在凝固过程中产生了溶质元素分布的不均匀性，通常称之为偏析。

偏析分为显微偏析（树枝偏析）和宏观偏析（低倍偏析）两类。

钢锭宏观偏析是指在钢锭中存在的限于钢锭尺寸数量级的浓度差别，又称区域偏析。通常指沿钢锭纵断面和横断面上化学成分不均匀分布情况。显微偏析发生在几个晶粒的范围内或树枝晶空间内，即成分的差异局限于几微米的区域内。

宏观偏析与各结晶带的形成密切相关，往往在特定区域内呈条带状分布。它既可用钻样分析方法进行鉴定，又可借助低频超声波探伤、硫印、酸浸低倍等检验方法判明，故又称为低倍偏析（或称超探偏析）。宏观偏析有多种分类方法：按分布方向可分为水平偏析和垂直偏析；按偏析带形态可分为带状分析和通道偏析（如 V 形、倒 V 形偏析等）；按偏析的直接成因可分为正常偏析、反常偏析、比重偏析，等等。镇静钢锭常见的偏析类型有逆 V 偏析、V 偏析、头部正偏析及底部沉积锥负偏析等，如图 2-18 所示。超声波探伤偏析的波形和对应断面低倍示意图如图 2-19 所示。

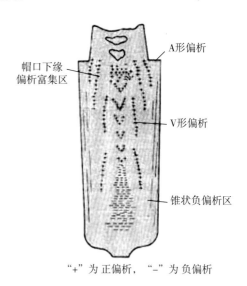

"+" 为正偏析，"-" 为负偏析

图 2-18　镇静钢锭偏析示意图

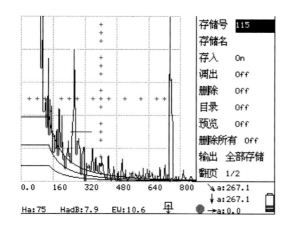

图 2-19　超声波探伤偏析的波形（左）和对应断面低倍示意图（右）

③ 连铸坯探伤分级应用

连铸坯材料为 AISI 4130，尺寸为 ϕ600mm×6000mm。对其从头部到尾部每隔 10cm 进行探伤，应用上述分级方法对探伤结果进行分类。

探伤要求和方法：a. 连铸坯表面粗糙度为 10～30μm 或可见 50% 以上光亮；b. 连铸坯表面打磨，采用 0°、45°、90°或 0°、120°、240°间隔方式打磨，打磨宽度约为 100mm，纵向通条；c. 连铸坯表面纵向打磨的母线至少 3 条或 3 条以上，以 A、B、C 等序号标识；d. 取 100mm×100mm 区域进行评定。

探伤灵敏度采用试块 DAC 法，将底波调到适当高度，再提高 18dB 作为探伤灵敏度。探伤缺陷大小和分级见表 2-10 所列。

表 2-10　探伤缺陷大小和分级

距离（cm）	≤10	20	30	40	50	60	70	80	90	100	110	120	130	140	150
当量（dB）	−18	−12	−10	−18	−17	−9.5	−15	−11	−10	−15	−14	−14	−14	−21	−17
等级	0	4	4	0	0	2	0	2	4	2	0	0	1	0	0

（续表）

距离（cm）	160	170	180	190	200	210	220	230	240	250	260	270	280	290	300
当量（dB）	−11	−19	−19	−13	−16	−18	−12	−13	−11	−18	−12	−13	−12	−15	−12
等级	2	0	2	2	2	0	1	2	1	0	2	1	2	0	1
距离（cm）	310	320	330	340	350	360	370	380	390	400	410	420	430	440	450
当量（dB）	−10	−15	−16	−15	−20	−26	−17	−12	−17	−14	−16	−20	−15	−21	−20
等级	1	2	0	0	0	0	0	1	0	1	2	0	2	2	0
距离（cm）	460	470	480	490	500	510	520	530	540	550	560	570	580	590	600
当量（dB）	−20	−21	−17	−22	−12	−25	−15	−20	−12	−11	−20	−17	−21	−23	−17
等级	0	2	0	0	1	0	0	0	0	2	1	0	0	0	0

　　图 2-20 为长度方向上探伤缺陷大小分布图。图 2-21 为长度方向上探伤缺陷等级分布图。由这两个图可以得出结论：对于一支连铸坯，从头部到尾部，其探伤缺陷当量大小是变化的（从 −9.5dB 到 −26dB），探伤等级也在变化（从 0 到 4），也就是说其内部质量好坏不能确定，探伤质量好坏与材料、尺寸、浇注工艺等因素有关。不能一概而论就认为 4130 连铸坯探伤质量好（或者差）。但可以说在同样的尺寸、工艺等条件下，4130 连铸坯相对于另外一种材料（例如 F22）的连铸坯探伤质量更好。

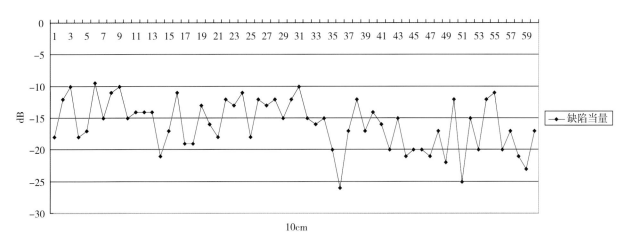

图 2-20　长度方向上探伤缺陷大小分布图

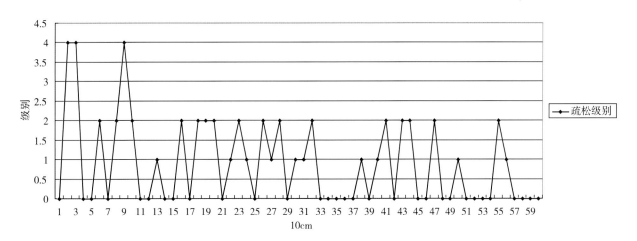

图 2-21　长度方向上探伤缺陷等级分布图

（3）锻造原材料生产方式推荐

① 钢锭是锻造工艺中所采用的主要原材料，因此在钢铁产业飞速发展的今天，制造质量优良的钢锭一直是大型钢铁企业追求的目标。如果在锻造前选用了不适合的原材料，那么不但会影响锻造工艺，还会对产品造成安全隐患，甚至对企业造成无法挽回的经济损失。对某种原材料（连铸坯、模铸锭或电渣锭）进行探伤，关于它能否用来锻造实心件，建议依据表 2-11 所列进行选择。

表 2-11　原材料锻造实心件建议

探伤等级	可否锻造实心件
0	可以
1	可以
2	可以
3	可以，但要根据产品形状等因素选择合理的锻造工艺，不可使用通用工艺卡
4	锻造实心件风险较大

② 对模铸锭进行探伤，关于锻造实心件的原材料选择，建议依据表 2-12 所列进行选择。

表 2-12　原材料选择建议

模铸锭探伤等级	原材料选择建议
0	建议选择同材料连铸坯
1	建议选择同材料连铸坯
2	可选择同材料连铸坯或使用模铸锭
3	建议使用模铸锭
4	建议使用电渣锭

③ 根据表 2-6 所列模铸锭碳当量、总体积收缩与实际探伤情况，锻造实心件时的原材料推荐见表 2-13 所列。

表 2-13　锻造原材料生产方式推荐

序号	钢种	碳当量 w（C）（%）	原材料推荐
1	08F	0.166	连铸坯
2	08	0.187	连铸坯
3	Q345E	0.313	连铸坯
4	20	0.327	连铸坯
5	LF2	0.389	连铸坯
6	LF6	0.415	连铸坯
7	16MnD	0.440	连铸坯
8	16Mn	0.452	连铸坯
9	30	0.462	连铸坯
10	WB36	0.477	模铸锭或连铸坯
11	8620	0.515	模铸锭或连铸坯
12	20CrNi2Mo	0.572	模铸锭或连铸坯
13	4715	0.586	模铸锭或连铸坯

（续表）

序号	钢种	碳当量 w（C）（%）	原材料推荐
14	20CrNiMo	0.589	模铸锭或连铸坯
15	45	0.612	模铸锭或连铸坯
16	4130	0.623	模铸锭或连铸坯
17	8630	0.637	模铸锭或连铸坯
18	50	0.662	模铸锭或连铸坯
19	20CrMnMo	0.695	模铸锭或连铸坯
20	35CrMo	0.702	模铸锭或连铸坯
21	40Cr	0.703	模铸锭或连铸坯
22	4140	0.754	模铸锭或连铸坯
23	18CrNiMo	0.790	模铸锭或连铸坯
24	42CrMo	0.798	模铸锭或连铸坯
25	38CrMoAl	0.800	模铸锭或连铸坯
26	F22	0.825	模铸锭或连铸坯
27	4145	0.831	模铸锭或连铸坯
28	34CrNiMoVNA	0.867	模铸锭或连铸坯
29	5CrNiMo	0.940	模铸锭或连铸坯
30	9Cr2Mo	1.394	模铸锭或连铸坯
31	H13	2.068	模铸锭或连铸坯
32	F91	2.128	电渣锭或模铸锭
33	P91	2.171	电渣锭或模铸锭
34	4Cr9Si2	2.303	电渣锭或模铸锭
35	410	2.558	电渣锭或模铸锭
36	1Cr13	2.822	电渣锭或模铸锭
37	4Cr13	3.072	电渣锭或模铸锭
38	F6NM	3.150	电渣锭或模铸锭
39	15 - 5PH	3.602	电渣锭或模铸锭
40	1Cr17Ni2	3.807	电渣锭或模铸锭
41	17 - 4PH	3.902	电渣锭或模铸锭
42	1Cr18Ni9	4.442	电渣锭
43	0Cr18Ni9	4.847	电渣锭
44	F51	5.548	电渣锭
45	00Cr30Mo2	6.488	电渣锭

2.3　连铸锭缺陷及其探伤分析案例

2.3.1　连铸工艺与设备

连铸就是将精炼后的钢水连续铸造成钢坯的生产工序，生产工序所用主要设备包括钢包回转台、中间包、结晶器、拉矫机等。图 2 - 22 为弧形连铸生产流程图。

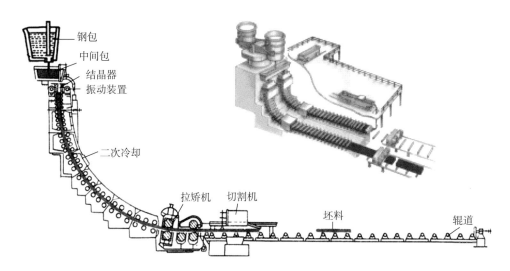

图 2-22　弧形连铸生产流程图

　　将装有精炼钢水的钢包运至钢包回转台，回转台转动到浇铸位置后，将钢水注入中间包，再由水口将钢水分配到各个结晶器中去。结晶器是连铸机的核心设备之一，它使钢水成形并迅速凝固成具有一定厚度的初生坯壳。拉矫机通过引锭杆在结晶振动装置的作用下，将结晶器内的铸坯拉出，使带有液心的铸坯进入铸坯弧形支撑、导向段。铸坯一边下行，一边经由二次冷却区中布置规律的喷嘴进行配水强制冷却并进一步凝固，通过电磁搅拌作用改善铸坯凝固质量，凝固成形的弧形铸坯经由拉矫机矫直后与引锭杆脱开。待钢坯完全凝固并矫直后由切割装置将其切成一定长度的坯料。连铸坯主要可分为圆坯、方坯和板坯。圆坯、方坯主要用作锻造原材料，板坯主要用作轧制原材料。

　　连续铸钢是钢水处于运动状态下，采取强制冷却的措施成形并连续生产铸坯的过程。连铸的工艺特点决定了它对钢水质量的要求极为严格，主要表现在钢水的成分、温度、脱氧程度及纯净度 4 个方面。另外，炼钢工序和连铸工序要紧密配合，步调一致也是非常关键的。

　　（1）钢包及钢包回转台

　　钢包用于在平炉、电炉或转炉前承接钢水，进行钢水转移，为后续浇注作业做准备，其结构示意图如图 2-23 所示。

　　钢包回转台用于把钢包回转到或旋转到浇注位置，如图 2-24 所示。该回转台设置了两个回转臂，因此可实现多炉连浇。

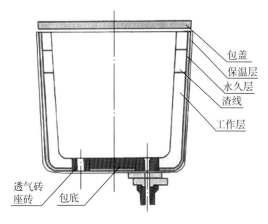

图 2-23　钢包结构示意图

图 2-24　钢包回转台

　　（2）中间包

　　中间包接受从钢包浇下来的钢水，然后再由中间包水口分配到各个结晶器中去，通过中间包冶金，可以防止钢水二次氧化和吸气,改善钢水流动状态,防止卷渣和促进夹杂物上浮,微调钢水成分,控制夹杂物形态和精确控制钢水过热度。中间包对提高连铸作业率、多炉连浇、扩大连铸品种、改善铸坯质量等有着重要作用。

(3)结晶器和振动装置

结晶器是连铸机非常重要的部件,也是一个强制水冷的无底钢锭模,通俗地讲就是一个钢水制冷成形设备。结晶器是连铸设备的"心脏",结晶器的作用如下:①使钢水逐渐凝固成所需要规格、形状的坯壳;②通过结晶器的振动,使坯壳脱离结晶器壁而不被拉断和漏钢;③通过调整结晶器的参数,使铸坯不产生脱方、鼓肚或裂纹等缺陷;④保证坯壳均匀稳定的生成。图2-25所示为5个结晶器。

图2-25　5个结晶器

(4)冷却系统

连铸生产过程就是钢水在连铸机内释放和传递热量,最终凝固成铸坯的过程。连铸机有3个冷却区:钢水在结晶器内通过水冷铜壁强制冷却,凝固成为具有所要求的断面形状和一定坯壳厚度的铸坯,此为一次冷却区;心部仍为液相的铸坯连续地从结晶器下口拉出,进入铸坯支承导向段,通过喷淋水冷却加速铸坯内部热量的传递,使铸坯完全凝固,此为二次冷却区;在后部运输辊道区域,铸坯向空气中辐射传热,使铸坯内外温度均匀,此为三次冷却区。冷却区如图2-26所示。

(5)拉矫机

弧形连铸的二次冷却区为弧形,拉矫机的作用是把弧形铸坯进行拉力矫直,并提供拉坯力保证连铸生产。拉矫机如图2-27所示。

图2-26　冷却区　　　　　　　　　　　　图2-27　拉矫机

(6)电磁搅拌装置

电磁搅拌是利用电磁力控制钢水凝固过程,改善铸坯质量的工艺。其实质是借助钢水中感生的电磁力,推动钢水的运动,从而改善钢水的流动性,主要作用为:①减少铸坯中夹杂物及气体的含量,提高纯净度;②扩大等轴晶区,提高等轴晶率;③改善中心偏析,减少铸坯内部裂纹、疏松和缩孔。根据电磁搅拌器的安装位置不同，电磁搅拌分为：结晶器电磁搅拌、二次冷却区电磁搅拌和凝固末端电磁搅拌。

2.3.2　连铸锭缺陷

连铸坯的质量特征是和其工艺及凝固特点紧密相关的。

就表面质量来说，连铸结晶器表面很光滑、注流比较缓慢而且浇注条件变动比较小，与模铸相比，这些都是连铸的长处，对铸坯表面质量是有利的。充分发挥这些长处，有助于浇注出表面质量优良的产品。但是连铸坯不可避免地会产生振动波纹，而且其凝固壳在高温状态下被强制冷却时，还不断地受到拉坯作用，这可能导致铸坯产生各种裂纹缺陷。

连铸圆坯可直接出厂，也可经过小变形的初轧后再出厂。初轧后圆坯表面的小裂纹和振痕可消除，从而基本具备探伤条件，可进行探伤。对于不进行初轧的圆坯要想使其满足探伤条件，需对其进行打磨或抛丸处理。

就内部质量来说，连铸过程中钢水补缩困难，容易形成中心缩孔、疏松和偏析等缺陷，而且这些缺陷有一定的横截面宽度，即所谓"带宽"。因此用连铸圆坯锻造空心件时，应根据带宽的大小来决定圆坯适合锻造内径多大的空心件。

就清洁性来说，虽然连铸的凝固速度快，不利于夹杂物聚集，但是夹杂物在结晶器内上浮分离条件却不如模铸那样充分。特别是连铸过程中造成钢质污染的因素比模铸要复杂得多，因此，夹杂物便成为影响铸坯质量的一个重要因素。

（1）夹杂物

和普通铸锭相比，连铸过程中的夹杂物有两个突出的特点：

① 来源复杂。夹杂物来源如图 2-28 所示。从中间包开始，钢水和耐火材料接触（中间包衬、塞棒、水口、中间包和结晶器液面的渣料等）机会多，钢水暴露在空气中的面积大、氧化严重，使钢水的清洁性降低。

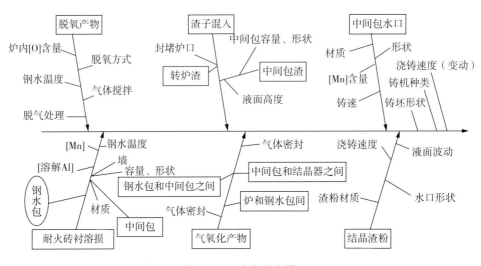

图 2-28　夹杂物来源

② 夹杂物从结晶器钢水中上浮较困难。这是因为在结晶器中夹杂物的上浮被浇注时铸坯的下降所抵消。特别是对小断面铸坯来说，上浮分离的条件就更为困难。而普通铸锭，虽然夹杂物在钢锭头部和尾部比较集中，但在后续加工前可经切头切尾而去掉，但连铸就不同了。

由于具有上述两个特点，铸坯中的残留夹杂物，在进一步加工过程中也不能将其除掉。正因为这样，连铸坯中的夹杂物，特别是大型夹杂物，就成为影响铸坯质量的一个重要因素。铸坯中夹杂物含量超标，可能导致铸坯后续加工的产品不合格。

（2）中心缺陷

从结晶器拉出来的带有液心的铸坯，在连铸过程中形成很长的液相穴，铸坯凝固时体积收缩，钢水补缩不好，在完全凝固后会产生疏松、缩孔和偏析（铸坯中心部位的 C、P、S、Mn 等元素含量高于铸坯边缘的现象），这些被称为中心缺陷。

连铸坯凝固结构呈对称分布，中心区有疏松，密度最小且有中心偏析。经过锻造，压下率至少不小于4时，疏松缺陷可得到一定程度的焊合，但是中心偏析还会存在。有时严重的缩孔、疏松缺陷在锻造后也不能完全焊合。

中心缺陷降低了铸坯的内部致密性，还会降低锻件的机械性能。例如铸坯在进行加热时，疏松部位会氧化，就造成锻造产品缺陷。

为了防止中心偏析，生产中多采用低温浇注、低速浇注、电磁搅拌、在线压下等方式减轻中心缺陷的程度。

（3）裂纹

按产生的原因不同，可将裂纹分为表面龟裂（或星状裂）、横裂、纵裂、内裂和皮下裂纹几种。

① 表面龟裂

表面龟裂深度通常是1～3mm，它可能导致铸坯产生横向裂纹，造成严重的表面缺陷，应予以重视。这种裂纹一般是坯壳在高温下与结晶器壁接触时，Cu渗入坯壳表面引起高温脆化造成的。冷却强度和拉速对表面龟裂的产生也有影响。

② 横裂

铸坯产生横裂大多与拉矫温度下钢的塑性有关。可以通过研究钢的高温塑性，来控制合适的矫直温度，以减少裂纹缺陷。

③ 纵裂

出现纵裂的原因，最主要的是在结晶器内坯壳所受到的应力超过了一次晶粒间界的抗拉强度。在实际操作中，结晶器内不适当冷却及沿铸坯周边的一次、二次冷却不均匀都易引起纵裂的产生。

④ 内裂

内裂都伴有偏析存在，因此常把内部裂纹叫作偏析裂纹。

⑤ 皮下裂纹

皮下裂纹是不与表面贯通的一种裂纹，皮下裂纹可能会造成重皮缺陷。

（4）气泡

连铸坯的气泡缺陷按其所在位置分类，可把露出表面的称作表面气孔，把潜于表面之下而且内部没有氧化的称作皮下气泡。气泡是由钢水凝固时其中的气泡来不及逸出而留在钢中造成的。

对于较浅的气孔，缺陷较易消除。但是有些比较深的气孔却是很难消除的，往往造成加工后的表面产生裂纹缺陷。

（5）锭型偏析

偏析分为锭型偏析和点状偏析两类，锭型偏析在横向低倍试片上表现为沿锭型形状分布的深色区域，一般常为圆框形或方框形，因此也称框形偏析。点状偏析多呈暗灰色的点，有时这些点相对基体金属凹陷，它又分为均匀分布的一般点状偏析和只分布在边缘的边缘点状偏析两类。

超声波反射强度在声程相同的情况下，与两种材料间的声阻抗差异密切相关，轻微的锭型成分偏析，如果偏析点内没有明显的疏松孔，反射就不会很强烈，如图2-29所示。

2.3.3 连铸锭探伤缺陷波形

连铸锭的探伤，需要对铸坯进行初轧或喷丸处理，方可使其满足探伤条件。另外注意，探伤时必须360°

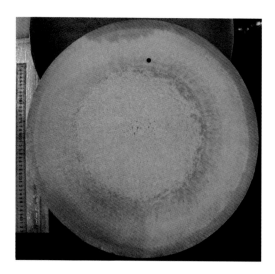

图2-29 轻微的锭型成分偏析

全覆盖探伤，防止因缺陷取向原因造成漏探。

连铸锭典型的缺陷为中心缩孔、疏松和晶粒粗大，在探伤波形上表现为单峰缩、缩孔峰、多峰、宝塔峰、降低草状及它们的组合波形等。

连铸锭的探伤缺陷波形见"附录一　连铸锭超声波探伤缺陷 A 型特征图谱"和"附录十六　连铸锭超声波探伤缺陷 B＋C＋D＋S 型特征图谱"。

2.3.4　连铸锭探伤分析案例

（1）工件概况

连铸锭，材质为 ASTM A182 F22 钢，规格为 $\phi600×6000mm$，表面经砂轮修磨。

（2）探伤仪器及探伤方法

采用 CTS-9003 Plus 探伤仪和 1P30 单晶直探头，用浆糊作为耦合剂，以 $\phi4.0mm$ 平底孔当量为探伤灵敏度，沿圆周面和轴向做全面扫查。

（3）探伤结果

共探连铸锭 9 支，发现 9 支连铸锭均存在当量为 $\phi8\sim\phi10mm$ 缺陷反射信号，深度均为 300mm 左右，长度为整个连铸锭。连铸锭探伤缺陷波形如图 2-30 所示。初步估计钢锭的整个中心部位都存在缺陷。

（4）低倍检验

经低倍检验发现钢锭中心部位存在缩孔缺陷，缺陷截面最大尺寸约为 10mm，如图 2-31 所示。

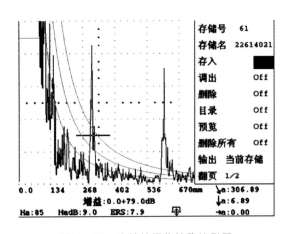

图 2-30　连铸锭探伤缺陷波形图

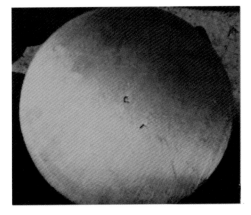
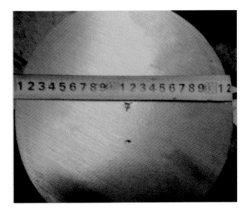

图 2-31　钢锭中心部位低倍检验图

2.3.5　连铸坯探伤意义

由于低倍检验的局限性，对连铸坯进行探伤来评估其内在质量有重要意义。连铸坯相对于模铸锭，中心致密度稍差，用连铸坯锻造实心件的合格率一般较难控制与提高，但通过超声检测可了解铸坯的内在质量，如中心疏松、缩孔及偏析情况。下料锻造时，须避免缩孔区暴露在空气中，或通过对缩孔两头堆焊，或采取火焰切割封堵以及适当剔除缩孔严重的区域，同时适当调整锻造工艺，可以大大提高锻造产品的合格率。

例如某厂对 $\phi600mm$、材质为 42CrMo 的连铸坯进行探伤，连铸坯探伤如图 2-32 所示。初步判断局部中心缩孔明显，其缺陷波形如图 2-33 所示，存在缩孔的轴向长度约为 0.5m。将这段铸坯截取下料，加热到 1200℃后进行两镦两拔，锻成 $\phi370mm$ 圆棒后进行调质处理（850℃油淬和 560℃回火水冷），经低倍检验发现中心开裂，最大裂口近 50mm，如图 2-34 所示。

图 2-32 连铸坯探伤

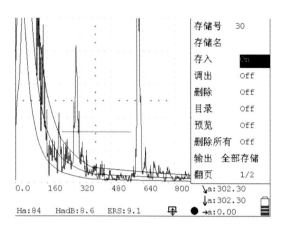

图 2-33 疑似中心缩孔波形

图 2-34 连铸坯中心开裂

又如某厂对 AISI4130、ϕ600mm 连铸坯进行探伤，应用前面所述钢锭探伤分级方法进行探伤，探伤结果如图 2-35 所示。根据图中探伤结果决定实心件锻造的选料区域，经实验取得了良好效果。

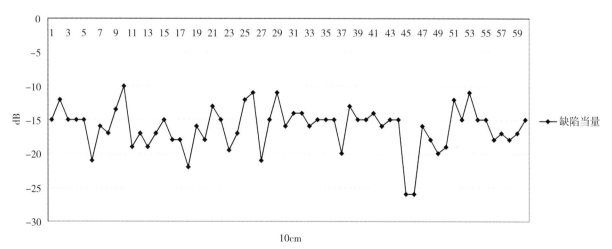

（a）探伤缺陷大小分布图

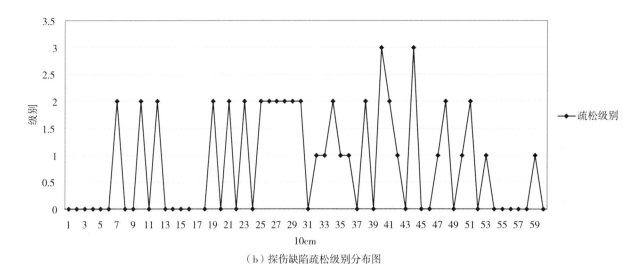

（b）探伤缺陷疏松级别分布图

图 2-35 AISI4130、φ600mm 连铸坯实物探伤结果

2.4 模铸锭缺陷及其探伤分析案例

2.4.1 模铸工艺与设备

（1）电弧炉炼钢

电弧炉炼钢是通过石墨电极向电弧炼钢炉内输入电能，以电极端部和炉料之间发生的电弧为热源进行炼钢的方法。电弧炉炼钢一般用废钢为主要原料，首先利用电能使其熔化升温，然后在炉内进行精炼，去除有害元素、杂质及气体，调整化学成分到成品要求范围，并使钢水达到一定的温度。

传统碱性电弧炉氧化法炼钢一般主要包括 6 个阶段：补炉、装料、熔化期、氧化期、还原期、出钢。

① 补炉。修补炉体损坏部位，保证下一炉钢的正常冶炼。

② 装料。按钢种要求选择废钢料，与少量石灰一起装入炉膛内。废钢料应清洁少锈，不清洁的废钢会降低炉料导电性能、影响氧化期除磷效果、侵蚀炉衬、降低钢和合金元素收得率、增加钢中氢含量。

③ 熔化期。从通电开始到炉料全部熔清的阶段为熔化期，该阶段要求去除部分的磷。为加速熔化、节省用电量，一般采用吹氧助熔。

④ 氧化期。该阶段要求去除磷、气体（氮、氢）、夹杂物。

⑤ 还原期。该阶段要求除硫、脱氧、调整钢水化学成分及温度。

⑥ 出钢。将经冶炼符合要求的钢水转入精炼炉，或转入盛钢桶进行浇注。

电弧炉如图 2-36 所示，电弧炉结构如图 2-37 所示。

图 2-36 电弧炉

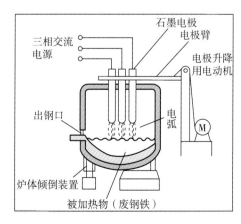

图 2-37 电弧炉结构示意图

（2）中频炉炼钢

中频炉是感应炉的一种。感应炉应用了感应加热的原理，即应用了电磁感应定律和电流的热效应定律。中频炉是把三相工频交流电（50Hz）变为可调节的中频（300～1000Hz）电流，中频交变电流经过感应线圈，在感应圈中产生高密度的磁力线，并切割感应圈里盛放的金属材料，在金属中产生很大的涡流，从而使金属熔化。

中频炉成套设备包括：电源及电器控制部分、炉体部分、传动装置和水冷系统。中频炉炉体如图2-38所示，其中坩埚用于盛装钢水进行冶炼，还起到绝热、绝缘和传递能量的作用。中频炉有3种熔炼方法：碱性坩埚熔化法、碱性坩埚氧化法、酸性坩埚熔化法。不管是哪种熔炼方法，基本过程都是：选配炉料、装料、熔化、氧化、还原、出钢。

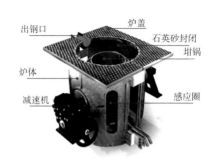

图2-38　中频炉炉体

中频感应炉熔炼与普通电弧炉熔炼相比，具有下列特点：

① 中频感应炉精炼能力比电弧炉差，主要表现在脱氧、去夹杂、脱硫、脱磷等方面，但在去除氮方面，电弧炉比感应炉差。

② 中频感应炉熔炼过程中，钢水或合金不增碳，而电弧炉增碳。

③ 用中频感应炉熔炼合金时，合金元素回收率较高。

④ 中频感应炉的电磁搅拌作用改善了反应的动力学条件。

⑤ 中频感应炉熔炼过程便于控制。

（3）钢水的炉外精炼

经过冶炼的钢水要转入精炼炉进行精炼。炉外精炼的实质是对钢水进行真空处理或吹入惰性气体，创造必要的化学、热力学条件，从而使钢水脱氧、去气、去夹杂物，并调整钢水的化学成分以达到要求。

通常向钢水中吹氩气进行精炼，其精炼作用主要有3点：

① 氩气的发泡、气洗作用。使钢水中的氢、氮、氧含量降低。

② 氩气的搅拌作用。清除夹渣、夹杂物，使温度、化学成分均匀。

③ 氩气的保护作用。氩气从钢水中逸出覆盖在钢水面上，可避免钢水被二次氧化。

氩气的精炼效果与耗氩量、吹氩压力、氩流量、处理时间和气泡大小等因素有关，通常进行真空吹氩处理，能达到很好的效果。

（4）影响钢水质量的因素

① 气体

钢中气体含量过高是造成钢锭产生疏松、气泡、裂纹等缺陷的主要原因。钢中的气体通常指溶解在钢中的氧、氢、氮。

氧和氢的主要来源是原材料中的水分，特别是使用烘烤不良的石灰和多锈的炉料造成的。氧与其他各种元素结合成氧化物，存在于非金属夹杂物中。

氢是造成白点的主要因素，白点严重影响钢材的质量，降低钢材强度、冲击韧性等力学性能，产生钢材开裂的"氢脆"现象，所以钢中不允许存在白点。在还原期加入石灰和补加铁合金时，必须在充分烘烤后加入。

氮使钢的强度略有增加，但延伸率却明显下降，所以对韧性有要求的钢材要控制含氮量。氮在大部分钢中作为有害气体存在，氮还与钢中钛、钒、硼等元素结合生成氮化物夹杂而影响钢的质量。

② 非金属夹杂物

钢中的非金属夹杂物，主要来源是：

a.钢中残留的脱氧产物。

b.二次氧化（已经脱氧的钢水再次被氧化，如冶炼、出钢和浇注过程中钢水与空气接触而发生氧化反应）产物。

c. 由原材料带入的夹杂物，如钢中的铁锈、黏附的泥沙、石灰、萤石、造渣材料中的 SiO_2 和 Al_2O_3 等。

d. 混入钢中的炉渣、耐火材料等。

非金属夹杂物的存在破坏了钢材的连续性，降低钢的力学性能。在一些夹杂物严重偏析与气体共存的钢材内部引起严重的缺陷，如疏松、点状偏析、显微气孔等，使钢在加工中出现分层、结疤、龟裂等缺陷。

（5）钢水的质量要求

炼钢过程包括脱硫、除磷、去气（氮、氢、氧）、脱碳、去除夹杂物和其他有害元素、调整钢水成分直至达到最终质量要求。原材料经冶炼和精炼，目的就是得到纯净、高质量的钢水，便于后续浇注高质量的钢锭。

（6）模铸工艺

模铸就是把在炼钢炉中或炉外精炼得到的合格钢水，经过盛钢桶等浇注设备，注入一定形状和尺寸的钢锭模中，使之凝固成钢锭。

钢水在凝固成钢锭以前要发生各种物理和化学反应。首先是钢水一流出出钢口便与空气接触发生氧化反应，在盛钢桶里要完成脱氧反应。在钢锭模里还要进一步让钢水中气体排出和非金属夹杂物上浮，以及使碳、锰、硅等元素氧化和磷还原，此外还存在钢与渣对耐火材料的侵蚀。钢水在钢锭模中的凝固，也不仅仅是从液体变成固体，而是一个相当复杂的结晶过程。浇注温度、浇注速度、钢锭模的大小和形状、浇注方法都对钢锭的表面质量和内部结构有很大影响。

模铸可分为上注法和下注法。下注法是使钢水流经中注管、汤道从钢锭模底部注入的方法。

下注法的优点是：

① 能同时浇注多根钢锭，浇注时间比上注法短，生产效率高。

② 钢水在锭模内上升较平稳，钢锭表面质量好。

③ 有利于钢中气体及夹杂物上浮排出。

下注法的缺点是：

① 钢水对耐火材料的侵蚀，使钢中夹杂物增加。

② 钢锭上部温度低，不利于钢水的补缩，内部质量不如上注法好。

（7）下铸法的主要设备

① 钢包

钢包又叫盛钢桶，其结构如图 2-39 所示，是盛放和运载钢水的浇注设备，主要由钢包本体、耐火衬和水口系统组成。使用前必须将其烘干并预热到一定温度，否则其中的水蒸气会混入钢水中。

a. 钢包本体：主要由外壳、加强箍、耳轴、溢渣口、注钢口、透气口、倾翻装置、支座和氩气配管组成。在外壳钢板上有一定数量的排气孔用来排放耐火材料中的湿气。

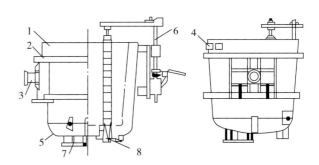

图 2-39　盛钢桶结构示意图

1—外壳；2—加强箍；3—耳轴；4—流渣口；
5—桶底加强筋；6—塞棒机械；7—支架；8—水口

b. 耐火衬：一般由三层组成，由外到内分别是隔热层、保护层、工作层。工作层直接与钢水接触，起着承受高温、化学腐蚀、机械冲刷和急冷急热的作用，对材质和砌筑要求较高，否则耐火砖可能被侵蚀掉落而混入钢水，耐火砖制造标准应符合 GB/T 22589—2008 的要求。

c. 水口系统：作用是在浇注过程中开启、关闭水口，实现钢水流量的控制，它有塞棒控制系统和滑板控制系统两种。水口通常由黏土质或高铝质耐火材料制成。塞棒在使用前也应烘烤，防止水分混入钢水和塞头导致炸裂。

② 钢锭模

钢锭模是使钢水凝固成钢锭的模具，大多数用生铁铸造而成，如图 2-40 所示。

a. 根据需要选择合适的钢锭模的锥度，从纵断面形状来看，有上大下小和上小下大两种类型。

b. 钢锭模的横断面形状，决定了钢锭的断面形状，可分为方形、矩形、多边形、圆形等。方形直边钢锭模应用最为广泛，其结构简单、清理方便、使用寿命长。

c. 钢锭模高宽比（高度与平均宽度的比值）对钢锭质量影响很大。比值小，能减轻中心疏松的发展，非金属夹杂物和气体易于排除，但偏析严重；比值大，由于模内钢水静压力增加，会助长镇静钢纵裂倾向和加深缩孔、中心疏松发展趋势。另外上注时，钢中夹杂物不易上浮。生产中应根据需要选择合适的高宽比。

钢锭模每次用完都必须清除上面的残钢、残渣，保证模壁清洁光滑。

③ 中注管

采用下注法时，中注管的作用是将从钢包水口流出钢水引入汤道而流入各个钢锭模内，如图 2-41 所示。中注管比钢锭模高，保证钢水有足够的压力流入锭模内。中注管由铸铁外壳、漏斗砖和中注管砖组成，中注管用耐火砖制造标准应符合 YB/T 5267 或 YB/T 4637 的要求。

图 2-40　方形钢锭模

图 2-41　中注管

④ 底板

底板由生铁铸成，在中央凹坑处安放中心分流砖，其上口与中注管相接，其侧口与底板沟槽中的流钢砖相接，如图 2-42 所示。根据需要在底板上安放钢锭模。

⑤ 流钢砖、保护渣和发热剂

流钢砖是砌在铸锭用底板的沟槽内连通分钢砖和钢锭模的中空耐火砖，又称汤道砖，如图 2-43 所示。流钢砖主要含有 Al_2O_3、SiO_2，质量不好的流钢砖在浇注过程中可能会被带入钢水中，从而影响浇注质量。

图 2-42　底板

图 2-43　流钢砖

在钢锭模内，可添加保护渣、发热剂以改善钢锭表面质量和内部结构。

保护渣的作用：

a. 均匀覆盖在钢水表面，起到隔绝空气防止钢水二次氧化。

b. 绝热保温，使钢锭的头部热散失最少，减少缩孔，提高成材率。

c. 有一定的成渣性能，能形成熔融层，在钢锭与钢锭模之间形成一层渣膜，防止钢锭表面裂纹，改善钢锭质量。

d. 能大量吸附钢水中上浮的夹杂物，通常采用以石墨为基的固体保护渣。

保护渣对钢水的增碳机制较为复杂且有争议，它不仅与保护渣的含碳量和成渣速度有关，而且与浇注工艺和操作水平有关。为防止或减少保护渣的增碳，要求保护渣具有良好的熔化特性，能尽快形成液渣，避免碳与钢水直接接触，另外要平稳浇注。

在浇注快结束时将发热剂铺在钢锭上，利用发热剂燃烧时放出的热量，加热冒口钢水，使其对锭身起到良好的填充作用，以消除钢锭缩孔，提高浇注质量。简易发热剂可以用稻壳代替。

保护渣、发热剂主要含有 SiO、Al_2O_3、Fe_2O_3 和 C 等，其所含元素对浇注钢锭的质量也有一定的影响。

（8）模铸浇注工艺

模铸浇注工艺如图 2-44 所示，主要内容包括生产准备、浇注参数选择和浇注过程。

① 生产准备

a. 浇钢前将钢包清理干净并烘烤。

b. 根据钢种要求选择合适的水口，安装时要使水口孔垂直，塞棒与水口接触紧密，控制机构灵活好用。使用滑动水口要保证滑板之间严密无缝隙且活动良好。

c. 底板与中注管的修砌要平整、严密，汤道砖内清洁、无杂物。

d. 仔细检查钢锭模，有严重裂纹的不能使用。

e. 钢锭模在底板上摆放位置要正确且平稳。

上述一切准备好后，即可等待浇注。

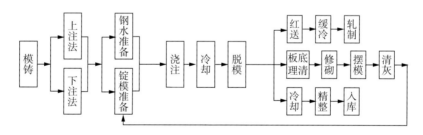

图 2-44　模铸浇注工艺

② 浇注参数选择

浇注时钢水温度和浇注速度是浇注工艺的两个基本参数，必须严格控制。部分钢的浇注温度见表 2-14 所列。

合适的浇注温度是保证钢水顺利浇注成合格钢锭的前提条件之一。不同的钢种应采用不同的浇注温度，因为不同成分的钢水有不同的凝固温度。浇注温度应比该钢种的熔点高 80℃～120℃（下注时取上限，上注时取下限）。

浇钢温度过高，则会造成如下问题：

a. 在钢水凝固时，形成的钢锭外壳（激冷层）薄，容易引起纵裂和横裂。

b. 影响结晶，促进柱状晶发展。

c. 偏析严重。

d. 钢锭体积收缩大，容易产生缩孔。

e. 浇钢温度高则浇注速度要慢，从而浇注时间长，钢水二次氧化机会多，质量差。

浇钢温度过低，则会造成如下问题：

a. 表面质量差，容易形成翻皮。

b. 夹杂物不易上浮，造成内部夹杂或皮下夹杂增多。

c. 流动性差，钢水补缩困难，易产生缩孔和疏松。

d. 温度太低还会导致钢水在钢锭模中提前凝固而"浇不动"。

表 2-14　部分钢的浇注温度

浇注温度（℃）	钢　号
1575~1615	25、20Cr、20CrMo、20MnMo、20MnSi、20CrMnSi、20CrMn9、15CrMoA
1570~1610	35、17MoV、24CrMn10、18CrMnMoB、18MnMoNb、24CrMoV、11CrMnMoVB、30Cr$_2$MoVA
1365~1650	40、40Mn、40A、40Cr、30Mn$_2$、30Mn、40CrNi、30CrMoA、34CrMo、35CrMo、34CrMo$_1$A、34CrMo$_1$、30Mn$_2$MoB、30CrMn$_2$MoB、35CrMnSiA、32Cr$_2$MnMoA、34Mn$_2$MoB、34SiMn$_2$MoB、37SiMn$_2$MoV
1560~1600	45、45CrNi、35SiMn、35CrNiW、35CrMnMo、42SiMn、35SiMnMo、34CrNi$_4$MoA、34CrNi$_2$Mo、34CrNi$_3$MoA、34CrNi$_3$MoV、34CrNi$_3$Mo$_1$A、38SiMnMo、40Mn$_2$MoB
1555~1595	50、55、55Cr、50Mn、40Mn$_2$、50Mn$_2$、55Mn$_2$、42CrMoA
1550~1590	5CrMnMo、5CrNiMo、5CrNiW、50SiMo、50SiMnMoB、60SiMnMo
1540~1580	60Si$_2$Mn、60Si$_2$MnA、9Cr、9Cr$_2$、9Cr$_2$Mo、9Cr$_2$W、9CrV、9Cr$_2$MoV、80CrMoV、8Mn$_2$MoV、GCr$_9$、GCr15

浇注速度的快慢，决定着钢水在钢锭模内受到急剧冷却的程度和钢锭的组织结构。浇注速度指单位时间内注入锭模的钢水量（质量注速，kg/min）或指单位时间内锭模内钢水面上升的速度（浇注线速度，mm/min）。注速的确定必须综合考虑注温、浇注方法、钢种和锭型等要素。注速主要通过调节塞头与水口间隙或者调节上、下滑板两水口孔的位置来控制。

浇注速度过快，则会造成如下问题：

a. 开流过快，易造成翻皮或气孔，严重影响钢锭底部质量。

b. 锭身浇注快，则冒口补浇也快，容易造成残余缩孔。

c. 接近冒口时，浇注速度过快会引起横裂。

d. 钢锭模涂料在燃烧后的气体因钢水液面的上升过快，来不及排出，便会产生气孔和皮下气孔。

e. 使激冷层过薄，易产生裂纹，同时还容易焊模。

浇注速度过慢，则会造成如下问题：

a. 极易形成翻皮，并由翻皮引起皮下气孔。

b. 浇注时间长，吸气多，二次氧化严重，影响钢锭的内在质量。

因此，控制浇注速度的一般原则是：

a. 高温慢浇，低温快浇。

b. 上注快浇，下注慢浇。

c. 裂纹敏感性大的钢种慢浇，裂纹敏感性小的钢种快浇。

中碳钢、高碳钢的浇注速度为 0.16~0.25m/s，低碳钢的浇注速度为 0.13~0.20m/s，低合金钢的浇注速度为 0.20~0.35m/s。

③ 浇注过程

浇注时，水口中心对准中注管中心，避免注流冲刷中注管砖和造成漏钢事故。开浇要稳，使钢水缓慢充满并充分加热流钢砖的汤道，然后均匀加速，使钢水在模内平稳上升，以避免飞溅。如钢锭模是上大下小，上部应比下部有较快的注速。

大部分经过精炼后的钢水是在大气中浇注的，由于钢水的二次氧化和从空气中吸收氢、氮等，会使钢水再次受到污染，甚至会使冶炼中各种去气、去夹杂的努力前功尽弃。因此，为防止钢水再次污染，解决各种钢锭的表面质量问题，应该对从钢包水口流出的注流和钢锭模内上升的钢水面采取保护措施。如在浇注前将保护渣放入模内，并在浇注完成后添加发热剂。

2.4.2　模铸锭缺陷

钢锭组织结构如图 2-45 所示，主要有如下缺陷。

（1）裂纹

裂纹分为表面裂纹和内部裂纹。不管是哪种裂纹，其形成的根本原因是由于钢锭在凝固与冷却过程中，产生了错综复杂的应力，当这些应力的总和超过了该温度下钢的强度极限时，就会产生裂纹。有的钢锭在铸造完成静置一段时间后，表面也会出现裂纹，其原因是钢锭的残余应力过大，超过了钢的强度极限。

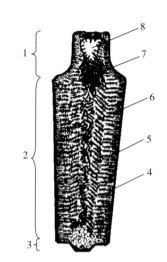

图 2-45　钢锭组织结构示意图
1—冒口；2—锭身；3—底部；
4—外层细晶粒；5—柱状晶粒；
6—树枝状晶粒；7—疏松；8—缩孔

裂纹产生的主要原因有：

① 钢锭在凝固过程中的内应力作用。

② 合金元素的影响。合金元素 Cr、Ni、Mo、Si 等的加入虽对钢的强度有良好的影响，但却会降低钢的导热性能，加剧了钢锭的内外温差，使钢的热应力和相变应力增加，同时也会降低 γ-α 的相变温度。钢的温度越低，塑性就越差，易产生冷裂。

③ 钢中夹杂物在晶界的聚集，形成了薄弱环节，容易产生内部裂纹。

④ 钢中氢、氮有极坏的影响，可导致裂纹的产生。

⑤ 注温、注速、锭模温度不合适及锭模安放不正时，钢锭凝固的激冷层就薄或厚薄不均，也就易产生裂纹。

⑥ 钢锭冷却速度过快或冷却不均匀，其内部就会受到很大拉应力，容易在疏松、偏析或柱状晶交界处产生裂纹。

⑦ 锭模结构的影响。

（2）缩孔与疏松

镇静钢主要组织结构由表到里分别为：细小等轴晶带（激冷层）、柱状晶带、粗大等轴晶带。钢水注满钢锭模以后，由于外层受模壁的激冷而立即形成一层凝固壳，随着凝固过程的进行，凝固层不断增厚，钢水面因体积收缩而不断下降，及至锭心最后凝固时，已无钢水补缩，因而形成缩孔。由于缩孔是钢锭中最后凝固的部分，因此缩孔中集聚了大量偏析物和非金属夹杂物。

在钢锭内部还存在一些分散的收缩小孔称为疏松，疏松大体上可以分为 3 类：

① 沿钢锭轴心分布的小孔隙称为中心疏松。

② 分散在锭心部分粗大等轴晶之间的钢水，冷凝收缩后得不到钢水补充而产生的小孔隙称为一般疏松。

③ 在树枝状晶粒内部凝固收缩得不到补充而留下的微细孔隙称为枝晶疏松。

一般疏松和枝晶疏松在轧制时是完全可以焊合的，危害不大，但中心疏松严重的情况下轧制时不能焊合。

改善缩孔和疏松的措施如下：

① 选择合理的钢锭模锥度和高宽比。高宽比过大时，容易产生较深缩孔，甚至出现二次缩孔，也不利于夹杂物上浮。

② 注意钢锭头部保温，可采用发热剂保温。

③ 控制注温与注速。合适的注温和注速有利于钢水的补缩。

（3）结疤与重皮

上注法浇注时，钢水容易飞溅而造成结疤。采用下注法浇钢时，往往因开浇过猛而飞溅，结果在钢锭下部，特别是对着中注管的一侧形成结疤。

重皮一般多在钢锭下部，是由于钢水流进结疤与模壁的间隙形成的。

（4）皮下气泡和表面气孔

在镇静钢钢锭的表皮下面往往可以发现深达 $20\sim30mm$ 的气泡，皮下气泡的形成是在钢水结晶时，已凝固的表面使气泡难以向外逸出而留在钢锭的表层。

表面气孔是钢锭表面肉眼可见的孔眼，常呈聚集状，且多出现于钢锭中下部，气孔较浅，一般多在 $1\sim5mm$。表面气孔如果不严重，在均热炉中一般可以烧掉。

在钢锭的冒口、底部和中心部位也常有气泡存在，在切除冒口和底部后，非敞开的或内壁未被氧化的气泡，通过锻造可以焊合，反之在锻造时会产生裂纹。

（5）夹杂物

夹杂物分为内生夹杂物和外来夹杂物，即分别为残留的脱氧产物和混入的耐火材料、保护渣等。夹杂物破坏金属的连续性，在应力作用下，在夹杂处产生应力集中，会引发显微裂纹，成为锻件疲劳破坏的疲劳源。如低熔点夹杂物过多地分布于晶界上，在锻造时会引起热脆现象。

（6）白点

白点是由于钢在冷却过程中析出氢气引起的，是钢内部破裂的一个重要原因。在钢材的纵向断口上呈圆形或椭圆形，酸洗以后的横向切片上，白点表现为细长的发纹。白点孕育期约十多天，一般在冷却过程中产生，形成温度多在 $100℃\sim250℃$。

有白点的钢材显著降低钢材的性能，使延伸率、断面收缩率和冲击韧性降低，对降低横向塑性与韧性尤为显著。这种埋藏在钢材内部的发裂，在使用过程中不断扩大，可能使钢材突然断裂，因此钢中不允许存在白点。

消除白点的措施如下：

① 采用干燥洁净的原材料炼钢，尽量减少钢种原始含氢量。

② 冶炼后期及浇注过程中注意脱气。

（7）偏析

偏析指各处成分与杂质分布不均匀的现象，包括枝晶偏析和区域偏析等。偏析是由于选分结晶、溶解度变化、比重差异和流速不同造成的。偏析会造成力学性能不均匀和裂纹缺陷。

2.4.3　模铸锭缺陷探伤波形

图 2-46 为钢锭探伤示意图，图中红色箭头标记了钢锭探伤的位置及探伤方向。通常的探伤要求是在钢锭两个相互垂直的面上进行探伤，钢锭尺寸较大时还必须从相对的两个面上进行探伤。图 2-47 为现场被探伤钢锭的实物图。

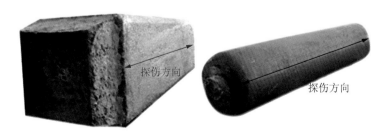

图 2-46　钢锭探伤示意图

图 2-47　现场被探伤钢锭的实物图

（1）几种材料的缺陷探伤波形

以下列举几种常见的模铸钢锭（方锭或圆锭）的探伤缺陷图。

① 牌号：20CrMnMo；钢锭大小：2.3t；在探伤方向上缺陷波断断续续出现或连续出现，波形如图 2-48 所示。

② 牌号：F22；钢锭大小：2.3～10t；在探伤方向上缺陷波断断续续出现或连续出现，波形如图 2-49 所示。

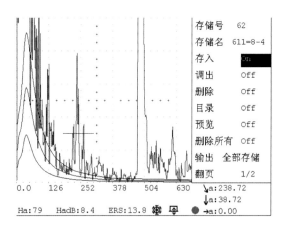

图 2-48　20CrMnMo 探伤缺陷图

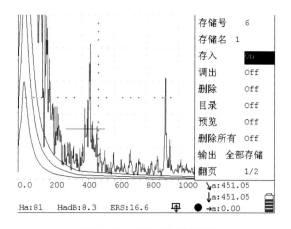

图 2-49　F22 探伤缺陷图

③ 牌号：Q345E；钢锭大小：6.3t；在探伤方向上缺陷波多出现在离冒口 20～30mm 处，波形如图 2-50 所示。

④ 牌号：AISI4130；钢锭大小：2.3～10t；在探伤方向上缺陷波多出现在离冒口 20～30mm 处，波形如图 2-51 所示。

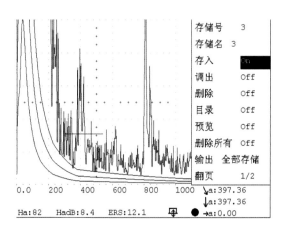

图 2-50　Q345E 探伤缺陷图

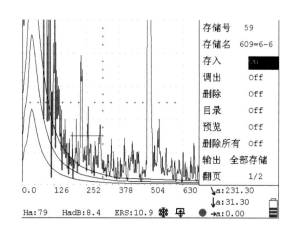

图 2-51　AISI4130 探伤缺陷图

⑤ 牌号：LF2；钢锭大小：3～3.5t；在探伤方向上缺陷波多出现在离冒口 20～30mm 处，波形如图 2-52 所示。

⑥ 牌号：20CrNiMo；钢锭大小：3～3.5t；在探伤方向上缺陷波多出现在离冒口 20～30mm 处，波形如图 2-53 所示。

⑦ 牌号：16MnD；钢锭大小：5.2t；在探伤方向上缺陷波多出现在离冒口 20～30mm 处，波形如图 2-54 所示。

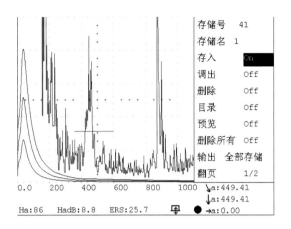

图 2-52　LF2 探伤缺陷图

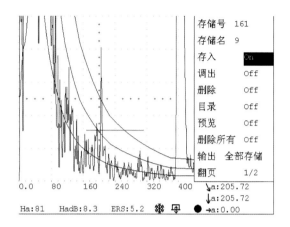

图 2-53　20CrNiMo 探伤缺陷图

（2）模铸锭缺陷探伤波形的分类

由前面分析可以看出，模铸锭主要缺陷有裂纹、缩孔与疏松、结疤与重皮、皮下气泡和表面气孔、非金属夹杂、白点等，通过探伤中的缺陷波形能初步判断出缺陷为缩孔或疏松。

缩孔与疏松缺陷波形主要有单峰、宝塔峰、缩孔峰、多峰以及常常伴随它们出现的草状、降低草状等。

模铸锭的探伤缺陷图谱见"附录二　模铸锭超声波探伤缺陷 A 型特征图谱"和"附录十七　模铸锭超声波探伤缺陷 B＋C＋D＋S 型特征图谱"。

2.4.4　模铸锭探伤分析案例

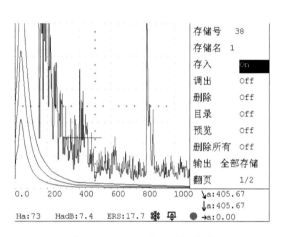

图 2-54　16MnD 探伤缺陷图

（1）工件概况

模铸钢锭，材质为 35CrMo，规格为 $\phi300 \times 1500$mm，表面经砂轮修磨。

（2）探伤仪器及探伤方法

采用 A 型超声波探伤仪，用浆糊作为耦合剂，以 $\phi4.0$mm 平底孔当量为探伤灵敏度，沿圆周面和轴向做全面扫查。

（3）探伤结果

圆周面检测，发现靠近中心位置出现缺陷波，缺陷当量 $\phi5.3 \sim \phi6$mm。缺陷波底部较宽，缺陷波大于底波，且在轴向呈通条状，周向一圈都有。初步估计铸锭的整个中心部位都存在疏松缺陷。探伤工件尺寸和缺陷波型如图 2-55 所示。

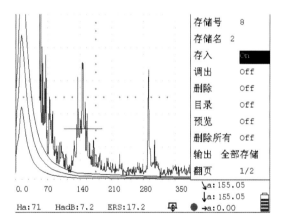

图 2-55　探伤工件尺寸（左）和缺陷波型（右）

（4）低倍检验

经低倍检验发现，铸锭中心部位存在疏松缺陷，如图 2-56 所示。

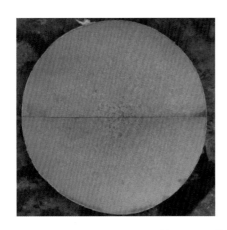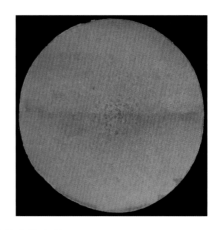

图 2-56　铸锭中心部位低倍检验图

2.5　电渣重熔锭缺陷及其探伤分析案例

2.5.1　电渣重熔工艺与设备

（1）电渣重熔发展历程

电渣重熔技术已有 60 多年的发展历史，其发展过程可以划分为如下 3 个阶段：

第一阶段，从 1935 年霍普金斯发明电渣炉起，至 1960 年电渣炉由发明到工业化生产阶段，此时的电渣炉只能生产 1t 以下的钢锭。

第二阶段，1960 年至 1980 年为电渣炉的大发展阶段，工艺的研究和设备的研究制造，把电渣重熔技术推向一个高峰，电渣炉生产的钢锭量由 1960 年的 1t 锭猛增到 160～250t 大型锭，工艺、设备日趋成熟。

第三阶段为 1980 年至 21 世纪，电渣炉已进入全过程计算机控制、电渣熔铸、特种电渣炉发展阶段。另外，真空电渣炉、高压电渣重熔（PESR）、可控气氛电渣炉等新型电渣炉也在不断研制、推广中。

我国电渣重熔技术的发展基本与国外同步，并取得了很大的成绩。尤其是在电渣重熔技术发展的第三阶段，我国的电渣工艺、特种材料重熔、节电、电渣熔铸研究等方面都有较大发展。

（2）电渣重熔基本原理

电渣重熔是将用一般冶炼方法制成的钢（通常是电炉钢）再精炼的工艺。电渣重熔炼钢的原料是电极棒（自耗电极），在重熔过程中电极棒被通过电流的渣池加热并逐渐熔化掉，所以叫自耗电极。

电渣重熔概况如图 2-57 所示。在铜制水冷结晶器内装有高温、高碱度的熔渣，电极棒的一端插入熔渣。假电极（与电极棒焊接）、电极棒、渣池、金属熔池、钢锭、底水箱通过短纲导线和变压器形成回路。

当电流通过回路时，渣池靠本身的电阻加热到高温（在通电过程中，渣池不断放出电阻热），熔渣中的电极棒端部被渣池逐渐加热熔化，形成金属熔滴。然后金属熔滴从电极棒顶部脱落，穿过渣池进入金属熔池。由于水冷结晶器的冷却作用，液态金属逐渐凝固形成铸锭。铸锭由下而上逐渐凝固，使金属熔池和渣池不断向上移动。上升的渣池在水冷结晶器的内壁上

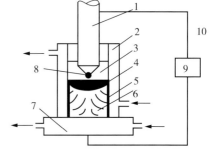

图 2-57　电渣重熔概况示意图

1—自耗电极；2—水冷结晶器；3—渣池；
4—金属熔池；5—渣壳；6—铸锭；
7—底水箱；8—金属溶滴；9—变压器；
10—短纲导线

首先形成一层渣壳。这层渣壳不仅使铸锭表面平滑光洁，也起保温隔热的作用，使更多的热量从铸锭传导给底部让冷却水带走，这有利于铸锭的结晶自下而上地进行。

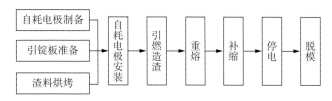

图 2-58　电渣重熔工艺过程

（3）设备与生产过程

电渣重熔工艺过程如图 2-58 所示。工艺参数的选择直接影响生产过程是否稳定、产品质量是否优良、电耗及生产率的高低等经济技术指标。

（4）电渣炉

电渣重熔操作是靠电渣炉来完成的。电渣炉炉型多样，根据电源和电力布线形式的不同可将其分为直流电渣炉、单相交流电渣炉、单相交流双电极电渣炉和三相交流多电极电渣炉等。常用的单相单支臂电渣炉构造如图 2-59 所示，实物如图 2-60 所示。

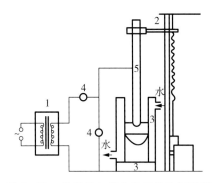

图 2-59　单相单支臂电渣炉构造示意图

1—电源变压器；2—电极升降机构；
3—结晶器和底水箱；4—电气控制及测量仪表；
5—电极棒

图 2-60　单相单支臂电渣炉

结晶器和底水箱应有良好的导热性和足够的刚性。结晶器一般采用铜制，根据不同的钢锭大小选择不同的结晶器，电渣重熔结晶器应满足 GB/T 2444—1999 要求，电渣重熔结晶器如图 2-61 所示，底水箱示意图如图 2-62 所示。

图 2-61　电渣重熔结晶器

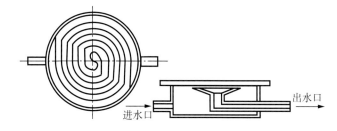

进水口　　　出水口

图 2-62　底水箱示意图

（5）电极棒制备

电极棒一般是在电炉中冶炼的，电极棒可以是铸造、锻造或轧制的。采用铸造有如下优点：一次浇注成型；缩短生产周期；降低成本；铸造电极中原始非金属较大的夹杂物颗粒，在重熔过程中易于去除。

电极棒直径按如下经验公式确定：

$$D_{电} = K D_{结}$$

式中，$D_{电}$ 为电极棒直径，mm；$D_{结}$ 为结晶器直径（电渣锭直径），mm；K 为填充系数。

K 值一般在 $0.4\sim0.6$ 范围内波动（注意 K 值应为面积比或直径的平方比），对于冶炼黏度较大的钢和合金以及采用电导率较低的渣系时，K 值应选大些，反之可选小些。大的填充系数可以提高熔化率，降低电耗。一般填充系数取 $20\%\sim40\%$。

电极棒的浇注如图 2-63 所示，电极棒如图 2-64 所示。

图 2-63　电极棒的浇注　　　　　　　　　　　　图 2-64　电极棒

（6）熔渣的选择

熔渣的作用：①提供较高的比电阻，产生足够的热量；②脱氧，去硫；③含有不稳定氧化物，保证重熔金属不被烧损；④吸附夹杂物；⑤防止钢水和大气接触，成为保护剂；⑥在电渣锭周围形成渣壳，改善表面质量。

选择渣系的成分要了解重熔钢或合金的物理化学性质，还要了解不同渣系的冶金特性。在生产中常采用 CaF_2 为基的二元、三元、四元渣系，如 $CaF_2+Al_2O_3$、CaF_2+CaO、$CaF_2+Al_2O_3+CaO$、$CaF_2+Al_2O_3+CaO+MgO$ 等。其中最多地采用 $CaF_2:Al_2O_3=70:30$ 渣系，此种渣系具有低熔点、良好的流动性、较强的去除非金属夹杂物的能力及高的稳定性等。渣料在使用前必须烘烤以去除水分，温度为 $700\text{℃}\sim800\text{℃}$，烘烤时间为 3h。重熔过程中最佳渣池深度一般为结晶器直径的 $1/2\sim1/3$ 或者约等于电极棒直径。

（7）引锭板、引弧板

在底水箱上放引锭板、引弧板。引锭板用来保护底水箱不被烧穿，通常采用碳素钢板制成。引弧板用来引燃渣料、建立渣池。若引弧板直径较小，重熔锭容易产生分流眼，为避免此缺陷，通常采用整板起弧。引锭板、引弧板如图 2-65 所示。

（8）电参数选择

电参数指冶炼电压、电流和输入功率。电参数对电渣重熔过程的稳定、钢的质量、生产率及电耗都有很大的影响。

在冶炼过程中变压器输出的电压不变，针对不同的重熔钢锭横截面积（即结晶器横截面积），可选不同的电流来控制冶炼过程。冶炼电压一般为几十伏特。若电压过低会导致电极插入渣池深、金属熔池变深，不利于铸锭的轴向结晶，同时渣面温度低，使铸锭表面质量恶化。若冶炼电流小，则容易产生疏松、缩孔现象。

选择不同的输入功率是为了进一步检验所选的电压和电流值是否合适。输入功率过大或过小都会给重熔带来不利的影响。若输入功率过小则导致渣池温度低、流

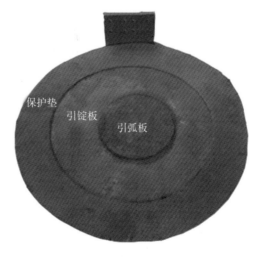

图 2-65　引锭板、引弧板

动性不好、反应能力弱，造成钢中夹渣。若输入功率过大则渣池温度高，电极棒熔化速度快，造成金属熔池深，使非金属夹杂物有机会凝集长大且留在钢中。熔渣温度越高则渣中不稳定氧化物易分解，造成易氧化元素的烧损。

实际生产中，应根据电极棒直径、结晶器直径选择合适的电流。

（9）补缩

为了防止电渣铸锭顶部产生缩孔、疏松等现象，在重熔末期要进行补缩。补缩的方法有以下两种：

① 连续性补缩，即在重熔末期将冶炼电流逐渐减少，最后停电。用这种方法会降低熔化速度，金属熔池由深变浅变平，这样的钢锭将不产生缩孔。

② 间断性补缩，即在重熔末期停电，采用间隔一定时间，通电、停电，再间隔一定时间，通电、停电的间歇供电方式，而且每次再供电时电流值应比上次小些。

（10）冷却水的使用

电渣重熔冷却水原则上应采用循环软水。这是因为软水不易生成水垢，而且生产安全、结晶器使用寿命长。结晶器和底水箱的冷却强度应尽量大一些，一般水量控制在每吨钢 $30\sim45m^3$ 较为合适。水温应根据不同炉子的具体情况及所炼钢种的要求加以控制，一般控制在 $40℃\sim50℃$。

（11）电渣锭的优点

电渣重熔能有效地提高钢的纯洁度和改善铸锭的结晶组织，从而获得高质量的金属钢锭。电渣钢锭质量的优越性表现在以下几个方面：

① 非金属夹杂物在液态钢水中再次上浮，电渣锭中夹杂物含量显著降低，而且颗粒细小，分布均匀。

② 有害元素硫的含量大大降低。

③ 钢中气体含量能进一步降低。

④ 化学成分均匀，无明显的偏析。

⑤ 没有发纹、疏松、缩孔、带状和区域偏析等低倍缺陷。

⑥ 组织致密，重熔后一般密度增加 $0.33\%\sim1.37\%$。

⑦ 铸锭表面质量十分良好。

⑧ 金属塑性提高，改善了高合金钢在锻、轧、挤压和穿孔时变形的能力，降低金属的各向异性。

⑨ 提高了金属在低温、常温和高温下的机械性能。

⑩ 焊接性能得到改善。

⑪ 抗腐蚀性能得到改善。

⑫ 可以提高金属的物理性能，如磁性材料的磁性、电热合金的热稳定性等。

2.5.2　电渣重熔锭缺陷

（1）表面质量问题

① 锭底部：缺肉、豆粒状。

② 锭大头：渣沟、波纹状、气孔、裂纹。

③ 锭身：腰带、分流眼、螺纹状、裂纹。

④ 锭小头：深凹陷或缩孔等。

（2）内部质量问题

电渣重熔锭常出现气孔（管）、裂纹、白点、成分偏析、缩孔、疏松、夹渣、夹心（掉块）等内部缺陷。这些缺陷是由以下原因造成的：

① 渣料、底垫和电极较潮湿，结晶器和底水箱出汗等影响。

② 工艺参数不合适，炉口电压过低。

③ 渣成分、渣物化性能与钢种不符合。

④ 渣钢熔点温度差过小。

⑤ 电极埋深度过小，明弧，电流不稳。

⑥ 渣池功率波动过大。

⑦ 电极焊接不好。

⑧ 组织应力较大，电极未退火。

⑨ 熔速过大，熔池过深。

⑩ 电极表面氧化严重。

⑪ 填充制度不合理。

⑫ 渣量过少。

如果处理好以上问题，大多数钢种将不存在内外质量问题，但有些钢种，如高温合金重熔锭较易出现内外质量问题。

（3）影响电渣锭质量的工艺因素

电渣重熔钢锭内外质量一般都非常好，但若工艺参数掌握不当，或渣料及其成分、电极棒质量等不符合工艺要求，则可能出现表面和内部的质量问题。造成这些质量问题的原因如下：

① 电极棒

a. 电极棒表面质量不好，没有用砂轮打磨扒皮，清理除锈，导致重熔过程中有元素烧损，造成电渣锭化学成分不合格。

b. 电极棒水口部分没有切除，水口部分通常含有较多杂质。

c. 电极棒在浇注完成后重熔不及时或重熔前没有烘烤，电极棒吸收空气中的水分，从而带入氢、氧元素，造成电渣锭有白点、脱氧不完全产生气孔等问题。

② 渣料

a. 渣料选择或配比不当，导致重熔温度不当。温度过高造成电极棒熔化速度快，金属熔池深，使非金属夹杂物有机会凝集长大且留在钢中，且温度高造成熔渣中不稳定氧化物易分解而烧损。温度过低则不能保证金属的熔化、过热和提纯；熔渣流动性不好、反应能力弱，造成钢中夹渣。

b. 渣料选择不当，导致熔渣没有良好的脱氧、脱硫、去夹杂能力，造成电渣锭的质量问题。

c. 在使用前没有烘烤以去除水分，带入氢、氧元素，造成质量问题。

d. 渣系熔点较低，渣系的塑性及强度较差，在结晶器移动过程中，由于受到滑动摩擦力而破裂，导致重皮或漏渣缺陷，这种问题多出现在钢锭中上部。渣系熔点较高，在电渣锭周围易形成厚渣壳，使钢锭表面质量变差，渣子黏度大。

e. 固渣引燃时可能产生夹渣现象，采用液渣引燃可避免这种缺陷。

③ 更换电极棒操作

通常在电渣重熔生产中需要更换电极棒，即将两根、三根或者更多的电极棒重熔成一支钢锭。在更换电极棒之前，需要提高输入功率，并在一定时间内维持此功率，待新的电极棒换入时，降低功率到之前水平。电流控制不当或换电极棒时间过长会带来钢锭表面质量问题，如表面渣沟、分流眼、波纹状、冷隔层、皮下气泡等。

④ 电极棒下降速度

适宜的电极棒下降速度是为了保证电极棒在熔渣中的部分长度适宜。若过长则影响金属的熔化、过热和提纯，也会造成渣池表面温度偏低，尤其是靠近结晶器边缘较为明显，使得渣皮厚且不均匀，在电渣锭表面出现许多环形褶皱，严重影响出材率和锻造质量；若过短则容易造成电极棒与熔渣之间出现间隙，在间隙之间产生电弧，会导致金属元素的氧化烧损，恶化金属质量。

⑤ 冷却工艺

水冷系统要确保良好的水压。结晶器或底水箱不得有漏水、渗水和堵塞的现象。在冶炼过程中冷却强度不应突然变化，以免造成渣皮突然增厚或减薄现象，使钢锭表面产生环形渣沟，影响钢锭表面质量。

电渣重熔一般钢种时，结晶器出水温度应控制在 40℃～60℃，进水温度应低于 30℃。原则上应采用循环软水，因为在 45℃ 时工业用水中的矿物质开始沉淀，在结晶器内形成水垢。一般水量控制在每吨钢

$30 \sim 45 \mathrm{m}^3$ 较为适宜。

⑥ 空气中的水分

a. 电极棒可能吸收空气中的水分，造成增氢、增氧，因此保持电极棒的干燥非常重要。

b. 当电极棒接近熔渣表面被预热时，其表面可能会被氧化，可在其表面进行涂层保护。

c. 熔渣可能吸收空气中的水分，导致增氢、增氧。

d. 在夏天或者周围环境湿度较大时，必须重视空气中水分的影响。

⑦ 熔速

若熔速过慢或功率不足则会造成钢锭表面出现波纹等严重缺陷，并伴有渣皮过厚；若熔速过快、熔池深度大则造成碳化物在晶界偏析，形成夹杂、裂纹或疏松缺陷。电渣锭熔速要合理控制，重熔过程中最佳渣池深度一般为结晶器直径的 $1/2 \sim 1/3$ 或者约等于电极棒直径。

⑧ 补缩工艺

重熔后期一般采用补缩工艺，因此重熔钢锭一般没有缩孔，疏松也得到了显著改善，所得到的电渣钢组织致密。但是补缩工艺不当可能造成相反效果，产生质量问题。

⑨ 温度

重熔初期渣温低，先后凝固的钢水层间有隔离现象。

⑩ 填充比

a. 提高电渣重熔的填充比可以起到节电的效果，且填充比大些的钢材纵向、横向韧性和等向性略好。

b. 若填充比过高，电极棒与结晶器壁距离小，电极电压会击穿熔池渣壳，形成分流眼。

⑪ 电参数

当电流控制不稳，起伏较大，整个钢锭随时会产生分流眼。

⑫ 材料化水能力

与材料化水能力有关的特性是材料的熔点，熔点低的钢种化水能力强。

⑬ 非金属夹杂

实验表明，电渣锭的最终非金属夹杂物含量与原始夹杂物含量无关，而与自耗电极的终脱氧制度有关。采用复合脱氧剂硅钙或硅锰钙进行终脱氧效果较好，因为脱氧生成物是颗粒较大的钙硅酸盐或铝硅酸盐夹杂，大颗粒夹杂物容易被熔渣吸附除去。

2.5.3 电渣重熔锭缺陷探伤波形

与连铸锭、模铸锭相比，电渣锭的组织更致密，草状波或降低草状波高度较低，但直径比较大的电渣锭还是会出现较高的降低草状波，甚至出现无底波的情况。

常见的电渣锭探伤缺陷波形有单峰、多峰、宝塔峰、缩孔峰、草状波、降低草状波以及它们之间相互组合的波形。

电渣锭的探伤缺陷图谱见"附录三　电渣重熔锭超声波探伤缺陷 A 型特征图谱"和"附录十八　电渣重熔锭超声波探伤缺陷 B＋C＋D＋S 型特征图谱"。

2.5.4 电渣重熔锭探伤分析案例

（1）工件概况

电渣重熔钢锭，材质为 AISI 410，规格为 $\phi450 \times 1500 \mathrm{mm}$，表面经砂轮修磨。

（2）探伤仪器及探伤方法

采用 A 型探伤仪，用浆糊作为耦合剂，以 $\phi4.0\mathrm{mm}$ 平底孔当量为探伤灵敏度，沿圆周面和轴向做全面扫查。

（3）探伤结果

经圆周面检测，探伤波形为较大的降低草状波，且波高大多数接近或超过设置的 $\phi4.0$ 线，整个外表面探伤情况均如此。初步估计钢锭晶粒较粗大。探伤波形和工件尺寸分别如图 2-66、图 2-67 所示。

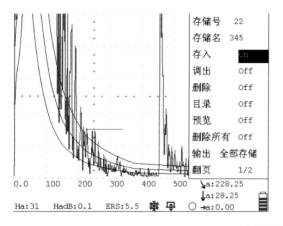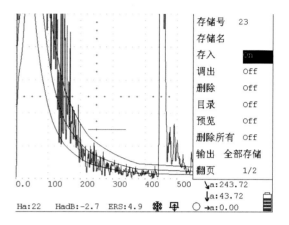

图 2-66　探伤波形图

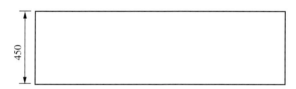

图 2-67　工件尺寸示意图

（4）低倍检验

经低倍检验发现，钢锭晶粒粗大，如图 2-68 所示中成片的块状斑点即为粗大的晶粒。

图 2-68　粗大的晶粒低倍检验图

2.6　钢锭凝固过程温度场数值模拟

经过多年的验证，钢锭产生缺陷主要有两方面原因：一是在凝固过程中产生的，如果液相线与固相线形成的过热度相差太大就会形成钢锭的缺陷；二是钢锭断面的冷却梯度的变化也会影响钢锭的质量。另外，温度场的变化对这两方面的影响尤为重要的。但要对温度场的变化进行精确分析又非人力所为，这就需要依靠计算机来实现数值模拟，通过数值模拟不断提高工艺水平，最大限度地减少缺陷，从而提高钢锭质量。

2.6.1　钢锭温度场分析

钢凝固传热的基本规律及特点最主要的是钢锭和钢锭模在凝固过程中的温度场，它既随空间变化，又随时间变化，即属于三维不稳定态传热；其次，它包括钢锭模与钢锭凝固层间的传导传热，钢液内部的传导及对流传热，流动的钢液与凝固前沿的对流及传导传热，钢锭与锭模之间气隙中的辐射、传导及对流传热，等等，均属于综合传热过程。

求解凝固过程温度场需要描述温度随空间和时间的变化规律，要借助如下导热偏微分方程：

$$c\rho = \frac{\partial T}{\partial t} = \frac{\partial}{\partial x}\left(\lambda\frac{\partial T}{\partial x}\right) + \frac{\partial}{\partial y}\left(\lambda\frac{\partial T}{\partial y}\right) + \frac{\partial}{\partial z}\left(\lambda\frac{\partial T}{\partial z}\right) + q$$

式中，λ 为导热系数，T 为热力学温度，q 为单位体积物体在单位时间内释放的热量，c 为比热容，ρ 为密度，t 为时间。

2.6.2　假设条件

为了求解导热微分方程式，必须对实际钢锭凝固过程作如下的必要简化和假设：

（1）忽略液相内的流动和垂直方向的传热。

（2）凝固过程中放出的过热显热和结晶潜热，主要通过凝固层的传导传热传出。

（3）对于扁锭或板坯忽略宽度方向的传热，简化为一维传热；对于方锭、圆锭或多角锭可简化为二维传热。

（4）钢的热物理参数（λ、ρ、c 等）各向同性，即仅为温度的函数，而与空间位置无关。

基于上述的基础原理进行全面分析、编制程序、模拟凝固过程的温度场，再获得计算机模拟结果，耗时、耗人力，所以一般利用铸造行业常用的仿真技术计算钢锭凝固过程中的温度场，从而分析钢锭的冶金缺陷。

2.6.3　钢锭数值模拟软件

（1）数值模拟原理

为生产出质量合格的钢锭，就要对影响其形成的因素进行有效控制。钢锭的形成经历有充型和凝固两个阶段，宏观上主要涉及流动、冷却和收缩 3 种物理现象。在充型过程中，流场、温度场同时变化；凝固时伴随着温度场变化的同时存在枝晶间对流和收缩等现象；收缩则会导致应力场的变化。与流动相关的主要缺陷有浇不足、冷隔、气孔、夹渣。充型中形成的温度场分布直接关系到后续的凝固冷却过程。凝固过程的温度场变化及收缩是导致缩孔、缩松的主要原因。

可见，客观地反映不同阶段的场的变化，并加以有效的控制，是获得合格钢锭的必要条件。

传统的钢锭浇铸，只能在基于经验和一般理论基础上对钢锭形成的过程质量进行粗略地控制，形成的控制系统对于钢锭浇注工艺的局限性表现为：①只是定性分析；②要反复试浇铸才能确定工艺要求。

精确分析场的变化又是非人力所能为的，所以要依靠计算机来进行数值模拟。数值模拟的目的就是要对钢锭形成过程各个阶段的场的变化进行准确地计算以获得钢锭形成的合理控制参数，其内容包括温度场、流场、凝固的计算。

钢锭数值模拟技术的实质是对钢锭成形系统进行几何上的有限分散，在物理模型支持下，通过数值计算来分析钢锭浇铸过程有关物理场的变化特点，并结合有关钢锭缺陷形成判据来预测钢锭质量。

数值解法的一般步骤是：

① 汇集给定问题的单值性条件，即研究对象的几何条件、物理条件、初始条件和边界条件等。

② 将物理过程所涉及的区域在空间上和时间上进行离散化处理。

③ 建立内部节点（或单元）的数值方程。

④ 选用适当的计算方法求解线性代数方程组。

⑤ 编程计算。

其核心是数值方程的建立。根据建立数值方程的方法不同，又分为多种数值方法。钢锭过程采用的主要数值方法有：

① 有限差分法（Finite Difference Method，简称 FDM）是数值方法中最经典的方法。它是将求解域划分为差分网格，用有限个网格节点代替连续的求解域，然后将偏微分方程（控制方程）的导数用差商

代替，推导出含有离散点上有限个未知数的差分方程组。用它求解边界条件复杂，尤其是在椭圆形问题上不如有限元法或有限体积法方便。

② 有限元法（Finite Element Method，简称 FEM）是将一个连续的求解域任意分成适当形状的许多微小单元，并于各小单元分片构造插值函数。然后根据极值原理（变分或加权余量法），将问题的控制方程转化为所有单元上的有限元方程，把总体的极值作为单元极值之和，即将局部单元总体合成，形成嵌入了指定边界条件的代数方程组，求解该方程组就可得到各节点上待求的函数值。

无论采用怎样的数值计算方法，铸造过程数值模拟软件应包括 3 个部分，即前处理模块、中间计算模块和后处理模块，如图 2-69 所示。

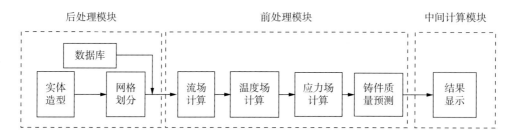

图 2-69　铸造过程数值模拟系统的组成

（2）国内外数值模拟软件概况

表 2-15 所列为世界主要铸造模拟软件对比。在我国广泛使用的模拟软件主要是 ProCAST、AnyCAsting、MAGMAsoft、Ftstar、华铸 CAE 等。

表 2-15　世界主要铸造模拟软件对比

软件名称	国别	算法	最大处理网格数	应用范围
Flow-3D	美国	FVM/FDM	—	多数铸造，T，F，S
MAGMAsoft	德国	FDM/FEM	软件不限制	各类铸造，T，F，S
ProCAST	美国	FEM	软件不限制	各类铸造，T，F，S
SIMULOR	法国	FVM	—	多数铸造，T，F
NOVACAST	瑞典	FVM 模数法	—	多数铸造，T，F
CALCOMP	瑞士	FEM	—	多数铸造，T，F，S
SolStar	英国	FVM，模数法	—	各种铸造，T
SOLIDA	日本	DFDM	—	多数铸造，T
CASTEM	日本	FDM	—	多类铸造，T，S
Ftstar	中国	FDM/FEM	500 万左右	各种铸造，T，F，S
华铸 CAE	中国	FEM	软件不限制	各种铸造，T，F，
CastSoft	中国	FDM	—	各种铸造，T，F，S
AnyCasting	韩国	FEM	软件不限制	各类铸造，T，F，S

（3）钢锭模拟软件

本书采用 ProCAST 模拟软件对钢锭浇注过程的温度场进行模拟，ProCAST 是为了评价和优化铸造产品与铸造工艺而开发的专业 CAE 系统。借助于 ProCAST 系统，在完成铸造工艺编制之前就能够对铸件在形成过程中的流场、温度场和应力场进行仿真分析并预测铸件的质量，优化铸造设备参数和工艺。

ProCAST 软件采用有限元方法进行模拟计算，可以进行传热计算，准确地预测缩孔、缩松和铸造过程中微观组织的变化。

ProCAST 软件的 3 个模块分工如下：

① 前处理模块（Visual Mesh）自动产生有限元网格。

② 中间计算模块（Visual Cast）是对模型进行操作、材料数据库的修订和模拟过程参数定义提供交互式的工具，然后通过求解器进行各种场的运算。

③ 后处理模块（Visual Viewer）为各种结果的观察、模型的修改和报告的输出提供交互式的工具。

用 ProCAST 开展钢锭模拟计算的基本步骤如下：

① 生成有限元网格模型。

② 设置计算参数。

③ 模拟计算。

④ 显示计算结果。

ProCAST 模拟流程图如图 2-70 所示：

● Visual Mesh 是 ProCAST 中的网格划分工具，可自动生成二维网格和三维四面体网格。

● Visual Cast 是 ProCAST 的前处理模块。启动 Visual Cast 后，给模型中各个组件赋材料物性值，设置界面条件和边条件，并定义初始条件，进行运算。

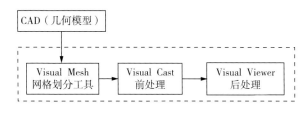

图 2-70 ProCAST 模拟流程图

● Visual Viewer 是 ProCAST 的后处理模块，它把计算结果可视化，得出需要的报告。

（4）凝固温度场模拟案例

为了验证钢锭凝固过程温度场变化对钢锭质量的影响，这里采用 24 寸钢锭模，对不同的钢种进行数值模拟。钢锭模拟的基本情况和边界条件如下：

① 基本情况

24 寸 4340 钢锭化学成分见表 2-16 所列，24 寸 4140 钢锭化学成分见表 2-17 所列。

表 2-16 24 寸 4340 钢锭化学成分

C	Si	Mn	P	S	Ni	Cr	Cu	Mo	Al
0.40%	0.25%	0.69%	0.012%	0.003%	1.80%	0.79%	0.061%	0.21%	0.022%
V	Ti	Nb	CE						
		0.010%	0.826%						

表 2-17 24 寸 4140 钢锭化学成分

C	Si	Mn	P	S	Ni	Cr	Cu	Mo	Al
0.438%	0.27%	0.936%	0.014%	0.006%	0.23%	1.10%	0.123%	0.23%	0.024%
V	Ti	Nb	CE						
		0.031%	0.884%						

② 边界条件

24 寸钢锭模，材质为 CHT；初始温度为 50℃；4340 钢锭浇注温度为 1557℃，4140 钢锭浇注温度为 1560℃；4340 钢锭浇注时间为本体 6min 21s，补注时间（帽口）时间为 4min 08s；4140 钢锭浇注时间为本体 6min 01s，补注时间（帽口）时间为 4min 12s；加发热剂为 5.25kg，作用时间 5h；加保护渣为 7kg，作用时间 15min；碳化稻壳用量为 3.5kg，作用时间为 3h；模拟时间为浇注后 2h。

（5）几何模型

根据 24 寸钢锭模图纸，可运用绘图软件建立钢锭的模型，如图 2-71、图 2-72 所示。

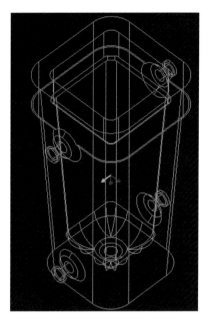 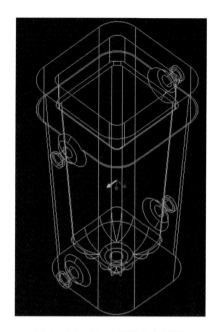

图 2-71　4340 钢锭几何模型　　　　　　　　　图 2-72　4140 钢锭几何模型

运用 ProCast 软件的 Visual Mesh 模块对模型进行单元格网格划分，因为规格都是 24 寸，所以网格划分数量一致（如图 2-73、图 2-74 所示），钢锭模型的体网格也是一致的（如图 2-75、图 2-76 所示），保证初始模型的一致有利于分析温度场。

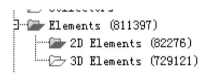 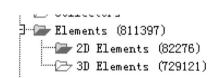

图 2-73　4340 钢锭网格数量　　　　　　　　　图 2-74　4140 钢锭网格数量

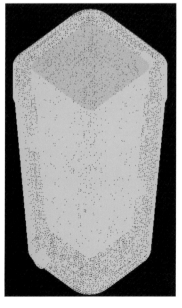 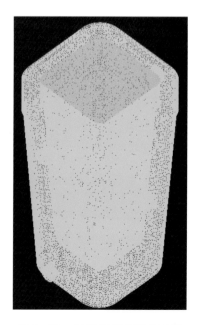

图 2-75　4340 钢锭模型体网格　　　　　　　　图 2-76　4140 钢锭模型体网格

（6）钢锭温度场

4340 钢锭和 4140 钢锭的浇注完成后的温度场峰值分别如图 2－77、图 2－78 所示，因为浇注完成的时间不同，所以温度场的变化也不同，说明温度场随时间变化而变化。

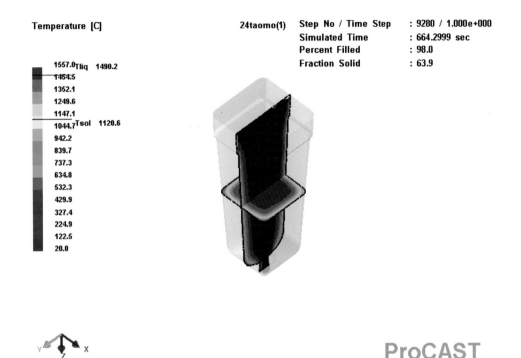

图 2－77　4340 钢锭温度场峰值

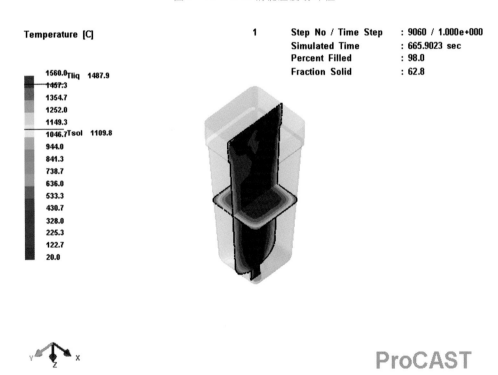

图 2－78　4140 钢锭温度场峰值

（7）钢锭浇注液相线与固相线

4340 钢锭和 4140 钢锭的浇注完成后，因为浇注温度的不同，所以液相线与固相线也会变化，具体变化见表 2－18 所列，其液相线、固相线变化如图 2－79、图 2－80 所示。

表 2-18　液相线、固相线变化

钢种	浇注温度/℃	液相线/℃	固相线/℃	浇注温度与液相线之差/℃	液相线与固相线之差/℃
4340	1557	1490.2	1120.6	66.8	369.6
4140	1560	1487.9	1109.8	72.1	378.1

　　从图 2-79、图 2-80 和表 2-18 中初步可以看出，温度场不同过热度也随之改变，浇注温度与液相线之差已经超出规定范围（30℃～50℃），所以会出现缩孔、疏松现象。

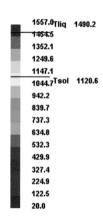

图 2-79　4340 液相线、固相线

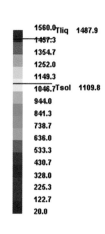

图 2-80　4140 液相线、固相线

（8）钢锭凝固组织预测

因 4340 钢锭和 4140 钢锭浇注时的温度和浇注的时间的不同，从而其凝固时间也有所不同。4340 凝固时间是 7460.3s，4140 凝固时间是 7291.0s，如图 2-81、图 2-82 所示。

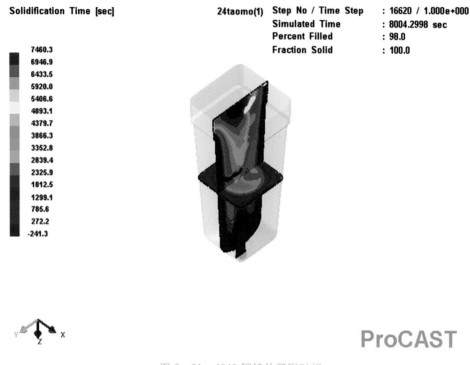

图 2-81　4340 钢锭的凝固时间

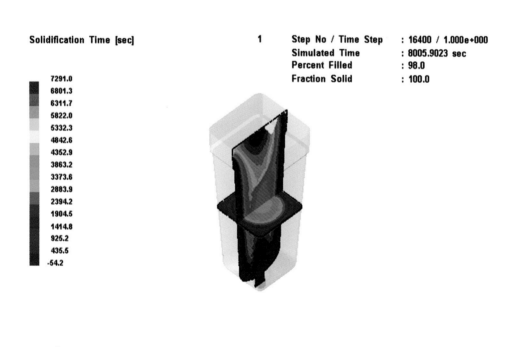

图 2-82　4140 钢锭的凝固时间

4340 钢锭和 4140 钢锭的凝固分数，采用的是钢锭浇注完成时的凝固分数，因为两种钢的浇注速度的不同，浇注完成时间不同，进而凝固分数也不同，这又影响了钢锭的收缩率，如图 2-83、图 2-84 所示。

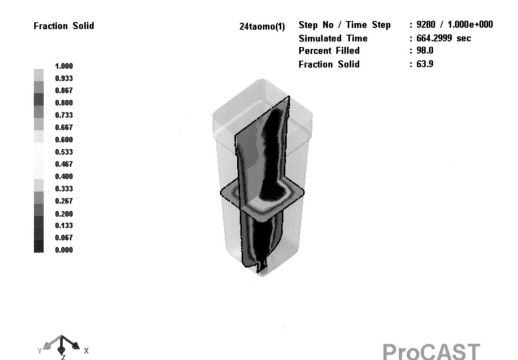

图 2 - 83　4340 钢锭的凝固分数

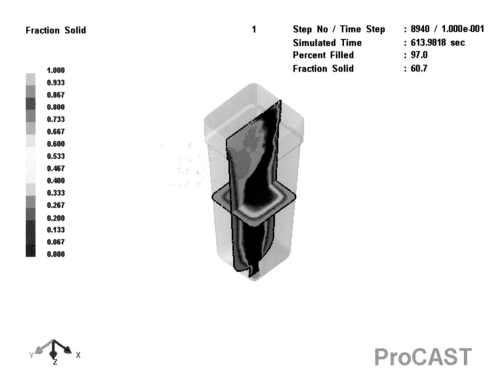

图 2 - 84　4140 钢锭的凝固分数

（9）疏松缩孔缺陷预报

通过总收缩率看，4340 钢锭和 4140 钢锭的疏松、缩孔缺陷预报分别如图 2 - 85、图 2 - 86 所示。从图中可看出，因为钢种的不同产生的疏松、缩孔缺陷位置和大小也不同，而且因为碳当量的不同也会对总收缩产生影响：4340 碳当量是 0.826，4140 碳当量是 0.884，所以随着碳当量的增加，钢锭的总收缩率也在增加，钢锭更容易出现疏松、缩孔缺陷，而且疏松、缩孔体积也有变化。

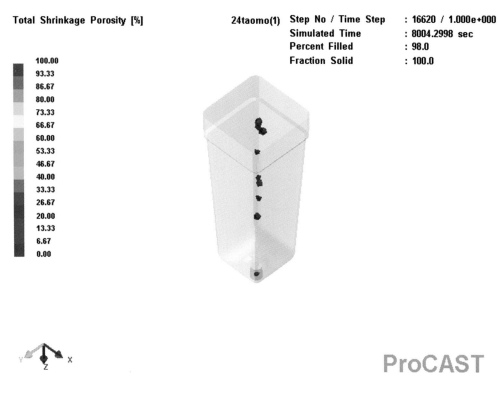

图 2-85 4340 钢锭疏松、缩孔缺陷预报

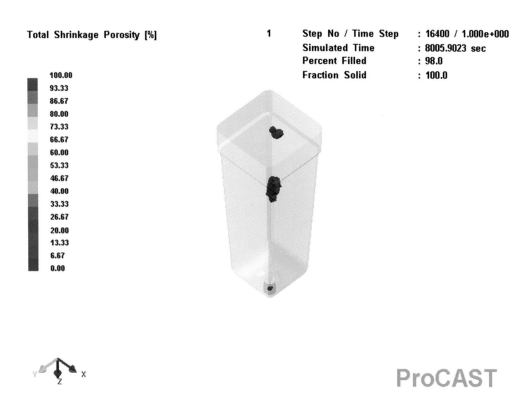

图 2-86 4140 钢锭疏松、缩孔缺陷预报

　　4340 钢锭和 4140 钢锭的 Niyama Criterion 预报分别如图 2-87、图 2-88 所示。Niyama Criterion 用色值映射方式显示钢锭各单元 Niyama 函数值的渐变情况，从图中可看出 4340 与 4140 变化有所不同，有利于从缩松倾向变化的全程去观察、理解缩松严重程度变化的全貌。

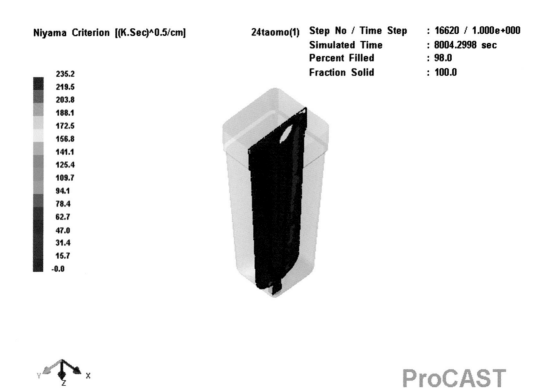

图 2 - 87　4340 钢锭 Niyama Criterion 预报

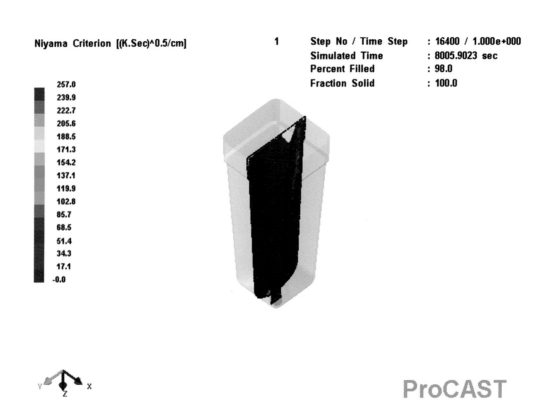

图 2 - 88　4140 钢锭 Niyama Criterio 预报

（10）钢锭帽口模拟

钢锭帽口头部形状模拟和实际生产的钢锭冒口头部形状如图 2-89、图 2-90 所示。

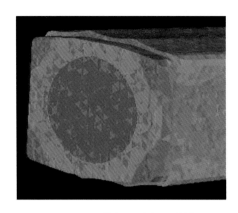

图 2-89 钢锭帽口头部形状模拟

图 2-90 实际生产的钢锭冒口头部形状

（11）模拟结果分析

通过钢锭液相线和固相线的温度场变化分析，预判了缩孔或疏松现象，通过总收缩率验证了产生对缩孔或疏松相互转换的机理以及通过不同种钢锭碳当量验证了缩孔或疏松所产生的比例，由此提示了钢锭碳当量、温度场等影响钢锭的内在质量。

通过对浇注时间和浇注温度的不同模拟，验证了碳当量影响钢锭总收缩，同时也验证了温度场的变化是随时间的变化而变化的，影响了钢锭缩孔或疏松所占比例，从而影响钢锭的质量。

2.6.4 结语

第一，通过数值模拟可以大大降低炼钢的成本，在理论阶段就可以通过计算分析而减少冶炼缺陷从而优化钢锭的质量。

第二，通过数值模拟的持续实验来改善钢锭冶炼过程工艺，并不断对其优化，最终形成标准化的冶炼工艺，提高冶炼人员的水平。

第三，通过数值模拟实验得到科学可靠的冶炼数据，并运用到实际冶炼中，可以不断提高钢锭的冶炼质量。

第四，通过数值模拟的疏松、缩孔缺陷预报与实际探伤的对比，也可不断提升模拟数据的可靠性，进一步优化数值模拟的真实可用性，为下一步冶炼过程提供合理化意见。

最后，通过数值模拟结果与实际探伤结果的对比，可进一步验证探伤结果，同时也对探伤检验的准确性进行验证，也对下一步锻造工艺编制起到重要的借鉴作用。

第 三 章
锻件缺陷及其探伤分析案例

锻造是利用锻压机械对金属坯料施加压力，使其产生塑性变形，以获得具有一定机械性能、形状和尺寸锻件的加工方法。通过锻造能消除金属在冶炼过程中产生的铸态缩孔、疏松和偏析等缺陷，优化微观组织结构，同时由于保存了完整的金属流线，锻件的机械性能一般优于同样材料的铸件。相关工程中负载高、工作条件严峻的重要零件，除形状较简单的可用轧制的板材、型材或焊接件外，多采用锻件。锻造用料主要含有各种成分的碳素钢和合金钢，其次是铝、镁、铜、钛等材料及其合金。

根据锻造温度，可以分为热锻、温锻和冷锻。钢的再结晶温度是 727℃，但普遍采用 800℃ 为划分线。高于 800℃ 的是热锻，300℃～800℃ 称为温锻或半热锻，在室温下进行锻造的称为冷锻。大多数行业的锻件都采用热锻，温锻和冷锻主要用于汽车、通用机械等零件的锻造，且温锻和冷锻可以节省材料。

根据成形机理，锻造可分为自由锻、模锻、碾环、特殊锻造。

不同的锻造方法有不同的工艺流程，其中以热模锻的工艺流程最长，一般顺序为：锻坯下料；锻坯加热；辊锻备坯；模锻成形；切边；冲孔；矫正；中间检验，检验锻件的尺寸和表面缺陷；锻件热处理，用以消除锻造应力，改善金属切削性能；清理，主要是去除表面氧化皮；矫正；检查（一般锻件要经过外观和硬度检查，重要锻件还要经过化学成分分析、机械性能、残余应力等检验和无损探伤）。

3.1　锻造过程需要注意的几点问题

3.1.1　钢锭缺陷对锻造质量的影响

（1）冒口和锭底

钢锭是由冒口、锭身和底部组成。钢锭表层为细小等轴结晶区，向里为柱状结晶区、枝状结晶区，心部为粗大等轴结晶区，如图 3-1 所示。

钢锭的内部缺陷主要集中在冒口、底部和中心部分。其中冒口和底部作为废料应予以切除。但冒口有补缩和容纳夹杂物、气体以纯净锭身的作用，因此其应占钢锭的一定比例。钢锭中的冒口和锭底均属于废料部分，应加以切除，如切除不彻底，就会锻入锻件内部而成为废品。

（2）气泡

气泡分内部气泡与皮下气泡两种。钢中气体由炉料、炉气、空气进入。当治炼时脱氧不良、沸腾排气不充分时，钢液中会含有气体。凝固过程中，随温度降低，气体溶解度下降而由钢液中析出，形成内部气

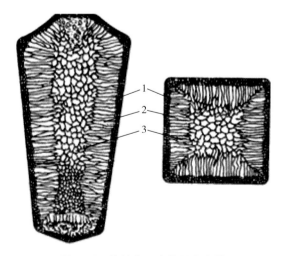

图 3-1　铸锭的三个晶区示意图
1—细小等轴结晶区；2—柱状结晶区；3—粗大等轴结晶区

泡。另外，当钢锭模壁潮湿、锈蚀，涂料中含有水分或挥发性物质，在注入高温钢水时会产生气体，气体向钢锭表层渗透，便形成皮下气泡。

只要气泡不是敞开的或气泡内壁未被氧化，则通过锻造是可以焊合的；否则，在锻造时会产生裂纹或发纹。

（3）缩孔、疏松

缩孔是在冒口区由于冷却时钢液补充不足而形成，含有大量杂质，必须将缩孔与冒口一起切除。疏松集中在中心部位，它降低了组织的致密度，破坏了金属的连续性，锻造时用大变形才能消除。

缩孔、疏松通常可以通过锻造而压实焊合，但当缩孔、疏松比较严重或锻造比不足时，锻件仍会存在残余缩孔或疏松，从而降低其机械性能。

（4）偏析

偏析包括枝晶偏析（指钢锭在晶体范围内化学成分的不均匀性）和区域偏析（指钢锭在宏观范围内的不均匀性），钢锭中区域间或枝晶间都存在偏析现象，造成力学性能不均匀和裂纹缺陷。枝晶偏析现象可以通过锻造、再结晶、高温扩散和锻后热处理得到消除。但区域间的偏析很难通过均匀化退火加以消除，只有通过反复镦-拔变形工艺才能使其化学成分趋于均匀化。

（5）夹杂

夹杂分为内在夹杂和外来夹杂，内在夹杂指冶炼时产生的氧化物、硫化物、硅酸盐等非金属夹杂，外来夹杂是耐火材质、炉渣碎粒等。夹破坏金属的连续性，夹杂处产生应力集中，引发显微裂纹，成为疲劳源。低熔点夹杂在晶界上分布易引起热脆现象，可见夹杂降低铸锭的锻造性能和锻后的力学性能。

（6）气体

常见的残存气体是氧、氮、氢等，氢是钢中危害最大的气体。对于白点敏感钢，当氢含量达到一定数值后，冷却时易产生白点缺陷。氢含量高还会引起氢脆现象发生，钢的塑性显著下降。

3.1.2　锻造方式选择

自由锻工艺过程实质上是利用简单的工具逐步改变坯料的形状、尺寸和状态，以获得所要求的形状、尺寸和性能的锻件的加工程序。尽管其锻件精度和生产效率均不太高，但对小批、单件生产以及大型锻件的生产则是比较经济合理的。因此，在国内外现代锻造生产中，自由锻仍占有重要地位。

自由锻有手工锻造和机器锻造之分。在现代锻造中都采用机器锻造。按设备类型不同，机器锻造又分锻锤自由锻造和压机自由锻造两种。一般中小型锻件采用锻锤锻造；大型锻件，尤其是重型锻件，由于受锻锤吨位能力限制，需要采用大型水压机锻造。

自由锻造的基本工序有：镦粗、拔长、冲孔、芯轴上扩孔及拔长、弯曲、切割、错移、扭转、锻接等。

自由锻锻件中出现的缺陷见表3-1所列。

表3-1　自由锻锻件中出现的缺陷

生产工序	缺陷名称
冶炼铸锭	非金属夹杂物、钢锭纵裂、钢锭横裂、挂裂、重皮、夹渣、夹砂、鬼线、偏析裂纹、气泡、缩孔、疏松、异金属夹杂
加热锻造	过热缺陷、急热裂纹、龟裂、脱碳、气割裂纹、折叠、锻造裂纹、疏松（未压合）、偏心、弯曲、尺寸不足
热处理	置裂、偏析裂纹、白点裂纹、夹杂物裂纹、急冷裂纹、淬火裂纹、急热裂纹、软点、脱碳、热处理变形
机加工	误切割、磨削裂纹、表面粗糙度不良、铁锈、钢丝绳划伤、碰伤

（1）锻锤自由锻

锻锤自由锻时，用蒸汽、压缩空气或压力液体作为动力，推动汽缸内的活塞上下运动，带动锤头做直线往复运动从而进行锻造。

锻锤自由锻的优点是通用性好，能进行镦粗、拔长、弯曲等多种工序，可锻造各种锻件，设备结构简单；其缺点是锻件尺寸精度不高，工作时震动和噪音大，劳动条件差。

（2）压机自由锻

压机自由锻由泵供应高压液体进入水缸，推动活塞和上横梁做上下往复运动，活塞断面的巨大压力传到上模，压缩坯料发生塑性变形。压机自由锻的优点是通用性好，提供压力大；其缺点是动力装置复杂，成本较高。

（3）多向模锻

多向模锻是通过模具在垂直和水平方向对坯料金属施加压力而获得复杂形状的锻造工艺。图3-2为多向模锻水平孔和垂直孔的成形示意图，图3-3所示为典型多向模锻锻件示意图。

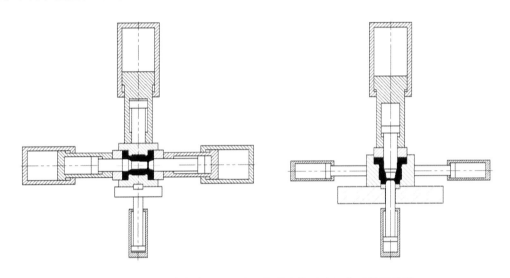

图3-2 多向模锻水平孔（左）和垂直孔（右）的成形示意图

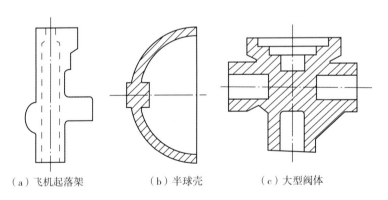

（a）飞机起落架　　　（b）半球壳　　　（c）大型阀体

图3-3 典型多向模锻件示意图

多向模锻有如下优点：

① 材料利用率高。可以锻出形状复杂的无毛边、无模锻斜度或很小斜度的中空锻件，使锻件最大限度地接近成品零件的形状尺寸，从而显著提高材料利用率，利用率可达40％～90％，节省金属50％左右，减少机械加工，降低产品成本。

② 锻件性能好。多向模锻属闭式模锻，一般没有毛边，金属流线沿锻件外形分布，机加工时被切断的流线少，可提高锻件的机械性能和抗应力腐蚀能力，如可提高强度30％以上。

③ 多向模锻时，毛坯处于强烈的三向压应力状态下变形，可使金属塑性大大提高，有利于低塑性材料的成形。多向模锻不仅可以加工形状复杂的锻件，而且对锻件尺寸大小、材料限制也较少。

④ 生产效率高。多向模锻只需毛坯一次加热和压机一次行程便可形成锻件，故生产率高，且可减少因加热带来的缺陷和损耗。

⑤ 模具结构简单，使用寿命长，制造成本低，使用维护方便。模具冷却与润滑效果好，因而多向模锻的模具使用寿命相对较高，这不但有利于提高生产效率，同时也使锻件生产成本降低。

多向模锻有如下缺点：首先要求毛坯具有较高的剪切质量，坯料尺寸与重量要求精确；其次是毛坯加热后应尽量避免产生氧化皮，要求对毛坯进行少无氧化加热或设置去氧化皮的装置；要求使用刚性好、精度高的专用设备或在通用设备上附加专用的模锻装置。

3.1.3 钢的过热过烧

（1）过热

金属在加热过程中，由于加热温度过高和加热时间过长而引起晶粒粗大的现象叫作过热。晶粒开始急剧长大时的温度叫作过热温度。

不同钢种对过热的敏感程度不同，软碳钢对过热的敏感性最小，而合金钢则容易过热，对过热敏感的钢种中，以镍铬钼钢最为突出。若锻件过热，晶粒粗大，则其机械性能降低，很容易淬火开裂。过热还会大大降低钢的抗拉强度和耐冲击能力。

一般过热的结构钢经过正常热处理（正火、淬火）之后，组织可以改善，性能也随之恢复，此种过热称为不稳定过热。但是 Ni-Cr、Cr-Ni-Mo、Cr-Ni-W、Cr-Ni-Mo-V 系多数合金结构钢严重过热之后，用正常热处理工艺，组织也极难改善，此种过热称为稳定过热。稳定过热时，除奥氏体晶粒大外，沿原奥氏体晶界析出硫化物（MnS）等异相质点。硫化物质点越多，原奥氏体晶界也就越稳定。虽然在以后的正火、淬火时钢重新奥氏体化了，但原奥氏体晶界上硫化物等质点的分布、大小和形状不会受到多大程度的改变，结果形成了稳定过热。由于晶粒粗大，引起过热组织机械性能降低，尤其是冲击韧性。

研究发现，冶炼方法对钢的过热温度具有显著影响。真空自耗重熔及电渣重熔钢比具有相同化学成分的电弧炉钢（非真空）的过热起始温度低，这是由于钢中极少存在非金属夹杂物，而超纯钢容易出现晶粒长大现象。钢的纯度而使过热起始温度降低的程度是 15℃ 以上。根据报道，这种温度降低可高达 100℃。重要用途的高强度钢，如镍铬钼钢、铬钼钒钢、镍铬钼钒钢等，其特种熔炼钢的过热起始温度较用空气熔炼的同种钢低 30℃～40℃。例如 40CrMnSiMoVA 电渣钢和电弧炉钢的过热温度分别为 1160℃ 和 1200℃。因此，应分别确定真空重熔及电渣重熔钢的过热起始温度，其始锻温度一般应相应降低 20℃～40℃。

钢的过热与化学成分、冶炼方法、锻造温度、热变形量、锻后冷却速度及炉温均匀性等因素有关。因始锻温度过高或加热时间过长引起的过热，虽然经锻造变形可以破碎过热粗晶，但往往受锻造变形量及变形均匀性的限制，对于较严重过热，锻造变形也不易完全消除。所以应确定安全的始锻温度，以防止过热。

（2）过烧

当金属被加热到接近熔化温度，并在此温度长时间停留，使晶界间的物质发生了氧化、熔化的现象叫作过烧。产生过烧的温度叫作过烧温度。

不同的材料有不同的过烧温度。过烧时由于锻造加热温度更高，钢的晶粒极为粗大，且氧原子沿晶界侵入，形成网络状氧化物及易熔氧化物共晶，使晶粒间的结合力大大减弱，在随后热变形时极易产生开裂。影响过热过烧的因素很多，主要有如下几种：

① 钢的化学成分的影响

C、Mn、S、P 等元素增加钢的过热倾向；Ti、W、V、Nb 等元素能减少钢的过热倾向；Ni、Mo 等元素使钢容易过烧；Al、Cr、W 等元素能减小钢的过烧倾向。

② 钢的冶炼状态的影响

钢材的原始冶炼状态对产生过热和过烧的可能性也有影响，如电渣锭的过热倾向较大；用 Al、Ti 同时脱氧，过热倾向减小；钢水中含有较多低熔点夹杂物时，钢的过烧倾向增大。

严格控制加热规范是防止坯料出现过热和过烧的唯一手段，因此要选择合适的锻造温度范围。

3.1.4 锻造热力学参数

锻造热力规范是指锻造时所选用的一些热力学参数,包括锻造温度、变形程度、应变速率、应力状态(锻造方法)、加热及冷却速度等。这些参数直接影响着金属材料的可锻性及锻件的组织和性能,合理选择上述几个热力学参数,是制订锻造工艺的重要环节。确定锻造热力学参数的主要依据是钢或合金的状态图、塑性图、变形抗力图及再结晶图等。用这些资料所确定的热力学参数还需要通过各种试验或生产实践来进行验证和修改。

(1)锻造温度范围

锻造温度范围是指始锻温度和终锻温度之间的一段温度间隔。确定锻造温度区间的原则是:在不过热的前提下,保证金属在此区间具有较高的塑性和较小的变形抗力,容易得到所要求的组织和性能。锻造温度范围应尽可能宽一些,以减少锻造火次,提高生产率。

① 始锻温度

始锻温度应理解为钢或合金在加热炉内允许的最高加热温度。从加热炉内取出毛坯送到锻压设备上开始锻造之前,根据毛坯的大小、运送毛坯的方法以及加热炉与锻压设备之间距离的远近,毛坯有几度到几十度的温降。因此,真正开始锻造的温度稍低,在始锻之前应尽量减小毛坯的温降。

合金结构钢和合金工具钢的始锻温度主要受过热和过烧温度的限制。钢的过烧温度比熔点低100℃~150℃,过热温度又比过烧温度低约50℃,所以钢的始锻温度一般应低于熔点(或低于状态图固相线温度)150℃~200℃。铸态的原始晶粒组织比较稳定,过热倾向小,因此钢锭的始锻温度可比同钢种的钢坯和钢材高20℃~30℃。采用高速锤锻造时,由于变形热效应始锻温度比通常的约低100℃。对于大型锻件,最后一火的始锻温度,应根据该火的锻造比来确定,以避免因终锻温度高造成晶粒粗大。

碳含量对钢的锻造上限温度具有最重要的影响。对于碳钢,由状态图(如图3-4所示)可看出,始锻温度随含碳量的增加而降低。对于合金结构钢和合金工模具钢,通常始锻温度随含碳量的增加而降低得更多。

② 终锻温度

终锻温度主要应保证在结束锻造之前,钢仍具有足够的塑性,以及锻件在锻后获得再结晶组织。

合金结构钢的含碳量一般为0.12%~0.5%,其退火状态的金相组织分类属亚共析钢。合金工具钢的含碳量为0.7%~1.5%,是在碳素工具钢的基础上发展起来的,其退火组织一般属过共析钢。参考图3-4,对于过共析钢温度降至SE线(A_{cm})以下即开始析出二次碳化物(对于合金钢则为合金碳化物),且沿晶界呈网状分布,为了打碎网状渗碳体,使之成为粒状或断续网状分布,应在A_{cm}以下两相区继续锻打,当温度下降到一定程度时则因塑性显著下降而必须终止锻造。过共析钢的终锻温度一般应高于A_1(SK线)50℃~100℃。

钢料在高温单相区(如图3-4所示GSE线以上的奥氏体区)具有良好的塑性,所以对于亚共析钢,一般应在A_3以上15℃~50℃结束锻造,但对于低碳亚共析钢,通过试验可知,在GS线(A_3)以下的两相区也有足够的塑性(因低碳钢中的铁素体与奥氏体性能相差不大),因此终锻温度可取在GS线以下。

铸锭在未完全转变为锻态之前,由于塑性较低,其终锻温度应比锻坯高30℃~50℃。

此外,锻件终锻温度与变形程度有关。若最后的锻造变形程度很小,变形量不大,不需要大的锻压力,即使终

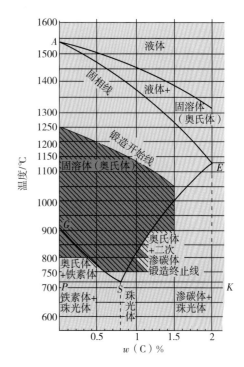

图3-4 钢的锻造温度范围

锻温度低一些也不会产生裂纹。故对精整工序、校正工序，终锻温度允许比规定值低50℃～80℃。

当在A_3和A_1温度区间锻造亚共析钢时，由于温度低于A_3，因此铁素体从奥氏体中析出。在铁素体和奥氏体两相共存情况下继续进行锻造变形时，将会形成铁素体与奥氏体的带状组织，只是铁素体比奥氏体更细长，而奥氏体在进一步冷却时（低于A_1温度）转变为珠光体，所以室温下见到铁素体与珠光体沿主要伸长方向呈带状分布。这种带状组织可以通过重结晶退火（或正火）予以消除。

当终锻温度过高时，停锻之后锻件内部晶粒会继续长大，形成粗晶组织，例如亚共析钢的终锻温度若比A_3高出太多，锻后奥氏体晶粒将再次粗化。在一定范围的冷却速度下，魏氏组织容易在粗大晶粒的奥氏体中产生，它由在一定晶面析出的铁素体和珠光体所构成。魏氏组织是钢产生过热的组织特征，若魏氏组织特别严重时，仅用退火或正火也难以完全消除，必须用锻造予以矫正。

需要指出的是，根据状态图大致确定的锻造温度范围，还需要根据钢的塑性图、变形抗力图等资料加以精确化。这是因为状态图是在实验室中一个大气压及缓慢冷却的条件下作出的，状态图上的临界点与钢在锻造时的相变温度并不一致。

③ 锻造温度范围推荐

由于生产条件不同，各工厂所用的锻造温度范围也不完全相同。合金结构钢的锻造温度和加热规范见表3-2所列。合金结构钢钢锭的锻造温度和加热规范见表3-3所列。合金工具钢、弹簧钢和滚珠轴承钢的锻造温度见表3-4所列。

表3-2　合金结构钢的锻造温度和加热规范

钢　号	锻造温度/℃		加热温度 +30℃/−10℃	保温时间 min·mm^{-1}
	始锻	终锻		
10，15，20，25，30，35，40，45，50	1200	800	1200	0.25～0.7
12CrNi3A，12CrNi4A	1180	850	1180	0.3～0.8
14CrMnSiNi2MoA	1180	850	1180	0.3～0.8
15CrA	1200	800	1200	0.3～0.8
15Cr2MnNi2TiA	1180	850	1180	0.3～0.8
16Cr2MnTiA	1200	800	1200	0.3～0.8
18Cr2Ni4WA	1180	850	1180	0.3～0.8
13Ni5A，21Ni5A	1180	850	1180	0.3～0.8
20CrNi3A	1180	850	1180	0.3～0.8
25CrMnNiTiA	1180	850	1180	0.3～0.8
30CrMnSiA	1180	850	1180	0.3～0.8
30Cr2Ni2WA	1180	850	1180	0.3～0.8
30Cr2Ni2WVA	1180	850	1180	0.3～0.8
30CrMnSiNi2A	1180	850	1180	0.3～0.8
37CrNi3A	1180	850	1180	0.3～0.8
38CrA	1200	800	1200	0.3～0.8
38CrMoAlA	1180	850	1180	0.3～0.8
40CrVA	1180	850	1180	0.3～0.8
40CrNiMoA	1180	850	1180	0.3～0.8
40CrNiWA	1180	850	1180	0.3～0.8

（续表）

钢　　号	锻造温度/℃		加热温度 +30℃/-10℃	保温时间 min·mm⁻¹
	始锻	终锻		
40CrMnSiMoVA	1150	850	1150	0.3～0.8
50CrVA	1180	850	1180	0.3～0.8
20MnA	1200	800	1200	0.3～0.8
40CrMnA	1150	800	1150	0.3～0.8
12Cr2Ni4A	1180	850	1180	0.3～0.8
13CrNi5A，21CrNi5A	1180	850	1180	0.3～0.8
40CrA	1200	800	1200	0.3～0.8
20CrMnTiA	1200	800	1200	0.3～0.8

表 3-3　合金结构钢钢锭的锻造温度和加热规范

钢　　号	装料炉温/℃	加热温度/℃		加热时间/h		锻造温度/℃	
		600kg 锭	1200～1600kg 锭	600kg 锭	1200～1600kg 锭	始锻	终锻
10～40 15～40Mn 45～55 45～50Mn	不限	1050～1260	1050～1280	3.5	6	1160	800
10～15Cr 10～50CrV 16～40CrMnTi 15～35CrMnSi40CrMnSiMoV	≤900	1120～1240	1120～1260	4	6.5	1160	800
35～38CrMoAl	≤900	1050～1200	1100～1200	4	6.5	1160	800
25～30Ni 12～37CrNi3 12～20Cr2Ni4 40CrNiMo 35CrNi3W 35CrNi3WV 30～40CrNiW 45CrNiWV 18～25Cr2Ni4W 14CrMnSiNi2Mo	≤850	1050～1200	1100～1220	≥4	≥6.5	1120	800

表 3-4　合金工具钢、弹簧钢和滚珠轴承钢的锻造温度

钢　类	钢　号	锻造温度/℃	
		始锻	终锻
碳素工具钢	T7，T7A，T8，T8A	1150	800
	T9，T9A，T10，T10A	1100	770
	T11，T11A，T12，T12A，T13，T13A	1050	750

（续表）

钢　类	钢　　号	锻造温度/℃	
		始锻	终锻
合金工具钢	9Mn2，9Mn2V，MnSi，6MnSiV，5SiMnMoV，9SiCr，SiCr，Cr2	1100	800
	Cr，Cr06，8Cr	1050	850
	Cr12	1080	840
	CrMn，5CrMnMo	1100	800
	CrW，Cr12W	1150	850
	3Cr2W8V	1120	850
	CrWMn	1100	800
	9CrWMn，5CrW2Si，6CrW2Si，4CrW2Si	1100	850
	Cr12MoV	1100	840
	3CrAl，CrV	1050	850
	8CrV	1120	800
	5CrNiMo，W1，W2	1100	800
	5W2CrSiV，4W2CrSiV，3W2CrSiV，WCrV，W3CrV	1050	850
	3W4CrSiV，3W4Cr2V，V，CrMn2SiWMoV，Cr4W2MoV	1100	850
	8V	1100	800
	4Cr5W2SiV	1150	950
	SiMnMo	1000	850
	5CrMnSiMoV	1200	700
弹簧钢	65，70，75，85，60Mn，65Mn	1100	800
	55SiMn，60Si2Mn，60Si2MnA	1100	850
	50CrMn，50CrMnA，50CrVA，50CrMnVA	1150	850
滚珠轴承钢	GCr6，GCr9，GCr9SiMn，GCr15，GCr15SiMn	1080	800

（2）锻造比

锻造有两个作用：①成形，即将原材料锻制到接近零件的形状；②改善锻件内部质量，即破碎铸态组织，细化晶粒和均匀组织，锻合疏松和气孔等缺陷。

实际生产中用"锻造比"来规定和衡量锻件毛坯塑性变形程度的大小。锻造比大小对锻件锻造效果及力学性能有着重要影响。锻造比通常用锻坯变形前后的横截面面积之比、长度之比或高度之比来表示。各类工序锻造比的计算方法见表3-5所列。

表3-5　各类工序锻造比的计算方法

工序名称	简　图	锻造比计算方法
钢锭拔长		$Y = \dfrac{D_1^2}{D_2^2}$
坯料拔长		$Y = \dfrac{D_1^2}{D_2^2}$ 或 $\dfrac{l_2}{l_1}$

（续表）

工序名称	简　图	锻造比计算方法
二次锻拔		$Y = \dfrac{D_1^2}{D_2^2} + \dfrac{D_3^2}{D_4^2}$ 或 $Y = \dfrac{l_2}{l} + \dfrac{l_4}{l_3}$
芯轴拔长		$Y = \dfrac{D_0^2 - d_0^2}{D_1^2 - d_1^2}$ 或 $Y = \dfrac{l_1}{l_0}$
镦粗		轮毂 $Y = \dfrac{H_0}{H_1}$ 轮缘 $Y = \dfrac{H_0}{H_2}$

锻造比对金属塑性变形影响的一般规律为：随着锻造比增大，内部孔隙焊合及铸态树枝晶被打碎，锻坯的纵向和横向力学性能均得到明显提高；当锻造比超过一定数值后，锻坯内部由于形成纤维组织，横向塑性指标、韧性指标急剧下降，最终导致锻件性能出现各向异性。如果锻造比值合理，锻件毛坯的锻造成形可使原材料内部缺陷充分锻合，获得致密的组织和细化的晶粒。

合理的锻造比是确保理想的锻造效果和获得高质量锻件的重要因素之一。锻件的锻造比大小，应综合考虑原材料化学成分、零件工作状态情况及所用钢锭大小等因素后选取。

① 一般合金结构钢锭比碳素结构钢锭的铸造缺陷严重，所需的锻造比应大些。如拔长 5 吨、15 吨和 30 吨以上的钢锭，碳素结构钢锻件的最佳锻造比相应为 2、2.5、3，而合金结构钢锻件的最佳锻造比则为 3～4。

② 高碳合金工具钢，为破坏其初生铸态组织和网状碳化物，应施行镦粗-拔长复合工序，总锻造比应选取 4～6。

③ 对于轴类件，当纵向为主要受力方向时，拔长锻造比取 2.5～3 或更大些；当横向为主要受力方向时，为保证横向性能，避免产生各向异性，拔长锻造比以不超过 3 为宜。钢锭重量越大，所需锻造比也越大。

典型锻件的总锻造比选择见表 3-6 所列。

表 3-6　典型锻件的总锻造比选择表

锻件名称	计算部位	总锻造比	备　注
碳素钢轴类锻件	最大截面	2.0～2.5	—
合金钢轴类锻件	最大截面	2.5～3.0	—
热轧辊	辊身	2.5～3.0	一般取 3.0，小型轧辊可取 2.5
冷轧辊	辊身	3.5～5.0	支承辊锻造比可减少到 3.0
齿轮轴	最大截面	2.5～3.0	—
船用尾轴、中间轴、推力轴	法兰	≥15	—
	辊身	≥3.0	—
水轮机主轴	法兰	最好≥1.5	镦粗比≥2 即可
	辊身	≥2.5	

（续表）

锻件名称	计算部位	总锻造比	备　　注
汽轮机叶轮、旋翼轴、涡轮轴	轮毂	4.0～6.0	—
	法兰	6.0～8.0	—
汽轮机转子	辊身	4.0～6.0	—
发电机转子	辊身	4.0～6.0	—
液压机立柱	最大截面	≥3.0	—
曲轴	曲拐	≥2.0	—
	轴颈	≥3.0	—
锤头	最大截面	≥2.5	—
模块	最大截面	≥3.0	—
高压封头	最大截面	3.0～5.0	—
航空用大型锻件	最大截面	6.0～8.0	—

3.2　锻件探伤方法

锻件在生产加工过程中常会产生一些缺陷，影响机械设备的安全使用，一些标准规定，对某些锻件必须进行超声波检测。锻件探伤可探测并判断 90% 以上的缺陷。

锻件产品质量控制过程分为原材料检测、锻造过程中的检测、热处理后的产品检验及在役检验。原材料检测是为了在锻造前发现缺陷便于及时采取措施，锻造过程中的检测是为了检验锻造质量，热处理后的产品检验是为了发现热处理可能产生的缺陷，在役检验的目的是检测锻件在服役中可能产生或发展的缺陷。

3.2.1　锻件常见缺陷

锻件缺陷可分为原材料缺陷、锻造缺陷和热处理缺陷。原材料缺陷主要有缩孔、疏松、夹杂、白点、裂纹等；锻造缺陷主要有折叠、裂纹、炸裂、过热、过烧等；热处理缺陷主要有裂纹、热处理变形等。

3.2.2　锻件的手工探伤

3.2.2.1　A 型超声波探伤

锻件通常采用脉冲反射式超声波探伤仪进行检测（模拟式仪器或数字式仪器），一般情况下以纵波直探头检测为主（本章主要以纵波直探头为主介绍锻件探伤）。对于有特殊要求的锻件，应辅以纵波双晶探头或横波探头进行检测。

纵波检测：原则上应从工件两个相互垂直的方向进行检测，尽可能地检测锻件的全体积。锻件厚度超过 400mm 时，应从相对两端面进行 100% 的扫查。

横波检测：横波检测探头频率主要为 2.5MHz，原则上采用角度为 45° 的探头，也可采用其他角度的探头。探头移动速度不应超过 150mm/s，扫查覆盖率应为探头宽度的 15% 以上。

（1）检测条件的选择

① 探头的选择

锻件超声波检测时，通常使用纵波直探头，晶片尺寸为 $\phi14\sim\phi25$mm，常用 $\phi20$mm。对于较小的锻件，考虑近场区和耦合损耗原因，一般采用小晶片探头。有时为了检测与检测面成一定倾角的缺陷，也可采用一定角度的斜探头进行检测。对于近表面缺陷，由于直探头的盲区的影响，常采用双晶直探头检测。

锻件的晶粒一般比较细小，因此可选用较高的检测频率，单晶直探头采用 $2.5\sim5\mathrm{MHz}$。对于少数晶粒粗大衰减严重的锻件，为了避免出现"林状回波"，提高信噪比，应选用较低的频率（$1.0\sim2.5\mathrm{MHz}$）和较大的晶片尺寸（$\phi14\sim\phi30\mathrm{mm}$）。双晶探头的频率采用 $5\mathrm{MHz}$。

② 耦合剂选择

在锻件检测时，为了实现较好的耦合，一般要求检测面的表面粗糙度 Ra 不高于 $6.3\mu\mathrm{m}$，表面应平整均匀，无划伤、油垢、污物、氧化皮、油漆等。

锻件检测时，常用机油、浆糊等作耦合剂，也可采用专用耦合剂。当锻件表面较粗糙时也可选用甘油作耦合剂。

③ 扫查方式的选择

锻件检测时，原则上应在两个相互垂直的检测面上进行全面扫查。扫查覆盖率应不小于探头晶片直径的 15%，探头移动速度不大于 $150\mathrm{mm/s}$。

④ 材质衰减系数的测定

a. 利用工件本体进行衰减系数测量

在锻件尺寸较大时，材质的衰减对缺陷定量有一定的影响。特别是材质衰减严重时，影响更加明显。因此，在锻件检测中应进行材质衰减系数的测定。测试的方法是利用工件两个相互平行的底面的反射波。

在工件无缺陷完好区域，选取三处检测面与底面平行且有代表性的部位，调节仪器使第一次底面反射波幅度 B_1 或 B_n 为满刻度的 50%，记录此时衰减器的读数，再调节衰减器，使第二次底面反射波幅度 B_2 或 B_m 为满刻度的 50%，两次衰减器读数之差即为 B_1-B_2 或 B_n-B_m 的 dB 差值（不考虑底面反射损失）。

● 薄壁工件测定，当 $T<3N$，且满足 $n>3N/T$，$m=2n$ 时，衰减系数按（3-1）计算：

$$\alpha=\frac{(B_n-B_m)-6}{2(m-n)T} \tag{3-1}$$

式中，α 为衰减系数，dB/m（单程）；(B_n-B_m) 为两次衰减器的读数之差，dB；T 为工件检测厚度，mm；N 为单直探头近场区长度，mm；m、n 为底波反射次数。

薄工件衰减系数的测定如图 3-5 所示。

● 厚壁工件测定，当 $T\geqslant3N$，按（3-2）计算：

$$\alpha=\frac{(B_1-B_2)-6}{2T} \tag{3-2}$$

式中，(B_1-B_2) 为两次底波分贝值之差，dB；其余符号意义同式（3-1）。

厚工件衰减系数的测定如图 3-6 所示。

● 取工件上三处衰减系数的平均值作为该工件的衰减系数。

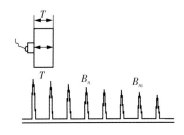

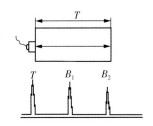

图 3-5　薄工件衰减系数的测定　　　　　　图 3-6　厚工件衰减系数的测定

b. 利用校准试块进行衰减系数测量

● 直射波测量。在工件无缺陷完好区域选取两处，通过比较工件和校准试块的底波高度来测量衰减系数，比较的时候在建立的 DAC 曲线上进行，并记录工件和校准试块底波的增益差用来修正参考灵敏度，如图 3-7 所示。

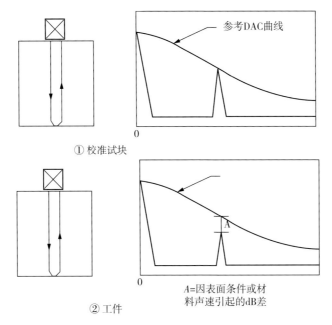

图 3-7　直射波测量衰减系数

● 斜射波测量。在工件无缺陷完好区域选取两处，采用两个相同的斜探头来测量衰减系数。工件和校准试块的回波振幅应在建立的 DAC 曲线上进行评估。记录工件和校准试块底波的增益差用来修正参考灵敏度，如图 3-8 所示。

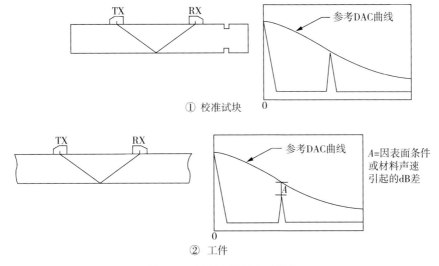

图 3-8　斜射波测量衰减系数

⑤ 试块选择

在无损检测中，常用所求的未知量与已知量相比较的方法来确定未知量检测灵敏度。例如，射线照相法探伤是以像质计的可分辨影像作为比较的依据；磁粉探伤用灵敏度试验片的可显性来衡量磁化规范是否合理；渗透探伤是以发现人工表面缺陷的数量级来表示其检测灵敏度和可靠性；超声波探伤则以各种标准试块和对比试块为比较的依据，试块上具有特定尺寸的规则反射体为所求量提供了一个固定声学特性，以此作为比较的基准。

超声波检测试块作用：确定检测灵敏度，测试仪器和探头的性能，调整扫描速度，评判缺陷大小。超声波检测试块分类：标准试块、对比试块。在满足探伤灵敏度要求时，也可采用其他形式的等效试块。

标准试块选用电炉或平炉熔炼的优质碳素结构钢，成分符合 GB/T 699—2015 的要求，晶粒度为 7～8 级。对比试块技术指标需符合 GB/T 11259—2015（或 ASTM E428）要求。

a. 标准试块

标准试块简称 STB 试块，通常由国际有关组织如不同国家的工业部的技术部门、标准化组织等权威机关推荐和确定的。它们可用于探伤仪及探头性能的测定，探伤灵敏度和时间轴比例等的调整及缺陷尺寸的评价。但某一种试块不一定都具备这些功能，而是随应用对象不同而有所侧重，它们常常在使用目的相同的检查之间通用，其材质、形状、尺寸及使用性能也均已达到了标准化程度。例如，国际上通用的标准试块有ⅡW、ⅡW2 等，我国的 CS-1、CS-2、CSK-ⅠA、CSK-ⅠB、CSK-ⅠC（如图 3-9 所示），FTB 100（脚跟试块，如图 3-10 所示）、BSB 150（鸟形试块，如图 3-11 所示）、BBB 200（肚兜试块，如图 3-12 所示），日本的 STB-G 系列试块，美国的 ASTM 和 ASME 的标准试块，英国的 BS-A2、BS-A4 试块，西德 DIN54120 中的 1 号试块，等等，均属此列，其中有些试块可用于制作距离-波幅曲线或面积-波幅曲线。

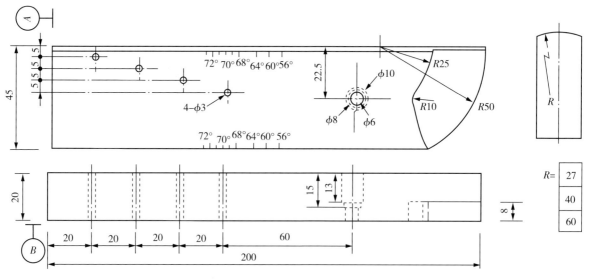

图 3-9　CSK-ⅠC 试块形状与尺寸

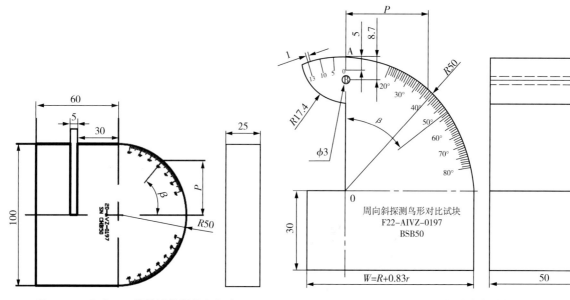

图 3-10　FTB 100 脚跟试块形状与尺寸

图 3-11　BSB 150 鸟形试块形状与尺寸

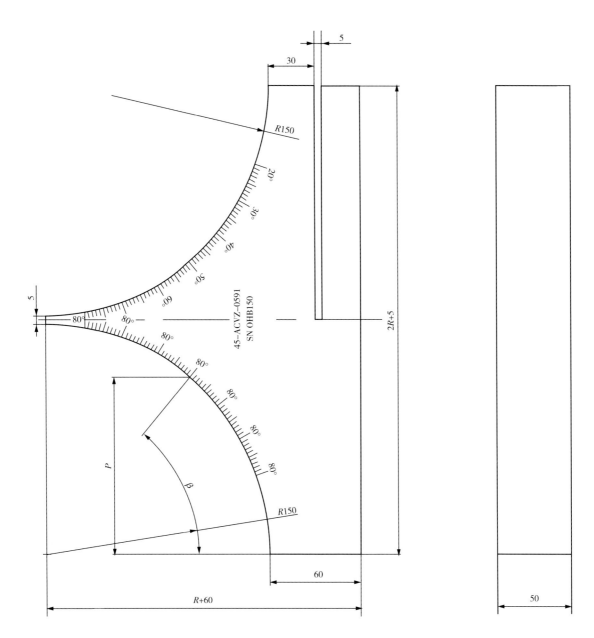

图 3 - 12　BBB 200 肚兜试块形状与尺寸

b. 对比试块

对比试块简称 RB 试块，它们大多为非标准的参考试块，使用者可以根据需要自行设计，其用途一般比较单一，常用于时间轴校正和灵敏度调整。例如，国内用于锅炉、压力容器焊缝探伤的 CSK - ⅡA、CSK - ⅢA，用于钢结构焊缝探伤的 RB - 1、RB - 2、RB - 3，此外如半圆试块、薄板试块、三角试块等都属于对比试块。日本的 RB - 4 也是对比试块，对比试块的制作方法可参考"附录十一　锻件超声波探伤对比试块制作"。

c. 校准设备

超声波检测试块的校准设备有仪器、探头、影像测量仪、千分尺等。检测人员应根据图纸尺寸公差要求选择合适的标准设备进行校准。

⑥ 检测时机

如果不需要热处理，则锻件超声波检测在锻件冷却后进行；如果有热处理，锻件超声波检测应在热处理后进行，因为热处理可以细化晶粒，减少衰减。此外，锻件超声波检测还可以发现热处理过程中产生的缺陷。当热处理后材质衰减仍较大且对于检测结果有较大影响时，应重新进行热处理。

对于带有孔、槽和台阶的锻件，超声波检测应在孔、槽、台阶加工前进行。因为孔、槽、台阶对检测不利，容易产生各种非缺陷反射波。

（2）扫描速度和灵敏度的校准

① 扫描速度的校准

锻件检测前，一般根据锻件要求的检测范围来校准扫描速度，以便发现缺陷，并对缺陷进行定位。校准的过程是通过仪器的调节来完成的。扫描速度的校准可在试块上进行，也可在锻件上尺寸已知的部位进行。在试块上校准扫描速度时，试块的材质应与工件材质相同或与工件声学性能相近。

扫描速度的校准方法是根据检测范围，利用已知尺寸的试块或工件上的两个不同反射体的反射回波（或一个反射体的两次反射回波）前沿，分别对准相应的水平刻度值即可。注意：不能利用一次反射波与始波进行扫描速度的校准。

锻件检测一般情况下是采用纵波进行检测，因此扫描速度以纵波声程按 $1:n$ 的比例进行调节。扫描比例的选择，是根据被检工件的厚度且保证底波在显示屏范围内进行确定。

具体校准的方法步骤（如利用 CSK-ⅠA 试块，声程为 100mm，反射面进行扫描速度为 1∶2 的校准）：

a. 确定 B_1、B_2 波的位置。$\tau:100=1:2$；$\tau=50$，即 B_1 波在显示屏 50 的位置，同理 B_2 波在 100 的位置（τ 为 B_1 波的位置）。

b. 校准。调节时将直探头对准 CSK-ⅠA 试块上厚度为 100mm 的底面，调节仪器上的相关旋钮将 B_1、B_2 的前沿同时分别对准显示屏上水平刻度值 50、100，此时，时基扫描线的比例正好校准为 1∶2。

② 检测灵敏度的校准

锻件检测灵敏度是由锻件技术要求或有关标准确定的，一般不低于 $\phi 2$ 平底孔当量直径。校准锻件检测灵敏度的方法有两种：一种是波高比较法，另一种是曲线比较法。波高比较法有底波法与试块法两种。

a. 底波法

单直探头检测：当锻件被检部位厚度 $x \geqslant 3N$，且锻件具有平行底面或圆柱曲面时，常用底波来校准检测灵敏度，其中 N 为探头近场区长度。用底波法进行灵敏度校准时，是利用计算或查 AVG 曲线求得底面反射波与某平底孔反射波的分贝差，对具体检测灵敏度进行设定。底波法步骤如下：

对于平底面或实心圆柱体底面，同距离处底波与平底孔反射波的分贝差为：

$$\delta = 20\lg \frac{P_B}{P_f} = 20\lg \frac{2\lambda x}{\pi D_f^2} \tag{3-3}$$

式中，λ 为波长；x 为被检部位的厚度；D_f 为平底孔直径。

对于空心圆柱体，同距离处圆柱曲底面与平底孔反射波的分贝差为：

$$\delta = 20\lg \frac{P_B}{P_f} = 20\lg \frac{2\lambda x}{\pi D_f^2} \pm 10\lg \frac{d}{D} \tag{3-4}$$

式中，d 为空心圆柱体内径；D 为空心圆柱体外径；"＋"为外圆径向检测，内孔凸柱面反射；"－"为内孔径向检测，外圆凹柱面反射。

灵敏度校准与设定：探头对准工件完好区的底面，找到反射回波，在保证仪器有效灵敏度余量储存 $(\delta+10)$ dB 以上时，调"增益"使底波 B_1 达基准波高，然后再增益 ΔdB，这时灵敏度就校准、设定完成。

注意：采用底波法（计算法）校准灵敏度时，因在工件上进行调节且平底孔与工件底面的声程相同，所以不用考虑材质衰减和表面耦合补偿。

b. 试块法

单直探头检测：当锻件的厚度 $x<3N$ 或由于几何形状所限、底面粗糙时，应利用具有人工反射体的

试块来校准灵敏度，如平底孔系列试块。校准时将探头对准所需试块的平底孔，调"增益"使平底孔反射波达基准高即可。

值得注意的是当试块表面形状、粗糙度与锻件不同时，要进行耦合补偿。当试块与工件的材质衰减相差较大时，还要考虑介质衰减补偿。

双晶直探头检测：采用双晶直探头检测时，应用数字式仪器，根据双晶探头平底孔试块来校准检测灵敏度。根据需要选择相应的平底孔试块，并测试一组距离不同、直径相同的平底孔的反射波，使每个孔的最高反射波达基准波高，确认后记录相应的 dB 读数值，所有孔测试完毕后进行最终确认，从而得到一条平底孔距离-波幅（dB）曲线。并以此方法测出其他孔径的曲线，从而得到一组平底孔的距离-波幅（dB）曲线，此时即完成仪器灵敏度校准。

注意：采用试块法校准灵敏度时，应保证试块的材质与被检工件的材质相同或声学性能相近；试块与被检工件表面状态不同时，应进行表面状态耦合损失的测定。即在试块上校准灵敏度后，将表面耦合损失补偿后再进行工件的超声波检测；当工件的反射面粗糙或粘有其他油性物质时，应将工件反射面进行清洗或修理，以避免超声波在此面上的反射损失。否则，应进行反射损失的测定，并在实际检测中进行补偿；距离-波幅曲线的绘制可采用面板曲线或 dB 曲线进行。

（3）ASTM A388 规定的灵敏度校准

用底面反射参考试块技术或 DAC 方法确定仪器的灵敏度。

① 底面反射技术

底面反射校准法，适用于声波入射与底面互相平行的锻件。将衰减器调到适当的水平，例如 5：1 或 14dB，调节仪器控制，使其从锻件底面得到的底面反射信号大致为满幅度的 75％。将衰减器调节到最大的放大率（衰减器调到 1：1）扫查锻件。评定不连续性时应将增益控制调到参考水平。当截面厚度或直径有明显变化时，需要重新校准灵敏度。

当检验奥氏体钢锻件时，由于粗大晶粒组织会引起高的"噪音"或"杂波"，因此一般不采用高的灵敏度水平。

② 参考试块的校准

校准标样的检测表面粗糙度应与被检验物体大致相当。调节仪器控制，使其从规定的参考试块平底孔上得到所要求的信号幅度。利用衰减器来调定幅度大于仪器的垂直线性。对于这些情况，在扫查锻件之前要去除衰减量。

对于曲面检验，当规定用平面参考试块做校准时，应调整从参考试块或若干试块得到的信号幅度，以作出补偿。

③ DAC 校准

使用前，要核实 DAC 透明图面板与换能器的尺寸和频率是否相一致。透明图面板的精确度可以用 ASTM E317 实用规程中所指出的参考试块和规程进行验证。已系列化的透明图面板与其一同使用的超声波换能器和脉冲反射式测试系统相匹配。

按所检验的锻件横截面厚度选择合适的 DAC 刻度。在示波屏上插入透明图面板，确保 DAC 刻度基准线与示波屏的扫描线相重合。将探头放在锻件上，调整增益使第一次底面回波清晰地出现在示波屏上。用延时和扫描控制旋钮变换屏幕图像，使得初脉冲的前沿在 DAC 刻度的零处，底面回波处在对应于锻件厚度的 DGS 刻度值上。调节增益，使锻件底面回波与 DAC 参考斜坡的高度一致，在 ±1dB 内。一旦调整好，对参考斜坡通过 DAC 刻度上所示的 dB 来增加增益。仪器已校准好，能可靠地探测出缺陷尺寸且能够直接从示波屏上读出。这些缺陷的尺寸与可用作参考点的平底反射体相等。

上述这些方法可在实心锻件上使用。空心圆柱形锻件和钻孔或镗孔锻件必须进行校正，以补偿中心孔产生的衰减。

④ 重新校准

当探头、耦合剂、仪器调整值或扫查速度等与校准时所用的有任何变动时，都应要求重新校准。每一个 8h 的工作班至少要校准核查一次。当增益电平显示降低 15％ 或更多时，要重建所要求的校准，并且要对前一次校准以来检验过的所有材料重新进行检验。当增益电平增加 15％ 或更多时，要对所有记录的信号重新评定。

（4）缺陷位置及大小的测定

① 缺陷位置的测定

在锻件检测中，主要采用纵波直探头进行检测，因此可根据显示屏上缺陷波前沿所对的水平刻度值 τ_f 和扫描速度按 1∶n 来确定缺陷在锻件中的位置。缺陷至探头的距离（缺陷的埋藏深度）x_f 为

$$x_f = n\tau_f \tag{3-5}$$

a. 若缺陷的尺寸小于声束的截面尺寸，则缺陷在探头所在位置往下 x_f 距离即为缺陷的位置。

b. 若缺陷的尺寸大于声束的截面尺寸，则以缺陷的最高波为准，以 6dB 法（半波高度法）确定缺陷的边界点测出缺陷的指示面积。

② 缺陷大小的测定

在锻件检测中，对于尺寸小于声束截面的缺陷一般采用当量法定量：

若缺陷位于 $x \geqslant 3N$ 区域内时，常用当量计算法和当量 AVG 曲线法确定缺陷的当量大小；

若缺陷位于 $x < 3N$ 区域内时，常用试块比较法或实测 AVG 曲线法确定缺陷的当量大小。

对于尺寸大于声束截面的缺陷，一般采用测长法确定缺陷的指示面积，常用的测长法有 6dB 法和端点 6dB 法。必要时还可采用底波高度法来确定缺陷的相对大小，下面重点介绍当量计算法和 6dB 法在锻件检测中的应用。

a. 当量计算法（适用于尺寸小于声束截面的缺陷）

当量计算法是利用各种规则反射体的反射回波声压公式和实际检测中测得的结果（缺陷的位置和波高）来计算缺陷的当量大小。当量计算法是目前锻件检测中应用最广的一种定量方法。用当量计算法定量时，要考虑调节检测灵敏度的基准。

当用平底面和实心圆柱体曲底面校准灵敏度时，不同距离处的大平底与平底孔回波分贝差为：

$$\Delta B_f = 20\lg \frac{P_B}{P_f} = 20\lg \frac{2\lambda x_f^2}{\pi D_f^2 x_B} - 2\alpha \ (x_B - x_f) \tag{3-6}$$

式中，x_f 为平底孔缺陷至检测面的距离，$x_f \geqslant 3N$；x_B 为锻件底面至检测面的距离；α 为材质衰减系数；λ 为波长；D_f 为平底孔缺陷的当量直径；ΔB_f 为大平底与平底孔缺陷的反射波分贝差。

不同平底孔回波分贝差为：

$$\delta_{12} = 20\lg \frac{P_{f1}}{P_{f2}} = 40\lg \frac{D_{f1} x_2}{D_{f2} x_1} - 2\alpha \ (x_1 - x_2) \tag{3-7}$$

式中，δ_{12} 为平底孔 1、2 的 dB 差；D_{f1}、D_{f2} 为平底孔 1、2 的当量直径；x_1、x_2 为平底孔 1、2 的距离。

当用空心圆柱体内孔或外圆曲底面调节灵敏度时，当量计算公式为：

$$\Delta B_f = 20\lg \frac{P_B}{P_f} = 20\lg \frac{2\lambda x_f^2}{\pi D_f^2 x_B} \pm 10\lg \frac{d}{D} 2\alpha \ (x_B x_f) \tag{3-8}$$

式中，d 为空心圆柱体的内径；D 为空心圆柱体的外径；"＋"为外圆径向探测，内孔凸柱面反射；"－"为内孔径向探测，外圆凹柱面反射；ΔB_f 为圆柱曲底面与平底孔缺陷的回波分贝差。

b. 测长法（适用于尺寸大于声束截面的缺陷）

在平面检测时，当缺陷的尺寸大于声束截面尺寸时采用半波高度法（6dB 法）测量缺陷的指示长度或指示面积。

指示长度：测量时以缺陷的最高波为准，探头以直线向两侧移动，当缺陷波高降到一半时探头中心

所在的点为边界点，两边界点连线的距离就是缺陷的指示长度，如图 3-13 所示。因声束直径为 $d_s = \lambda S/D$（其中 λ 为波长，S 为检测深度，D 为探头直径），所以指示长度大于声束直径时，实际缺陷长度为指示长度减去声束直径；否则指示长度不大于声束直径时，实际缺陷长度为 0。

指示面积：探头向各方向移动，当缺陷波高降到一半时，此时探头中心所在的点为边界点，所有边界点的连线即为缺陷的指示面积。

对圆柱形锻件进行周向检测时，探头的移动距离便是测量长度而不再是缺陷的指示长度了，这时要按几何关系来确定缺陷的指示长度，如图 3-14 所示。

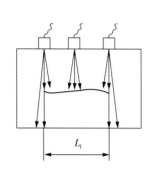

图 3-13　平面检测 6dB 测长法

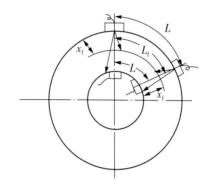

图 3-14　圆弧面检测 6dB 测长法

外圆周向检测测长时，缺陷的指示长度 L_f 为：

$$L_f = \frac{L}{R}(R - x_f) \tag{3-9}$$

式中，L 为探头移动的外圆弧长（测量长度）；R 为圆柱体外半径；x_f 为缺陷的声程（缺陷的埋藏深度）。

内孔周向检测测长时，缺陷的指示长度 L_f 为：

$$L_f = \frac{L}{r}(r + x_f) \tag{3-10}$$

式中，L 为探头移动的内圆弧长（测量长度）；r 为圆柱体内半径；x_f 为缺陷的声程（缺陷的埋藏深度）。

（5）缺陷反射波的判别

在锻件检测中，不同性质的缺陷其反射波是不同的，实际检测时，可根据显示屏上的缺陷反射波情况来分析缺陷的性质和类型。

① 单个缺陷反射波

锻件检测中，显示屏上单独出现的缺陷反射波称为单个缺陷反射波，也叫单峰。如锻件中单个的夹层、裂纹等。检测中遇到单个缺陷时，要测定缺陷的位置和大小。

② 分散缺陷反射波

锻件检测中，工件中的缺陷较多且较分散，缺陷彼此间距较大，这种缺陷反射波称为分散缺陷反射波。一般在边长为 50mm 的立方体内少于 5 个，如分散性的夹层。分散缺陷一般不太大，因此常用当量法定量，同时还要测定分散缺陷的位置。

③ 密集缺陷反射波

锻件检测中，显示屏上同时显示的缺陷反射波甚多，波与波之间的间距甚小，有时波的下沿连成一片，这种缺陷反射被称为密集缺陷反射波。

密集区缺陷的定义：在显示屏扫描线相当于 50mm 声程范围内同时有 5 个或 5 个以上的缺陷反射信号；或是在 50mm×50mm 的检测面上发现在同一深度范围内有 5 个或 5 个以上的缺陷反射信号，其反射波幅均大于某一特定当量缺陷基准反射波幅。

密集缺陷可能是疏松、非金属夹杂物、白点或成群的裂纹等。锻件内不允许有白点缺陷存在，这种缺陷的危害性很大。通常白点的分布范围较大，且基本集中于大锻件的中心部位，它的反射波清晰、尖锐，成群的白点有时会使底波严重下降或完全消失。这些特点是判断锻件中心白点的主要依据，如图3-15所示。

④ 游动反射波

在圆柱形轴类锻件检测过程中，当探头沿着轴的外圆移动时，显示屏上的缺陷波会随着该缺陷检测声程的变化而游动，这种游动的动态波形被称为游动反射波。

游动反射波的产生是由于不同声束射至缺陷产生反射引起的。左右移动探头，声束轴线射至缺陷时，缺陷声程小，反射波高；扩散声束射至缺陷时，缺陷声程大，反射波低。这样同一缺陷反射波的位置和高度随探头移动而发生游动，如图3-16所示。

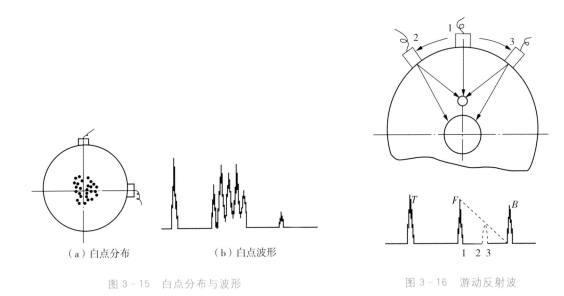

（a）白点分布　　　　（b）白点波形

图3-15　白点分布与波形　　　　　　　　图3-16　游动反射波

不同的检测灵敏度，同一缺陷反射波的游动情况不同。可根据检测灵敏度和缺陷反射波的游动距离来鉴别游动反射波。一般规定游动范围达25mm时，才算游动反射波。根据缺陷游动回波包络线的形状，可粗略地判别缺陷的形状。

⑤ 底面反射波

在锻件检测中，有时还可根据底波变化情况来判别锻件中的缺陷情况。

当缺陷反射波很高，并有多次重复反射波，而底波严重下降甚至消失时，说明锻件中存在平行于检测面的大面积缺陷。当缺陷反射波和底波都很低甚至消失时，说明锻件中存在倾斜的大面积缺陷或在工件的近表面存在大缺陷。当显示屏上出现密集并彼连的缺陷反射波，底波明显下降或消失时，说明锻件中存在密集型缺陷。

（6）锻件质量级别的评定

① 缺陷当量的确定

被检缺陷的深度大于或等于探头的3倍近场区时，采用AVG曲线及计算法确定缺陷当量。对于3倍近场区内的缺陷，可采用单直探头或双晶探头的距离-波幅曲线来确定缺陷当量，也可采用其他等效方法来确定。

记录缺陷当量时，若材质的衰减系数超过4dB/m，应考虑修正。

② 缺陷记录

a. 记录当量直径超过 ϕ1mm的单个缺陷的波幅和位置。

b. 记录密集区缺陷中最大当量缺陷的位置和缺陷分布。饼形锻件应记录大于或等于 $\phi2mm$ 当量直径的缺陷密集区，其他锻件应记录大于或等于 $\phi3mm$ 当量直径的缺陷密集区。缺陷密集区面积以 $50mm\times50mm$ 的方块作为最小量度单位，其边界可由 6dB 法决定。

③ 质量分级等级评定

a. NB/T 47013 中的质量等级评定

锻件检测中常见的缺陷有单个缺陷和密集缺陷两大类，实际检测时根据锻件中单个缺陷的当量尺寸、底波降低情况和密集缺陷面积占检测面积的百分比不同将锻件质量分为Ⅰ、Ⅱ、Ⅲ、Ⅳ、Ⅴ等五种，其中Ⅰ级最高，Ⅴ级最低。由缺陷引起底波降低量的质量分级见表 3-7 所列，单个缺陷的质量分级见表 3-8 所列，密集区缺陷的质量分级见表 3-9 所列。

表 3-7　由缺陷引起底波降低量的质量分级

等　级		Ⅰ	Ⅱ	Ⅲ	Ⅳ	Ⅴ
底波降低量	BG/BF	≤6	≤12	≤18	≤24	>24

注：本表仅适用于声程大于近场区长度的缺陷。

表 3-8　单个缺陷的质量分级

等　级	Ⅰ	Ⅱ	Ⅲ	Ⅳ	Ⅴ
缺陷当量直径	≤$\phi4$	$\phi4+$ (>0dB~6dB)	$\phi4+$ (>6dB~12dB)	$\phi4+$ (>12dB~18dB)	>$\phi4+18dB$

表 3-9　密集区缺陷的质量分级

等　级	Ⅰ	Ⅱ	Ⅲ	Ⅳ	Ⅴ
密集区缺陷当量直径	≤$\phi2$	≤$\phi3$	≤$\phi4$	≤$\phi4+4dB$	>$\phi4+4dB$
密集区缺陷占检测总面积的百分比/%	0	≤5	≤10	≤20	>20

当缺陷被检测人员判定为危害性缺陷时，锻件的质量等级为Ⅴ级。

b. ASTM A388 中的质量等级评定

对各种锻件的超声波检验验收或拒收标准，应根据对使用要求的实际评估和在生产各具体类型锻件时能够正常达到的质量水平来制定。

可以根据下列标准中的一项或多项，由采购方和制造厂双方协商确定验收的质量等级。

直射波检验：第一，不允许有大于参考底面反射信号某个百分率的指示；第二，不允许有等于或大于规定的参考试块中的平底孔信号的指示；第三，不允许有底面反射信号的降低大于参考底面反射信号一定百分率的区域；第四，不允许有第一项或第二项的显示与第三项中的某些底面反射的降低显示同时出现；第五，不允许有超过 DAC 法中规定的参考等级的指示。

斜射波检验：不允许有超过参考切槽的反射信号或波幅参考线的某一规定百分率的指示。

要想正确地运用超声波检验的质量等级，应该了解许多参数对检验结果的影响。

3.2.2.2　相控阵探伤

利用相控阵技术对锻件进行探伤，可分为直入射和斜入射两种方法。直入射时探头阵列与工件表面平行，如图 3-17 (a) 所示；斜入射时探头阵列与工件表面呈一定角度，如图 3-17 (b) 所示。

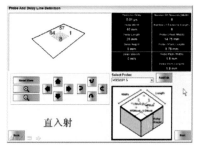 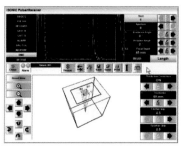 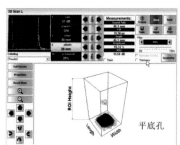

（a）相控阵直入射及探伤

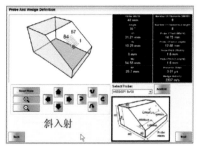 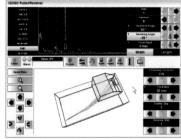 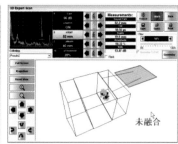

（b）相控阵斜入射及探伤

图 3-17　相控阵探伤

3.2.3　锻件的自动化探伤

　　手动探伤具有投资低、使用灵活等优点，国内钢铁厂多采用此方式。但手动探伤也存在着许多无法弥补的缺点：①探伤时间长、生产效率低；②探伤劳动强度大；③难以保证 100％ 覆盖工件表面探伤，易造成漏探和误探；④探伤速度慢，难以适应现代化的要求。自动探伤则具有速度快、效率高、排除人为因素造成的漏探和误探等明显优点。如图 3-18 所示为超声相控阵自动探伤，如图 3-19 所示为超声多通道自动探伤。

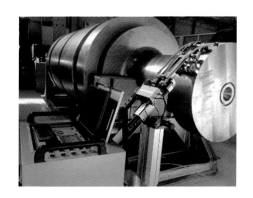

图 3-18　超声相控阵自动探伤

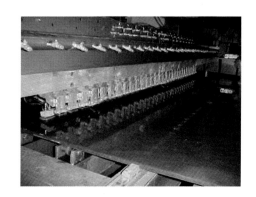

图 3-19　超声多通道自动探伤

3.3　探伤缺陷的性质分类及其波形

3.3.1　缩孔

　　金属在冷凝过程中由于收缩而在心部形成管状（喇叭状）或分散的孔洞，这些孔洞称为缩孔。在锻件的超声检测过程中所发现的缩孔，已经不是其在铸锭或铸坯中的原始形态，而是在锻造时未完全去除的残余缩孔，缺陷波反射强烈，反射波的根较宽，波形成束状，常在主伤波附近伴有小伤波，对底波反射影响严重，常使底面回波消失，缩孔缺陷波形如图 3-20 所示。圆周径向检测时，各处缺陷波反射幅度差别较大，沿长度方向缺陷波延续出现，最长可贯穿整个锻件。缩孔低倍检验图如图 3-21 所示。

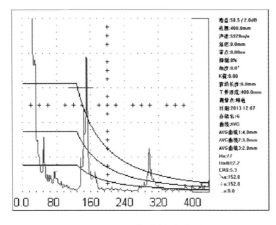

图 3-20　缩孔缺陷波形

图 3-21　缩孔低倍检验图

3.3.2　疏松

钢锭内部通常是不致密的，往往存在很多因收缩或其他原因而引起的细小孔隙，这些孔隙称为疏松。钢锭锻造过程中，疏松情况可得到很大程度的改善，但是如果钢锭的疏松较为严重，或者压缩比不足，则在热加工后较严重的疏松也会存在。

疏松对底波反射影响不大，但疏松缺陷严重时，对声波有明显的吸收和散射作用，能使底波反射显著降低，甚至让底波消失。疏松缺陷波形反射特征如图 3-22 所示，疏松低倍检验图如图 3-23 所示。

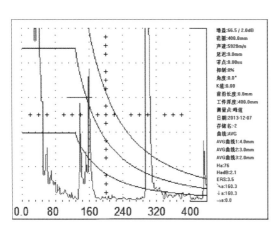

图 3-22　疏松缺陷波形反射特征

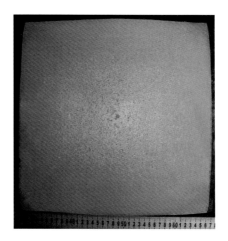

图 3-23　疏松低倍检验图

3.3.3　裂纹

锻件裂纹的产生原因基本上有两个方面：一是原材料的缺陷，二是锻造生产。属于前者的有钢的冶金缺陷、钢中夹杂物等，属于后者的有加热不当、变形不当及锻后冷却不当等。在实际的生产中，锻件裂纹的产生往往是几个原因在同时作用。

较典型的中心裂纹在进行超声波检测时，缺陷的反射信号较强，一般出现在相对于工件的中心部位，往往在其附近区域内还会出现数量较多、分散的夹杂物的反射信号。随着探头沿圆周方向移动，反射幅度变化很大，而且缺陷波在荧光屏深度刻度上移动，往往使底波次数减少或没有底波，中心锻造裂纹波形反射特征如图 3-24 所示。

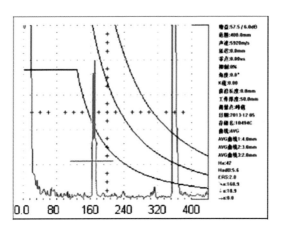

图 3-24　中心锻造裂纹波形反射特征

　　裂纹另一个较典型的探伤特征是缺陷波层状分布。直探头测定裂纹时波形层状变化如图 3-25 所示（其中，T 表示起始波，F 表示缺陷波，B 表示底波），裂纹低倍检验图如图 3-26 所示。

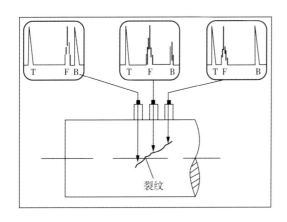

图 3-25　直探头测定裂纹时波形层状变化

图 3-26　裂纹低倍检验图

3.3.4　白点

　　白点属于锻造裂纹，白点在调质热处理后的纵向断口上呈现银白色的圆形或椭圆形的斑点，直径从零点几毫米到十几毫米，白点的名字由此而来。在超声波探伤中，白点的回波具有两个明显的特征：其一，缺陷波形尖锐清晰，各缺陷波彼此独立存在，波峰陡峭，波根狭窄；其二，对探头移动十分敏感，当探头稍微移动时缺陷波此起彼伏，交替变化。白点缺陷波形反射特征如图 3-27 所示，白点低倍检验图如图 3-28 所示。

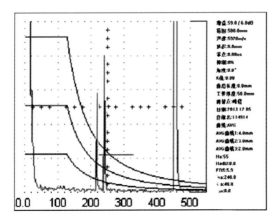

图 3-27　白点缺陷波形反射特征

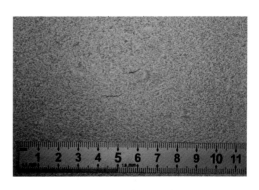

图 3-28　白点低倍检验图

3.3.5 夹杂物

夹杂物的成分和结构较为复杂，通常分为外来夹杂物和内生夹杂物两大类。缺陷反射信号大小不一，在一定探测区域内不会只发现一个缺陷，往往是多个群居（密集性夹杂），密集夹杂缺陷波特征如图3-29所示，夹杂物低倍检验图如图3-30所示。

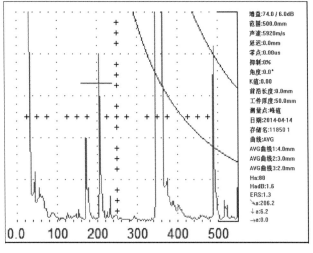

图3-29 密集夹杂缺陷波形特征

图3-30 夹杂物低倍检验图

3.3.6 偏析

合金在冷凝过程中，由于某些因素的影响而形成的化学成分不均匀现象，称之为偏析。偏析可分为区域偏析、点状偏析。较典型的偏析缺陷回波为单个主缺陷波，并伴随逐渐降低的草状波，偏析缺陷波形特征如图3-31所示，偏析低倍检验图如图3-32所示。

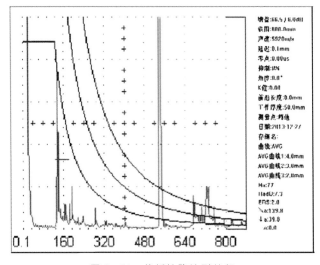

图3-31 偏析缺陷波形特征

图3-32 偏析低倍检验图

3.3.7 晶粒粗大

锻件晶粒粗大的原因有：热加工温度过高、冷却速度过慢、锻造变形量小。晶粒粗大严重时，对超声波的吸收和散射影响较大，在检测中将引起超声能的强烈衰减。一般情况下，底波反射次数只有1～2次，但提高灵敏度时，底波反射次数并无明显增加，而降低探头频率，底波反射次数明显增多。晶粒粗大波形反射特征如图3-33所示，晶粒粗大低倍检验图如图3-34所示。

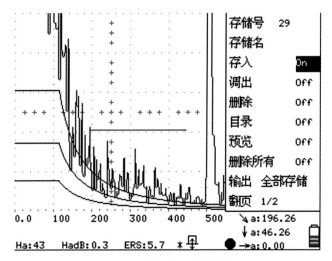

图 3-33　晶粒粗大波形反射特征图

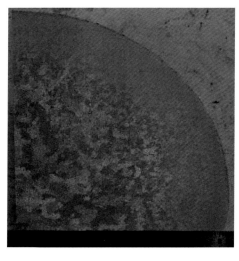

图 3-34　晶粒粗大低倍检验图

3.4　不同工件形状的探伤方法及其波形

3.4.1　圆棒类锻件探伤

圆棒类（$H>D$）锻件：P_1 从两端面直探伤，P_2 从圆周面直探伤。且以 P_2 圆周面径向探伤为主，如图 3-35 所示。

（1）基本波形

① 无缺陷

无缺陷特征如图 3-36 所示。

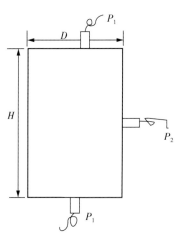

图 3-35　圆棒类锻件探伤

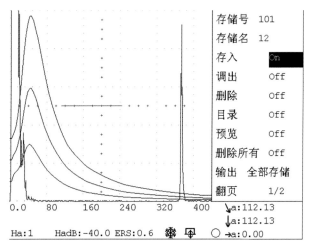

图 3-36　无缺陷特征

② 单峰

缺陷波尖锐、瘦长，且始波与底波之间只有一个这样的回波，这样的回波称为单峰，如图 3-37 所示。

探头径向探伤时，出现两种情况的单峰：一是单峰始终存在于中心，疑似为中心缩孔缺陷；二是单峰始终存在且不在中心，疑似为偏析缺陷，较典型锭型偏析就会出现这样的特征。

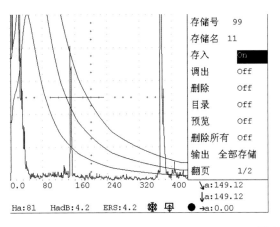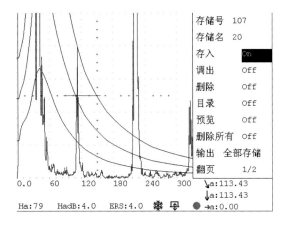

图 3 - 37　单峰

③ 宝塔峰

缺陷波的形状像上小下大的宝塔一样，这样的回波称为宝塔峰，如图 3 - 38 所示。

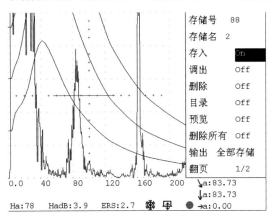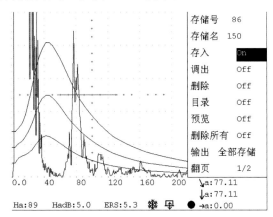

图 3 - 38　宝塔峰

宝塔峰通常出现在始波与底波的中间位置，疑似为中心疏松缺陷，大的缺陷可能造成无底波。

④ 草状波

缺陷波高度很小，且随着探头的移动而蠕动的回波，这样的回波称为草状波，如图 3 - 39 所示。草状波疑似为局部疏松缺陷。

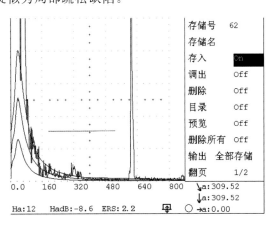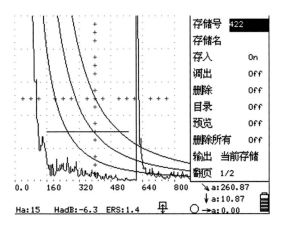

图 3 - 39　草状波

⑤ 降低草状波

缺陷波的形状呈指数状下降，这样的回波称为降低草状波，如图 3 - 40 所示。

从始波开始出现降低草状波，疑似为晶粒粗大引起的整体疏松缺陷。

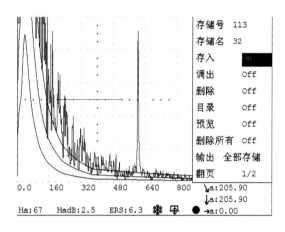
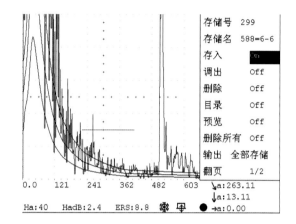

图 3-40 降低草状波

（2）组合波形

① 多峰

始波和底波之间出现多个单峰，且峰与峰之间有一定距离，这样的回波称为多峰，如图 3-41 所示。多峰可细分为连峰和林状波。

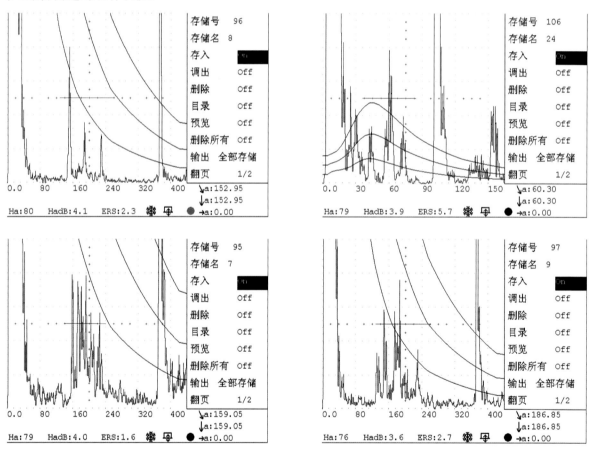

图 3-41 多峰

缺陷波像多个单峰组合在一起，且前一个单峰还未下降到屏幕高度的 5% 又呈现上升趋势，即相邻两个单峰有重合，这样的回波称为连峰。

缺陷波像多个单峰组合在一起，但相邻单峰不重合或有较小距离，回波像树林一样，这样的波形称为林状波。

多峰（尤其在心部出现的多峰）对应的缺陷疑似为缩孔＋疏松、裂纹、白点。

② 缩孔峰

主体形状似单峰，在单峰旁伴随草状波，如图 3-42 所示，疑似缩孔缺陷。

③ 层峰

缺陷波为单峰，但是探头周向环绕一圈，缺陷波局部存在，且不在中心；探头沿长度方向探伤时，该缺陷波位置和高度呈逐级层状变化，如图 3-43 所示，疑似为裂纹缺陷。

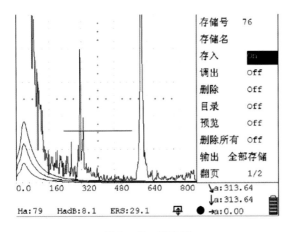

图 3-42　缩孔峰

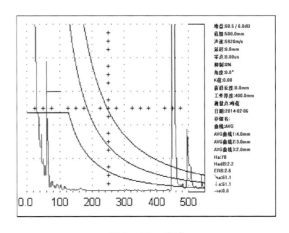

图 3-43　层峰

④ 偏析峰

偏析峰为单峰和降低草状波的组合，如图 3-44 所示，疑似为偏析缺陷。

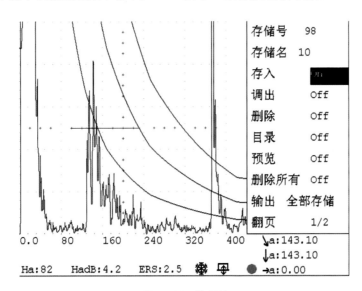

图 3-44　偏析峰

（3）内部缺陷的超声波截面图识别方法

关于圆棒类（或实心轴类）锻件的探伤，除了利用 A 型超声波扫描进行缺陷的初步判断，还可通过超声波截面图进行内部缺陷的识别，参见"附录五　实心轴锻件内部缺陷的超声波截面图识别方法"。

3.4.2　饼类锻件探伤

圆饼类（$H<D$）锻件：P_1 从两端面直探伤，P_2 从圆周面直探伤，如图 3-45 所示。饼类锻件的锻造工艺主要以

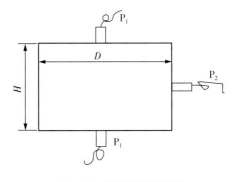

图 3-45　圆饼类锻件探伤

镦粗为主，缺陷以平行于端面分布为主，所以用直探头在两个端面检测为主；以 P_1 探伤为主，以 P_2 探伤为辅。

饼类锻件的锻造工艺过程为：钢锭→切除水口和冒口→滚圆或拔长→镦粗→成品，如图 3-46 所示。

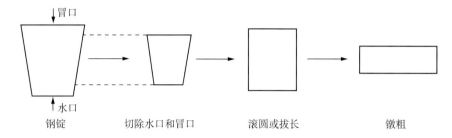

图 3-46 饼类锻件锻造工艺过程

钢锭的水口和冒口部分通常存在大的缩孔或疏松等缺陷，在锻造前必须去除。

滚圆或拔长可以焊合表面显微裂纹，并形成表面细晶区，避免镦粗时可能产生的表面开裂；消除中心附近部分冶金缺陷，如疏松、孔洞、拉应力等。

（1）静态探伤

所谓静态探伤，就是探伤时探头在工件表面进行一点或几点处探伤，探伤时探头不动。饼类锻件探伤的缺陷波形种类基本与圆棒类锻件的波形相同，端面探伤出现比较多的缺陷波形为单峰、多峰、宝塔峰，但是注意饼类锻件圆周面探伤通常探不出偏析峰。

① 单峰

P_1 从端面探伤时，出现单峰，且通常位置不定，即缺陷的位置不定，波形图如图 3-47 所示。

② 多峰

P_1 从端面探伤时，出现连峰或林状波，缺陷回波位置多在中心，波形图如图 3-48 所示。

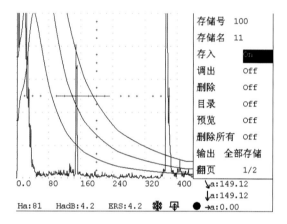

图 3-47 单峰

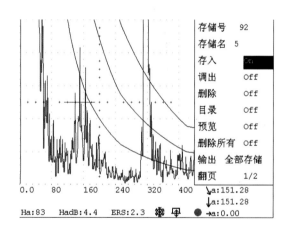

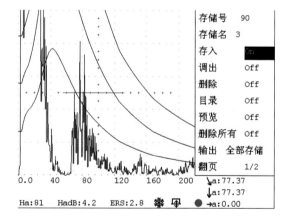

图 3-48 多峰

③ 宝塔峰

P_1 从端面探伤时，出现宝塔峰，缺陷回波位置多在中心，波形图如图 3-49 所示。

（2）动态探伤

所谓动态探伤，就是探头在工件表面连续移动以观察缺陷分布情况。

饼类探头动态探伤时，探头 P_1 从端面中心处开始探伤，探伤轨迹为半径不断扩大的螺旋线，最终完成对整个端面的探伤，如图 3-50 所示。

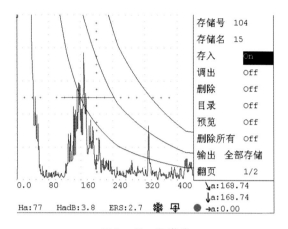

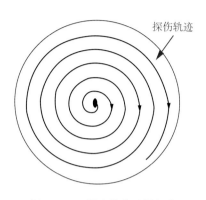

图 3-49　宝塔峰　　　　　　　　　　　图 3-50　饼类锻件端面探伤

从圆端面看，若探伤结果反映缺陷多在靠近圆中心部位，说明之前拔长工艺可能没有达到要求，导致中心部位冶金缺陷没有焊合，残留疏松孔洞。故饼类锻件在镦粗前的拔长工艺很重要。

从饼类锻件的高度 H 方向看，若探伤缺陷回波多出现在靠近始波或靠近底波的地方，则说明原材料水口或冒口部分的缺陷可能没有完全切除，且后续锻造过程没有将缺陷完全焊合，如图 3-51 所示。

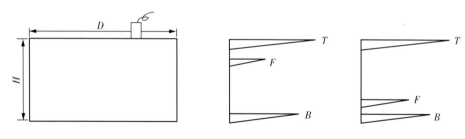

图 3-51　饼类锻件探伤

3.4.3　空心锻件探伤

空心锻件可分为筒形件（$H > D$）和环形件（$H < D$），其主要锻造工艺包括镦粗、冲孔、滚压。冲孔时，冲子从已镦粗坯料的一面冲入，当孔深冲到坯料高度的 $60\% \sim 80\%$ 时，将坯料翻转 $180°$，再从另一面把孔冲穿。冲孔时，对中不好的话容易产生内壁折叠缺陷。

空心锻件探伤要从径向和端面分别探伤，如图 3-52 和图 3-53 所示。空心锻件探伤的缺陷波形种类基本与圆棒类锻件的波形种类相同，但缺陷分布有所不同，这与它们的锻造工艺有关。

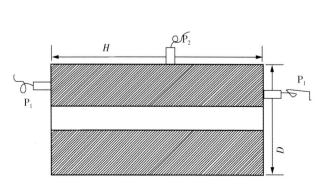

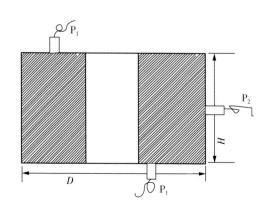

图 3-52　筒形件探伤　　　　　　　　　　图 3-53　环形件探伤

如图 3-54 筒形件，其原材料中心存在缩孔、疏松缺陷，加之锻造工艺，决定了锻件缺陷主要分布在图中灰色部分，大量探伤数据也证明了这一特点：P_1 端面探伤时，缺陷波多出现在始波与底波中部，常出现的缺陷波形有多峰、宝塔峰、偏析峰等；P_2 径向探伤时，缺陷波位置大多接近底波，常出现单峰、偏析峰、多峰等。

如图 3-55 所示，环形件探伤的特点是：P_2 探出缺陷波较多，且缺陷波位置大多接近底波；P_1 探出缺陷波较少，因为环形件径向为大变比方向，缺陷多与圆周面平行。

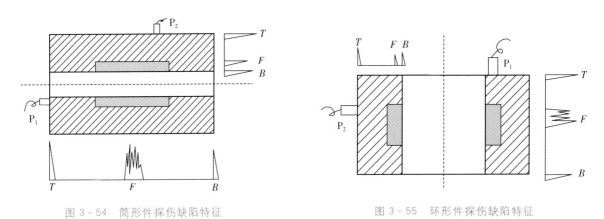

图 3-54　筒形件探伤缺陷特征　　　　　　　图 3-55　环形件探伤缺陷特征

3.4.4　其他类型锻件探伤

其他类型的锻件探伤方法，均可参考以上三种基本类型锻件的探伤方法，并参考"附录十二　各类锻件超声波探伤工艺卡"。

3.5　锻件探伤分析案例

3.5.1　轴类锻件探伤分析案例

（1）被测锻件及其锻造工艺

对轴锻件进行超声波探伤的过程中发现局部层状缺陷显示，详见圆棒锻件缺陷位置图（如图 3-56 所示）。该圆棒锻件材料为 AISI 410，冶炼方式为 EF＋LF＋VD＋ESR，热处理状态为 Q&DT。

（2）超声波检测

超声波圆周面检测发现距边 300mm 处存在 30mm 范围的层状缺陷，最大当量为 FBH2.7mm，缺陷深度为 167mm。缺陷特征：单峰（如图 3-57 所示）。

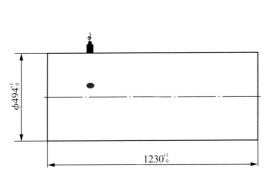

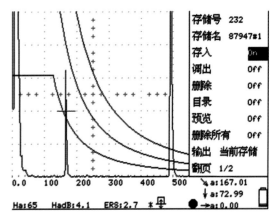

图 3-56　锻件尺寸及探伤缺陷位置　　　　　　图 3-57　超声波探伤波形

（3）缺陷低倍分析

圆棒锻件的横截面经 1∶1 工业盐酸水溶液热侵蚀，低倍面上距外圆 160mm 处有一条裂纹，形态刚直，长约 4mm。按照 ASTME 381 评级，$S<1$，$R<1$，$C<1$。低倍试样检测结果如图 3-58 所示，图 3-59 为低倍试样局部放大宏观形貌图。

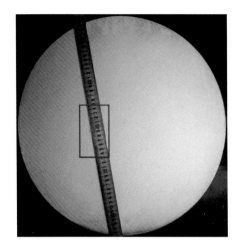

图 3-58　低倍试样检测结果

图 3-59　低倍试样局部放大宏观形貌图

（4）检测结果

根据 A 扫图分析以及低倍检测的验证，该圆棒锻件的缺陷位于锻件厚度的 1/3 位置区域，缺陷特征：单个、层状分布、显微空隙。

3.5.2　饼类锻件探伤分析案例

（1）被测锻件及其锻造工艺

被检测锻件为圆饼，实物图如图 3-60 所示，尺寸如图 3-61 所示。

图 3-60　被测圆棒锻件实物图

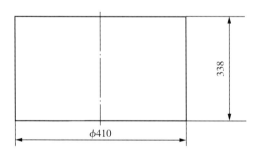

图 3-61　圆棒几何尺寸

材料牌号为 1Cr13，由钢锭锻造而成，锻造温度为 850℃～1200℃，锻造比为 4。锻后冷却方式为炉冷，锻后热处理方式为退火。

（2）超声波检测

用数字式 A 型超声波探伤仪在锻件端面进行粗略扫查（如图 3-62 所示），依据得到的扫描图形判断内部缺陷的大致位置（如图 3-63 所示），然后用探头对缺陷集中区域进行检测，缺陷特征波形如图 3-64 所示。

图 3-62　粗略扫查示意图

图 3-63　缺陷分布区域

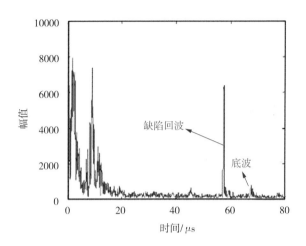

图 3-64　缺陷特征波形

由图 3-64 可以看出，缺陷回波特征为尖锐单峰，无草状回波，且缺陷回波幅值较高，对底波有明显的吸收作用，底波基本消失，根据相关文献预测锻件缺陷类型为大型孔洞类缺陷或较大的裂纹。

用探头阵子为 1×32 的相控阵检测仪进行圆周一圈扫查，扫查完毕由仪器自动做出断面图（如图 3-65 所示），由图可知工件内部缺陷为条带状，疑似裂纹。

（3）缺陷低倍解剖检测

根据探伤时标定的缺陷位置，采用线切割的方法在缺陷位置取低倍试样两块进行低倍检验，根据低倍检验结果对探伤预估结果进行确认，锻件低倍取样位置如图 3-66 所示。

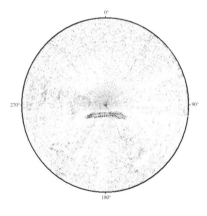

图 3-65　工件断面图

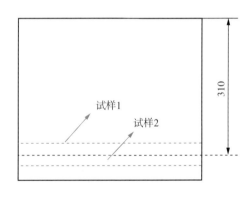

图 3-66　锻件低倍取样位置

试样低倍检测结果如图 3-67、图 3-68 所示，通过低倍检测结果可以发现在锻件中心偏下位置存在较大的孔洞类裂纹缺陷。

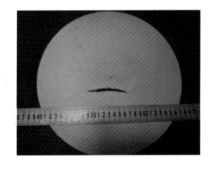

图 3-67　被测锻件宏观低倍形貌

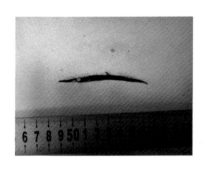

图 3-68　缺陷放大图

（4）分析结果

根据缺陷 A 型超声波检测分析以及低倍检测的验证，被测工件中存在大的孔洞缺陷。

3.5.3　筒形锻件探伤分析案例

（1）锻件的超声波检测

针对如图 3-69 所示的筒形锻件，对其轴向、端面进行超声波直探头检测时发现大量的疑似疏松及裂纹缺陷显示（如图 3-70 所示）。其特征波形：多峰（林状），有少量草状波，信噪波大于 10dB，多个回波幅度不高，波形稳定，从不同方位探测回波幅度变化较大。

图 3-69　筒形工件

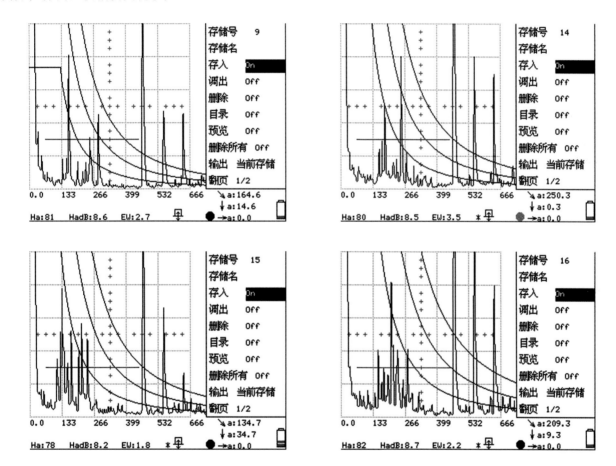

图 3-70　径向及轴向 A 超直探头波形

（2）解剖取样

对工件进行取样解剖（如图 3-71 所示）：将工件用锯床切割，如图 3-71（a）所示；沿端面的垂直方向切除两块低倍试样，如图 3-71（b）所示。

（3）低倍检验结果

对筒形工件径向纵断面进行低倍检验，低倍宏观形貌如图 3-72 所示。试样表面疏松及裂纹缺陷显示，疏松等级为 2.5，有多条裂纹，长度为 2～4mm。

3.5.4　风电螺栓 3D 全聚焦超声相控阵检测技术及其应用

由于大力发展可再生能源，我国现已成为"可再生能源第一大国"，而风力发电作为一种高效可再生能源的重要手段，也随之成为我国第三大电源，在我国电源结构中占据了重要的一席之地。

(a)

(b)

图 3 - 71　工件解剖示意图

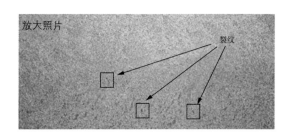

图 3 - 72　低倍宏观形貌

螺栓作为风电机组应用最为广泛的连接件，其质量问题直接关系着风机运行的安全性及可靠性。一般风电机组的设计使用寿命约为 20 年，而螺栓的使用寿命只有 10 年左右，随着国内大部分风电机组的螺栓使用寿命接近年限，螺栓断裂的情况频繁发生，因此螺栓的无损检测需求已经被提上了目程，人们迫切地需要选择一种高效、精确的无损检测方法。

3.5.4.1　风电螺栓概况

（1）风电螺栓主要钢种

目前，我国风力发电设备技术多由欧洲引进，按高强度紧固件标准，风电高强螺栓用钢相对复杂，多采用 32CrB4、37CrMo4、42CrMo4、50Cr4V、SCM440 等。国内外风电使用的高强度螺栓材料牌号主要见表 3 - 10 所列。

表 3 - 10　国内外风电使用的高强度螺栓材料牌号

性能	规格	牌号	标准号	备注
10.9 级	≤M36	32CrB4、30Mnb4、36CrB4	EN 10263 - 4	欧盟牌号
	≤M42	32CrNiMo8、34CrNiMo6、42CrMo4	EN 10250 - 3	
	≤M24	SCM435、SCM440	JLS G4105	日本牌号
	≤M20	4135、4130、4135H、4140H	SAE J404、SAE J1268	美国牌号
10.9 S 级	≤M24	20MnTiB、ML20MnTiB	GB/T 3077、GB/T 6478	中国牌号
	≤M30	35VB、10B33	GB/T 1231	
10.9 级	≤M24	ML35CrMo、30CrMnSiA	GB/T 6478、GB/T 3077	中国牌号
	M36	42CrMoA	GB/T 3077	
	M48	B7	ASTM A193（借用）	

（2）风电螺栓种类

风电螺栓按其外表形状可大致分为以下三大种类：外六角螺栓、内六角螺栓、双头螺柱。

① 外六角螺栓：螺帽为外六角形的螺栓。如图 3-73 所示的外六角螺栓是风电机组上应用最广泛的螺栓种类，常用于风机叶片、塔筒、偏航、主轴与轮毂、齿轮箱等构件的紧固连接。

② 内六角螺栓：螺帽六角呈凹陷型的螺栓。如图 3-74 所示的内六角螺栓，其硬度一般要比外六角螺栓高，在风机中的应用相对较少，主要应用于部分机型的轴承座等的连接上。

图 3-73　外六角螺栓　　　　　　　　　　　图 3-74　内六角螺栓

③ 双头螺柱：双头均有螺纹，中间为螺杆的连接件。其主要有内六角双头螺柱（如图 3-75 所示）、平头双头螺柱（如图 3-76、图 3-77 所示）两种，常用于风电叶片的连接上。

图 3-75　内六角双头螺柱　　　　图 3-76　平头双头螺柱一　　　　图 3-77
　　　　　　　　　　　　　　　　　　　　　　　　　　　　　平头双头螺柱二

（3）风电螺栓主要规格

① 螺栓规格表示方式如图 3-78 所示。

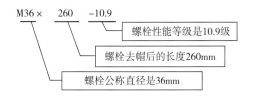

图 3-78　螺栓规格表示方式

② 风电螺栓主要规格范围：以一台小兆瓦级风机为例，其规格主要在 M20～M56；螺栓长度一般在200～500mm，较长的可达到 1000mm（除地脚螺栓外），但随着大兆瓦海上风机的发展，大兆瓦海上风机螺栓规格普遍要比陆上风机更大、更长，如图 3-79 所示。

（4）风电螺栓主要应用在风电机组构件的部位

螺栓作为风电机组主要连接件之一，主要应用于轮毂总成、齿轮箱总成、偏航系统、塔筒等诸多关键部位，如图 3-80 所示。这几个部位的螺栓也是无损检测的主要对象。

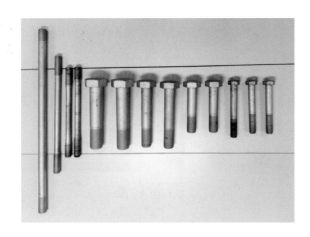

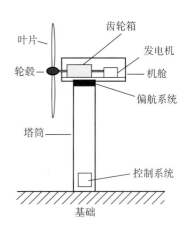

图 3-79　各规格风电螺栓　　　　　　　　　　图 3-80　风电发电机组结构示意图

① 轮毂总成：叶片螺栓（一般一圈有 50～60 根螺栓，其中，变桨距机组包括叶片-变桨轴承内圈螺栓、叶片-变桨轴承外圈螺栓，定桨距机组包括叶片螺栓，分别如图 3-81、图 3-82 所示）、轮毂-主轴螺栓（一般一圈有 80～90 根螺栓，如图 3-83 所示）。

图 3-81　叶片-变桨轴承内圈螺栓　　　　　　　图 3-82　叶片-变桨轴承外圈螺栓

② 塔筒螺栓（一般一圈有 100～130 根螺栓，如图 3-84 所示）。

图 3-83　不同机型轮毂与主轴连接螺栓

图 3-84　塔筒螺栓

③ 偏航系统螺栓（一般一圈有 80～100 根螺栓，如图 3-85 所示）。

3.5.4.2　检测方法

应用于螺栓的无损检测方法主要有超声波、磁粉、渗透及涡流检测，但在这些检测中，仅有超声波能够做到在役检测。磁粉、渗透和涡流检测只适用于螺栓生产及未服役状态下检测。而风电螺栓检测一般要求是在在役状态下进行检测的，所以风电螺栓的最佳检测方法还是超声波检测。但超声波检测分为不同的检测方式，如常规超声检测、常规相控阵检测等。下面介绍的则是一种目前较为先进，且具有高精度、高效率的超声波检测方法——3D 全聚焦超声波相控阵成像检测。

图 3-85　偏航系统螺栓

（1）全聚焦超声波相控阵技术原理

全聚焦超声波相控阵成像原理由英国布里斯托（Bristol）大学的 Caroline Holmes 等人在 2005 年首次提出，并发现 TFM 算法对小缺陷有更高的敏感性以及其检测覆盖率更大，但该算法获取的数据信息量庞大，使得数据的处理速度大大降低。这也是当时阻碍该技术发展的主要原因，之后不断有学者、工程师提出一些优化算法的方法。全聚焦成像技术随之被许多国家进行商业开发，2014 年法国 M2M 公司研发出全聚焦成像设备 Multi2000，实现了全矩阵数据采集并通过计算机进行成像。我国在 2017 年底由广东汕头超声电子股份有限公司超声仪器分公司自主研制推出了业内首台实时 3D 全聚焦超声波相控阵成像系统 CTS-PA22T，实现了全聚焦成像从二维到三维的突破，填补了国内外 3D 全聚焦超声波相控阵成像领域的空白。

① 全矩阵数据采集

全矩阵采集（Full Matrix Capture，FMC）是利用阵列探头中阵元的所有收发组合方式来捕获数据的一种数据采集方法。其具体采集过程：以一个 64 阵元的一维线阵相控阵探头为例，首先激发第 1 阵元，然后所有 64 个阵元依次接收第 1 个阵元激发后的回波信号（A 扫信号），并依次保存接收数据为 $S_{11}(t)$、$S_{12}(t)\cdots S_{164}(t)$；接着激发第 2 个阵元，还是 64 个阵元依次接收，保存接收数据为 $S_{21}(t)$、$S_{22}(t)\cdots S_{264}(t)$；然后第 3 个、第 4 个……直到所有 64 个阵元都完成了一次这样激发接收的流程。这样完整的一次轮流收发组合下来，就能得到 $64\times64=4096$ 组 A 扫信号组成的矩阵数据（FMD）（如图 3-86 所示），若换成 N 阵元探头，这样的一次收发过后就能采集到 N^2 组矩阵数据（A 扫信号）。

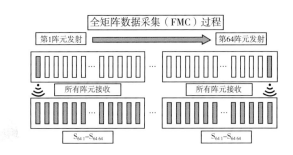

图 3 - 86　全矩阵数据（FMD）

② 全聚焦成像算法过程

全聚焦算法（Total Focusing Method，TFM）其实就是利用上文所讲的全矩阵数据，根据硬件存储器内置的全聚焦法则，基于同相位叠加原则，把对应的全矩阵数据累加到我们所划定的检测成像区域的每一个像素点上，从而实现全聚焦成像。具体过程如下：首先建立一个成像区域坐标系，计算探头各阵元到成像区域每一个像素点的声波传播时间并存储，即生成聚焦法则；这样在实时聚焦过程中，系统便会根据所存储的聚焦法则，相应地提取对应收发阵元组接收到的 A 扫信号采样点，并在各法则对应的成像区域像素点上进行 A 扫数据的累加、平均运算，最终形成全聚焦的图像，如图 3 - 87 所示。

③ 3D 全聚焦超声相控阵成像原理

上文所述为二维的全聚焦成像原理，而本书介绍的螺栓检测方式则采用的 3D 全聚焦成像检测，其三维全聚焦成像原理和二维基本是一致的。只是二维全聚焦采用的是一维线阵探头，而三维全聚焦成像是基于二维面阵探头来做全矩阵数据的采集，成像的区域也是由二维平面图扩展为三维的立体图，基于二维面阵探头来计算聚焦法则做三维成像，其具体原理如图 3 - 88 所示。

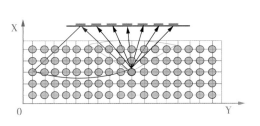

图 3 - 87　二维全聚焦成像原理图

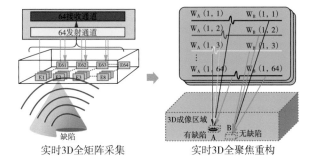

图 3 - 88　3D 全聚焦超声相控阵成像原理示意图

（2）三种常用的超声波检测方法在风电螺栓检测上的对比

风电螺栓采用的在役无损检测方法，主要为超声波检测。下面介绍其在风电螺栓检测上的三种方式。

① 常规超声波检测

常规超声波检测螺栓，主要采用小角度纵波探头，并通过波形判断检测结果（如图 3 - 89 所示）。此方法要求检测人员具有一定的检测经验，且只适用于部分规格较小的外六角螺栓的检测，对于内六角螺栓、内六角双头螺柱及较长的螺栓则无法采用此方法，其检测效率相对较低，是风电螺栓在役超声检测中最不推荐使用的一种方法。

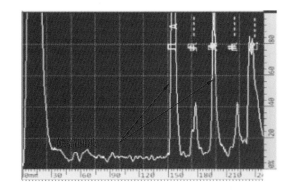

图 3 - 89　常规超声波检测螺栓的 A 扫描波形

② 常规相控阵检测

常规相控阵检测不同于常规超声波检测中的看波形判断。它可根据成像的二维图像判断检测结果，检测结果的直观性相较于波形有进一步的提高；可检范围也更广，基本覆盖小兆瓦风机螺栓的检测需求。常规相控阵检测目前采用的主要有两种扫查方式：一种是采用线阵探头进行扇形扫描或线扫描成像检测（如图 3-90 所示），但该方法一次只能检测螺栓的一个切面，要想完整地检测整根螺栓至少需将探头进行旋转 180°的扫查来实现全覆盖，从而降低了检测效率；另一种方法则是采用菊花阵探头来检测（如图 3-91 所示），采用该方法可以解决效率低的问题，且无需旋转探头，但采用菊花阵探头的检测结果无法直观地体现裂纹裂深的情况，也无法检测螺栓内部缺陷，对探头与螺栓规格的尺寸匹配要求相对较高。但常规相控阵检测还是较常规超声波检测结果更直观、可检范围更广，基本可实现对风电螺栓的检测。

 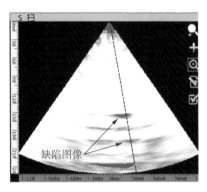

图 3-90 扇形扫描检测

 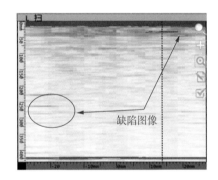

图 3-91 菊花阵探头检测

③ 3D 全聚焦超声相控阵成像检测

3D 全聚焦超声相控阵成像检测，利用其自身理论优势，可检精度要比常规超声波更高（有文献表明采用全聚焦检测可检测精度小于常规超声波可检测最小缺陷 2/λ），目前在风电螺栓上可检测缺陷精度不小于 1mm（在采用合适探头下）。检测结果为透明 3D 立体图像（如图 3-92、图 3-93、图 3-94 所示），可 360°任意旋转观察各个方向缺陷，可直观、全面地了解缺陷信息（在分析界面可测量裂纹裂长、裂深等缺陷信息）；无需旋转探头，检测效率相对较高（在检测参数调节好的情况下，可基本实现 2s 检测 1 根螺栓的目标）。

3.5.4.3 检测技术

由于目前对于风电螺栓的超声波检测方法，特别是采用 3D 全聚焦相控阵成像检测的方法并没有任何的国家标准或行业标准，因此本书介绍的风电螺栓的超声波检测方法主要是作者对自己现场检测经验的总结。

（1）检测前准备

① 物资准备

检测前需要准备以下物资。

a. 仪器及探头选用：仪器选择 3D 实时全聚焦超声成像系统 CTS-PA322T，探头推荐使用表 3-11 所列类型，但具体采用的探头需根据现场螺栓情况选用。

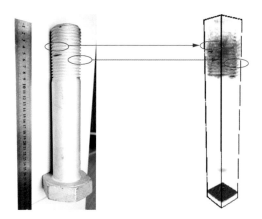

图 3-92　塔筒螺栓图　　　　图 3-93　缺陷成像图　　　　图 3-94　无缺陷成像图

表 3-11　推荐采用主要的探头参数

螺栓规格/mm	频率/MHz	探头类型	阵元数	适用螺栓种类
长度≤400	5	矩阵	64	外六角螺栓、平头双头螺柱
	5	菊花阵	64	内六角螺栓、内六角双头螺柱
长度>400	2.5	矩阵	64	外六角螺栓、平头双头螺柱
	2.5	菊花阵	64	内六角螺栓、内六角双头螺柱

b. 耦合剂：由于螺栓表面有钢印，为了有更好的耦合效果，建议采用黏稠一点的耦合剂，如专用耦合剂、洗洁精等。

c. 油性笔：用于螺栓现场编号及对缺陷螺栓标记。

d. 尺子：用于现场量取螺栓尺寸（最好事先了解螺栓规格尺寸）。

e. 手机：用于拍照（发现缺陷螺栓时）。

f. 头灯：方便对部分较黑暗的轮毂里面进行检测。

g. 抹布：方便对部分油污较多的螺栓进行预清理。

② 仪器调试准备

检测前如具备对各规格螺栓模拟或有同材料对比试块，可先提前进行以下校准操作。

a. 声速校准：利用模拟或对比试块底波进行声速校准，增加缺陷定位的准确度。

b. 检测灵敏度调节：利用同规格螺栓或对比试块，调节检测灵敏度，如图 3-95 所示。根据螺栓规格调节好成像区域后，调节 dB 值至 2mm 刻槽缺陷明显清晰可见，此时 dB 值为检测灵敏度。

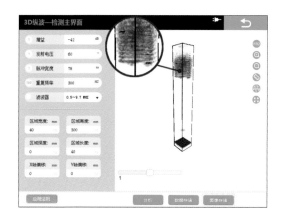

图 3-95　2mm 刻槽深模拟试块及对应检测

如无对应的模拟或对比试块，只能利用现场螺栓进行如下调节：

a. 当检测面为螺栓螺纹端时（如塔筒螺栓），建议根据螺纹波显示调节检测灵敏度，调节 dB 至螺纹波清晰可见即可，采用此方法至少需要在现场的 5 根螺栓上连续测试，确定检测灵敏度，如图 3-96 所示。

图 3-96　利用螺纹波调节灵敏度

b. 当检测面为螺帽端时（如叶片螺栓），建议调节 dB 至底波清晰可见，且在不起杂波的情况下尽可能提高 dB 值，采用此方法至少需要在现场的 5 根螺栓上连续测试，确定检测灵敏度，如图 3-97 所示。

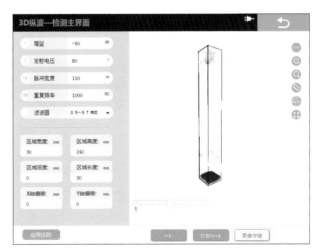

图 3-97　利用底波波调节灵敏度

（2）实际上机检测步骤

a. 设备、人员上机。

b. 设备连接、参数调用。

c. 螺栓预清理（如油污太多或表面有其他污染物）、涂耦合剂。

d. 螺栓编号，如图 3-98 所示。

e. 进行实际检测，如图 3-99 所示。

f. 保存检测数据（缺陷螺栓需做特殊标记，拍照保存），如图 3-100 所示。

图 3-98　对塔筒螺栓编号

图 3-99　对塔筒螺栓检测

图 3-100　对缺陷螺栓标记

（3）检测结果及分析

如图 3-101 所示是在某风电场检测卸下来的带自然缺陷的叶片-变桨轴承内圈螺栓（螺栓规格为M28×240）及其检测结果。

从检测结果看，共发现两个裂纹缺陷。下面分别对两个缺陷 F_1、F_2 进行切片分析。

① 缺陷 F_1：从高度、宽度、长度三个方向上的切片图中可以看出缺陷在这三个方向上的视图，调节 Z 光标至缺陷 F_1 处，可显示缺陷深度为 211.9mm，调节 X_1、X_2 及 Y_1、Y_2 光标可以分别显示螺栓裂纹在宽度及长度方向的裂深为 19.4mm、13.5mm，如图 3-102 所示。

② 缺陷 F_2：用同样的方法调节光标可确认缺陷深度为 232.3mm，宽度方向裂深为 11.6mm、长度方向裂深为 7.7mm，如图 3-103 所示。

图 3-101　带自然缺陷叶片螺栓及其检测结果

3.5.4.4　具体检测案例

如图 3-104 所示为在某风电场现场进行的 1.5MW 风机风电螺栓全检过程中，在 M28×240 叶片-变桨轴承内圈螺栓发的 5 根带较大裂纹缺陷螺栓。现场对螺栓进行了拆卸更换，从卸下的螺栓中发现 1 根断裂、1 根有明显裂纹、3 根带有肉眼无法识别的裂纹。其检测的 3DTFM 成像图如图3-105所示。

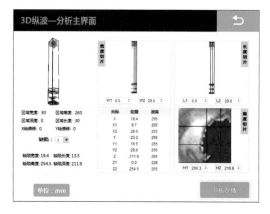

图 3-102　F_1 缺陷分析

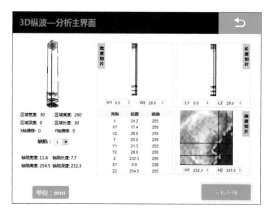

图 3-103　F_2 缺陷分析

图 3 – 104　现场检出并卸下的带裂纹螺栓

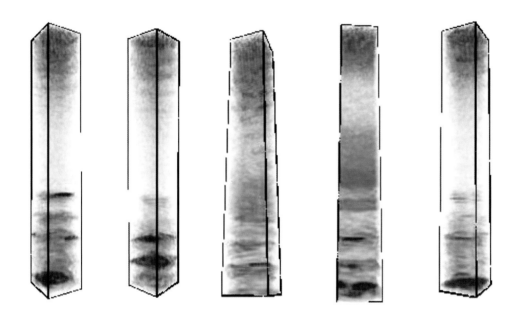

图 3 – 105　现场检测的 3DTFM 成像图

3.6　数值模拟在锻造成形中的应用

锻造成形是现代制造业中重要的加工方法之一。锻造成形的制件有着用其他加工方法难以达到的良好的力学性能。随着科技发展，锻造成形工艺面临着巨大的挑战，各行业对锻件质量和精度的要求越来越高，但对生产成本要求越来越低。这就要求设计人员在尽可能短的时间内设计出可行的工艺方案和模具结构。但目前的锻造工艺和模具设计，大多仍然采用实验和类比的传统方法，不仅费时，而且锻件的质量和精度很难提高。随着有限元理论的成熟和计算机技术的飞速发展，运用有限元法数值模拟进行锻压成形分析，在尽可能少进行或无须进行物理实验的情况下，得到成形中的金属流动规律、应力场、应变场等信息，并据此设计工艺和模具，已成为一种行之有效的手段。

锻造成形大多属于三维非稳态塑性成形，一般不能简化为平面或轴对称等简单问题来近似处理。在成形过程中，既存在材料非线性，又有几何非线性，同时还存在边界条件非线性，变形机制十分复杂，并且接触边界和摩擦边界也难以描述。应用刚（粘）塑性有限元法进行三维单元数值模拟，是目前国际公认的解决此类问题的较好方法之一。

3.6.1 刚（粘）塑性有限元法

刚（粘）塑性有限元法忽略了金属变形中的弹性效应，依据材料发生塑性变形时应满足的塑性力学基本方程，以速度场为基本量，形成有限元列式。这种方法虽然无法考虑弹性变形问题和残余应力问题，但可使计算程序大大简化。在弹性变形较小甚至可以忽略时，采用这种方法可达到较高的计算效率。

刚（粘）塑性有限元法的理论基础是 Markov 变分原理。根据对体积不变条件处理方法上的不同（如 Lagrange 乘子法、罚函数法和体积可压缩法），又可得出不同的有限元列式，其中罚函数法应用比较广泛。

3.6.2 模拟中的关键技术

有限元法数值模拟在锻造成形中的应用最早是进行二维的模拟分析。二维模拟分析技术发展比较成熟，经过适当简化，能够模拟普通的平面应变、应力和轴对称成形等较简单问题。但生产中，大多数零件形状比较复杂，影响因素多，如果仍然作为平面或轴对称问题来处理，所得结果与实际相比会有较大差距。进行三维有限元模拟是解决此类问题的有效途径。所以从 20 世纪 80 年代起，国内外在三维有限元模拟方面做了大量工作，明确了模拟关键制约技术及相应的解决方案，其主要表现在以下方面：

（1）模具结构的数学描述

材料塑性变形受力状况，取决于与模具表面的接触情况，所以准确、完整地描述模具的型腔信息是取得理想模拟结果的基础。由于复杂锻件的模具结构也比较复杂，因此描述起来较困难。目前，常用的描述方法有解析式法、有限元网格的近似描述法、参数曲面法及结合参数曲面的 CAD 实体模型描述法等。

近似描述法是对模具型腔进行有限元网格剖分，将连续的型腔结构划分成有限个微小单元体，用这些单元的结合体近似表示模具的型腔信息。这种方法由于采用了有限元网格表达结构信息，数学处理比较方便，并在模拟中有利于动态边界条件简化处理。但是因其精度不高，对于精密度要求比较高的成形过程，尚需划分更多的单元格，从而降低了动态接触中的求交搜索效率。

结合参数曲面法在模具的型腔表面的描述上仍采用 Bezier 曲面等，而对整个模块则采用实体造型，从而准确有效而又全面地描述了模具的几何特征。现在很多商业 CAD 软件都采用这种造型方法，所以用这些软件可以很方便地建立起模具的几何特征，并且数据的交换也很方便。

在这些方法中，解析式法在实际应用中局限性最大，应用很少；有限元网格的近似描述法由于其数据与有限元求解器交换的方便性，因而成为当前的主流方法；但随着三维实体造型软件的广泛应用，CAD 实体造型描述法由于其自身的优点，必将越来越广泛地应用于数值模拟中。

（2）摩擦边界条件处理

锻造成形过程中，锻件与模具型腔间的接触摩擦是不可避免的，且两接触体的接触面积、压力分布与摩擦状态随加载时间的变化而变化，即接触与摩擦问题是边界条件高度非线性的复杂问题。摩擦问题有限元模拟使用的理论最初是经典干摩擦定律，以后在其基础上发展起了以切向相对滑移为函数的摩擦理论和类似于弹塑性理论形式的摩擦理论。

经典干摩擦定律是由法国物理学家库伦（Coulomb）于 1781 年提出来的，他认为当切向力小于临界值时，处于纯黏着状态，接触面的相对滑移量为零。现代的研究分析表明，任一个小于临界值的摩擦力都会产生一个微小的位移。所以用经典摩擦定律解决塑性变形时的摩擦问题是不准确的。

Oden 和 Pires 在经典摩擦理论的基础上，提出了以相对滑移为函数的摩擦理论。它能够反映摩擦问题的非线性特征及非局部特征，理论比较完备，但所涉及的参数不易确定，从而在数值分析的应用中受到限制。

Frericksson、Curnier 等提出了类似于弹塑性理论形式的摩擦理论，它能够反映接触点在宏观滑移前产生的微观位移，因此，在一定程度上克服了经典摩擦定律的缺陷。Kobayasgu 基于这种理论提出了修正的库伦摩擦模型，并将模型应用于有限元模拟之中。求解边界摩擦所用的方法有拉格朗日（Lagrange）乘子法及罚函数方法。由于罚函数法不会增加结构的自由度，求解方便，因此其应用较多。

（3）动态接触边界处理

锻造中金属塑性成形过程为非稳态的大变形过程。在有限元模拟过程中，变形体的形状不断变化，它与模具的接触状态也不断变化，某些处于自由状态的边界节点，可能会与模具型腔表面接触；原来与模具型腔表面接触的节点，可能随着变形过程的进行沿模具型腔表面滑移，也可能脱离表面而成为自由节点。这些变化便构成了工件模具间的动态接触表面，正确判断接触表面是确定边界单元体节点载荷列式进行有限元分析的基础。因此，在有限元模拟中每一加载步收敛后，对这些节点的边界条件均需进行相应的修改，即进行动态边界条件处理。其常用的方法分三个步骤：自由节点贴模的判断和处理，触模节点位置的修正及触模节点脱模的判断和处理。

（4）网格划分和重划分的处理

结构体的单元离散化在有限元模拟中是很重要的，划分的单元体质量直接影响到计算结果，甚至决定着计算是否能够正常地进行下去。处理锻造成形问题用到的单元多为三维单元体，其中四面体单元结果简单，生成较为容易，但其单元体质量不高，计算结果精确度低，难以满足模拟分析的需要；而六面体单元划分的单元体质量相对较好，但有效的划分方法还在进一步的探索之中。目前，八节点六面体单元的划分方法有：有限八叉树法、正则栅格法、超单元映射法、模块法和四面体转换法等。

有限元模拟进行到一定程度时，网格会由于严重畸变而导致模拟的中断，因此，必须进行相应的处理，即重新划分适合于计算的新网格，并把模拟所需的信息由旧的网格上传到新网格上，使计算得以继续进行。网格的重划分一般有三个步骤：网格畸变的判断、新网格生成和数据转换。

（5）计算结果的可视化处理

有限元法进行模拟后得到的大量数据，须经形象描述变成研究者方便接受的信息。如锻造时，可视化地显示出金属实际变形过程中金属的流动、变形中的温度场变化等。这种可视化处理的开发，一般在通用的 CAD 软件上进行，如 UG、SolidWorks 等。目前，较成熟的商业有限元模拟软件自身也都开发有这样的后处理模块，其处理能力的强弱，已成为衡量模拟软件优劣的标准之一。

3.6.3　有限元模拟

大锻件内部空洞的闭合是一个局部过程，即空洞体积相对于锻件尺寸属于无限小，其存在仅影响很小邻域的应力应变状态，并且其演化过程也仅取决于该微小邻域的变形。为此，在锻件内部取含有空洞的典型体元模型，其意义是，宏观上（相对于大锻件）体元无限小，即研究锻件变形时，可忽略空洞体积影响；而微观上（相对于空洞）体元无限大，即研究空洞变形时，将体元边界力学量作为边界条件。图 3－106 是典型体元内空洞由球形经历椭球形逐步变化到片状裂隙的示意图。

以圆柱体的镦粗过程为例，研究空洞的闭合过程。为简化研究的问题，假设空洞型缺陷位于圆柱体的轴线上，且处于高度的中心位置。根据圆柱体和变形条件的对称性，取 1/4 作为计算模型如图 3－107（b）所示，以便于观察分析空洞的演变过程。设空洞的形状为球形，直径为 d_0，局部放大如图 3－107（a）所示。

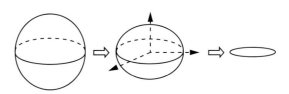

图 3－106　典型体元内空洞由球形经历椭球形逐步变化到片状裂隙的示意图

下面以初始外形尺寸为 $\phi1200 \times 1400mm$ 的圆柱体大锻件镦粗过程为例，讨论空洞的变形过程，以及空洞闭合所需要的相对压下量。在以下的讨论中，空洞均在锻件中心部位，且直径分别为 4mm、2mm、3mm、5mm，变形温度为 970℃。图 3－108 所示均为 $d_0 =4mm$ 的空洞闭合过程及相应的等效应变分布的局部放大图，分别给出了相对压下量为 4.5%、8.9%、13.4%、17.9%、21.7% 时，空洞变形形状和其附近的等效应变分布。数值模拟结果表明，当空洞位于圆柱体中心，d_0 为 4mm 时，闭合时需要 21.7% 的压下量。

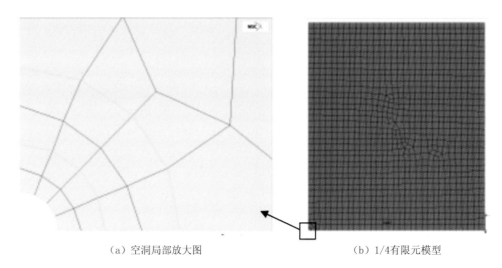

（a）空洞局部放大图　　　　　　　　　　（b）1/4有限元模型

图 3-107　中心带有空洞的有限元模型

　　由图 3-108（b）至图 3-108（f）可以看出，圆球形空洞首先被压成椭球形，当变形量达到一定值后，椭球的长轴端部两侧金属开始贴合，并且贴合区域向心部扩展，直到完全闭合。空洞附近的应变分布与模型其他区域不同。在空洞的闭合过程中，椭球长轴端点附近应变最大，变形最剧烈；而沿椭球短轴方向附近的应变最小，变形也比较小。由此可知，椭球长轴端点附近沿压下方向的应变对空洞的闭合起着主导作用。

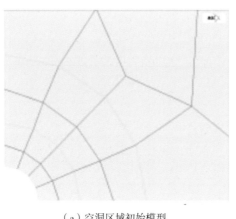

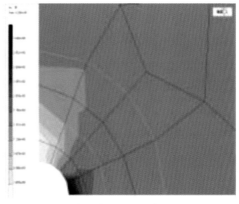

（a）空洞区域初始模型　　　　　　　　　　（b）相对压下量为4.5%

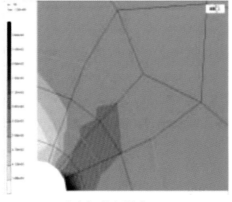

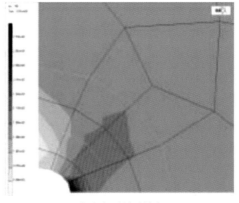

（c）相对压下量为8.9%　　　　　　　　　　（d）相对压下量为13.4%

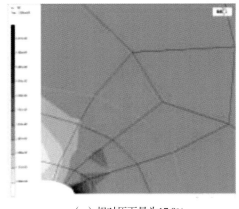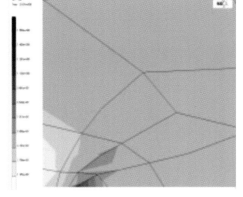

（e）相对压下量为17.9%　　　　　　　　（f）相对压下量为21.7%（闭合时）

图 3-108　d_0=4mm 的空洞闭合过程及相应的等效应变分布的局部放大图

此外，对 d_0 为 2mm、3mm、5mm 的空洞闭合过程也分别进行了计算，且通过模拟结果得知，d_0 为 2mm、3mm、5mm 的空洞闭合分别需要 19.9%、20.5%、22.3% 的相对压下量。

当空洞的直径由 2mm 增至 5mm 时，其闭合所需的相对压下量相差很小。由此表明空洞的变形是局部效应问题，也就是说，只要空洞体积相对于变形基体的体积非常小，影响该空洞闭合的应变量就几乎是相同的，即当空洞几何位置确定时，随着空洞体积增加，使之闭合的相对压下量略有增加。并且在空洞闭合的过程中均出现了椭球长轴端点附近应变最大、变形最剧烈的现象。在一定的压力及变形量下，大锻件内部的空洞实现闭合。空洞闭合后，才能使所形成的裂隙表面贴合，进一步实现在高温条件下的自由面间原子的相互扩散，在裂隙两表面之间形成金属键而最终被焊合。

此外，大锻件在空洞型缺陷闭合过程中产生了一定塑性变形，引起内部晶格畸变，一方面为焊合过程的再结晶形核提供了条件，另一方面也为再结晶提供了一定的能量，从而促进了空洞型缺陷的焊合过程。

3.6.4　孔隙性缺陷在拔长过程中形态变化

现代大型设备的主要承压件由于工况较恶劣、受力情况复杂，故其对工件内部质量要求很高，包括较好的综合力学性能、均匀的金相组织及较严格的超声波探伤要求等。而钢铁在冶炼过程中不可避免地会出现冶金缺陷，从而很难满足承压件的性能及探伤要求。

锻造的主要目的有两个：一是成形，二是改性。其中压实钢锭中的孔隙性缺陷是锻造过程中最基本，也是很重要的目的之一。通过合理的工艺方案及合理的工艺参数对钢锭进行锻造，以满足锻件超声波探伤及性能要求。

（1）模型的建立

以拔长过程为例，对工件内部孔隙性缺陷进行分析。

初始坯料尺寸设定为 ϕ900×600mm。为便于建模，假设缺陷为球形，并位于工件中心。为便于划分网格并提高计算速度，建立 1/2 模型，如图 3-109 所示，即初始坯料尺寸为 ϕ900×300mm，横截面设定为对称面。

由于内部孔洞尺寸相对工件尺寸无限小，对孔洞周围进行局部网格细化，以便于更准确地描述空洞形貌，如图 3-110 所示。

原材料温度为 1200℃，压下速度为 30mm/s。

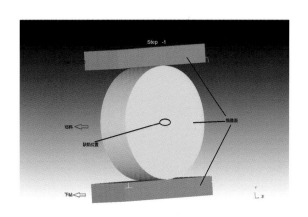

图 3-109　1/2 模型

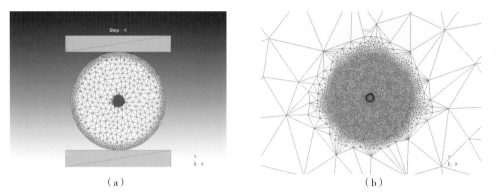

（a）　　　　　　　　　　　　（b）

图 3-110　孔洞周围局部网格细化模型

（2）单道次压下过程分析

对有不同孔径缺陷的坯料进行拔长分析，中心孔隙缺陷直径分别为 $\phi5$、$\phi8$、$\phi10$、$\phi15$，相对压下量设为 30%（270mm）。以 $\phi10$ 孔径缺陷为例，在压下过程中缺陷形貌及缺陷周围的等效应变变化如图 3-111 所示。

由图 3-111 可以看出，在拔长压下过程中，缺陷横向尺寸变长，纵向被压扁，中心空洞由球形逐渐变成椭球形。随着压下量的增加，缺陷横向两端附近上下面优先接触，并逐渐向缺陷中心扩展，直至整个空洞闭合。孔洞在压下过程中椭球形缺陷长轴两端沿约 45°方向（即最大剪应力方向）等效应变最大；而椭球形缺陷短轴两端等效应变最小；随着压下量的增大，短轴缩短，短轴两端的等效应变也逐渐增大。

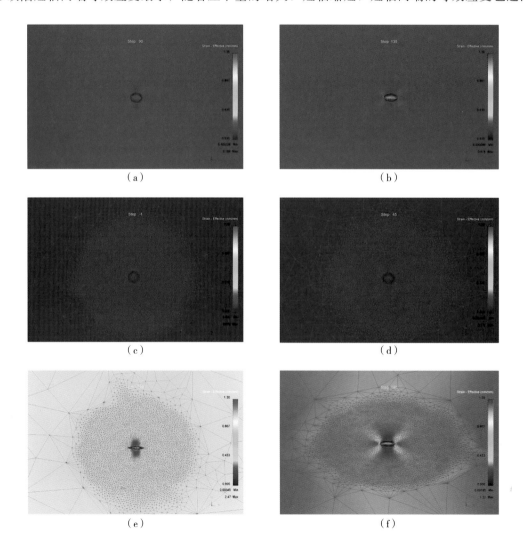

（a）　　　　　　　　　　　　（b）

（c）　　　　　　　　　　　　（d）

（e）　　　　　　　　　　　　（f）

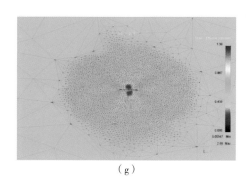

（g）

图 3 - 111　缺陷形貌及周围的等效应变

对比不同缺陷的压下过程发现，当缺陷无限小时，使孔隙闭合所需压下量约 30％，孔隙直径对压下量影响不大。

3.6.5　模型益处及不足

对大锻件内部不同直径的球形空洞的锻造闭合过程进行热力耦合数值模拟，研究得到空洞闭合过程中的空洞形状演变过程，即由圆球形变成椭球形，在进一步变形条件下，椭球高度减小，直至闭合。对于不同体积的空洞，只要空洞体积相对于变形基体的体积非常小，即当空洞几何位置确定时，随着空洞体积增加，使之闭合的相对压下量只是略有增加。这些研究虽然给出了一些定性结论但是并不能很好地揭示材料属性和工艺参数对空洞闭合的影响机理，没有建立空洞周围应力应变状态与空洞闭合的定量关系，没有提出有效的空洞闭合判定准则。

第 四 章
热处理缺陷及其探伤分析案例

4.1 热处理基础知识

热处理是指将钢在固态下通过加热、保温和冷却等过程来改变钢的内部组织结构，以满足工件的加工和使用要求的加工方法。不同钢种的热处理方法差异很大，热处理的目的就是获得需要的组织结构和性能，一般热处理常用的方法有退火、正火、淬火和回火。

4.1.1 退火和正火

退火是指将钢加热到适当温度（Ac_1 以上或以下），保温一定时间，随后缓慢冷却以获得平衡状态或接近平衡状态组织的热处理工艺。退火的目的：①降低硬度，改善切削性能；②提高塑性，改善工艺性能和使用性能；③细化晶粒；④消除成分、组织的不均匀，获得接近平衡状态的组织；⑤消除内部残余应力，防止变形和开裂。

正火是指将钢加热到更高温度（Ac_3 或 Ac_m 以上）使其奥氏体化，保温一定时间，在空气中冷却，包括进行风冷、喷水、喷雾冷却或其他介质中的热处理工艺。钢正火后以细片状珠光体组织为主。正火的目的：①获得一定硬度，改善加工性能；②提高塑性；③细化晶粒，改善力学性能；④获得均匀组织，消除过共析钢中的网状碳化物。

退火与正火既可作为钢材的预备热处理，用以消除冶金及冷热加工过程中产生的缺陷，又可以为以后的机械加工及热处理提供良好的组织状态。对性能要求不高的钢件，正火亦可作为最终热处理。退火和正火通常根据钢材的使用要求和加工流程来确定。在实际生产中要严格控制温度、时间和速度等工艺参数，避免产生热处理缺陷。退火和正火常见缺陷有以下几点：

（1）表面熔化

原因：温度过高造成晶界局部熔化。

措施：①检查加热参数是否合理；②事先检查测温设备是否正常工作及测温位置是否合理。

（2）脆性增大

原因：①退火加热温度过高，保温时间过长；②原始组织的碳化物网未消除；③过共析钢退火温度高于相变点 Ac_m，产生网状碳化物，以及冷却时过于缓慢；④加热温度过高，冷却速度快，出现非珠光体组织，如贝氏体。

措施：①重新进行正火或退火处理；②退火前合理锻造，将碳化物网破碎。

（3）硬度高

原因：加热温度偏低，保温时间不足，冷却速度太快。

措施：①按正常的工艺规范重新处理；②如组织符合要求，仅硬度偏高，则在 $Ar_1 - 20℃ \sim 30℃$ 退火后再重新正火。

（4）球化退火珠光体球化不良

原因：①原始组织中碳化物偏析严重，粗大或呈网状；②球化退火工艺规范制订不合理。

措施：①合理锻造，击碎碳化物；②退火前先进行正火处理，消除碳化物网；③重新进行球化退火或改用循环球化退火。

（5）出现魏氏组织

原因：过热造成奥氏体晶粒粗大，随后冷却速度较快。

措施：按正常工艺正火处理。

（6）表面严重脱碳

原因：在氧化性气氛中长时间加热或重复加热。

措施：①采用保护气氛或刷涂料、装箱等保护方法加热；②适当增加工件的加工余量。

4.1.2　淬火

钢的淬火是指将钢加热到临界点 Ac_3 或 Ac_1 以上某一温度，经保温后急速冷却以获得马氏体和贝氏体组织的工艺方法。淬火后的组织主要为马氏体和贝氏体，还有少量残余奥氏体和未溶碳化物。此时钢的硬度很高而塑性很低，需经及时回火后才能使用。

淬火的目的：①提高钢的力学性能，如强韧性、耐磨性等；②改变钢的物理性能、化学性能，增加磁钢的永磁性、提高不锈钢的耐腐蚀性等。

影响钢淬火质量的因素有很多，除材料自身的缺陷外，淬火介质、冷却方法、加热和回火工艺规范、热处理设备的性能及人工操作等方面都会对淬火质量产生重要影响。淬火常见缺陷有以下几点：

（1）变形

原因：①工件的形状不对称或厚薄不均；②淬火前未消除机械加工应力；③加热和冷却不均匀；④工件的加热夹持方式不当；⑤淬火组织的转变。

措施：①改进工件，使其结构合理；②对工件进行预热或去应力退火；③采用多次预热、遇冷淬火、双液淬火、分级淬火、等温淬火等方法；④采用合理夹持方式；⑤对变形工件进行矫直。

（2）硬度低

原因：①加热温度低，保温时间短；②冷却速度慢；③加热温度过高，保温时间过长，奥氏体的稳定性提高，淬火后残余奥氏体较多；④加热时工件表面脱碳；⑤合金元素内氧化。

措施：①重新淬火，并在淬火前进行正火和退火处理；②采用合理的加热温度、保温时间、冷却速度等参数。

（3）开裂

开裂分为：①淬火前的裂纹，在淬火后裂纹的两侧可见到氧化脱碳现象，端口发黑；②冷却引起的断裂，断口色泽红锈，透油或发紫色；③脆性引起的裂纹；④脱碳引起的网状裂纹；⑤过热和晶粒粗大引起的网状裂纹。

原因：①原材料中有缩孔、夹层和白点等缺陷；②冷却不均匀，造成应力集中；③冷却工艺制定不合理；④零件形状复杂，截面厚薄不均，有加工刀痕；⑤重复淬火中间未进行退火处理，淬火后未及时回火；⑥淬火温度过高；⑦原始组织中碳化物偏析严重或未球化。

措施：①确保原材料和工件加工质量合格；②选用合理的冷却介质和淬火方法；③改进工件设计，截面过渡圆角合理化；④热处理时采用预冷、分级淬火、等温淬火等方法，及时回火，淬火前进行退火处理；⑤严格控制加热温度，进行加热保护，避免表面脱碳；⑥加强金相检验；⑦采取正火处理或进行球化退火。

（4）软点

原因：①工件表面局部脱碳或有异物；②淬火介质中有杂质或温度过高；③冷却介质冷却能力差；④工件的冷却方法不当；⑤工件之间互相接触；⑥预备热处理不当，组织不均匀，有严重的带状组织或碳化物偏析。

措施：①选择合适的预备热处理工艺；②淬火前清理工件表面；③保持介质清洁，合理降温，防止工件的脱碳；④更换淬火冷却介质；⑤工件分散冷却；⑥增加介质与工件的相对运动；⑦正火或退火后重新淬火。

（5）脱碳

原因：①在氧化性气氛中加热；②盐浴脱氧捞渣不良；③加热温度过高，保温时间过长。

措施：①采用保护气氛加热或在工件表面涂料保护；②定期对盐浴脱氧捞渣；③对已脱碳的淬火件用渗碳的方法加以补救。

（6）腐蚀

原因：盐浴中硫酸盐含量超过规定范围。

措施：①控制加热用盐质量；②用木炭等除去盐浴中的硫酸盐。

4.1.3 回火

回火是指将淬火钢加热到 Ac_1 以下某一温度，保温一定时间然后冷却到室温，使不稳定组织转变为较稳定组织的热处理工艺。钢淬火后组织为淬火马氏体和贝氏体，硬度高、脆性大、尺寸不稳定、有很大的内应力、易开裂，故无法正常使用，必须经过回火处理。

回火的目的：①减少或消除零件的淬火内应力；②降低硬度，提高钢的塑性和韧性，获得良好的综合力学性能；③稳定组织，使工件尺寸在长期使用过程中不发生组织变化并保持精度；④改善加工性能，避免磨削加工时发生开裂。

工件经回火后，由于材料、热处理工艺和操作方法等因素，往往会出现以下质量问题：

（1）硬度不足

原因：①回火温度太高；②亚共析钢的淬火温度偏低；③回火保温时间太长。

措施：①选择合适的回火温度、回火保温时间；②重新淬火；③改进淬火工艺。

（2）硬度偏高

原因：①回火温度低；②回火保温时间不足。

措施：①选择合适的回火工艺参数；②补充回火。

（3）回火裂纹

原因：①淬火后未及时回火；②高速钢表面脱碳。

措施：①及时回火；②在淬火加热时加以保护，避免出现氧化脱碳现象。

（4）回火脆性

原因：①在回火脆性温度区内回火；②对回火脆性严重的高温回火工件未快冷；③回火不足。

措施：①回火温度避开回火脆性区；②对必须在回火脆性区进行高温回火的工件要快冷；③高合金钢应进行多次回火。

4.2　热处理应力

热处理应力主要可分为热应力和组织应力，另外还有附加应力和残余应力。钢的热处理变形与裂纹的产生，就是这些内应力综合作用的结果。

4.2.1　热应力

热应力是工件在加热和冷却过程中产生的，是其表面和心部（或薄的地方和厚的地方）的温度差导致体积胀缩不均匀而产生的内应力。加热或冷却速度越快，温度差越大，热应力越大。尤其冷却速度对热应力的影响极大，冷却速度越快则热应力越大。热应力的最终作用结果是使钢表面呈压应力状态。

4.2.2　组织应力

由于奥氏体的比体积小于马氏体的比体积，在淬火冷却时，奥氏体向马氏体转变的结果必然会引起体积的膨胀。但由于表面冷却得快，因此先发生组织转变而膨胀；而中心冷却得慢，后发生组织转变而膨胀。这种因相变引起的比体积变化的不等时性所产生的内应力叫作组织应力。组织应力最终导致钢的表层处于拉应力状态。

4.2.3　附加应力

钢的表面和心部组织结构的不均匀性以及钢内部的弹塑性变形不一致也能形成内应力，这种内应力称为附加应力。例如，钢表面的脱碳或增碳、表面局部强化、快速加热以及其他能导致钢表面和心部结构组织不均的因素，均能产生附加应力。

4.2.4　残余应力

钢的最终应力状态取决于各种应力作用之和。热处理后最终保留下来的内应力，叫作残余应力，分为残余拉应力和残余压应力。显然，若钢的表面残余拉应力越大，则出现裂纹的倾向越大。

4.3　淬火裂纹

钢在热处理的加热和冷却过程中，受到热应力、组织应力和附加应力的共同作用，容易造成淬裂、变形和软点等热处理缺陷。当钢受到的应力之和超过其抗拉强度时，就会导致开裂。特别在工件淬火冷却到 Ms 点以下时，因马氏体相变产生相变应力，在这个区域工件冷却速度越大，相变应力越大，表层拉应力越高。当表面的切向拉应力比轴向拉应力大，而且超过钢的强度时，便可形成纵向裂纹。钢表层及附近的淬火拉应力过大会造成表面裂纹，心部的拉应力过大则会造成内部裂纹。淬火拉应力是形成淬火裂纹的主要原因。工件淬火裂纹如图4－1所示。

图4－1　工件淬火裂纹

4.3.1　淬火裂纹的特征

淬火裂纹通常发生在淬火应力最大的区域，其特征分为宏观特征和微观特征两种。

（1）宏观特征

① 淬火裂纹多起源于零件的棱角、凹槽、截面突变等应力集中处。

② 淬火裂纹一般始端粗大，尾部细小，方向和分布没有一定的规律性。

③ 裂纹的深度和宽度与零件内部残余应力的大小有直接关系，残余应力越大则淬火裂纹越深和越宽。

（2）微观特征

① 淬火裂纹沿着奥氏体的晶界扩展，有时在裂纹的两侧还有细小的裂纹，晶粒越大则裂纹扩展越大。

② 裂纹两侧的金相组织没有变化，即无氧化、脱碳现象。

4.3.2　淬火裂纹的分类

钢的淬火裂纹的基本形式如图4－2所示。纵向（轴向）裂纹主要是切向拉应力造成的；横向（弧形）裂纹是轴向拉应力造成的；网状裂纹是表面上两向拉应力的作用造成的；剥离裂纹产生在很薄的淬硬层内，是在径向拉应力过大时产生的。除了这四种淬火裂纹的基本形态外，生产中还常遇到各种各样的没有固定形态特征的应力集中裂纹，它是从零件的尺寸薄弱处断裂的。

4.3.3　淬火裂纹的产生原因

淬火裂纹是与钢的马氏体相变联系在一起的，未经相变的部位不易出现淬裂。因此，应根据需要制定合理的热处理工艺，并应尽量减少淬火硬化程度和部位，以局部硬化、表面硬化代替整体硬化，可减少淬火裂纹。

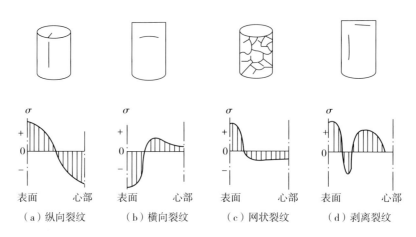

图 4-2　钢的淬火裂纹的基本形式

（1）材料因素

① 偏析的影响

有宏观偏析的工件尤其是形状复杂的工件，淬裂的倾向性较高。偏析造成各区域化学成分不同，马氏体转变点 Ms 不同，转变的不同时性比较大，从而造成较大的内应力，以致淬火开裂。显微偏析与宏观偏析导致淬裂的原理基本相同。

② 氢的影响

氢会造成钢中出现细小裂纹即白点。有白点的钢在淬火时，白点可能作为淬火的裂纹源。在尺寸较大的锻件上，淬火之后往往会出现滞后开裂，原因就是工件心部氢含量过高。

③ 夹杂物的影响

含非金属夹杂物较多的原材料，锻造后会出现明显的带状夹杂物，大大提高淬火内应力分布的不均匀性，从而使钢材的淬火裂纹敏感性增加。

④ 锻造缺陷的影响

在锻造时没有被去除的工件内部的发纹、疏松、缩孔、皮下气泡等缺陷，在随后的热处理中也可能造成淬裂。

⑤ 原始组织的影响

淬火前原始组织结构对淬裂的影响也很大，例如粗片状珠光体、马氏体和贝氏体等非平衡组织、不均匀网状碳化物、非金属夹杂物、锻造过热组织及流线等均可能导致或促发淬火裂纹。

⑥ 工件形状的影响

工件上缺口、尖角、沟槽、孔穴及横截面面积急剧变化的部位都是淬火内应力集中的地方，是淬裂的危险部位。另外工件在机械加工过程中的刀痕、划痕、毛刺，表面粗糙度差，矫直不当以及打印的标记，等等，在热处理过程中可能造成内应力增加而导致工件开裂。

减少工件形状对淬裂的影响的措施：工件设计时应尽量避免横截面形状的突变，壁厚要均匀；降低工件薄壁部位的冷却速度；工件的尖角和台阶处应加工成圆角，减小应力集中；保证工件良好表面质量。

⑦ 含碳量的影响

碳含量的增加，会降低马氏体的破断抗力、增加组织应力、降低 Ms 点，即含碳量越高，淬裂倾向性越大。

⑧ 合金元素的影响

合金元素直接对钢的淬透性、导热性和机械性能等有明显影响，而这些特性又直接影响到钢的淬火应力和破断抗力。合金元素对淬火裂纹形成的影响是复杂、多方面的，需要综合分析。

合金元素较多时会降低钢的导热性，淬火时工件内外温差大，加大相变的不等时性，因而增加内应力。加之合金元素强化奥氏体，难以用塑性变形来松弛应力，因而增加热处理应力，有增加淬裂的倾向。然而合金元素提高了淬透性，故可改用较缓和的淬火冷却剂，以减少淬火开裂。

Nb、Ti 等能与钢中 C 形成较稳定的碳化物，在钢被加热时，这些碳化物不易溶入奥氏体，而存在于晶界处，从而阻碍加热时奥氏体晶粒的长大，减小了钢加热时的过热倾向，故减小了淬裂倾向。

钢中的杂质元素和常存元素，如硅、锰、硫、磷、氧、氢等影响钢的冶金质量，产生夹杂、气孔、偏析和白点等缺陷，破坏钢的连续性并降低强度，易应力集中，促发淬火裂纹。

关于合金元素对淬裂的影响还有不同的看法：①有的人认为合金元素降低马氏体点，冷却到室温时钢种的残留奥氏体量增多，从而减少组织应力，延缓裂纹的扩展，有利于减小钢的淬裂倾向。②有的人认为合金元素除 Co、Ni 外，均降低了钢的马氏体点，提高了淬透性。淬透性好且马氏体点低的钢一般淬裂倾向较大。

图 4-3 表示水中淬火时淬裂倾向与化学成分的关系，指数的负值越高，淬裂倾向越大。最能引起淬裂的化学元素是 P，其次是 Cr、Mo、Mn。

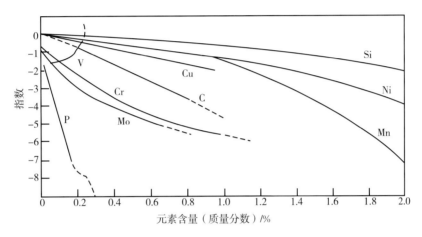

图 4-3　水中淬火时淬裂倾向与化学成分的关系

淬裂还受到马氏体相变时的膨胀速度和膨胀量的影响。相变膨胀速度越大，相变应力越大，越容易淬裂。图 4-4 是在 0.9％C 钢中加入 2％合金元素后，马氏体化速度和膨胀量的关系图。可见，C、W、Cr、Mo 是使马氏体化速度和膨胀量变大的元素，这与如图 4-3 所示的淬裂倾向相同。

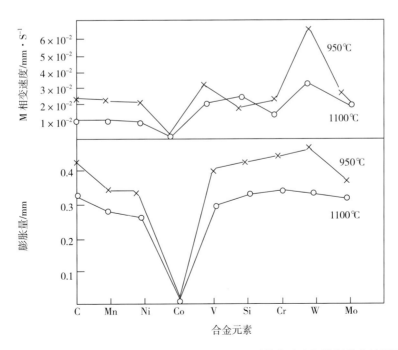

图 4-4　在 0.9％C 钢中加入 2％合金元素后，马氏体化速度和膨胀量的关系图

（2）工艺因素

① 加热

a. 加热炉型

淬火开裂与加热炉的炉型也有一定的关系，最不容易发生淬裂的加热炉是真空炉，其次是电炉、盐浴炉、火焰炉（重油炉、燃煤炉）等。加热炉型主要影响钢的氧化脱碳和过热，如真空炉加热既不氧化脱碳也不过热，因此钢难以淬裂，而用火焰炉加热，温度不均匀、易过热、易氧化脱碳，故容易淬裂。因此加热时尽量选择真空炉加热，且保证了加热均匀。

b. 加热温度

淬火温度高，加热时间长，使奥氏体晶粒长大，则淬火马氏体组织粗化、脆化，从而增加淬裂倾向。为了防止淬火裂纹，要严防过热。中碳钢尤其是高碳钢要避免过热。在满足要求的前提下尽量降低淬火温度。

c. 加热速度

碳素钢、低合金钢及中合金钢都具有良好的淬火预备组织，在快速加热实现奥氏体化时，并不会产生裂纹，因此可以进行快速加热。高碳高合金钢塑性差、导热性不好，若加热速度过快，可能在表面产生发纹。对这类钢应适当放慢加热速度或必要时采用预热。特别是大型锻件、形状复杂的高碳合金钢、高速钢，目前对其仍采用预热或者限制加热速度。

d. 保温时间

保温是使工件热透或保证组织转变基本完成。保温时间过长，有过热的可能。碳素钢、低合金钢在淬火加热温度下，珠光体向奥氏体的转变基本上可瞬时完成，可以"零保温"。对于高碳工具钢，由于其奥氏体形成后，尚有较多剩余碳化物没有溶解，因此需要延长一段时间。

e. 脱碳

若工件表面在加热时脱碳，脱碳层淬火时形成的低碳马氏体具有较小的比体积，而内层形成的高碳马氏体具有较大的比体积，因此在工件表层产生拉应力，淬裂倾向增加。

f. 氧化

工件在加热奥氏体化时，会出现常见的氧化起皮现象，还会发生表层氧化，合金元素被氧化，使局部淬透性下降，此区域在淬火时可能分解为珠光体，还可能诱发淬火裂纹。

② 冷却

a. 临界区和危险区

临界区是指为了完全淬火硬化获得100％马氏体组织而需要快冷的区域。

危险区在Ms点温度以下。这个温度区间由于发生奥氏体向马氏体的转变，体积膨胀，可能导致淬火裂纹，因此称为危险区。

在生产中，要保证临界区应当急冷、危险区应当缓冷，因此应合理选择淬火介质，如水、油双液淬火就是采用先快后慢的冷却方式来防止淬裂的。淬火临界区和危险区如图4-5所示。

b. 淬裂的危险时刻

淬火裂纹一般在转变量大约为50％马氏体时，即120℃～150℃时才淬裂。此外，已淬火冷却到室温的工件如不及时回火，在较低的温度下放置或过夜也会开裂，这种开裂也是在危险区的一种淬火开裂，称为"放置开裂"。

c. 调整淬火应力的冷却

工件从高温急冷下来产生较大的热应力，在表层形成残余压应力，因而有助于防止淬裂。而在危险区产生相变应力，在工件表层形成残余拉应力，则助长淬火裂纹的形成。因此是否发生淬裂取决于热应力和

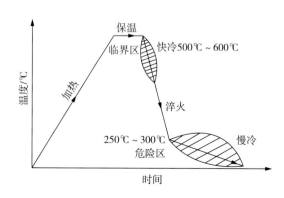

图4-5　淬火临界区和危险区

相变应力之和的大小及分布状态。若调节热应力和相变应力的比例，使热应力大于相变应力，就可以避免淬火开裂。如采用盐水、油（空气、硝盐浴）等双液淬火法，可进一步增加热应力的比重，使表层受压应力，从而防止淬裂。

d. 调整残余奥氏体量

残余奥氏体是软韧相，能很好地吸收马氏体形成时造成的畸变能，即对相变应力有缓冲作用，还能提高淬火钢的塑韧性，因此残余奥氏体有助于防止淬裂。油淬时残余奥氏体量比水淬时要多数倍，所以油淬的淬裂倾向较小与此也有一定关系。

e. 调整淬火马氏体中的含碳量

因马氏体转变区域内冷却速度不同，所以马氏体中的固溶碳量有所区别。慢冷时马氏体中含碳量少，快冷时含量高，这显然影响了马氏体的本质脆性和断裂强度。

4.4 回火裂纹

4.4.1 回火脆性

钢在淬火后回火过程中，在某一温度范围内出现韧性降低或存在韧性低谷的现象，这种现象称为回火脆性。一般回火脆性是由回火温度偏低或回火时间不足造成的。在普通镍钢和铬钢中，回火脆性十分明显。结构钢的回火脆性示意图如图 4-6 所示，回火裂纹扫描电子显微镜图如图 4-7 所示。

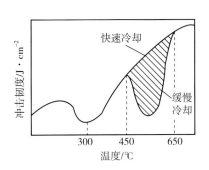

图 4-6 结构钢的回火脆性示意图

图 4-7 回火裂纹扫描电子显微镜图

（1）第一类回火脆性

这类回火脆性通常在 200℃～400℃回火温度范围内，时间越长则越明显，而与回火后的冷却速度无关，通常在碳钢和合金钢中出现。该类回火脆性即使回火后快冷或重新加热回火均无法避免，只能按热处理工艺规范重新淬火，也称为不可逆回火脆性、低温回火脆性或马氏体回火脆性。

（2）第二类回火脆性

这类回火脆性发生在某些含 Cr、Ni、Mn、Si 等元素的合金结构钢中，在 450℃～550℃温度区间加热回火或高于 600℃回火而在 450℃～550℃区间内缓慢冷却，与保温时间无关，与冷却速度有关。对这类脆性的消除方法是重新加热到 600℃以上，迅速冷却均可消除。这类回火脆性又称为可逆回火脆性、高温回火脆性。

4.4.2 回火裂纹的产生原因

（1）淬火工件的搬运

工件从淬火介质中提出后，应轻吊轻放。因为此时马氏体处于脆性阶段和高应力状态，强烈的碰撞会增加应力值或改变应力状态，可能促发裂纹。

（2）回火加热速度

淬火钢是马氏体组织，含碳量越高则脆性越大，此外还存在较大的内应力，回火时应注意加热速度。回火加热速度过高，容易产生新的拉应力，可能促发裂纹。因此在回火加温初始阶段应缓慢加热，尤其对于高碳钢和高合金钢更应该注意。

（3）回火温度

回火温度对消除淬火应力的影响极大。回火温度越高，则淬火应力的消除越彻底。但是，回火温度过高会造成淬火钢的硬度降低，因此必须在保证机械性能（如硬度）的条件下选择回火温度。

（4）回火后的冷却

具有二次硬化的高碳高合金钢，在回火温度急冷时，也会发生裂纹。

高碳高合金钢淬火后有大量残留奥氏体，当回火冷却时，发生二次马氏体化，称为二次淬火，这时产生的裂纹实质与淬火裂纹相同。因此要防止这种裂纹，需在回火温度下缓慢冷却，如空冷。另外，高速钢表层有脱碳时，即使回火时缓冷也会出现裂纹，为了防止这种裂纹，必须将脱碳层除去，如进行磨削。

4.5　时效裂纹

许多工件的淬火裂纹不是在淬火介质中产生的，而是在淬火后放置一段时间才开裂的，称为时效裂纹，实质上也是淬火裂纹。淬火介质温度一般高于室温，工件冷却到淬火介质温度时，尚有一部分奥氏体未转变为马氏体，工件从淬火介质中取出后在室温下放置，实际上是继续冷却淬火，尤其是放在冰冷的地面上或使工件过夜。夜间温度不断降低，工件内残留奥氏体继续向马氏体转变，组织应力不断增加，工件可能开裂。另一方面，工件中的淬火内应力，经放置一段时间会重新分布，也可能引起开裂。此外，工件在强大内应力长时间作用下，其破断抗力会降低，因而诱发裂纹。

将淬火工件及时回火，降低淬火内应力，焊合显微裂纹，可提高钢的破断抗力。对于裂纹敏感性较强的钢件，还可以采用将钢件在淬火冷却时，不等其冷却到室温就取出来空冷，利用钢件内的余热进行自回火。这都可以有效防止时效裂纹产生，时效裂纹如图4-8所示。

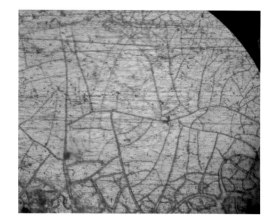

图4-8　时效裂纹

4.6　淬后加工裂纹

淬火钢的加工处理可分为淬后冷处理、机械加工和化学加工三类。淬后加工处理导致裂纹的形成是一个比较复杂的过程。

4.6.1　冷处理裂纹

冷处理裂纹是残余奥氏体在冷处理时发生马氏体转变，体积膨胀，而周围难以进行塑性变形，马氏体受到压缩作用，而周围组织区域产生拉伸内应力，造成裂纹的发生和扩展。冷处理裂纹如图4-9所示。

4.6.2　机械加工裂纹

① 磨削：机械加工产生的磨削热使淬火组织回火，出现加工应力；渗碳件中残余奥氏体量过高，导致了裂纹的出现。减速机齿轮磨削裂纹如图4-10所示。

图4-9　冷处理裂纹

② 喷丸：采用机械撞击的方法，使零件表面的冷作硬化层、内应力以及表面精细结构发生变化，当丸粒速度过高、喷丸时间过长、喷丸面积大等，就容易导致裂纹产生。喷丸时形成的微裂纹照片如图 4-11 所示。

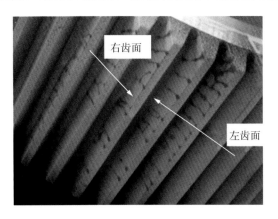

图 4-10　减速机齿轮磨削裂纹

图 4-11　喷丸时形成的微裂纹

③ 矫直：矫直过程中外力的作用又产生了新的微观应力，导致了裂纹的产生。矫直裂纹如图 4-12 所示。

④ 拉拔：工件产生明显的塑性变形，表面存在拉应力作用，导致裂纹出现。拉拔裂纹如图 4-13 所示。

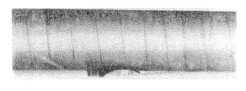

图 4-12　矫直裂纹

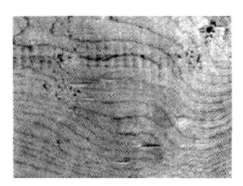

图 4-13　拉拔裂纹

⑤ 研磨：工件表面受压应力作用，同时应力的梯度很大，呈由外向里急剧下降的内应力，它与淬火应力的叠加形成了有害的合应力。研磨裂纹如图 4-14 所示。

4.6.3　化学加工裂纹

零件的电镀、酸洗时产生具有内应力的表面覆盖层，造成淬火工件进一步吸收氢气，从而产生裂纹。在酸或碱的化学介质中，零件停留时间长，内应力升高，出现应力腐蚀开裂。如图 4-15 所示为低压氢气储罐裂纹。

图 4-14　研磨裂纹

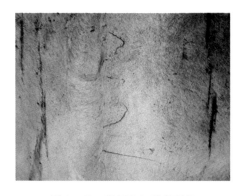

图 4-15　低压氢气储罐裂纹

4.7 热处理缺陷探伤分析案例

4.7.1 热处理裂纹探伤分析案例

（1）锻件概况

如图 4-16 所示锻件，材料为 AISI 8630 MOD，热处理状态为 N+Q+T（正火+调质）。

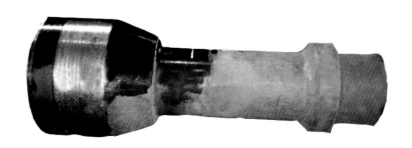

图 4-16 锻件实物图

（2）超声波检测

对锻件径向进行超声波直探头检测未发现缺陷显示，使用斜探头检测发现大量缺陷反射。A 型超声波斜探头检测波形如图 4-17 所示。

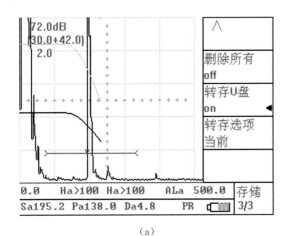

（a）

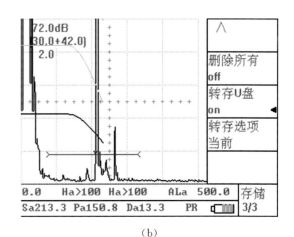

（b）

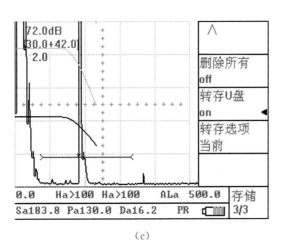

（c）

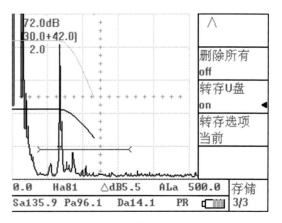

（d）

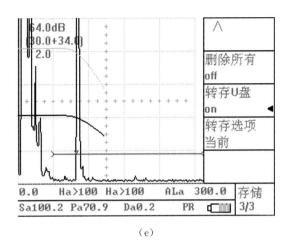
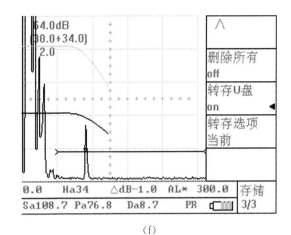

（e）　　　　　　　　　　　　　　（f）

图 4 - 17　A 型超声波斜探头检测波形

（3）低倍检验

将工件进行解剖取样，如图 4 - 18 所示。低倍及金相试样取样具体情况：将工件用锯床切割，如图 4 - 18（a）所示；沿中轴线位置一分为二，如图 4 - 18（b）所示；分别在工件小头部（端面低倍 1 号、金相 4 号），中部（低倍 2 号、金相 5 号）及尾部（低倍 3 号、金相 6 号）取样，如图 4 - 18（c）所示。

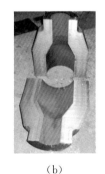
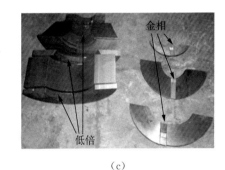

（a）　　　　　　　　　　（b）　　　　　　　　　　（c）

图 4 - 18　低倍及金相取样

对径向纵断面进行低倍检验，1 号、2 号未见异常，3 号试样发现裂纹，低倍宏观形貌分别如图 4 - 19、图 4 - 20、图 4 - 21 所示。

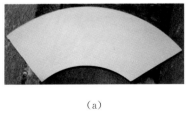

（a）　　　　　　　　　　　　　　（b）

图 4 - 19　1 号低倍样

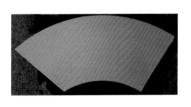
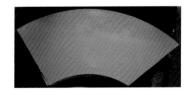

（a）　　　　　　　　　　　　　　（b）

图 4 - 20　2 号低倍样

（4）金相检验

对金相试样进行检验，6号试样裂纹源内存在氧化铁，显微形貌如图4-22所示；6号试样裂纹尾部组织脱碳，显微形貌如图4-23所示；6号试样白区组织为索氏体＋贝氏体，显微形貌如图4-24所示；6号试样白区组织枝晶，显微形貌如图4-25所示；6号试样黑区组织枝晶，显微形貌如图4-26所示。

图4-21　3号低倍样

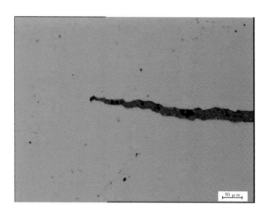

图4-22　裂纹氧化铁（100×）

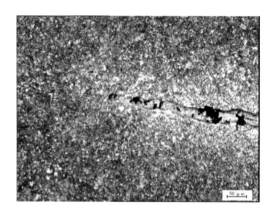

图4-23　裂纹尾部组织脱碳（100×）

图4-24　白区组织索氏体＋贝氏体（500×）

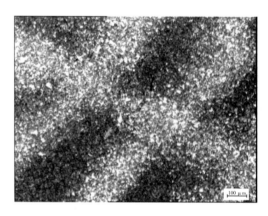

图4-25　白区组织枝晶（50×）

（5）检验结果与分析

超声波探伤斜探头检测存在大量缺陷波反射。低倍宏观检验结果显示，除一条径向裂纹缺陷，试样表面未见其他异常。6号试样裂纹处金相检验存在氧化铁，裂纹内无夹杂，裂纹内脱碳严重，组织枝晶异常，基体组织为索氏体＋贝氏体。推断该工件径向的裂纹是在热处理过程中产生的。

4.7.2　淬火裂纹探伤分析案例

如图4-27所示为钻铤用钢，材料为AISI 4137H。生产工艺为：810℃完全退火＋φ220圆钢矫直，表层车削8mm，钻孔70mm，920℃淬火水冷，630℃高温回火水冷，UT超声波探伤（如图4-28所示）。其中淬

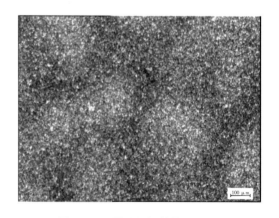

图4-26　黑区组织枝晶（50×）

火、回火均采用三段中频感应加热，强制水冷，水温控制在20℃～40℃。

图 4 - 27 钻铤用钢

图 4 - 28 UT 超声波探伤

（1）超声波检测

探伤设备为 PMUT 一体式电脑半自动控制超声波探伤检测设备，工作频率为 0.5～10MHz，探头频率为 2.5～5MHz，灵敏度余量大于 55DB，探伤试块为周向拉槽 1×4.05×50，内外槽。探伤疑似缺陷的位置被打开后，内壁可见明显裂纹。

（2）检验分析

如图 4 - 29 所示取 1～6 号样，其显微观察结果见表 4 - 1 所列。进行金相分析：组织、晶粒度、裂纹形貌；同时进行硬度检测、成分分析（裂纹对应位置）。

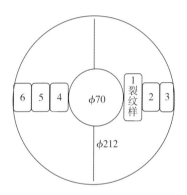

图 4 - 29 钻铤取样示意图

表 4 - 1　1～6 号样显微观察结果

试样号	显微观察
1 号	靠近内孔表面组织为索氏体＋贝氏体＋铁素体＋细珠光体，对面组织为索氏体＋少量贝氏体，晶粒度为 8.5 级
2 号	组织为索氏体＋少量贝氏体
3 号	组织为索氏体＋少量贝氏体
4 号	靠近内孔表面组织为索氏体＋贝氏体＋铁素体＋细珠光体，对面组织为索氏体＋少量贝氏体，晶粒度为 8.5 级
5 号	组织为索氏体＋少量贝氏体
6 号	组织为索氏体＋少量贝氏体

硬度检测偏上限（标准 280HB～341HB），如图 4 - 30 所示，整个截面淬透。

如图 4 - 31 至图 4 - 34 所示，金相检测表明整个截面组织正常，缺陷为裂纹缺陷，主裂纹较粗。主裂纹两侧有细小的次生裂纹，裂纹尾端尖细，沿晶扩展，裂纹尖端有灰色氧化物，裂纹呈锯齿状向外延伸，深度约 15mm。裂纹内未见夹杂，裂纹根部脱碳约 0.10mm，裂纹根部处在脱碳区，尾部不脱碳。

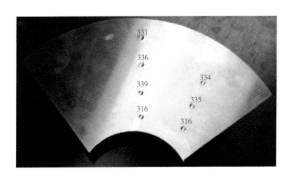

图 4 - 30 钻铤硬度检测

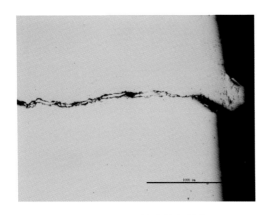

图 4-31　1号缺陷根部形貌

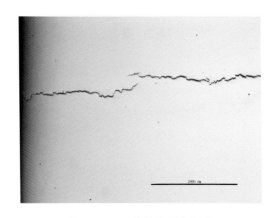

图 4-32　1号缺陷尾部形貌

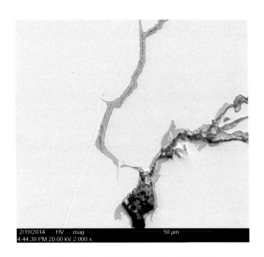

图 4-33　1号缺陷根部 SEM 形貌

图 4-34　1号缺陷尾部组织（100×）

裂纹处光谱成分显示正常，1号样化学成分见表4-2所列。

表4-2　1号样化学成分　　　　　　　　　　　　　单位：wt%

成　分	C	Si	Mn	Cr	Mo	P	S	Ni	Cu
熔炼成分	0.38	0.26	0.94	1.12	0.30	0.009	0.003	0.08	0.07
裂纹处光谱成分	0.40	0.25	0.95	1.13	0.32	0.01	0.003	0.08	0.06

（3）结论及改进

裂纹属于淬火裂纹，判断如下：① 钻铤裂纹源于内孔表面，主要沿轴向、沿晶锯齿状分布；② 裂纹打开断面具有浅灰色的回火特征；③ 裂纹内未见明显脱碳、夹杂，裂纹处有明显的凹凸感；④ 裂纹处组织正常、晶粒度细小，成分未见明显异常。

钻铤外表面到内孔组织主要以索氏体＋少量贝氏体为主；断面硬度偏上限，内孔附近硬度也较高，说明其基本淬透，淬火冷速较快特别是400℃以下冷速较快是产生裂纹的直接原因，需要减小淬火水冷量，经工艺调整，单位水量减小15%～20%后，性能稳定，同时未出现类似探伤缺陷。

4.7.3　热处理过热缺陷探伤分析案例

（1）锻件概况

用60Si2CrVA圆钢绕制弹簧，绕制弹簧油淬火时发生断裂与开裂现象。弹簧绕制简略工艺为：930℃加热（燃油加热）、绕制、淬火（水或油淬）。

（2）超声波检测

弹簧超声波探伤图如图 4-35 所示。

（3）宏观分析

弹簧断口的宏观形貌如图 4-36 所示。图中的暗色部分（以下称"旧断口"）相当于圆钢的纵向裂纹面，断口表面光滑平整。其余部分为新鲜断口，新鲜断口起源旧断口，但是无明显的断裂源源点，新鲜断口形貌为结晶状，有闪闪发光亮点，属于脆性粗晶断口形貌。与图中断口面呈大致对称的另一断口形貌和该断口相似。两断口之间的材料表面有一条明显的直裂纹。断口宏观形貌分析表明弹簧断裂与材料表面直裂纹有关。

在弹簧断口上取断口试样两块，金相试样两块，化学成分光谱分析试样 1 块。取样部位如图 4-36 所示。

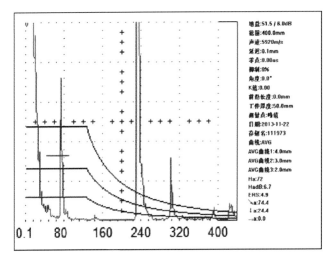

图 4-35　弹簧超声波探伤图

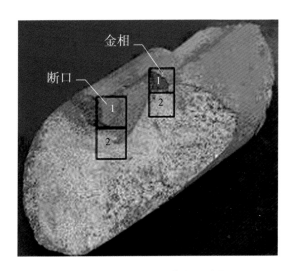

图 4-36　弹簧断口的宏观形貌

（4）化学成分分析

弹簧化学成分分析结果见表 4-3 所列。由表可知，除 Cr 低于 GB/T 1222—1984 标准要求外，其余元素均符合标准要求。

表 4-3　弹簧化学成分分析结果　　　　　　　　　　　　　　　单位:%

项　　目	C	Si	Mn	P	S	Cr	V
60Si2CrVA	0.63	1.39	0.70	0.0071	0.0075	0.70	0.10
GB/T 1222—1984	0.56~0.64	1.40~1.80	0.40~0.70	≤0.030	≤0.030	0.90~1.20	0.10~0.20

（5）断口微观分析

断口试样经超声波清洗后进行扫描电子显微镜观察，1 号断口低倍率形貌如图 4-37 所示，主要有两个区域，即深蓝色断裂区与新鲜断裂区，它们的微观形貌基本相同，均为沿晶断裂。沿晶界面有两种形貌，一种沿晶界面上有条状准解理条纹，另一种沿晶界面较光滑，如图 4-38 所示。2 号断口的观察结果与 1 号断口相似。

上述实物断口表面的污染物不易清洗干净，影响沿晶界面细节的观察，在圆钢试样上人工打断一块新鲜纵向断口，断口的微观形貌与实物断口相同，为沿晶断口，较光滑的沿晶界面上有条状与点状 MnS 夹杂，如图 4-39 所示。条状准解理沿晶界面上分布较多条状、球状 MnS 夹杂，MnS 夹杂的形貌较圆滑，有的长条状 MnS 夹杂呈竹节状，属于直接从液态凝固析出的夹杂物，如图 4-40 所示。MnS 夹杂的能谱成分定性分析结果如图 4-41 所示。

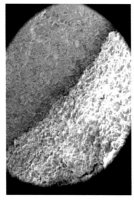
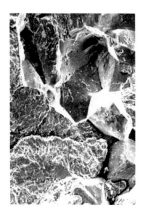
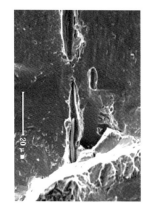
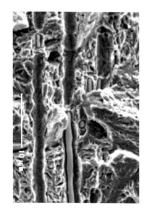

图 4－37　断口形貌（6×）　图 4－38　断口形貌（100×）　图 4－39　断口形貌（1000×）　图 4－40　断口形貌（2500×）

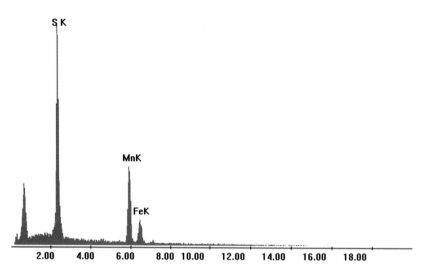

图 4－41　MnS 夹杂的能谱成分定性分析结果

（6）显微组织分析

1 号金相试样显微组织粗大且不均匀，组织为马氏体＋上贝氏体。上贝氏体主要沿晶界分布，如图 4－42 所示，由上贝氏体构成的晶界线清晰可见，晶粒较粗大且不均匀，如图 4－43、图 4－44 所示。试样上有裂纹，裂纹均沿晶界分布，如图 4－45、图 4－46 所示。裂纹内及其附近未见夹杂且不脱碳。2 号金相试样检验结果与 1 号试样相同。两块试样的非金属夹杂物按照 GB/T 10561—1989 标准检验，其检验结果见表 4－4 所列。

图 4－42　显微组织（100×）　　　　　　　　图 4－43　显微组织（500×）

图 4-44　显微组织（500×）

图 4-45　微组织与裂纹（100×）

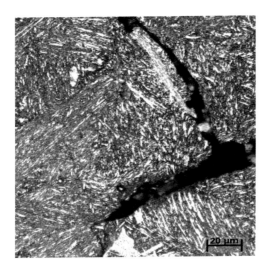

图 4-46　显微组织与裂纹（500×）

表 4-4　试样夹杂检验结果/级

试样号	夹杂物类型							
	A		B		C		D	
	细系	粗系	细系	粗系	细系	粗系	细系	粗系
1	2.0	0	0.5	0	0	0	0.5	0
2	1.5	0	0.5	0	2.0	0	0.5	0
备注	GB/T 1222—1984 规定夹杂检验与合格级别根据需方要求或双方协议商定							

（7）结果讨论

根据断裂弹簧新旧断口的宏观形貌分析，尤其是弹簧的两对称断口之间有一条明显的表面裂纹且与旧断口面平行现象，表明弹簧在淬火过程中的断裂主要是由弹簧的母材圆钢表面纵向裂纹引起的。断裂过程应是：弹簧在淬火时，圆钢表面裂纹在绕制切向应力或淬火形成的周向拉应力作用下，在圆钢表面裂纹尖端产生应力集中。当应力集中到大于该材料的裂纹临界扩展应力时，弹簧便发生瞬间断裂。

弹簧的新旧断口的宏观形貌均为脆性特征，微观形貌为沿晶断裂，晶界面上有较多条状、球状 MnS 夹杂，MnS 夹杂的形貌较圆滑，有的呈竹节状，属于析出的夹杂物，表明弹簧热处理时发生了较严重的过热。因为钢材一旦发生过热，会增加晶界的吸附作用，使 S、Mn 与一些杂质元素向晶界偏聚，在随后的冷却过程中，MnS 夹杂在晶界析出。因此，MnS 夹杂在晶界析出是判断过热、过烧断口的一个重要依据。金相检验显示，显微组织、晶粒粗大，粗大上贝氏体沿晶界分布等，均是材料过热的明显特征。材料发生过热后，晶界表面的硫化物夹杂与偏聚的杂质元素会大大削弱晶界的界面结合力，使裂纹容易沿晶界扩展，形成沿晶断裂。

（8）结论

弹簧显微组织、晶粒粗大，粗大上贝氏体沿晶界分布，断口形貌为沿晶脆性断裂，表明弹簧存在严重过热；弹簧淬火过程中断裂原因主要与热处理过热有关。

4.7.4　热处理混晶缺陷探伤分析案例

（1）概况

对某炼铁厂高炉煤气余压透平发电装置（如图 4-47 所示）停车维护，停车维护原因主要是控制煤气进气流量的静叶片调节不够灵活。

（2）超声波检测

对透平机转子动叶片进行探伤时，发现Ⅰ级动叶片组的 27 片叶片中有 6 片叶片的叶榫部有裂纹。探伤波形如图 4-48 所示。

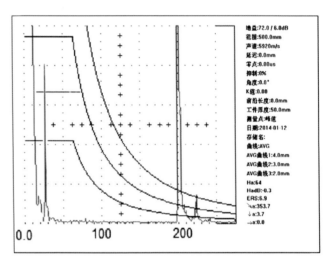

图 4-47　发电装置　　　　　　　　　　　　　　　图 4-48　探伤波形

（3）宏观检验

检查固定叶片的楔块，楔块与叶榫相接触的两表面接触痕迹呈不对称分布，一侧表面接触痕迹偏上，另一侧表面接触痕迹偏下，如图 4-49 所示。6 片叶片的裂纹起始位置几乎都位于叶片的第一榫齿根部圆弧处，该处圆弧类似直角。有的裂纹沿叶片的背风面齿根部扩展，有的裂纹沿叶片的迎风面齿根部扩展。裂纹的形貌、长度与深度见探伤结果。

图 4-49　楔块接触表面形貌

　　采用渗透探伤法（DPT-5A 渗透探伤剂）对叶片的裂纹进行显示，用裂纹测深仪（RMG 4015）测定裂纹深度，并用超声波探伤法（CTS 9009）确定裂纹的位置和验证结果。裂纹形貌如图 4-50 所示，裂纹的探伤检测与宏观分析结果见表 4-5 所列。

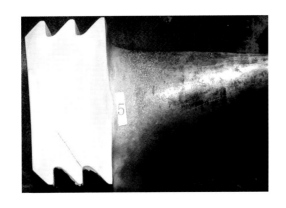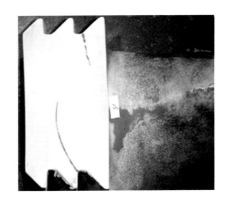

图 4-50　裂纹形貌

表 4-5　裂纹的探伤检测与宏观分析检测结果

叶片序号	裂纹部位	裂纹长度/mm	裂纹深度/mm	备　注
2	背风面	80	裂透	—
5	背风面	70	20	—
	迎风面	110、45	16、20	从端面延伸至侧面，
6	背风面	25	20	—
	迎风面	20	17	解剖时发现
7	背风面	60	裂透	—
9	迎风面	20	15	—
15	背风面	75	裂透	—
	迎风面	45	12	—

（4）低倍检验

　　低倍试样经 1∶1 工业盐酸水溶液热浸蚀，检验结果除试样上有一条长约 17mm 裂纹外，低倍组织未发现明显的异常，如图 4-51 所示。

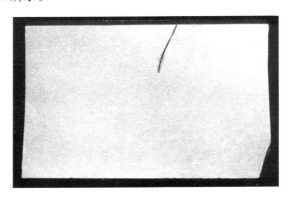

图 4-51　低倍组织

（5）断口微观形貌

断口微观形貌如图 4-52 所示。扫描电子显微镜能谱分析断口上的沉积物，其分析结果如图 4-53 所示。

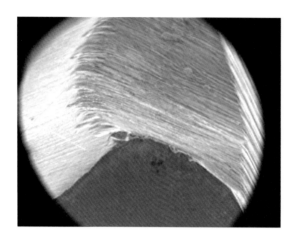

（a）断裂源区形貌（12×）

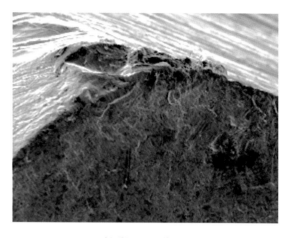

（b）断裂源区形貌（50×）

（c）疲劳扩展区形貌（10×）

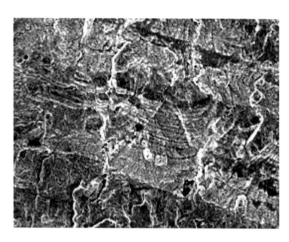

（d）疲劳条纹（300×）

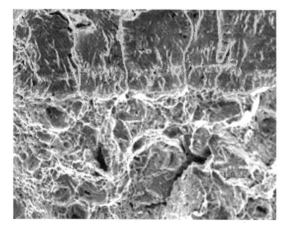

（e）交界处断口形貌（200×）

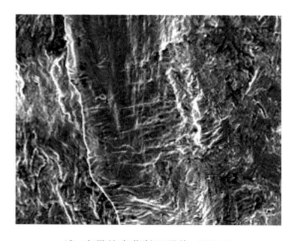

（f）交界处疲劳断口形貌（250×）

图 4-52　断口微观形貌

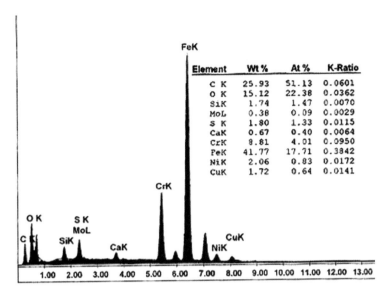

Element	Wt %	At %	K-Ratio
C K	25.93	51.13	0.0601
O K	15.12	22.38	0.0362
SiK	1.74	1.47	0.0070
MoL	0.38	0.09	0.0029
S K	1.80	1.33	0.0115
CaK	0.67	0.40	0.0064
CrK	8.81	4.01	0.0950
FeK	41.77	17.71	0.3842
NiK	2.06	0.83	0.0172
CuK	1.72	0.64	0.0141

图 4-53　沉积物能谱分析

（6）金相检验

叶片金相检验结果如图 4-54 所示。

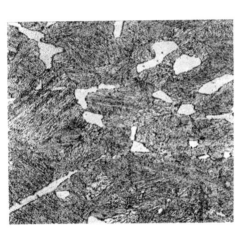

（a）1 号试样组织（500×）

（b）1 号试样晶粒（100×）

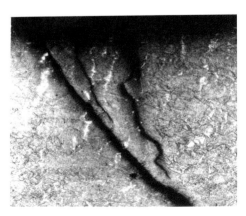

（c）3 号试样裂纹与组织（50×）

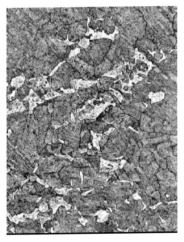

（d）3 号试样铁素体形貌（500×）

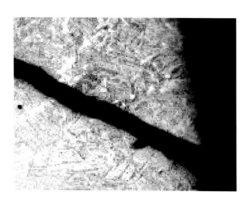

（e）5号裂纹与组织（100×）

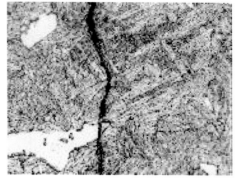

（f）5号裂纹与组织（500×）

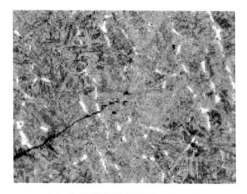

（g）5号裂纹尾端组织（100×）

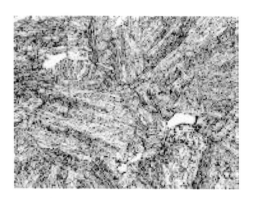

（h）5号裂纹附近组织（500×）

图 4-54　金相检验结果

（7）结果讨论

由金相检验结果可知，叶片材料的显微组织不均匀，回火索氏体粗细相差较大；铁素体的分布有的呈条带状分布，有的呈断续网状分布，有的区域铁素体含量较多；材料的晶粒大小不一，混晶现象比较严重，晶粒级别范围为 4～7 级。这些组织缺陷应与叶片的热处理工艺的不合理性相关。显然，具有这些组织缺陷的叶片，它们的强韧化性能必然较低，裂纹的临界扩展应力强度因子也较小，容易萌生裂纹源。裂纹源一旦形成，即使在较小的交变工作应力作用下，疲劳裂纹的扩展过程也会进行。

（8）结论

叶片材料的显微组织较差，如组织的粗细不均、铁素体的不良分布、晶粒严重、混晶使晶粒的级别大小相差较大等，其原因与热处理工艺缺陷有关。

4.7.5　热处理退火缺陷探伤分析案例

（1）概况

中频炉冶炼的 X4Cr13 钢锭经锻造、热冲扩孔制成环模锻造坯，再经辗环机辗制环模，如图 4-55 所示。

（2）超声波检测

探伤发现如图 4-55 所示部位有密集型缺陷波，并无底波，波形如图 4-56 所示。为查明缺陷性质，在缺陷部位进行取样分析。

（3）取样

在探伤缺陷部位分别取横向低倍试样 1 块，拉伸试样 1 根和金相试样 5 块，金相试样为 1～5 号，其中 1～3 号为环模横截面试样，4 号、5 号随机取自缺陷处。取样部位示意图如图 4-55 所示。

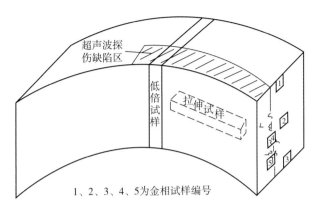

1、2、3、4、5为金相试样编号

图4-55　取样部位示意图

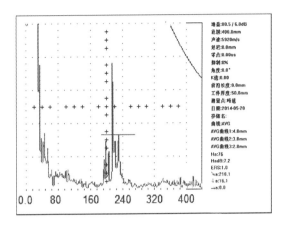

图4-56　探伤波形图

（4）低倍检验

低倍试样经1∶1工业盐酸水溶液热侵蚀，低倍组织如图4-57所示。距环模圆周面约35mm组织相对较致密，为锻造、辗轧压实区，但组织较粗，其余部分组织较疏松，隐约可见铸态结晶组织，疏松孔洞沿枝晶或流线分布，经10倍放大镜观察，疏松孔洞直径小于1mm，试样表面未发现宏观夹杂。

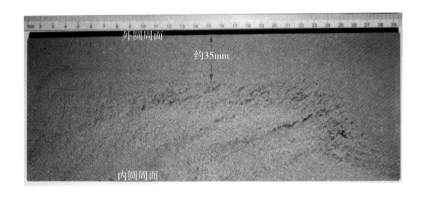

图4-57　低倍组织

（5）拉伸试验

拉伸试验结果为 $R_{p0.2}$：470MPa，R_m：710MPa，A：20.0%，Z：23.0%。因弹性阶段拉伸曲线无明显直线段，$R_{p0.2}$ 为参考值。另外试样断裂在非缩颈处。由弹性阶段拉伸曲线无明显直线段判断，拉伸曲线特性类似铸钢。

（6）金相检验

1号试样组织为片状珠光体，片层间距较大，晶粒粗大，晶粒度级别1.5～3.0级，如图4-58、图4-59所示；2号试样组织为片状珠光体，晶粒粗大，碳化物沿晶界呈网状分布，晶界边缘略贫碳，铸态鱼骨状组织隐约可见，如图4-60、图4-61所示；3号试样组织粗大，为变态莱氏体，存在明显的针状一次碳化物，鱼骨状组织清晰可见，如图4-62、图4-63所示。

（7）结果讨论

该环模已经初机加工，即环模的状态应是退火状态，但位于环模外圆周面1号试样组织为片状珠光体且片层间距较大，显然与退火状态的球、粒状珠光体组织不符。该试样的晶粒粗大，晶粒度级别达1.5～3.0级，呈现严重的过热组织，表明退火工艺存在严重问题。晶粒粗大也与辗环始辗温度过高而导致终辗温度相应趋高有关。

图 4 - 58　1 号试样组织（1）

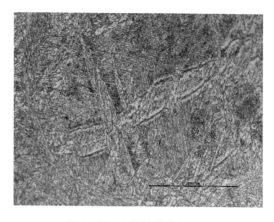

图 4 - 59　1 号试样组织（2）

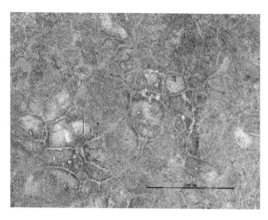

图 4 - 60　2 号试样组织（1）

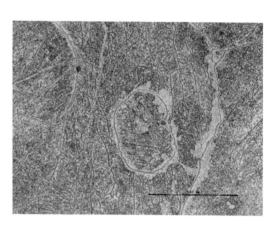

图 4 - 61　2 号试样组织（2）

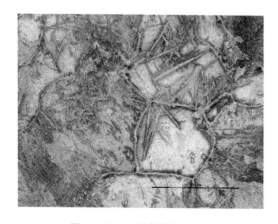

图 4 - 62　3 号试样组织（1）

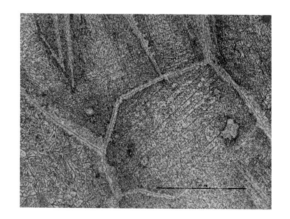

图 4 - 63　3 号试样组织（2）

（8）结论

① 环模组织为粗片状珠光体，与退火状态的球、粒状珠光体组织不符，表明退火工艺存在工艺缺陷。

② 环模晶粒尺寸粗大，存在严重过热现象。

4.7.6　透声不良探伤分析案例

（1）概况

某厂 IDC35e 车轴采用 870℃ 一次正火，正火、机加工后进行透声检测，超声波探伤灵敏度的检测按照 IRS：R-16/95 规范要求进行，探头选用 2.5P20。发现车轴中心区域底面反射回波波幅在 100%，1/2R区域底面反射回波波幅在 50%～80%，边缘区域底面反射回波波幅在 40%以下，如图 4-64 所示。按照 IRS：R-16/95 规范要求，最终评定为不合格。

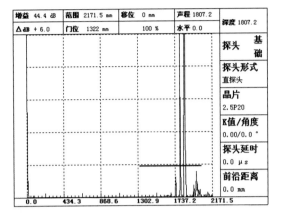

(a) 中心区域透声

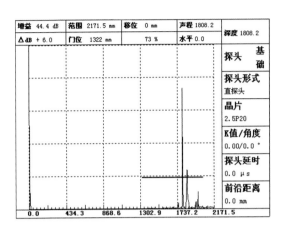

(b) 1/2R 区域透声

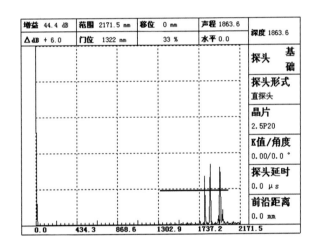

(c) 边缘区域透声

图 4-64 IDC35e 车轴探伤分析

现场车轴与取样图片如图 4-65 所示，共取 18 块样。其中，低倍样两块，编号分别为 10 号、14 号；其余 16 块样均为金相样。

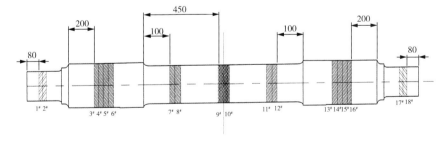

图 4-65 车轴与取样图片

（2）低倍检验

轴身、轮座各取低倍样 1 块，编号分别为 10 号、14 号，低倍观察整个横截面。低倍观察无肉眼可见缺陷，低倍评级结果正常，按照 GB/T 1979—2001 评级标准评定为一般疏松、中心疏松、偏析均为 1.0 级，低倍检验结果如图 4 - 66 所示。

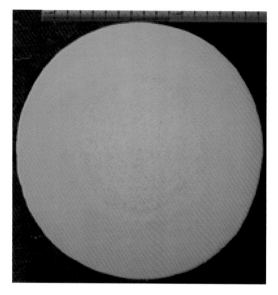

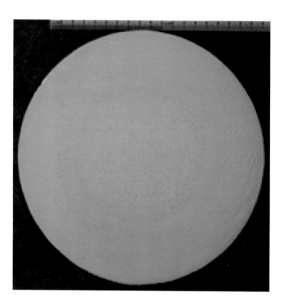

（a）轴身低倍检验结果　　　　　　　　　　　　　（b）轮座低倍检验结果

图 4 - 66　轴身及轮座低倍检验结果

（3）金相检验

轴颈、轴身、轮座均取金相样，如图 4 - 65 所示，除 10 号、14 号外，共取 16 处。晶粒度检测发现 3 处超标（标准要求不小于 5.0 级），其中轮轴两处、轴身 1 处有局部晶粒度粗大缺陷，如图 4 - 67 所示，主要集中在 1/2R 处。

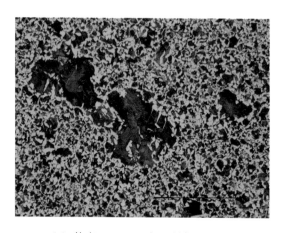

（a）轮座 8.0～7.0 级（局部 3.5 级）　　　　　　　（b）轴身 8.0～7.0 级（局部 4.5 级）

图 4 - 67　轮座及轴身局部晶栓

（4）正火工艺分析

金相检测分析表明，车轴透声不良主要原因为车轴局部存在晶粒粗大缺陷。现场试验发现，如果车轴正火温度达到 890℃（正火时间 3～4h 不变），则车轴局部有明显粗大趋势，如图 4 - 68 所示。

通过二次正火特别是降低二次正火温度可以有效改善透声情况，但缺点是二次正火后，强度有所下降，特别是二次正火温度越低，强度下降越明显，见表 4 - 6 所列。

830℃正火

850℃正火

870℃正火

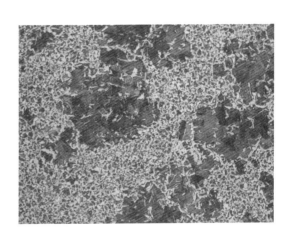
890℃正火

图 4-68　不同正火温度下车轴局部晶栓

表 4-6　正火后车轴强度及晶粒度

热处理工艺	屈服强度/MPa	抗拉强度/MPa	延伸	面缩	晶粒度级
870℃一正＋870℃二正	361	622	28.5	55	8.0
870℃一正＋850℃二正	347	618	31.5	61	8.0
870℃一正＋830℃二正	336	620	33.0	62	7.5

（5）结论

① 采用850℃二次正火后，透声有明显改善，同时力学性能满足了交货要求。

② 根据现场设备条件，采用870℃一次正火工艺不合理，应改为850℃正火处理。

第 五 章
探伤缺陷的宏观检验及其分析案例

宏观检验是指通过肉眼或放大镜（通常低于 10 倍）在材料或工件上检查由于冶炼、锻造及各种加工过程所带来的化学成分及组织的不均匀性或缺陷的一种方法，也称低倍检验。钢的宏观检验可进行试样检验或直接在钢件上进行检验。其特点是检验面积大，易检查出分散缺陷，且方法简单，检验速度快。各国标准都规定要对工件进行宏观检验，常用的宏观检验包括酸蚀试验、断口检验、硫印检验、磷印检验、塔型发纹检验等，这里重点介绍酸蚀试验和断口检验。

5.1 低倍检验及其分析

5.1.1 低倍检验方法

低倍检验即指酸蚀试验，就是将制备好的试样用酸液腐蚀，以显示其宏观组织和缺陷。在钢材质量检验中，酸蚀试验被列为按顺序检验项目的第一位。如果一批钢材在酸蚀检验中显示出不允许出现或超过允许程度的缺陷时，则其他检验可以不必进行。酸蚀试验的相关国家标准有 GB/T 226—2015《钢的低倍组织及缺陷酸蚀检验法》和 GB/T 1979—2001《结构钢低倍组织缺陷评级图》，相应的国外标准有 ASTM E381—2011《钢棒、钢坯、初轧坯及锻件的宏观腐蚀的标准方法》等。

低倍组织及缺陷酸蚀检验法可分为热酸腐蚀法、冷酸腐蚀法和电解酸蚀法三种。生产检验时可从三种酸蚀法中任选一种，应用最多的是热酸腐蚀试验法，也是钢材低倍检验的仲裁方法。

（1）取样

为了有效地利用酸蚀试验来评定钢的质量，应选择具有代表性的试样。试样必须取自最易产生缺陷的部位，这样才不至于漏检。

根据钢的化学成分、锭模形状、冶炼与浇铸条件、加工方法、成品形状和尺寸等的不同，一般宏观缺陷有不同的种类、大小和分布情况。为了用一个或几个酸蚀试样的检验结果来说明一炉或一批钢的质量，取样就成了一个必须慎重考虑的问题。例如缩孔、疏松、气泡、偏析等宏观缺陷最容易在钢锭的上部以及锻后相应部位出现。一般在用上小下大的钢锭锻造的方钢坯中，相当于小头部位的缺陷最严重，中部次之，大头最轻；在上大下小钢锭的底部，气泡和硅酸盐夹杂也较多；一炉钢水浇铸几个锭盘时，在最初一盘和最后一盘钢锭中发现的宏观缺陷较多。

取样部位、试样大小和数量在前面提到的标准中均有规定，也可按技术条件、供需协议的规定取样。

在通常的检验中，最好从钢坯而不是从钢材上取样，因为在钢坯上酸蚀后更容易发现缺陷。如果钢坯上无严重缺陷出现，则钢材可不必再做此项检验。取样方向应根据检验项目确定，若要观察整个截面的质量情况，就取横向试样；若检查钢中的流线、条带组织等，则取纵向试样。

取样采用锯、切割等方法，但不论使用何种方法都必须遵循一个原则，即试样加工时必须除去由取样造成的变形和热影响区以及裂缝等加工缺陷。加工后试样表面的表面粗糙度应不大于 $1.6\mu m$，冷酸腐蚀法表面粗糙度不大于 $0.8\mu m$，试样表面不得有油污和加工伤痕，必要时应预先对其进行清除。试样表面距切割面的参考尺寸为：热切时不小于 20mm；冷切时不小于 10mm；烧割时不小于 25mm。

（2）检验面的制备

试样检验面的光洁度应根据检验目的、技术要求以及所用腐蚀剂而定，以下几点可作参考：①检查大型气孔，严重的内裂及疏松、缩孔，大的外来非金属夹杂物等缺陷可使用锯切面；②检验气孔、疏松、夹杂物、枝状组织、偏析、流线等可用粗车、细车削面；③细加工的车、铣、刨、磨光及抛光面一般用于检验钢的脱碳深度、带状组织、磷的偏析和应变线等宏观组织细节，因而一般用较弱的腐蚀剂且在冷状态下腐蚀。

（3）热酸腐蚀法

酸蚀检验的腐蚀属于电化学腐蚀。钢的化学成分不均匀性和缺陷之所以能用腐蚀法来显示，是因为它们是以不同的化学反应速度与腐蚀剂起反应的。表面缺陷、夹杂物、偏析区等被腐蚀剂有选择性地腐蚀，表现出可看得见的腐蚀特征。成功的酸蚀试验取决于四个重要因素：腐蚀剂成分、腐蚀的温度、腐蚀时间、腐蚀面的光洁度。

对于钢而言，最常用的腐蚀剂是体积比为 1:1 的盐酸（相对密度为 1.19）和水的混合液。对于奥氏体型不锈耐酸钢、不锈耐热钢，可用盐酸、硝酸、水的混合溶液，具体成分见表 5-1 所列。

表 5-1　各种钢试样的腐蚀时间与温度

分类	钢　　种	酸蚀时间/min	酸液成分	温度/℃
1	易切削钢	5～10	1:1（体积比）的工业盐酸水溶液	70～80
2	碳素结构钢、碳素工具钢、硅锰弹簧钢、铁素体型钢、马氏体型钢、不锈耐酸钢、不锈耐热钢	5～30		
3	合金结构钢、合金工具钢、轴承钢、高速工具钢	15～30		
4	奥氏体不锈钢、奥氏体耐热钢	5～25	盐酸 10 份、硝酸 1 份、水 10 份（按体积计）	70～80
5	碳素结构钢、合金钢、高速工具钢	15～25	盐酸 38 份、硫酸 12 份、水 50 份（按体积计）	60～80

腐蚀温度对试验结果有重要影响。温度过高，腐蚀过于激烈，试样将被普遍腐蚀，因而会降低甚至丧失其对不同组织和缺陷的鉴别能力；温度过低，则反应迟缓，腐蚀时间过长。经验证明，最适宜的热酸腐蚀温度为 70℃～80℃。

腐蚀时间要根据钢种、检验目的和被腐蚀面的光洁度等来确定。通常，碳素钢腐蚀需要的时间较短，合金钢则需要较长时间，而高合金钢需要的时间更长；较粗糙的腐蚀面腐蚀时间较长，反之较短。各类钢的腐蚀时间可以参考表 5-1，但仍需根据实际经验和具体情况来决定。最好在腐蚀接近终了时，经常将试样取出冲洗，观察其是否达到要求的程度。对腐蚀过浅的试样可以继续腐蚀；若腐蚀过度，则必须将试样面加工掉 2mm 以上，再重新进行腐蚀。

具体操作方法是将已经制好的试样先清除油污并擦洗干净，放入装有腐蚀剂的酸槽内保温。经检查能清晰地显示出宏观组织后，取出试样迅速地浸没在热碱水中，同时用毛刷将试样检验面上的腐蚀产物全部刷掉，但要注意不要划伤和沾污腐蚀面，接着在热水中冲洗，最后用热风迅速吹干。

（4）冷酸腐蚀法

冷酸腐蚀法是检查钢的宏观组织和缺陷的一种简易方法。冷酸腐蚀是采用室温下的酸溶液腐蚀和擦蚀样面，以显示试样的缺陷。通常，对不易使用热酸腐蚀的工件（例如工件已加工好，不便切开，又不得损坏工件的表面粗糙度），组织缺陷用热酸不易显现的工件以及用热盐酸不易腐蚀的工件进行腐蚀时，均可用冷酸腐蚀法进行试验。进行冷酸腐蚀试验时，对试样腐蚀面的粗糙度要求较高，最好经过研磨和抛光。

常用的冷酸腐蚀溶液成分及适用范围见表 5-2 所列。

表 5-2　常用的冷酸腐蚀溶液成分及适用范围

编号	冷蚀液成分	适用范围
1 2 3	盐酸 500mL、硫酸 35mL、硫酸铜 150g、氯化高铁 200g、硝酸 300mL、水 100mL、盐酸 300mL、氯化高铁 500g 加水至 1000mL	钢与合金
4 5 6	体积分数为 10%～20% 的过硫酸铵水溶液、体积分数为 10%～40% 的硝酸水溶液、氯化高铁饱和水溶液加少量硝酸（每 500mL 溶液加 10mL 硝酸）	碳素结构钢, 合金钢
7 8	硝酸 1 份、盐酸 3 份、硫酸铜 100g、盐酸 500mL、水 500mL	合金钢
9	硝酸 60mL、盐酸 200mL、氯化高铁 50g、过硫酸铵 30g、水 50mL	精密合金,高温合金
10	工业氯化铜氨 100～350g、水 1000mL	碳素结构钢,合金钢

注：①选用第 1、8 号冷蚀液时，可用第 4 号冷蚀液作为冲刷液；②表 4-2 中 10 号试剂试验验证时的钢种为 16Mn。

实践表明，用体积分数为 15%～20% 的过硫酸铵溶液或体积分数为 20%～40% 的硝酸溶液能满足大多数大规模生产检验的检验需求。

（5）电解腐蚀法

电解腐蚀法就是用体积分数为 15%～30% 的工业盐酸水溶液电解试样表面的检验方法。通常使用电压小于 36V，电流强度小于 400A，电蚀时间为 5～30min。操作中试样放在两极板之间，必须被酸液所浸没，试面之间不能互相接触，并和电极板平行。电解腐蚀法设备装置如图 5-1 所示。

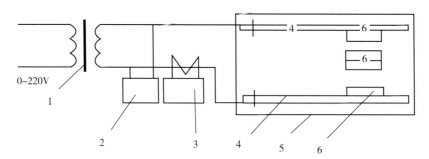

1—变压器（输出电压≤36V）；2—电压表；3—电流表；4—电极钢板；5—酸槽；6—试样

图 5-1　电解腐蚀法设备装置

这种方法的优点在于腐蚀速度较快，不易过腐蚀，而且电解腐蚀后的盐酸性质改变不大，一般可以循环使用，节约成本。同时用电解法显示试样的宏观组织和缺陷比热酸腐蚀法更清晰。

5.1.2　连铸锭低倍缺陷及其分析案例

低倍检验在连铸生产中的应用主要有：①判断连铸坯内部质量、缺陷的形态及确定连铸坯缺陷的程度；②低倍检验能快速提供连铸生产中的工艺及设备等重要信息；③采用特定的低倍检验方法可以很好地把连铸坯凝固后的结晶组织显露出来。

连铸坯低倍缺陷见"附录六　连铸锭超声波探伤低倍图谱"。

（1）缩孔

① 形貌特征：在酸蚀试样的中心部位呈不规则的空洞。

② 产生原因：钢液在凝固时体积集中收缩又未得到相应钢水及时补充而产生的。

③ 缩孔低倍组织缺陷如图 5-2 所示。

图 5-2　缩孔低倍组织缺陷示意图

某连铸坯中心缩孔的探伤波形如图5-3所示，缺陷波波形为缩孔峰，位于始波与底波中间位置，波底宽大，呈束状，环状各处探伤波形基本类似。

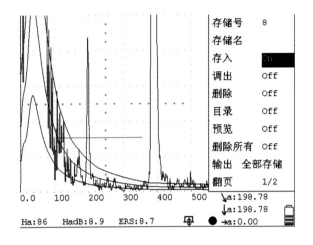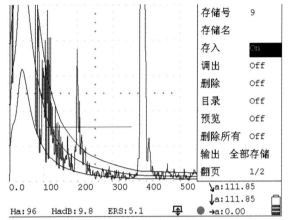

图5-3　某连铸坯中心缩孔的探伤波形

（2）中心疏松

① 形貌特征：在酸蚀试样上，出现集中在中心部位的空隙和暗点。

② 产生原因：钢坯凝固时体积收缩引起的组织疏松及钢坯中心部位因最后凝固、气体析出和夹杂物聚集较为严重而产生的。

③ 中心疏松低倍组织缺陷如图5-4所示。

某连铸坯中心疏松的探伤波形如图5-5所示。缺陷波波形为多峰，位于始波与底波中间位置，出现多个尖脉冲，呈树林状特征，反射波波峰清晰，尖锐有力。

（3）裂纹

连铸坯内裂是连铸生产中较普遍的一种缺陷，它对铸坯质量有较严重的影响，许多铸坯因存在内裂而成为废品。造成铸坯内裂的原因是铸坯内有应力、应变的存在，且应力、应变超过了钢的极限强度。

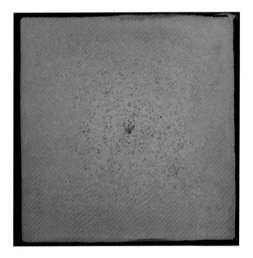

图5-4　中心疏松低倍组织缺陷示意图

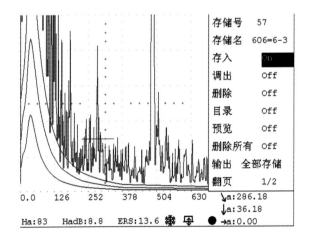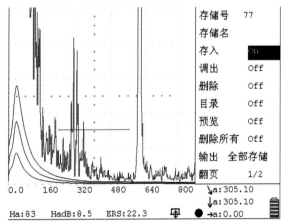

图5-5　某连铸坯中心疏松探伤波形

① 皮下裂纹

a. 形貌特征：在酸蚀试样上，皮下几毫米到十几毫米处出现的裂纹，有时候皮下裂纹可以延伸很长。

b. 产生原因：铸坯表面温度反复变化而发生多次相变，裂纹沿两种组织交界面扩展而形成。另外铸坯矫直时，受到的拉应力超过表层的强度时也会产生皮下裂纹。

c. 皮下裂纹低倍组织缺陷如图 5-6 所示。

② 中间裂纹

a. 形貌特征：在酸蚀试样的柱状晶区域内产生并沿柱状晶扩展。这种裂纹一般垂直于铸坯的两个侧面，严重时试片中心点的上下左右四个方向同时存在。

b. 产生原因：铸坯通过二冷喷水区时，因强制冷却不良及随后铸坯表面的回热而产生的热应力、辊子设计或安装不当产生的机械应力引起。

c. 中间裂纹低倍组织缺陷如图 5-7 所示。

图 5-6　皮下裂纹低倍组织缺陷示意图

③ 中心裂纹

a. 形貌特征：在酸蚀试样的中心区域出现的裂纹。中心裂纹往往与中心偏析、中心疏松和缩孔伴随发生。

b. 产生原因：连铸钢坯凝固末期，中心部位受到过大应力作用，形成中心裂纹。钢液过热度高、气体含量高、铸坯冷却强度过大、鼓肚、矫直设计不合理都可能引起连铸坯中心裂纹形成。

c. 中心裂纹低倍组织缺陷如图 5-8 所示。

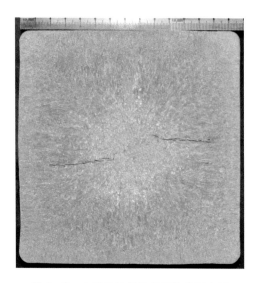

图 5-7　中间裂纹低倍组织缺陷示意图

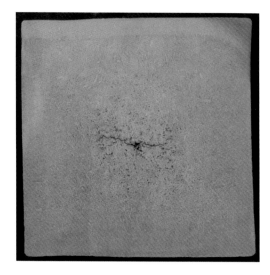

图 5-8　中心裂纹低倍组织缺陷示意图

④ 角部裂纹

a. 形貌特征：在酸蚀试样的角部，距表面有一定深度并与表面垂直，裂纹严重时沿对角线向内部扩展。

b. 产生原因：铸坯角部对角线处因偏析易聚集较多的低熔点化合物，降低了其塑性和强度。铸坯因冷却不均而出现角部的侧面凹陷及严重脱方时，局部受到应力作用而形成的裂纹。

c. 角部裂纹低倍组织缺陷如图 5-9 所示。

某连铸坯裂纹探伤波形如图 5-10 所示，缺陷波呈单个尖脉冲、呈树杆状特征，反射波波峰清晰，尖锐有力。

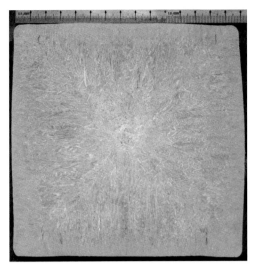

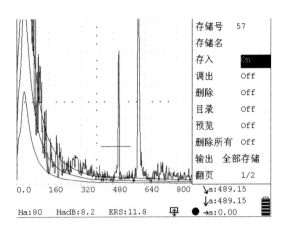

图5-9　角部裂纹低倍组织缺陷示意图　　　　　图5-10　某连铸坯裂纹探伤波形

（4）偏析

① 形貌特征：偏析形状有环状和框形，由暗点和空隙组成。偏析带常在圆坯半径或方坯边长的1/4～1/3位置。斑点状偏析在低倍上表现为不同形状和不同大小的暗色斑点。斑点分布在整个截面上时称为一般斑点状偏析，斑点存在于边缘时称为边缘斑点状偏析。

② 产生原因：钢水在凝固时，化学成分分布不均匀。另外连铸坯中心产生裂纹时，附近有富聚偏析物的钢水会填到裂纹中，在低倍检验上也表现出偏析，因此中心裂纹和偏析往往共同产生。

③ 框形偏析低倍组织缺陷如图5-11所示。

某连铸坯偏析探伤波形如图5-12所示，缺陷波在非中心位置，呈环状分布的尖脉冲或尖脉冲后随渐减脉冲波出现，它对底波反射次数无明显影响，随着探伤灵敏度的提高，底波次数明显增加。

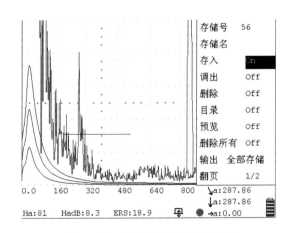

图5-11　框形偏析低倍组织缺陷示意图　　　　　图5-12　某连铸坯偏析探伤波形

（5）气泡

① 形貌特征：在酸蚀试样的皮下呈分散或成簇分布的细长裂缝或椭圆形气孔。圆坯中部的气泡也称为中心疏松。

② 产生原因：钢液脱氧不良或各个环节不干燥。

③ 皮下气泡低倍组织缺陷如图5-13所示。

某连铸坯气泡探伤波形如图5-14所示，呈多个尖脉冲的多峰形状。

图 5-13　皮下气泡低倍组织缺陷示意图

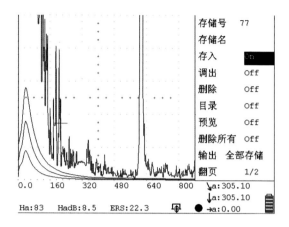

图 5-14　某连铸坯气泡探伤波形

（6）白点

① 形貌特征：一般是在酸蚀试样边缘区域外的部分表现为锯齿形的细小发纹，呈放射状、同心圆形或不规则形态分布。

② 产生原因：钢中氢含量高。

③ 白点低倍组织缺陷如图 5-15 所示。

某连铸坯白点探伤波形如图 5-16 所示，呈多个尖脉冲的多峰形状。

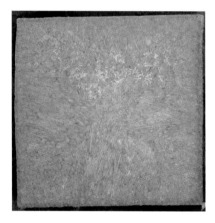

图 5-15　白点低倍组织缺陷示意图

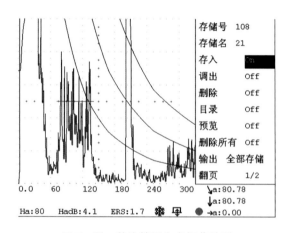

图 5-16　某连铸坯白点探伤波形

（7）翻皮

① 形貌特征：在酸蚀试样上有的呈现亮白色弯曲带，并在其上或周围有气孔和夹杂物；有的呈不规则暗黑线条；有的呈现由密集的空隙和夹杂物组成的条带。

② 产生原因：浇注过程中因结晶器内液面波动过大、水口插入浅、倾角不合适等，将液面氧化膜卷入钢液在凝固前未能浮出。

③ 翻皮低倍组织缺陷如图 5-17 所示。

某连铸坯翻皮探伤波形如图 5-18 所示。

（8）粗晶

① 形貌特征：在低倍上表现为晶粒形状粗大，部分或整体呈大斑点状，或者断面上晶粒大小悬殊。

② 产生原因：在结晶区停留时间长、冷却速度慢使晶粒集

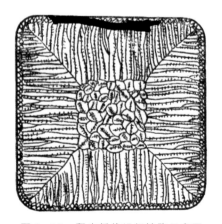

图 5-17　翻皮低倍组织缺陷示意图

聚长大；粗大奥氏体晶粒发生固态相变后也会使铁素体晶粒粗大。

③ 某连铸坯粗晶探伤波形如图 5-19 所示，波形表现为指数下降的草状波。

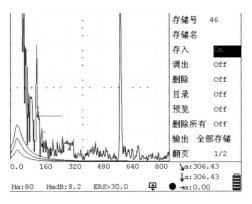

图 5-18　某连铸坯翻皮探伤波形

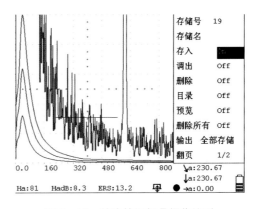

图 5-19　某连铸坯粗晶探伤波形

（9）夹杂物

① 非金属夹杂

a. 形貌特征：在酸蚀试样上呈不同形状和不同颜色的非金属颗粒或试样被腐蚀后非金属夹杂剥落后的孔隙。一般位于上弧皮下边长的四分之一处。

b. 产生原因：冶炼过程中的脱氧产物以及钢水二次氧化等形成的夹杂物进入结晶器后上浮分离较困难所致。

② 异金属夹杂

a. 形貌特征：在酸蚀试样上呈现颜色与基体组织不同，无一定形状的金属块，有的与基体组织有明显界限，有的界限不清楚。

b. 产生原因：加入的合金料或浇注过程中掉入的异金属未完全熔化。

c. 夹杂物低倍组织缺陷如图 5-20 所示。

某连铸坯夹杂物探伤波形如图 5-21 所示，缺陷回波为单个回波。

图 5-20　夹杂物低倍组织缺陷示意图

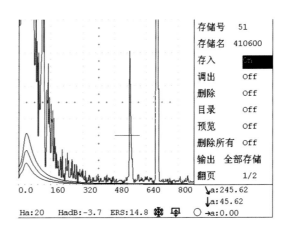

图 5-21　某连铸坯夹杂物探伤波形

（10）夹渣

① 形貌特征：在酸蚀试样上呈现不同形状和不同颜色的块状物或颗粒。

② 产生原因：中间包低液位浇注产生漩涡，将渣吸入结晶器内未能上浮分离；结晶器内液面波动过大，将渣卷入钢液在凝固前未能浮出。距连铸坯表面 10mm 以内的夹渣称为皮下夹渣。

③ 夹渣低倍组织缺陷如图 5 - 22 所示。

某连铸坯夹渣探伤波形如图 5 - 23 所示，缺陷回波为单个回波。

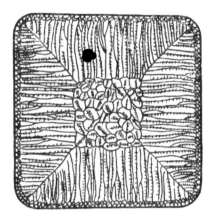

图 5 - 22　夹渣低倍组织缺陷示意图

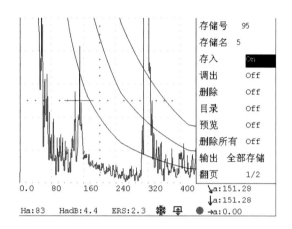

图 5 - 23　某连铸坯夹渣探伤波形

（11）白亮带

① 形貌特征：在酸蚀试样上，呈现抗腐蚀能力强、组织致密的白色亮带。

② 产生原因：电磁搅拌不当，钢液运动速度快，沿温度梯度减小、凝固前沿富集溶质的钢液流出形成白亮带。

③ 白亮带低倍组织缺陷如图 5 - 24 所示。

某连铸坯白亮带探伤波形如图 5 - 25 所示。

图 5 - 24　白亮带低倍组织缺陷示意图

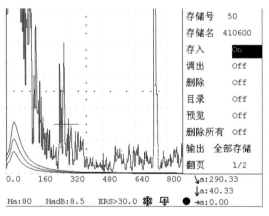

图 5 - 25　某连铸坯白亮带探伤波形

5.1.3　模铸锭低倍缺陷及其分析案例

ASTM E381 规定了Ⅰ、Ⅱ两类模铸锭酸蚀低倍检验的评级图。将酸蚀后吹干的试样的外貌与标准评级图Ⅰ进行对比，从而进行评级，同时还应观察是否有标准评级图Ⅱ中的缺陷。

（1）标准评级图Ⅰ

① 皮下缺陷

皮下缺陷如图 5 - 26 所示。

② 不规则缺陷

不规则缺陷如图 5 - 27 所示。

③ 中心偏析

中心偏析如图 5 - 28 所示。

（a）S-1　　　　　　　　　　　（b）S-2

（c）S-3　　　　　　（d）S-4　　　　　　（f）S-5

图 5 - 26　皮下缺陷

（a）R-1　　　　　　　　　　　（b）R-2

（c）R-3　　　　　　（d）R-4　　　　　　（e）R-5

图 5 - 27　不规则缺陷

（a）C-1　　　　　　　　　　　（b）C-2

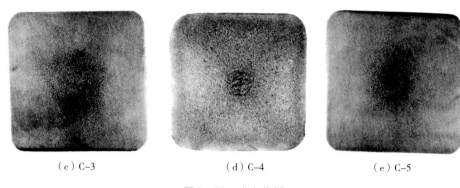

（c）C-3   （d）C-4   （e）C-5

图 5-28 中心偏析

（2）标准评级图Ⅱ

① 蜂窝裂纹

蜂窝裂纹是垂直于钢锭模壁且可能延伸到钢锭表面的裂纹，如图 5-29 所示。

② 气泡

气泡是单个或成簇的纺锤形小孔洞，通常在距表皮几毫米的区域出现较多（即皮下气泡），有时穿透钢表皮呈小裂缝，但其末端呈圆角。气泡常伴有严重的点状偏析。气泡的低倍特征如图 5-30 所示。

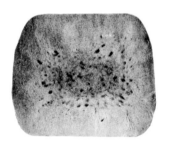

                          （a）皮下气泡   （b）内部气泡

图 5-29 蜂窝裂纹   图 5-30 气泡的低倍特征

③ 搭接撕裂

搭接撕裂是一种皮下裂纹，通常平行于钢锭表面，如图 5-31 所示。

④ 翻皮

翻皮的低倍组织呈现出一个不均匀的酸蚀检验面，缺陷呈不规则形状，且腐蚀的颜色与周围基体不一样，如图 5-32 所示。

⑤ 白点

白点是钢中的氢和内应力共同作用产生的细小裂纹，白点在低倍上呈锯齿形的细小裂纹，呈放射状、同心圆形或不规则形态分布；在纵向断口上呈圆形和椭圆形的银白色斑点。其低倍特征如图 5-33 所示。

图 5-31 搭接撕裂   图 5-32 翻皮   图 5-33 白点的低倍特征

（3）其他缺陷的低倍图

① 缩孔

模铸锭缩孔是在钢液凝固时，因体积收缩造成钢水得不到补充而形成的孔洞，缩孔的大小和深浅受到锭模形状、浇注温度、冷却速度、钢种种类等因素的影响。与连铸锭相似，缩孔缺陷在低倍上表现为中心区域（多数情况）呈不规则的褶皱裂缝或空洞，但由于模铸冷却速度慢，产生的缩孔比连铸要小。中心缩孔低倍如图 5-34 所示，其探伤波形如图 5-35 所示。

图 5-34　中心缩孔低倍

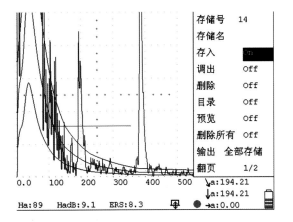
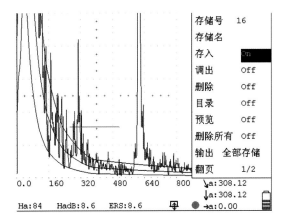

图 5-35　中心缩孔探伤波形图

② 疏松

疏松的低倍特征是在横向酸蚀面上，有如海绵状的深色点子与小孔隙。集中在轴心区域的叫中心疏松，其余称为一般疏松，若在纵向酸蚀面上观察，疏松在顺延展方向呈细小的深色线条，形成所谓的疏松线。中心疏松低倍如图 5-36 所示，其探伤波形如图 5-37 所示。

③ 轴心晶间裂纹

轴心晶间裂纹的特征是在横向断面的中心处，呈链珠状，断续排列成放射状或蜘蛛网状细小裂纹，因其分布在轴心粗大树枝状晶的晶界上得名，轴心晶间裂纹低倍如图 5-38 所示，其探伤波形如图 5-39 所示。

图 5-36　中心疏松低倍

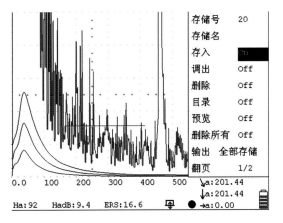
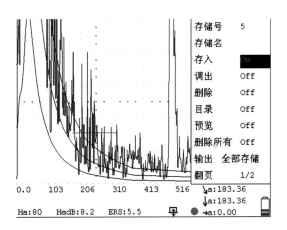

图 5-37　中心疏松探伤波形

图 5-38　轴心晶间裂纹低倍

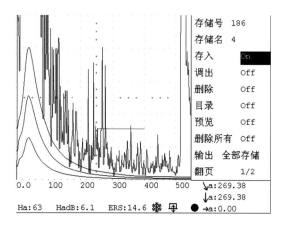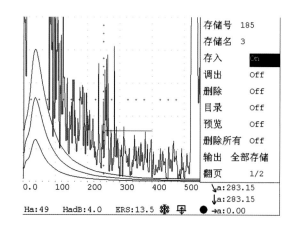

图 5-39　轴心晶间裂纹探伤波形

④ 非金属夹杂物

低倍检验的夹杂物与周围颜色不同，呈单个或者群集存在，且分布位置不定。非金属夹杂物低倍如图 5-40 所示，其探伤波形如图 5-41 所示。

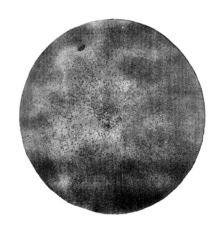

图 5-40　非金属夹杂物低倍

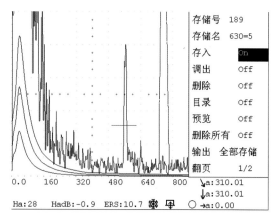

图 5-41　非金属夹杂物探伤波形

⑤ 锭型偏析

锭型偏析的形状与钢锭形状有关，通常有框形和环形偏析。锭型偏析低倍如图 5-42 所示，其探伤波形如图 5-43 所示。

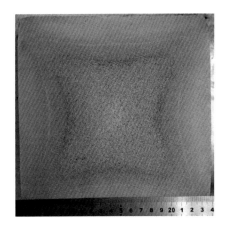

图 5-42 锭型偏析低倍

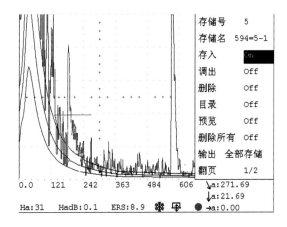

图 5-43 锭型偏析探伤波形

⑥ 翻皮

翻皮在低倍上表现为不规则的暗黑线条，翻皮低倍如图 5-44 所示，其探伤波形如图 5-45 所示。

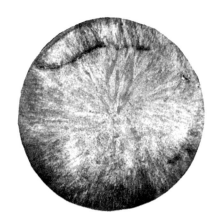

图 5-44 翻皮低倍

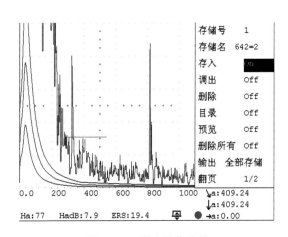

图 5-45 翻皮探伤波形

5.1.4 电渣重熔锭低倍缺陷及其分析案例

（1）皮下气泡

气泡在低倍上表现为分散或成簇分布的细长裂缝或椭圆形气孔，裂缝多垂直于钢锭表面。皮下气泡低倍如图 5-46 所示，其探伤波形如图 5-47 所示。

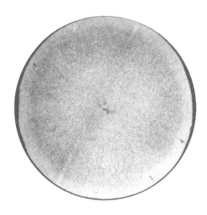

图 5-46 皮下气泡低倍

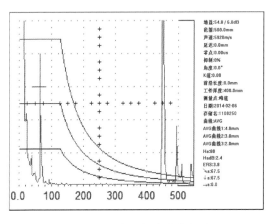

图 5-47 皮下气泡探伤波形

（2）裂纹

裂纹是因应力、应变的存在，且应力、应变超过了钢的极限强度造成的。皮下裂纹低倍如图5-48所示，其探伤波形如图5-49所示。

图5-48 皮下裂纹低倍

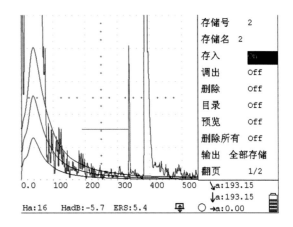

图5-49 皮下裂纹探伤波形

（3）白点

白点在低倍上呈锯齿形的细小裂纹，呈放射状、同心圆形或不规则形态分布。在纵向断口上呈圆形和椭圆形的银白色斑点。白点低倍如图5-50所示，其探伤波形如图5-51所示。

图5-50 白点低倍

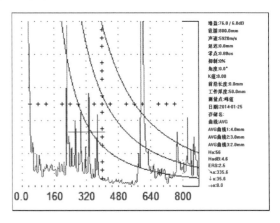

图5-51 白点探伤波形

（4）偏析

环形偏析低倍如图5-52所示，偏析探伤波形如图5-53所示。

图5-52 环形偏析低倍

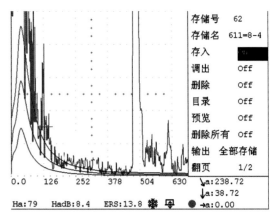

图5-53 偏析探伤波形

（5）疏松

疏松的低倍特征是在横向酸蚀面上，有如海绵状的深色点子与小孔隙。集中在轴心区域的叫中心疏松，其余称为一般疏松。疏松低倍如图5-54所示，其探伤波形如图5-55所示。

图5-54 疏松低倍

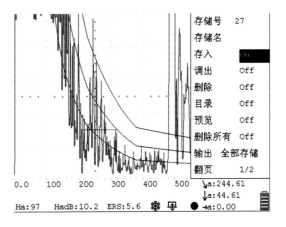

图5-55 疏松探伤波形

（6）夹杂物

低倍检验的夹杂物与周围颜色不同，呈单个或者群集存在形式，且分布位置不定。夹杂物低倍如图5-56所示，其探伤波形如图5-57所示。

图5-56 夹杂物低倍

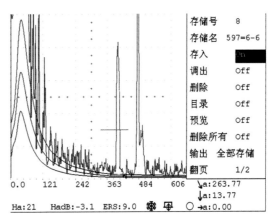

图5-57 夹杂物探伤波形

5.1.5 锻件低倍缺陷及其分析案例

锻件低倍图见"附录七 锻件超声波探伤低倍图谱"。

（1）晶粒粗大

粗大的晶粒降低了锻件的屈服点、疲劳强度、塑性和冲击韧度，提高了钢的脆性转变温度。晶粒粗大探伤波形如图5-58所示。

（2）裂纹

裂纹是锻造生产中常见的主要缺陷之一，裂纹的产生与锻造受力情况、变形金属的组织结构、变形温度和变形速度等有关。裂纹探伤波形如图5-59所示。

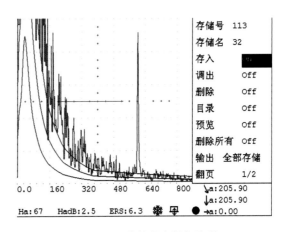

图5-58 晶粒粗大探伤波形

（3）白点

白点是锻件在冷却过程中产生的一种内部缺陷。白点在纵向断口上呈圆形和椭圆形的银白色斑点，在横向断口上呈细小的裂纹。白点探伤波形如图 5-60 所示。

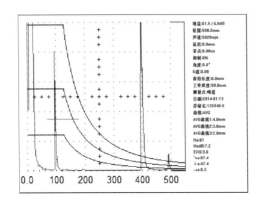

图 5-59　裂纹探伤波形

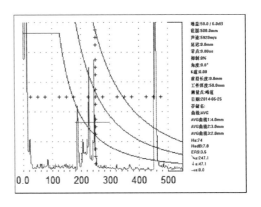

图 5-60　白点探伤波形

（4）偏析

锻件的偏析缺陷通常是由原材料带来的，偏析探伤波形如图 5-61 所示。

（5）疏松

锻件疏松分为中心疏松和一般疏松。中心疏松探伤波形如图 5-62 所示。

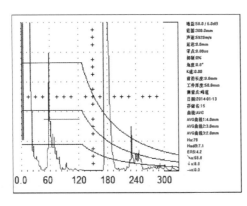

图 5-61　偏析探伤波形

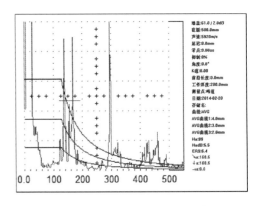

图 5-62　中心疏松探伤波形

（6）缩孔

锻造原料缩孔太大或者锻造比不够时，锻件也会出现残余缩孔。残余缩孔探伤波形如图 5-63 所示。

（7）夹杂物

夹杂物探伤波形如图 5-64 所示。

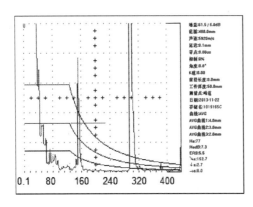

图 5-63　残余缩孔探伤波形

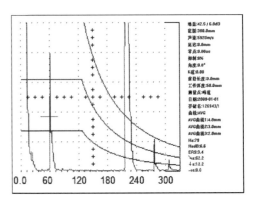

图 5-64　夹杂物探伤波形

5.2　断口检验及其分析

断口检验就是在断口试样上刻槽，然后借外力将之折断，检验断面的情况，以判定断口的缺陷。断口检验也是检查钢材宏观缺陷的重要方法之一。

我国共有两个断口检验方法标准，即 GB/T 1814—1979《钢材断口检验法》和 GB/T 2971—1982《碳素钢和低合金钢断口检验方法》。前者适用于优质碳素结构钢、合金结构钢、铬滚珠轴承钢、合金工具钢、高速钢以及弹簧钢等，断口在淬火或调质状态下被折断。后者适用于碳素结构钢和低合金结构钢轧制的钢板、条钢、型钢，断口在轧制状态下被折断。必须注意，这两个标准不能互相代替，应根据所检验的钢种和技术条件，执行相应的断口标准。目前国外有的采用彩色断口检验，主要是用来检验钢材中的细小非金属夹杂物。

5.2.1　断口检验方法

对于在使用过程中破损的工件和生产制造过程中由某种原因而导致破损的工件的断口，以及做拉力、冲击等试验的试样破断后的断口，不再需要进行任何制备加工就可直接进行观察和检验。对于专为进行断口检验的钢坯和钢材，取样的部位、方法和要求基本上和酸蚀试样相同，有时甚至可以用酸蚀后的试样来做。钢材断口试样，以 40mm 圆或方为界。大于 40mm 的圆钢或方钢，检验纵向断口，取横向试样；小于或等于 40mm 的圆钢或方钢，检验横向断口，取纵向试样。纵向断口试样长为 100～140mm，在试样一边或两边刻槽。横向试样厚度为 15～25mm，沿横截面的中心线刻槽，一般采用 V 形槽。为了真实地显示缺陷，应使试样脆断，尽可能用冲击方式一次折断，严禁反复冲压。

试样折断后，首先应采取妥善措施防止断口表面出现损伤和沾污，然后用肉眼或借助 10 倍以下放大镜将断口分类，判断断口缺陷。

5.2.2　断口组织与评定

断口的分类方法很多，归纳起来有以下 3 种：

① 按断裂性质分类，可分为脆性断口、韧性断口、疲劳断口以及因介质和热的影响而断裂的断口（如应力腐蚀开裂的断口、氢脆断口、腐蚀疲劳断口、高温蠕变断口等）。

② 按断裂途径分类，可分为穿晶断口、晶界断口、混合断口等。

③ 按断口形貌和材料冶金缺陷性质分类，则有纤维状、结晶状、瓷状（干纤维）、台状、撕痕状、层状、缩孔残余、白点、气泡、内裂、非金属夹杂物（肉眼可见）和夹渣、异金属夹杂物、黑脆、石状、萘状等断口。

在 GB/T 1814—1979《钢材断口检验法》标准中，把纤维状断口、结晶状断口、瓷状断口看作是正常断口；把台状断口、撕痕状断口看作是允许缺陷断口；把层状、缩孔残余、白点、气泡、内裂、非金属夹杂物（肉眼可见）和夹渣、异金属夹杂物、黑脆、石状、萘状等断口归属于报废缺陷断口。

各类断口的检验实物图见"附录十四　锻件断口检验图谱"。

（1）纤维状断口

纤维状断口又称韧性断口。此类断口呈纤维状，无金属光泽，颜色发暗，看不到结晶颗粒，断口边缘常常有明显的塑性变形。若出现这种纤维状断口形貌，则表明钢材具有较好的塑性和韧性。

（2）结晶状断口

此类断口的断面平齐，呈银灰色，具有强烈的金属光泽，有明显的结晶颗粒。此类断口说明在折断时未发生明显的塑性变形，属脆性断口，是一种正常断口。

（3）瓷状断口

瓷状断口是一种具有绸缎光泽、很致密、类似细瓷碎片的亮灰色断口，是一种正常断口。

（4）台状断口

台状断口的宏观特征是宽窄不同的平台状组织，颜色比金属基体稍浅。台状断口一般出现在树枝晶发达的钢锭头部和中部，它是钢沿其粗大树枝晶断裂的结果。

大量生产检验和试验研究结果表明，台状断口对纵向机械性能无影响，对横向机械性能的强度指标也无影响，但对塑性、韧性指标都有一定影响。这种影响随着台状严重程度的增加而增加，绝大多数都能满足技术条件的要求，只有个别大规格的钢材才偶尔出现不合格现象。

（5）撕痕状断口

撕痕状断口特征是在纵向断口上呈现出比基体颜色浅、灰白色而致密的光滑条带，其分布无一定规律。

出现撕痕状断口的主要原因是钢中残余铝过多，造成氮化铝沿铸造晶界析出。轻微的撕痕状对钢的纵向、横向力学性能的影响均不明显，但严重时，纵向韧性指标降低，更主要的是横向塑性与韧性指标显著下降。

（6）层状断口

层状断口特征是在纵向断口上，沿热加工方向呈现出无金属光泽、凹凸不平、层次起伏的条带，条带中伴有白亮或灰色线条。这种缺陷类似于显著的朽木状，一般分布在偏析区内。

层状主要是由多条相互平行的非金属夹杂物的存在造成的，此种缺陷对纵向机械性能影响不大，对横向塑性、韧性有显著降低作用。

（7）缩孔残余断口

缩孔残余断口在纵向的轴心区，呈非结晶结构的条带或疏松区，有时其上伴有非金属夹杂物或夹渣，淬火后试样沿着条带往往有氧化色。

这种缺陷一般产生在钢锭头部的轴心区，主要是钢锭在凝固时补缩不均或热加工时切头过少等所致。它属于破坏金属连续性的缺陷。

（8）白点断口

白点断口上呈圆形或椭圆形的银白色亮点，斑点区域内的晶粒一般要比基体晶粒粗。白点有时也会呈鸭嘴形裂口，其尺寸变化较大，白点缺陷一般分布于偏析区。

白点缺陷是钢中氢和内应力共同作用所造成的，它属于破坏金属连续性的缺陷。具有白点缺陷的钢材延伸率很低，其断面收缩率和冲击韧性降低更显著。有白点缺陷的钢件在热处理时往往容易形成淬火裂纹，有时开裂。因此，白点缺陷在钢中是不允许存在的。

（9）气泡断口

气泡断口的特征是沿热加工方向呈内壁光滑、非结晶的细长条带。气泡断口分皮下气泡断口和内部气泡断口两类。

钢中气泡主要是钢液中气体含量过多、浇铸系统潮湿、钢锭有锈等所致，它属于破坏金属连续性的缺陷。

（10）内裂断口

内裂分为锻裂和冷裂两种。锻裂的特征是出现光滑的平面或裂缝，这是热加工过程中滑动摩擦造成的。冷裂的特征是出现与其有明显分界、颜色稍浅的平面与裂缝，经过热处理或酸洗的试样可能有氧化色。

锻裂是热加工温度过低，内外温差和热加工压力过大，变形不合理等造成的。冷裂是锻轧冷却太快、组织应力与热应力迭加造成的。内裂严重破坏金属的连续性。

（11）非金属夹杂物及夹渣断口

非金属夹杂物及夹渣断口在纵向断口上呈现不同颜色（灰色、浅黄色、黄绿色等）非结晶的细条带或块状缺陷。其分布无一定规律性，在整个断口上均可出现。

此种缺陷是钢液在浇铸过程中混入的渣子与耐火材料等杂质造成的，它属于破坏金属连续性的缺陷。

（12）异金属夹杂物断口

异金属夹杂物在纵向断口上呈条带状，与基体金属有明显的边界，其变形能力、金属光泽和组织结构均与基体不同，条带边界有时出现氧化现象。

这种缺陷是掉入的外部金属、合金粉末熔化造成的，会破坏金属组织的均匀度或连续性。

（13）黑脆断口

黑脆断口在断口上呈现出局部或全部的黑灰色，严重时可看到石墨颗粒。

黑脆缺陷主要是钢中发生石墨化造成的。石墨（石墨化钢除外）破坏了钢的化学成分和组织的均匀性，使淬火硬度降低、性能变坏。一般出现在多次退火后的共析和碳素工具钢中以及含硅的弹簧钢中。

（14）石状断口

石状断口在断口上表现为无金属光泽、浅灰色、有棱角、类似碎石块状，轻微时只有少数几个，严重时可布满整个断口，是一种粗晶晶间断口。

此种缺陷是严重过热或过烧造成的，其使钢的塑性及韧性大大降低，特别是韧性降低尤为显著。

（15）萘状断口

萘状断口的特征是断口上有弱金属的亮点或小平面，由于各个晶粒位向不同，这些小平面闪耀着萘晶体般的光泽，它是一种粗晶的穿晶断口，一般降低韧性。

这种缺陷在结构钢和高速钢的断口上均可见到。高速钢中典型的萘状断口常常是工件多次重复淬火，期间又未经退火造成的，结构钢中的萘状断口是由钢加热时温度过高或高温保温时间太长导致晶粒长大引起的。

（16）彩色断口

彩色断口是将正常断口试样制备好后，加热到 $300℃$ 后借外力将之迅速折断，这时断口表面有蓝色氧化膜生成。不同的温度，断口颜色也不同。这种断口主要用来检验钢材中的细小非金属夹杂物。

5.2.3 断口检验案例

材质为 CL60H 的 SW840 车轮在正常低倍生产检验时未发现明显的冶金缺陷，但是该批号车轮经超声波探伤，发现部分车轮内部有缺陷。对缺陷车轮取低倍试样进行两次复检，部分低倍试样检验面有锯齿状裂纹，尤其是第二次复检对低倍试样进行断口检验时，发现部分断口颜色呈黑色。为探讨黑色断口形成的原因，对黑色断口进行如下分析。

（1）初检、复检概况

低倍初检、复检及超声波探伤情况见表 5-3 所列。

表 5-3　低倍初检、复检及超声波探伤情况

检验序号	试样编号	超声波探伤缺陷	低倍检验缺陷	断口缺陷	备注
初检	—	—	正常	未打断口	
复检一	E02Ⅺ试1	—	辋、毂有裂纹	未打断口	如图 5-65 所示
复检二	1-1	有缺陷	1条长1mm裂纹	黑断口	如图 5-66 所示
	1-2	正常	正常	正常、黑断口	如图 5-67、图 5-68 所示
	1-3	有缺陷	1条长5mm裂纹	黑断口	如图 5-69、图 5-70 所示
	1-4	正常	正常	正常	如图 5-71 所示

注：1-2 号试样经落锤试验机打断口时，除 V 形槽口处断裂外（断口正常），位于落锤试样座两支点外侧一端发生断裂，属于震断（断口颜色为黑色）。断口试样调质热处理工艺为：$820℃×1h$ 水淬 $+550℃×2h$ 水冷。

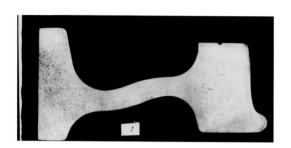

图 5-65　复检低倍形貌

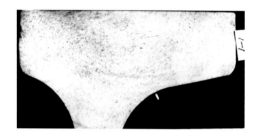

图 5-66　1-1号试样低倍形貌

图 5-67　1-2号试样低倍形貌

图 5-68　1-2号试样断口形貌

图 5-69　1-3号试样低倍形貌

图 5-70　1-3号试样断口形貌

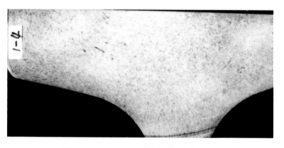

图 5-71　1-4号试样低倍形貌

（2）断口分析

三块黑断口的断口表面几乎都覆盖一层深黑色氧化产物，未覆盖深黑色氧化产物的新鲜断口面积所占比例甚微。1-2号、1-3号试样断口宏观形貌如图5-68、图5-70所示。由图可知，断口的断裂源均位于断口内部，并向四周扩展至断裂，其中1-3号试样断口为多源扩展；1-2号、1-3号试样断口未清洗前经扫描电子显微镜能谱分析，断口上的深黑色氧化产物主要是 Fe_3O_4 和 Fe_2O_3，如能谱图5-72、图

5-73所示。断口清洗后经扫描电子显微镜形貌分析，清洗时由于断口氧化较严重，断口形貌有所失真。1-2号试样断口宏观形貌如图5-74所示；断裂源位于断口内部，源区微观形貌为准解理，如图5-75所示；扩展区为沿晶断裂，如图5-76所示。

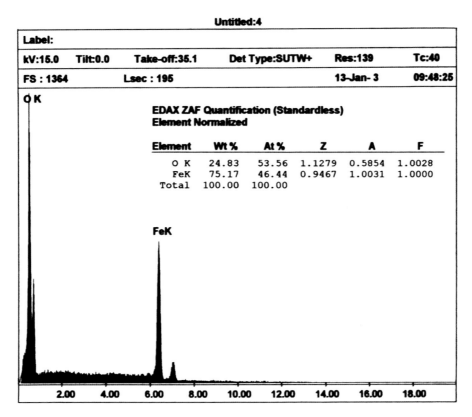

图5-72　1-2号试样断口能谱图

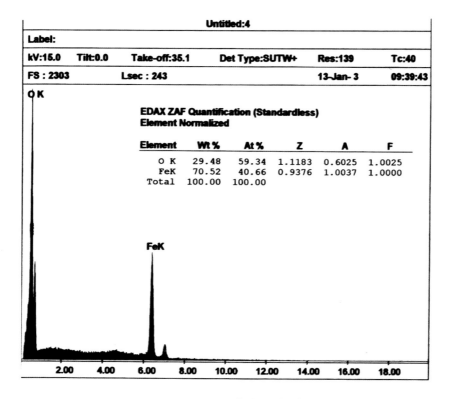

图5-73　1-3号试样断口能谱图

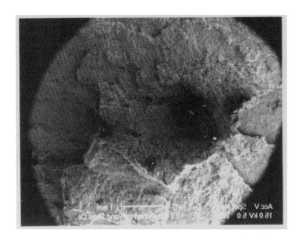

图 5-74　1-2 号试样断口宏观形貌 (15×)

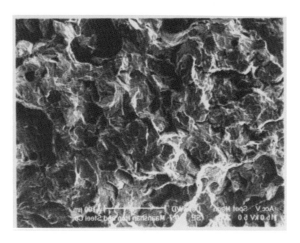

图 5-75　断裂源区形貌 (200×)

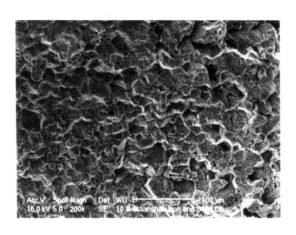

图 5-76　扩展区形貌 (200×)

（3）金相检验

分别在 1-2 号、1-3 号试样断口的源区附近各取金相试样一块，金相检验面与断口表面垂直。1-2 号试样靠近断口表面处有较多二次裂纹，裂纹处有氧化铁，如图 5-77 所示；断口表面与裂纹处不脱碳，如图 5-78 所示；远离断口表面的基体上也有裂纹，裂纹形貌为蝶状，呈穿晶不连续分布，如图 5-79 所示；裂纹不脱碳且位于偏析区内，如图 5-80 所示。基体显微组织不均匀，为"细珠光体＋断续网状"铁素体，局部为索氏体；1-3 号金相试样检验结果与 1-2 号试样基本相同。

图 5-77　1-2 号试样断口附近裂纹形貌 (100×)

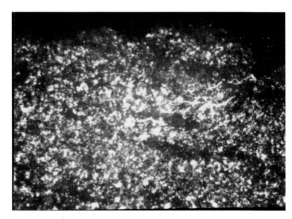

图 5-78　1-2 号试样裂纹处组织形貌
(100×，3%硝酸酒精腐蚀)

图 5-79 1-2号试样基体裂纹形貌（100×）

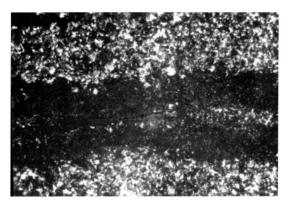

图 5-80 1-2号试样裂纹处组织形貌
（100×，3%硝酸酒精腐蚀）

（4）结果分析

根据断口宏观分析，断口断裂扩展路径不是沿试样 V 形缺口或试样表面扩展至断裂，而是以内部裂纹为源点向四周扩展至断裂。断口表面覆盖物经能谱分析，主要是 Fe_3O_4 和 Fe_2O_3，属于中温氧化产物。金相检验断口表面与其表面二次裂纹均不脱碳，基体组织不均匀。以上结果表明试样内部原先就存在裂纹，在试样调质处理淬火时，在热应力及组织应力作用下，原裂纹扩展长大，部分裂纹或大部分裂纹露出试样表面（新鲜断口面积所占比例甚微，1-2号试样端部受震断裂足以表明大部分裂纹已露出试样表面）。裂纹一旦露出试样表面，在随后的高温回火过程中，内部裂纹与大气相通，裂纹表面在回火温度下发生氧化，形成黑色断口。由于断口氧化严重，经反复清洗，断口真实形貌有所破坏，所以不容易确认断口裂纹源的形成原因。但是根据断口处金相试样基体上的裂纹形貌判断，该裂纹与白点裂纹的金相特征相符，属于白点裂纹。

（5）结论

黑色断口的形成过程是试样内部裂纹在淬火时扩展至试样表面，在随后的回火期间氧化而成的；内部裂纹的性质可能与白点裂纹有关。

第 六 章
探伤缺陷的金相检验及其分析案例

6.1　金相检验的发展

金相学的创建及早期发展阶段都是以光学显微镜为主要研究手段的。

德国的 Widmanstgtten 在 19 世纪初用硝酸水溶液腐蚀铁陨石切片后首次观察到片状 Fe-Ni 奥氏体的规则分布,因而被认为是金相学的奠基人。

德国的 Adoll Martens 是一位严谨的正统金相学家,为金相观察在冶金界的传播做出了很大贡献。他改进了实验方法,而且与蔡司光学仪器厂合作设计适用于金相观察的显微镜。他把金相学从单纯的显微镜观察扩大提高成一门新学科。

1863 年美国的 H. C. Sorby (以下简称索氏) 首次用显微镜观察经抛光并腐蚀的钢铁试片,从而揭开了金相学的序幕。他在锻铁中观察到类似 Widmanstgtten 在铁陨石中观察到的组织,并称之为魏氏组织。他不但看到珠光体中的渗碳体和铁素体的片状组织,还对钢的淬火和回火做了初步探讨,此时金相学基本形成。索氏体在钢铁的显微镜观察中发现的主要相有铁素体、渗碳体、珠光体。

法国的 Osmond 可以说是一位金属学或物理冶金方面的伟大科学家。在实验技术方面他不限于金相观察,而是把它与热分析、膨胀、热电动势、电导等物理性能试验结合起来。这在当时是一种创举,他把金相技术扩大到更广泛的范畴。他还把自己发现的碳在 γ 铁中的固溶体命名为 Austentie,即奥氏体,以纪念在 Fe-C 相图方面做出巨大贡献的 Roberts-Austen (以下简称奥氏)。甚至他还用物理化学家 Troost 的姓氏命名钢中的一种共析相变组织 Troostite,即屈氏体;1895 年,他还建议用 Martens 的姓氏命名钢的淬火组织 Martensite,即马氏体。

金相检验是指在金相显微镜下观察、辨认、分析金属材料的微观组织状态和分布情况,借以判断和评定金属材料质量的一种检验方法。它的目的,一方面是常规检验,即根据已有知识,判断或确定金属材料的质量和生产工艺及过程是否完善,如有缺陷时,借以发现产生缺陷的原因;另一方面是更深入地了解金属材料微观组织和各种性能的内在联系以及各种微观组织形成的规律等,为研制新材料和新工艺提供依据。金相检验所使用的仪器最常见的是光学显微镜。

彩色金相技术是显示技术的变革,它在金相技术的理论上开辟了一个崭新的天地。彩色金相技术在实验技术上引用了一系列近代形膜方法,极大地丰富了光学金相的内容,增加了反映显微组织状态的信息,为精确的定量分析创造了有力条件,充分挖掘了光学金相技术的内在潜力,因而具有极大的生命力。

随着产品结构调整及产品品种逐渐向多元化发展,一些高技术含量、高附加值的产品对金相检验提出了更高的要求。与以往产品不同,其显微组织不再是过去的简单的单相组织,而是呈现复杂的多相组织结构。金相检验也不再仅仅满足于过去的定性检测,而是逐渐过渡到定量检测。因此,传统的黑白金相技术已不能满足产品的需要。

彩色金相技术源于干涉膜金相学，它是通过物理或化学的方法，在样品表面形成一层干涉膜，通过薄膜干涉将样品的微观组织显示出来。目前在金相试样上沉积薄膜的方法主要有热染法、阳极化和化学方法、真空沉积法、中性与活化溅射法等。在干涉膜形成的诸多方法中，化学染色法因无须任何特殊设备、可操作性强的特点被应用得最为广泛。例如，合金钢、双相钢等。到目前为止，干涉膜的形成方法有六种：热染法、阳极化法、化学染色法、真空沉积法、中性活化离子溅射法和恒电位法。以上方法各有优点和缺点，相比之下化学染色法具有可操作性强、无须任何特殊设备、实际应用最广泛的特点。用化学染色法对钢的显微组织进行染色，使显微组织（较复杂，用常规的黑白金相技术难以显现和分辨组织细节）的组织结构清楚地显现出来，其分析结果对进一步研究钢的组织与性能提供了重要的技术依据。

6.2　试样的截取

试样截取的方向、部位、数量应根据金属制造的方法、检验目的、技术要求等规定进行，按有关国家标准和行业标准的规定在试样的相应部位上截取，以使所取的试样具有代表性。

金相试样检验面应根据检验项目的要求来决定。垂直于锻轧方向的横截面可以研究金属材料从表层到中心的组织、晶粒度级别、表层缺陷深度、脱碳层深度等；平行于锻轧方向的纵截面可以研究非金属夹杂物级别及分布状态、带状组织等。当研究工件的失效原因或发现材料缺陷时，可在失效、缺陷处和附近的正常部位取样进行分析比较。通常探伤对钢材内部缺陷的定位可为取样提供很大的帮助。

在试样上截取时，应保证被检验面组织不因截取操作而产生任何变化；缺陷取样应尽可能采用机械切割；金相试样的形状，一般选择方柱体和圆柱体两种。其尺寸不宜过大或过小，应保证抛光面不小于 $200mm^2$。

取样的部位如果不具备典型性和代表性，其检查结果将得不到正确的结论，而且会造成错误的判断。一般工厂取样要严格按照标准规范取样，否则检验结果无法代表产品的合格与否，一切检验工作都会付之东流，还可能产生不可挽回的经济损失。失效分析取样更要慎重，缺陷部位不可随意打磨、丢失等。

6.3　试样的制备

金相检验是在经过仔细研磨、抛光及经过浸蚀后的金相试样上进行的。金相试样的制备是金相检验中一个极其重要的工序，包括取样、镶样、研磨（粗磨、细磨、抛光）和浸蚀等。

（1）试样的镶嵌和研磨

截割磨平的试样，如果形状尺寸合适，便可直接进行磨光、抛光操作。但是形状不规则，尺寸过于细薄（如薄板、细线材、细管材等），磨光、抛光不易持拿的试样，需要镶嵌成较大尺寸，便于操作。软的、易碎的、需要检验边缘组织的试样，以及为了便于在自动磨光和抛光机上研磨的试样，都需要镶嵌。经过镶嵌的样品不但抛磨方便，而且可以提高工作效率及试验结果的准确性。目前广泛应用的方法有塑树脂镶嵌法和机械夹持法。

金相试样经切割或镶嵌后，从粗糙不平的表面制成光滑无痕的检验面要经过多项工序操作。金相试样一般是人工研磨，人工研磨又包括粗磨、细磨和抛光工序。

将试样在金相试样磨平机上进行粗磨平，把不需要的棱角、尖角、飞边全部倒角。然后，在自动磨样机上分别用 240 号、600 号、1000 号金相砂纸进行细磨。因为经粗磨后的试样表面虽已平整，但还存在较深的磨痕，细磨的目的也就是消除粗磨过程中较粗、较深的磨痕，为后期抛光做准备。细磨所使用的砂纸一般为水砂纸（磨制时需加水）和金相砂纸（砂纸上的磨料一般是碳化物、氧化铝或金刚石）。试样细磨一般由粗到细依次而行，每换一道砂纸都需要清洗干净，并且细磨应垂直于前道磨痕的纹路。具体操作时要注意接触压力不宜过大，同时注意在研磨时需要用水冷却试样，使金属组织不因受热发生变化而形成金属形变层，如图 6-1 所示。

抛光可分为粗抛光和精抛光两个步骤，抛光的目的是除去金相磨面上因细磨而留下的细划痕，一方面抛掉磨面上的痕迹，另一方面消除磨面上的形变扰乱层，使试样表面变为光滑无瑕的镜面。抛光是金相试样制备过程中的最后一道工序，抛光的好坏直接影响试样的观察与腐蚀。金相试样的抛光一般分为机械抛光、电解抛光、化学抛光，我们目前常用的是机械抛光，如图6-2所示。粗抛光的目的在于消除因细磨而留下的划痕，而精抛光的目的在于去除细划痕使基体变得更加光洁。

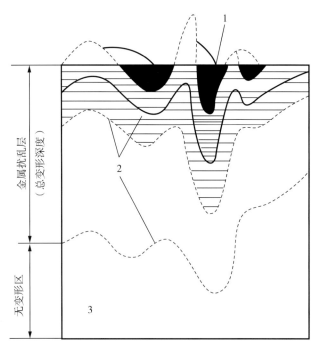

图6-1 形变层示意图

1—高变形损伤区；2—等变形量周界；3—无形变区

图6-2 机械抛光

（2）试样浸蚀

经一般抛光的试样，若直接置于显微镜下观察，只能看到一片亮光（具有特殊颜色的非金属夹杂物和石墨除外），其显微组织并未显露，因此需要进行金相组织显示（试样浸蚀）。浸蚀的目的就是将钢的组织、晶界或相界显示出来，以便于在显微镜下观察。浸蚀的方法可分为化学浸蚀法和物理浸蚀法两大类。化学浸蚀法是最常用的方法；物理浸蚀法法比较重要的有热染、高温挥发、阴极真空电子发射及磁场法等。日常在实验室普遍应用的显示组织方法是化学浸蚀法。

化学浸蚀法包括化学或电化学浸蚀、电解浸蚀、恒电位浸蚀、化学染色及热染色等。化学浸蚀法除恒电位法外，其他各种方法都是简便易行的。为了真实、清晰地显示金属组织结构，浸蚀都有较为严格的步骤与注意事项：浸蚀试样时应采用新抛光的表面，先用水或酒精冲洗试样磨面残余污物，然后用热风机将试样吹干；将试样浸入染剂内，要求试样面朝上，试样面浸入深度距液面高度应大于10mm；浸蚀完毕取出试样要立即用水充分冲洗，用酒精淋滴数次，充分去除水分后经热风吹干，不允许用手或用其他不清洁物品接触试样表面。浸蚀时间从几秒到几小时，当没有给出明确的时间时，浸蚀的合适时间是以试样抛光面颜色的变化来判断，浸蚀时光亮的表面失去光泽变成银灰色或灰黑色就可以了（如图6-3所示），一般可根据对材料的腐蚀特性和热处理状态的把握来控制时间。

浸蚀可采用多种溶液进行多重浸蚀，以充分显示钢显微组织，若浸蚀程度不足，可继续浸蚀或者重新抛光后再浸蚀，但是最好重新抛光后再浸蚀。如果不经抛光重复浸蚀，往往在晶粒界形成"台阶"，在高倍显微镜下，能够看得见伪组织。万一浸蚀过度则需重新磨制抛光后再浸蚀。浸蚀后的试样表面如果出现扰乱现象，可用反复多次抛光浸蚀的方法消除，如图6-4所示。扰乱现象过于严重，不能全部消除时，试样须重新磨制；表面出现过多的腐蚀坑、点时也必须重新磨制。

常规显示

染色显示

图 6-3 试样浸蚀

电解浸蚀则是将抛光试样浸入合适的化学试剂的溶液（电解浸蚀剂）中，通以较小的直流电进行浸蚀。其主要用于化学稳定性较高、普通化学浸蚀很难显示组织的合金，例如不锈钢、耐热钢、镍基合金等。电解浸蚀的原理和电解抛光一样，在电解抛光开始试样产生浸蚀现象，这一阶段正好是电解浸蚀的工作范围。由于各相之间与晶粒之间的析出电位不一样，在微电流的作用下各相的浸蚀深浅不同，因而能显示各相的组织。电解浸蚀工作电压一般为 $2\sim6V$，电流为 $0.05\sim0.3A/cm^2$。试样连接电源的正极，再选择合适的阴极板连接电源的负极，图 6-5 为一个简易的电解装置。

图 6-4 重新磨制

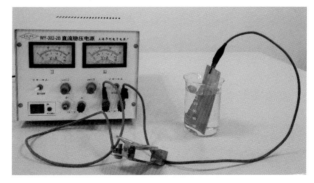
图 6-5 简易电解装置

6.4 试样显微组织的观察

观察显微组织用的主要设备是金相显微镜，其类型可分为台式、立式和卧式三大类，此外按用途不同还分各类特种金相显微镜，如偏光显微镜、干涉显微镜、相衬显微镜及高温、低温显微镜等。金相显微镜一般是利用灯光作照明源，借助透镜、棱镜等作用，使光线投射到试样表面上，靠试样表面不同的反射能力，使光线不同程度地进入物镜，经放大后呈现出反映金属组织形貌的图像。然后，通过目镜直接观察或利用照相装置摄取照片。金相显微镜是进行金相检验必不可少的工具，借助它可以对钢中肉眼不能直接看到的显微组织进行观察和分析，以检查和评定钢的质量。还有一种便携式显微镜，可直接在产品工件处理过的地方直接观察，这种观察方法不需要破坏工件取样，也有较大的使用空间。

（1）金相显微镜的构造

普通的光学金相显微镜主要由三个系统构成，即光学系统、照明系统和机械系统。台式正置式显微镜如图 6-6 所示，金相显微硬度计如图 6-7 所示。

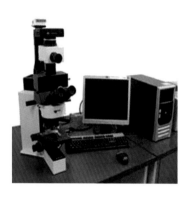
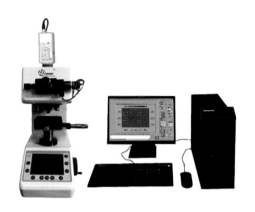

图 6-6　台式正置式显微镜　　　　　　　　图 6-7　金相显微硬度计

（2）显微技术的要求

显微组织摄影是在金相显微镜中的摄影装置上进行的。要获得一张清晰的照片，操作时需要注意以下几点：

① 对试样的要求。对于摄影用的金相试样，要比普通观察的试样要求严格得多。试样要特别精制，被照区域无划痕、无麻点、无水迹、无污、无锈，腐蚀深浅程度合适，显微组织清晰。

② 目镜和物镜的选择。金相摄影时，应根据所需的放大倍数选择合适的物镜和目镜。

由于放大倍数 M、数值孔径 $N \cdot A$ 与鉴别率 d 有一定的关系，为此选择物镜时必须使显微镜的放大倍数 M 在 $500 \sim 1000 N \cdot A$ 之间。若 $M < 500 N \cdot A$，则未能充分发挥物镜的鉴别率；若 $M > 1000 N \cdot A$，则形成"虚伪"放大，细微部分将分辨不清。

6.5　锻件的金相检验及其分析案例

6.5.1　非金属夹杂物检验

（1）非金属夹杂物的种类与特征

非金属夹杂物即为钢中存在的非金属化合物。钢中常见的非金属夹杂物，依其性质、形态、密集程度、分布状态和变形特征等可分为以下几种：

① 硫化物（A）类。钢中的硫化物主要是 FeS、MnS 等，塑性较好，属塑性夹杂物。经锻后沿成形方向变形，呈纺锤状或线段状，在明场下呈浅灰色，抛光性好，不易剥落，如图 6-8 所示。

② 氧化物（B）类。钢中常见的氧化物有 Al_2O_3、SiO_2 等。多数氧化物的塑性极低、脆性大、易断裂，属脆性夹杂物。经锻后沿加工方向排列成串或点链状分布，在明场下呈黑色或带蓝色，抛光性差，易剥落，如图 6-9 所示。

图 6-8　硫化物类（A 细系）　　　　　　　图 6-9　氧化物类（B 细系）

③ 硅酸盐（C）类。硅酸盐的成分是复杂的，而且常常是多相的。属于这类夹杂物的有 $2Fe \cdot SiO_2$、$2MnO \cdot SiO_2$、$3Al_2O_3 \cdot 2SiO_2$ 等，这类夹杂物有易变形的，也有不易变形的。易变形的硅酸盐夹杂物与硫化物相似，沿成形方向延伸变形，呈线段状，明场下呈灰色或暗灰色；不易变形的硅酸盐与氧化物相似，沿成形方向呈颗粒状分布，明场下也呈暗灰色或黑色。这类夹杂物全部或部分以玻璃态的形式保存于钢中，如图 6-10 所示。

④ 无规则分布的颗粒状（D）类（球状氧化物类）。如图 6-11 所示，这类夹杂物铸态呈球状，热加工后保持球状不变，如 SiO_2 及含 SiO_2（>70%）的硅酸盐等。

图 6-10　硅酸盐类（C 细系）

图 6-11　无规则分布的颗粒状（D）类

⑤ DS 类（单颗粒球状）。如图 6-12 所示，夹杂物呈圆形或近似圆形，为直径不小于 $13\mu m$ 的超宽单颗粒夹杂物。

（2）非金属夹杂物的金相检验

夹杂物的金相检验是观察夹杂物的分布形态、变形性、光学特征（明场、暗场、偏振光下的各种特征）、硬度、化学性质、颜色、能谱等，确定夹杂物的类型和组成。目前鉴定夹杂物的大致方法有两种：一种是金相法与微区域成分分析相结合；另一种是光学金相法。我们主要介绍后者，光学金相鉴定夹杂物的方法如下：

图 6-12　DS 类

① 明场观察。其主要研究夹杂物数量、大小、形状、分布、反光色及形变能力，通常在放大 100～500 倍金相显微镜下进行观察。抛光试样，不需浸蚀，就可以在显微镜下进行观察。不透明的夹杂物呈浅灰色或其他淡色，透明夹杂物颜色较暗。

② 暗场观察。其主要研究夹杂物的固有色彩和透明度。它通过环形光束投射到抛物形反射镜，再以大的角度掠射到试样表面，最后以散射光进入物镜成像。暗场观察是定性分析的重要依据之一。

在暗场中能判别夹杂物的固有色彩，是因为在明场下入射光线一部分经试片的表面金属反射出来，另一部分经过夹杂物折射入金属基体与夹杂物的交界处，再经该处反射出来，这两束光线混合射入物镜，夹杂物的固有色彩被混淆。因此，明场下看不清夹杂物的固有色彩。

在暗场下，光线透过透明夹杂物后，在夹杂物与金属基体交界处产生反射，反射光透过夹杂物后射入镜筒内，如果夹杂物是透明有色彩的，那么射入镜筒内的光线也带有该夹杂物的色彩，故夹杂物的固有色彩在暗场下可显。

此外，由于金属基体反射光的混淆，在明场下无法观察到夹杂物的透明度。在暗场中，金属基体的反射光不进入物镜，光线透过透明夹杂物，在夹杂物与金属的交界面上产生反射，因而透明夹杂物在暗场下是发亮的，不透明夹杂物在暗场下呈暗黑色，有时看见一边亮。

③ 正交偏振光观察。其主要鉴别夹杂物是各向同性（载物台转动 360°时，夹杂物颜色无变化）还是各向异性（载物台转动 360°时，夹杂物出现四次明暗交替变化）。偏光还可以观察夹杂物的透明度和固有色彩，可代替暗场观察，其原理与暗场一样，但灵敏度不如暗场高，因而对于一些弱透明度的夹杂物来说还是用暗场来检验为宜。表 6-1 为常见夹杂物的光学特征。

表 6 - 1　常见夹杂物的光学特征

夹杂物的类型	明　　场	暗　　场	偏　　光
氧化物	不变形，呈球状，孤立存在，灰褐色	周围有亮圈	不透明，各向同性
硅酸盐	呈链状分布，褐色	透明	透明，呈褐色或者红褐色，各向异性
氮化物	规则的几个形状，呈方形、三角形等，橘红色	不透明	不透明，各向同性
硫化物	呈纺锤状分布，一般为塑性夹杂，浅灰色	不透明	不透明，各向同性

（3）非金属夹杂物的评级

夹杂物试样不经腐蚀，一般在明场下将其放大 100 倍，并在 80mm 直径的视场或边长 71mm 的正方形视场下进行检验。从试样中心到边缘全面观察，选取夹杂物污染最严重的视场，与其钢种的相应标准评级图加以对比来评定。评定夹杂物级别时，一般不计较其组成、性能以及可能来源，只注意它们的数量、形状、大小及分布情况。

在实际检验工作中，经常会遇到复合夹杂，如硫氧化物或双重夹杂，也可按照形态（包括形态比不小于 2 的条状和形态比小于 2 的非条状的单颗粒）和宽度进行评级。复合类夹杂可按硫化物和氧化物所占的面积百分比进行判定，对面积百分比大于 50% 的夹杂物优先置前。串（条）状的复合夹杂按形态比进行评定，形态比小于 2 时为 B 类，形态比不小于 2 时为 A 类或 C 类（以灰度区分）。对形态比不小于 2 的复合夹杂，如果硫化物的面积百分比大于 50%，则评为 A 类；如果氧化物的面积比大于 50%，则评为 C 类。要以概括性的术语说明夹杂物的组成，避免相互混淆。

每类夹杂物按其宽度或直径的不同，又分为粗系和细系两个系列，GB/T 10561 中 ISO 评级图谱，每个系列由 0.5 级到 3.0 级六个级别组成，这些级别随着夹杂物的长度或串（条）状夹杂物的长度（A、B、C 类），或夹杂物的数量（D 类），或夹杂物的直径（DS 类）的增加而递增。级别评级示例见附录九。

6.5.2　纯净度检验

纯净度是指钢被夹杂物污染的程度，测量的实质就是确定夹杂物所占的体积百分数。应先将夹杂物按要求分类，然后分类测定。测量方法是选用 20×20 的网格（共 400 点），在 400 倍显微镜下观察，检查视场数为 30～60 个。

JIS G0555《钢中非金属夹杂物的分析方法》标准纯净度公式为：

$$d = n/(p \times f)\%$$

式中，p 为视场内玻璃板上的格子总数，f 为视场数，n 为在 f 个视场内所有夹杂物与网格线结点的交点数。

例 1：d60×400＝0.34%，表示测定的视场数为 60 个，放大倍数为 400 倍，纯净度为 0.34%。

例 2：dA60×400＝0.15%，dB60×400＝0.02%，dC60×400＝0.09%，分别表示测定的视场数为 60 个，放大倍数为 400 倍，A 类、B 类、C 类夹杂物的纯净度分别为 0.15%、0.02%、0.09%。

6.5.3　晶粒度检验

（1）晶粒度的概念

晶粒度是晶粒大小的量度，它是金属材料的重要显微组织参量。晶粒度多是针对材料的奥氏体晶粒而言的，若不特别指明，一般是指奥氏体化后的奥氏体晶粒的大小。奥氏体晶粒度又分为本质晶粒度和实际晶粒度。本质晶粒度是材料固有的本质属性，它反映了材料能获得细晶的能力。实际晶粒度是指某一实际热处理加热条件下所得到的晶粒大小，它反映了材料实际体现出来的晶粒度，对材料的使用性能有直接的影响，在生产中要控制和评价的是实际晶粒度。

（2）晶粒度的显示

晶粒度的显示是指在室温下使原奥氏体晶粒显示出来，国家标准 GB/T 6394《金属平均晶粒度测定法》规定可采取淬火法、铁素体网显示法、渗碳体网显示法显示其晶粒度。上述后两者实际是淬火法的变种，都是利用淬火马氏体在原奥氏体晶粒内切变生成原理，以淬火马氏体领域显现原奥氏体晶粒范围大小。铁素体网显示法、渗碳体网显示法只是用先析出相为淬火马氏体领域镶边，更利于显示。直接淬硬法显示的是原奥氏体晶粒大小，奥氏体有记忆性，若加热温度和保温时间适当，它会恢复到原奥氏体形貌。

对晶粒度进行检测是金相检验的主要项目之一，根据要检验材料的不同，晶粒度的显示方法也不相同，对于一般的碳钢和低合金钢，苦味酸洗涤剂溶液直接热侵蚀即可达到良好的效果。一般碳含量很低的合金钢或碳钢显示晶粒度可采用渗碳法。对于某些马氏体不锈钢，如 1Cr13 和一些高合金工模具钢，一般酸蚀效果很差，晶界难以显示，或者晶界显示的同时材料组织也一同显示并且组织比晶界更加突出，通常采用反复擦拭腐蚀、反复抛光的方法，并不断调整浸蚀剂的配比来获得较清晰的晶粒。电解法也是一种较快速简便的显示方法，对一些高合金钢能较容易地显示其晶粒度。

（3）晶粒度的测定与评级

在 GB/T 6394—2017 中规定测量晶粒度的方法有比较法、面积法和截点法等，生产检验中常用比较法。当对结果有争议时，截点法是仲裁法。

比较法是在 100 倍显微镜下与标准评级图对比来评定晶粒度的。标准图是按单位面积内的平均晶粒数来分级的，晶粒度级别指数 G 和平均晶粒数 N 的关系为

$$N = 2^{G+3}$$

式中：N 为放大 100 倍时每 $1mm^2$ 面积内的晶粒数。从关系式中可以看出晶粒越细，N 越大，则 G 越大。

在 GB/T 6394 中备有四个系列的标准评级图，包括系列 I，无孪晶晶粒（浅腐蚀）；系列 II，有孪晶晶粒（浅腐蚀）；系列 III，有孪晶晶粒（深反差腐蚀）；系列 IV，钢中奥氏体晶粒（渗碳法）。图 6-13 是钢的标准晶粒度等级图（0 级、9 级和 10 级未画出）。实际评定时应选用与被测晶粒形貌相似的标准评级图，否则将引入视觉误差。当晶粒尺寸过细或过粗，在 100 倍显微镜下超过了标准评级图片所包括的范围，可改用在其他放大倍数下参照同样标准评定，再利用表 6-2 查出材料的实际晶粒度。

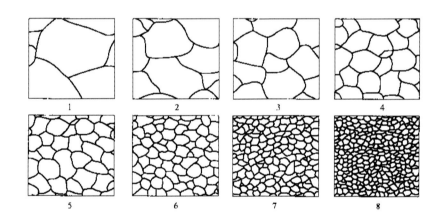

图 6-13　钢的标准晶粒度等级

表 6-2　不同放大倍数下晶粒度的关系表

图像的放大倍数	与标准评级图编号相同图像的晶粒度级别									
	No. 1	No. 2	No. 3	No. 4	No. 5	No. 6	No. 7	No. 8	No. 9	No. 10
25	−3	−2	−1	0	1	2	3	4	5	6
50	−1	0	1	2	3	4	5	6	7	8
100	1	2	3	4	5	6	7	8	9	10
200	3	4	5	6	7	8	9	10	11	12
400	5	6	7	8	9	10	11	12	13	14
800	7	8	9	10	11	12	13	14	15	16

评级时，一般在放大 100 倍的显微镜下，在每个试样检验面上选择三个或三个以上具有代表性的视场，对照标准评级图进行评定。

若具有代表性的视场中，晶粒大小均匀，则用一个级别来表示该种晶粒。若试样中发现明显的晶粒不均匀现象，则应当计算不同级别晶粒在视场中各占面积的百分比，若占优势的晶粒不低于视场面积的 90%，则只记录一种晶粒的级别指数，否则应同时记录两种晶粒度及它们所占的面积，如 6 级 70%、4 级 30%。

比较法比较简单直观，适用于评定等轴晶粒的完全再结晶或铸态的材料。但该方法精度较低，为了提高精度可把标准评级图画在透明纸上，再覆在毛玻璃上与实际组织进行比较。如图 6-14 所示为锻件奥氏体晶粒度。

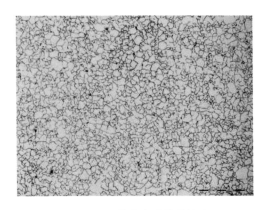

图 6-14　锻件奥氏体晶粒度

6.5.4　金相组织检验

组织有宏观和微观两种。宏观组织是指 20 倍以下的放大镜或肉眼直接能观察到的金属材料内部所具有的各组成物的直观形貌（如观察金属材料的断口组织、渗碳层的厚度以及经酸浸后低倍组织等），一般分辨率是 0.15mm。显微组织是指光学显微镜下能够看到的金属材料内部所具有的各组成物的直观形貌，一般极限分辨率为 0.2μm。它所包含的内容是各种相的形状、大小、分布及相对量等。

钢的大多数热处理过程是先把钢加热到奥氏体状态，然后以适当的方式冷却以获得所期望的组织和性能，加热时形成的奥氏体的化学成分、均匀化程度、晶粒大小以及加热后未溶入奥氏体中的碳化物等过剩相的数量和分布情况，直接影响钢在冷却后的组织和性能，因此研究钢在加热时的组织转变规律，控制加热规范以改变钢在高温下的组织状态，对充分挖掘钢材性能潜力、保证热处理产品质量有重要意义。同时钢的性能最终取决于奥氏体冷却转变后的组织，不同冷却条件下钢中奥氏体组织转变也相应不同，正确制订钢的热处理冷却工艺也具有重要的实际意义。所以，在钢的显微世界里，材料的种类、化学成分、加工锻造、热处理工艺、蚀刻方法等都影响着钢的形态，显微组织是千变万化的，其中的画面需要用无数的经验积累去描绘。

经浸蚀后的试样在显微镜下检查，可看到各种形态的组织。以自由锻的退火态合金结构钢（美国牌号 SAE 4715）为例，其显微组织的评定参照 GB/T 13299—2017《钢的显微组织评定方法》标准进行，组织为珠光体和铁素体，晶粒度级别为 8.0 级（如图 6-15 所示），带状组织级别评为 3.0 级（如图 6-16 所示）。对特殊钢经化学染色后可清楚地显现出"铁素体＋珠光体＋岛状马氏体"组织细节、组织结构（如图 6-17、图 6-18 所示）。

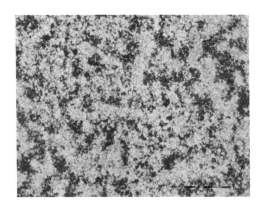

图 6-15　锻件显微组织

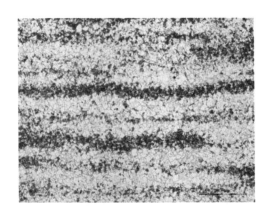

图 6-16　锻件带状组织级别：3.0 级

图 6-17 合金钢染色后显微组织

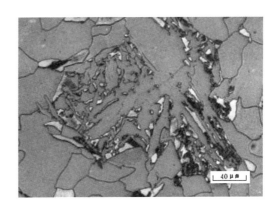

图 6-18 双相钢染色后显微组织

6.5.5 探伤样品的检验

探伤是企业把握产品质量的重要手段，它对工件各种缺陷进行检测、定位、评估和诊断，并且与金相密不可分，这两者在很多方面都可以相互补充、相互支撑，以达到分析产品质量好坏的共同目的。

以锻件为例，锻造后进行探伤检验，缺陷主要有夹杂、夹渣、异物、异金属掉落、疏松、裂纹、气泡、缩孔等。

（1）夹杂

锻件探伤夹杂缺陷如图 6-19、图 6-20 所示。相控阵检测结果如图 6-21 所示，能观察到夹杂物的条状形态及其在锻件中的位置。

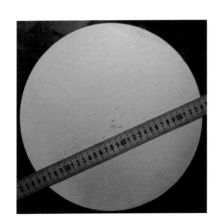

图 6-19 锻件探伤夹杂缺陷低倍图

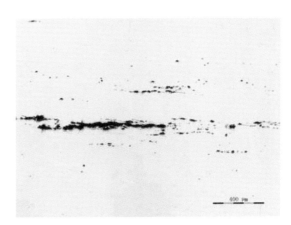

图 6-20 锻件探伤夹杂缺陷金相图

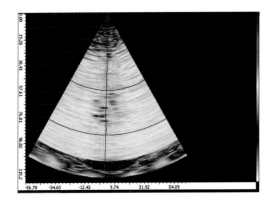

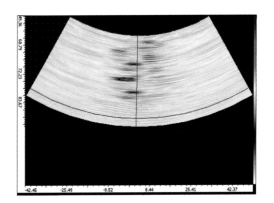

图 6-21 相控阵检测图

（2）异物

锻件探伤异物夹杂缺陷低倍如图 6-22 所示，金相如图 6-23、图 6-24、图 6-25 所示，超声波探伤波形特征如图 6-26 所示，从检测面方向探测，缺陷波呈单个尖脉冲和树杆状特征，反射波波峰清晰，尖锐有力。

图 6-22　锻件探伤异物夹杂缺陷低倍图

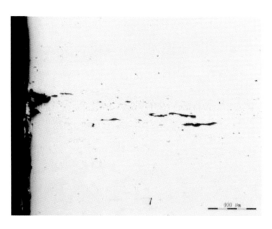

图 6-23　锻件探伤异物夹杂缺陷金相图（1）

图 6-24　锻件探伤异物夹杂缺陷金相图（2）

图 6-25　锻件探伤异物夹杂缺陷金相图（3）

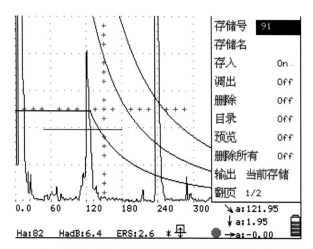

图 6-26　锻件超声波探伤波形特征

（3）气泡

阀箱锻件的皮下气泡缺陷金相如图 6-27 所示，此类缺陷两端圆钝光滑，呈蠕虫状且沿变形方向分布，超声波探伤波形如图 6-28 所示。

图 6-27　锻件探伤皮下气泡缺陷金相图

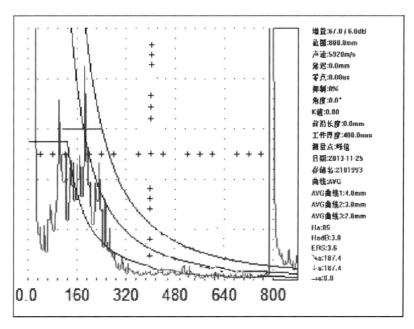

图 6-28　锻件超声波探伤波形图

（4）疏松

疏松缺陷低倍如图 6-29 所示，疏松缺陷金相如图 6-30、图 6-31 所示。超声波探伤波形如图 6-32 所示，从检测面方向探测，缺陷回波呈多个尖脉冲和山峰状特征，反射波波峰、波谷清晰，波峰尖锐有力。

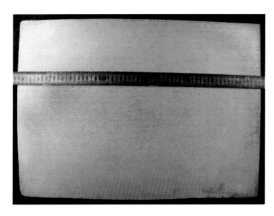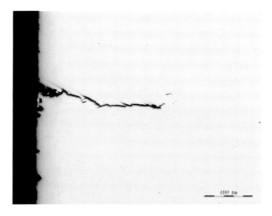

图 6-29　锻件探伤疏松缺陷低倍图　　　　　图 6-30　锻件探伤疏松缺陷金相图（1）

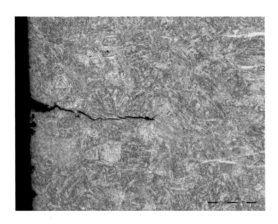

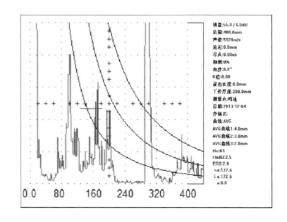

图 6-31　锻件探伤疏松缺陷金相图（2）　　　　　　图 6-32　锻件超声波探伤波形图

（5）缩孔

锻件缩孔特征是在低倍中心区域呈现不规则褶皱裂缝或空洞，在其上或附近常伴有严重的疏松、夹杂和成分偏析等。锻件缩孔缺陷金相如图 6-33 所示，超声波探伤波形如图 6-34 所示。从检测面方向探测，缺陷波反射强烈，波底宽大，呈束状，在主缺陷波附近常伴有小缺陷波，环状各处缺陷波基本类似。

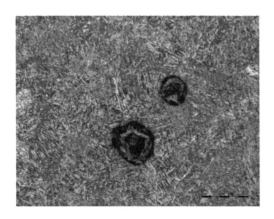

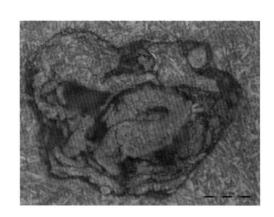

图 6-33　锻件探伤缩孔缺陷金相图

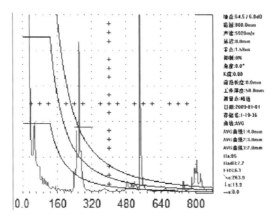

图 6-34　锻件超声波探伤波形图

（6）裂纹

锻件探伤裂纹缺陷主要分为白点和裂纹，如图 6-35、图 6-36 所示。白点裂纹特征通常是在低倍面上呈无规则、无方向性的放射状。高倍下一般形态尖而细长，呈穿晶。锻件缺陷裂纹如图 6-37、图 6-38 所示，超声波探伤波形如图 6-39 所示，缺陷呈尖锐单峰。

图 6 - 35　锻件白点低倍图

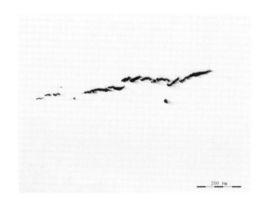 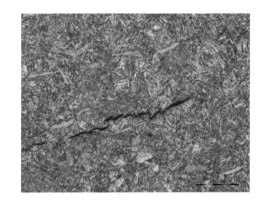

图 6 - 36　锻件白点金相图

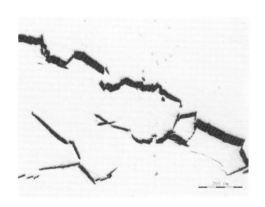 

图 6 - 37　锻件锻造裂纹金相图（材质缺陷）

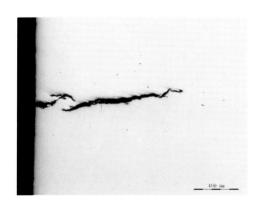 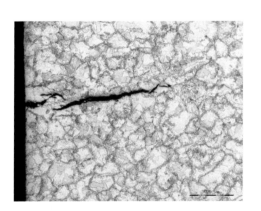

图 6 - 38　锻件锻造裂纹金相图（同时锻造温度过高，组织过热）

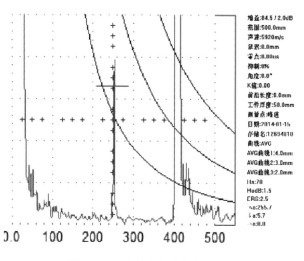

图 6-39　锻件超声波探伤波形图

（7）热处理缺陷

锻件在经热处理后的探伤缺陷主要有热处理裂纹缺陷（如图 6-40 所示）和组织类缺陷，组织类缺陷主要有：偏析（如图 6-41、图 6-42 所示）、粗晶（如图 6-43 所示）以及混晶（如图 6-44 所示）。热处理裂纹超声波探伤波形如图 6-45 所示，缺陷波呈尖锐单峰。偏析超声波探伤波形如图 6-46 所示，从检测面方向探测，缺陷回波处于非中心位置，呈环状分布的特定尖脉冲或尖脉冲后随渐减脉冲波出现，它对底波反射次数无明显影响，随着探伤灵敏度提高，底波次数明显增加。粗晶超声波探伤波形如图 6-47 所示，从检测面方向探测，呈降低草状特征，反射波波峰清晰，缺陷波模糊不清晰，波与波之间难于分辨，移动探头时伤波跳动迅速。

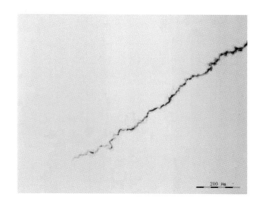
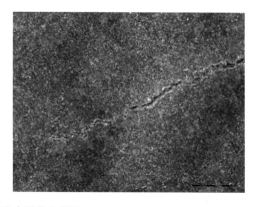

图 6-40　锻件热处理应力裂纹金相图

图 6-41　锻件偏析低倍图

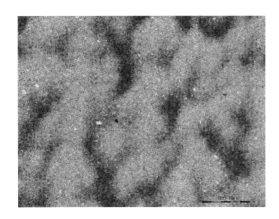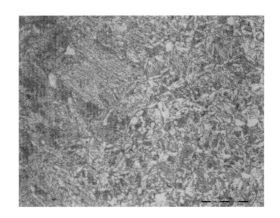

图 6-42　锻件偏析金相图（硝酸酒精侵蚀）

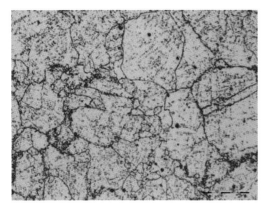

图 6-43　锻件组织粗晶缺陷金相图　　　　　　图 6-44　锻件组织混晶缺陷金相图
　　　　（热饱和苦味酸侵蚀）　　　　　　　　　　　　（热饱和苦味酸侵蚀）

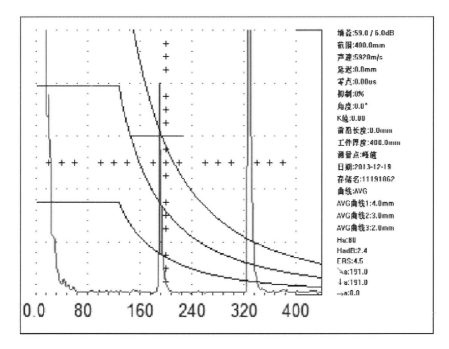

图 6-45　锻件超声波探伤裂纹波形图

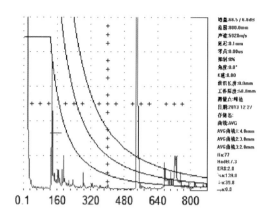

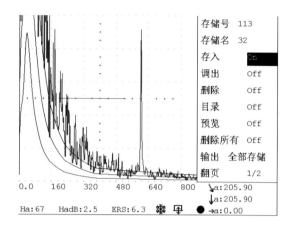

图 6-46　锻件超声波探伤偏析波形图　　　　　　　　图 6-47　锻件超声波探伤粗晶波形图

第 七 章
探伤缺陷的扫描电子显微镜检验及其分析案例

7.1　扫描电子显微镜

7.1.1　发展情况

扫描电子显微镜（Scanning Electron Microscope，SEM）是研究材料表面微观世界的一种先进、新型的电子光学仪器。作为材料显微结构表征的重要工具之一，现在扫描电子显微镜已广泛应用于材料科学、冶金学、矿物学、生命科学、电子学以及考古学等领域。

扫描电子显微镜的设计思想早在 1932 年便已被人提出，1938 年科学家在实验室制成第一台扫描电子显微镜，但因受各种技术条件的限制，随后进展一直很慢。直到 1965 年，在各项基础技术有了很大进步的前提下才在英国诞生了第一台实用化的商品仪器，这标志着扫描电子显微镜技术走向成熟。

经过 70 多年的发展，扫描电子显微镜的电子光学系统、真空系统以及探测器技术的长足发展使得扫描电子显微镜的分辨率现在已经达到了亚纳米尺寸。钨灯丝电子枪扫描电子显微镜的分辨率可以达到 3.0nm，场发射电子枪扫描电子显微镜的分辨率可达 0.8nm，还出现了分辨率更高（0.4nm）的扫描透射模式（STEM）。扫描电子显微镜不仅可以利用能谱进行元素成分分析，而且还可以加配电子背散射衍射（EBSD）对材料的晶体学信息进行分析，如晶体空间群、取向等显微结构信息。

近代扫描电子显微镜的发展主要在二次电子像分辨率上取得了较大的进展。但对不导电或导电性能不太好的样品还需喷金后才能达到理想的图像分辨率。随着材料科学的发展，特别是半导体产业的特殊需求，要求做到尽可能地保持样品的原始表面，在不做任何处理的条件下对其进行分析。后来出现的环境扫描电子显微镜（ESEM），即模拟环境工作模式的扫描电子显微镜，样品室低真空压力达到 2600Pa。环境扫描电子显微镜不需要对非导电材料喷导电膜，可直接观察；可保证样品在 100% 湿度下观察，即可进行含油含水样品的观察，能够观察液体在样品表面的蒸发和凝聚以及化学腐蚀行为；可进行样品热模拟及力学模拟的动态变化试验研究。环境扫描电子显微镜技术拓展了电子显微学的研究领域，是扫描电子显微镜领域的一次重大技术革命。

低电压扫描电子显微镜是近年来场发射电子显微镜的发展趋势。低电压扫描电子显微镜是利用低加速电压对材料进行显微结构表征的电子显微镜。能够不镀膜直接利用扫描电子显微镜对不导电材料进行观察。随着目前国内低电压场发射扫描电子显微镜的普及，越来越多的实验室拥有能在 1kV 下分辨率达到 1.2nm 甚至 0.9nm 的扫描电子显微镜。这种高分辨低电压扫描电子显微镜的出现，使人们能在接近电荷平衡的电压下直接对不导电样品进行分析和观察，有效避免了材料的荷电问题，同时又避免了由镀膜导致的细节掩盖现象。

7.1.2　工作原理

扫描电子显微镜是利用高能电子束，在试样表面进行光栅状扫描，由于高能电子束与物质交互作用，产生了各种信号：二次电子、背散射电子、吸收电子、俄歇电子等。将这些信号相应地接收放大后，送到显像管的栅极上，用来调制显像管的亮度。由于扫描线圈上的电流与显像管上的电流是同步的，因此试样表面上任意一点发射的信号与显像管荧光屏上的亮度是一一对应的，即电子束打到试样上某一点，则在荧光屏上就会出现一个亮度。因此试样表面不同位置的信号强度，显示为样品表面的放大像。

7.1.3　工作方式

在扫描电子显微镜中，用于成像的信号主要是二次电子，其次是背散射电子和吸收电子；用于分析成分的信号主要是 X 射线和背散射电子，阴极发光和俄歇电子也有一定的作用。

（1）二次电子

在入射电子束作用下，被轰击出来并离开样品表面的核外电子叫作二次电子。二次电子的能量一般较低，不超过 8×10^{-18} J（50eV）。二次电子一般都是在表层 $5 \sim 10$nm 深度发射出来的，它对样品的表面形貌十分敏感，因此能非常有效地显示样品的表面形貌。二次电子的产额和原子序数之间没有明显的依赖关系，所以不能用它进行成分分析。

（2）背散射电子

背散射电子是被固体样品中的原子核反弹回来的一部分入射电子，其中包括弹性背散射电子和非弹性背散射电子。背散射电子来自样品表层几百纳米的深度范围，由于背散射电子数能随样品原子序数的增大而增多，因此它不仅能用作形貌分析，而且可以用来显示原子序数衬度，定性地用作成分分析。

（3）特征 X 射线

当样品原子的内层电子被入射电子激发或电离时，原子就会处于能量较高的激发状态，此时外层电子将向内层电子跃迁以填补内层电子的空缺，从而使具有特征能量的 X 射线释放出来。如果我们用 X 射线探测仪测得样品微区中存在某一种特征波长，就可以判定这个微区中存在着相应的元素（莫塞莱定律）。

7.1.4　组成结构

扫描电子显微镜主要由电子光学系统、信号收集处理系统、图像显示和记录系统、真空系统、电源及控制系统五个部分组成，如图 7-1 与图 7-2 所示。分析型扫描电子显微镜一般是指将扫描电子显微镜配备多种附加仪器，以便对被测试样进行多种信息的分析，其附件一般有能谱仪、EBSD、波谱仪等。

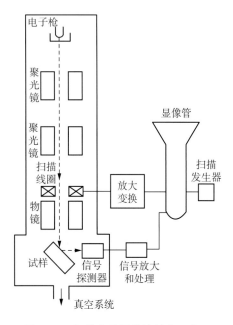

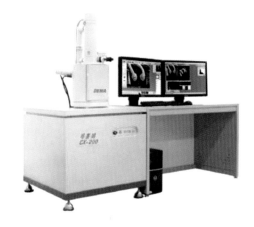

图 7-1　扫描电子显微镜结构示意图　　　　　　　图 7-2　扫描电子显微镜实物图

7.1.5　优点

扫描电子显微镜具有较高的分辨率，并且放大倍数连续可调；景深大，可以用于观察断口；制样步骤简单方便，可以直接观察；综合分析能力强，不仅可用于形貌观察，还可以与许多其他分析仪器组合在一起使用，使人们可在一台仪器中同时进行形貌、微区成分和晶体结构等多种微观组织结构信息的分析。如果再采用可变气压样品腔，便可以在扫描电子显微镜下做加热、冷却、加气、加液等各种实验。

7.2　能谱仪

7.2.1　简介

能谱仪是一种电子仪器，它的组成如图 7-3 所示。能谱仪中的主要部分是半导体探测器和多道脉冲高度分析器。能谱仪是通过 X 射线电子能量的区别进行元素分析的。

7.2.2　X 射线能谱分析

X 射线能谱分析仪是用来测量 X 射线能量的仪器，能谱仪可以把电子激发样品中原子发射出的不同能量的 X 射线收集起来，并按能量大小将其分类。它不但能测量 X 射线的能量，还可以测定出这些 X 射线之间的强度关系，从而进行定性、定量分析。

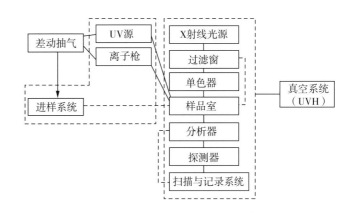

图 7-3　光电子能谱仪的组成

X 射线能谱分析方法：①定性分析，即从全元素能谱中标定出每个特征峰对应的元素；②半定量分析；③定量分析，包括全标样、半标样和无标样，无标样定量误差为 $5\%\sim10\%$。

X 射线能谱可分析元素范围：$_4\mathrm{Be}\sim_{92}\mathrm{U}$。

X 射线能谱可对试样进行微区成分分析（微区成分分析是指在物质的微小区域中进行元素鉴定和组成分析），基本分析方式有点分析、线扫描分析、面分析等。

7.2.3　能谱仪分析的特点

① 几何条件要求低；

② 探测效率高；

③ 测量时间短；

④ 分析粗糙表面的样品较方便；

⑤ 可做真正的微区分析；

⑥ 能谱的操作比波谱简单且直观；

⑦ 能谱的能量分辨率与波谱相比较差；

⑧ 对超轻元素的分析灵敏度低，信噪比小。

7.3　扫描电子显微镜试样的制备

扫描电子显微镜通常采用块状的样品。试样制备比透射电子显微镜容易，通常只要把试样放入样品室直接观察即可。

各种不同规格电子显微镜的样品室尺寸大小不一，所以试样尺寸可以依据样品室的尺寸来选定。

试样制备的关键就是让样品导电。故对于导电样品，不需进行特殊处理；对于非导电试样一般需要喷涂导电物质（通常是金或碳）才可以进行观察。

近年来已发展了一种可变压扫描电子显微镜（LV-SEM）/环境扫描电子显微镜（ESEM），在这种电子显微镜上，即使非导电样品也可以利用电子显微镜直接观察。

另外，对有些被喷涂后会遮挡自身表面特征的样品，可以不喷涂，采用低压模式直接观察。

对断口分析，最好要看新鲜断口，如果断口表面氧化或被污染了，必须清洗干净才可以观察。

7.4　探伤缺陷的扫描电子显微镜分析案例

7.4.1　水压机夹钳臂断裂原因分析（过热、过烧）

（1）概况

某水压机夹钳臂使用两个月就发生了断裂，材质为 ZG35 Ⅱ。ZG35 是老标准 GB 979—1967《碳素钢铸件》中的牌号，相当于新标准 GB/T 11352—2009《一般工程用铸造碳钢件》中的 ZG 270-500 牌号。

失效夹钳臂机械图纸如图 7-4 所示，失效部位如图中箭头所示。夹钳臂上有两处裂纹，一处裂纹已经完全贯穿，另一处裂纹只贯穿一半。采用人工法将另一处断口打开，取下一段长约 70mm 的试块进行检验分析，送检试块宏观形貌如图 7-5 所示。断口面上沾满了油污，完全贯穿裂纹的断口呈红褐色（断口宏观形貌如图 7-6 所示），只贯穿一半裂纹的老断口为黑褐色，新断口为亮白的金属色，两处断口均属于石状断口，呈现粗晶断裂特征。其超声波探伤波形如图 7-7 所示。

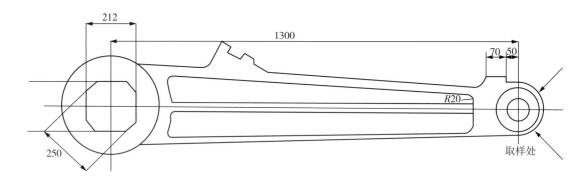

图 7-4　失效夹钳臂机械图纸

图 7-5　失效夹钳臂试块宏观形貌   图 7-6　断口宏观形貌

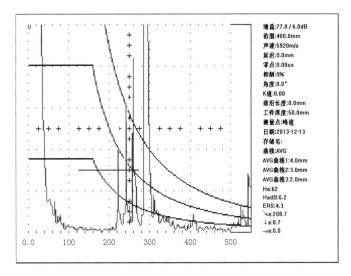

图 7-7　超声波探伤波形图

（2）检验结果

① 化学成分

夹钳臂取样进行化学成分光谱分析，其化学成分符合 GB/T 11352—2009《一般工程用铸造碳钢件》中的 ZG 270-500 牌号要求，检验结果见表 7-1 所列。

表 7-1　化学成分分析结果　　　　　　　　　　单位：Wt%

项　目	C	Si	Mn	P	S	Cr	Ni	Mo	V	Cu
夹钳臂光谱样	0.25	0.08	0.16	0.023	0.020	0.041	0.029	<0.005	<0.005	0.034
GB/T 11352—2009 ZG 270-500	≤0.40	≤0.60	≤0.90	≤0.035	≤0.035	≤0.35	≤0.40	≤0.30	≤0.05	≤0.40

② 低倍检验

失效夹钳臂断面低倍组织如图 7-8 所示。检验面上无孔洞、裂纹等铸态缺陷。

图 7-8　失效夹钳臂断面低倍组织图

③ 力学性能

在断口附近取样进行金属夏比（缺口）冲击试验和断面布氏硬度试验，检验结果见表 7-2 所列。

从表中可以看出，夹钳臂冲击吸收功仅为 7.5J 和 8.5J，远低于 GB/T 11352—2009 标准要求（≥27J）；布氏硬度平均值为 113，硬度值偏低。

表 7-2　力学性能检验结果

项　目	冲击吸收功（J）	布氏硬度		
	20℃	（HBW 10/3000）		
夹钳臂	7.5　8.5	114　110　112　116（平均值 113）		
GB/T 11352—2009　ZG 270-500	≥27			

④ 断口分析

在完全贯穿的裂纹处和贯穿一半的裂纹处各取一件断口试样，编号分别为 2 号、7 号。

断口主要属于沿晶韧窝型断裂＋少量准解理断裂，断口宏观形貌、微观形貌分别如图 7-9 和图 7-10 所示。沿晶韧窝型断裂的韧窝内可见非金属夹杂，如图 7-11 所示。

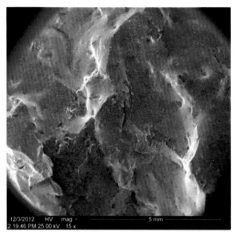

图 7-9　断口宏观形貌

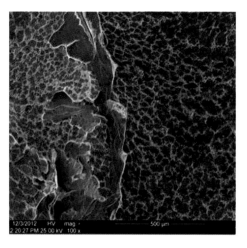

图 7-10　断口微观形貌

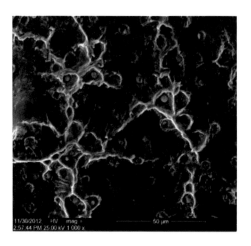

图 7-11　沿晶韧窝型断裂的微观形貌
（韧窝内可见非金属夹杂）

⑤ 金相缺陷分析

在断口处（试样编号：2 号、7 号）和正常处（试样编号：10 号）取样进行金相检验分析。

10 号、2 号、7 号试样基体晶粒非常粗大，晶粒度为 -1 级，显微组织均为铁素体＋珠光体＋三次渗碳体，如图 7-12 所示。在铁素体晶界上分布着大量非金属夹杂，部分晶界上还可见微裂纹，夹杂主要是硫化物（如图 7-13、图 7-14、图 7-15 所示），其具体能谱成分见表 7-3 所列。断口处可见裂纹，显微组织同基体，其微裂纹和显微组织如图 7-16、图 7-17 所示。

表 7 - 3　铁素体晶界上夹杂能谱成分（Wt%）

测量点	O K	AlK	S K	MnK	FeK	CuK	ZnK	CrK
A	0.27	3.65	11.16	3	75.8	3.06	3.07	
B	0.33	4.56	16.73	5.49	68.43		1.41	3.06
C			35.02	2.91	62.07			

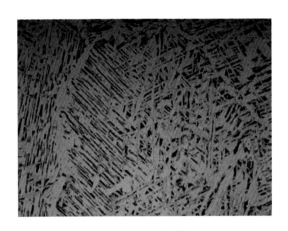

图 7 - 12　基体显微组织

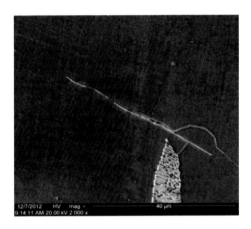

图 7 - 13　铁素体晶界上夹杂和微裂纹形貌

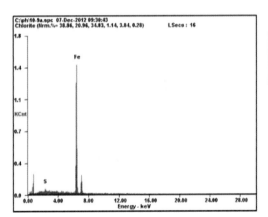

Element	Wt%	At%
SK	00.92	01.60
FeK	99.08	98.40

图 7 - 14　铁素体晶界上夹杂成分

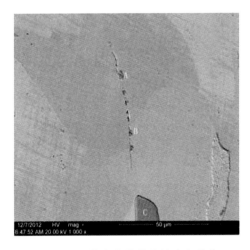

图 7 - 15　铁素体晶界上的夹杂形貌

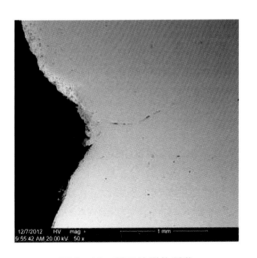

图 7 - 16　断口处裂纹形貌

（3）分析讨论

① 夹钳臂化学成分符合标准要求。

② 夹钳臂机械性能不符合标准要求，冲击性能不合格，材料硬度偏软。

③ 夹钳臂失效断裂属于沿晶韧窝性断裂，晶粒度为−1级（依据 GB/T 6394—2017 评定）。夹钳臂晶粒非常粗大，存在魏氏组织。晶界上有大量细小的硫化物析出，材料晶间结合力减弱。材料发生脆断与其不良的组织状态有关。

魏氏组织的出现使钢的强度、塑性、韧性都大幅度降低。钢中的魏氏组织一般可以通过热处理（正火）手段来加以矫正。当锻件由于炉温过高，除了出现过热的组织特征之外，还产生了硫化物，在冷却时沿晶

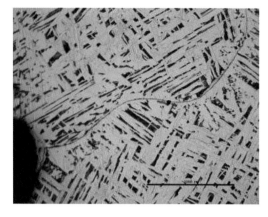

图 7−17　断口处显微组织

界再析出，这种过热为稳定过热或锻造过热，无法通过正火处理再消除。因为已经过热的成形锻件，不可能也不允许再次被加热到锻造温度并通过再度变形来改善硫化物的分布形态。硫化物沿晶界析出破坏了材料晶间结合力，导致晶间脆性增加，使工件发生断裂。

（4）结论

① 夹钳臂晶粒粗大，存在魏氏组织，晶界上有大量细小的硫化物析出，材料晶间结合力减弱。材料发生脆断与其不良的组织状态有关。

② 晶粒粗大和晶界上硫化物的析出，表明该工件可能存在锻造过热的情况。材料发生锻造过热会使其机械性能变差，并无法通过后续的热处理消除。

7.4.2　Q345B 中厚板表面网状裂纹检验分析（铜脆）

（1）概况

Q345B 中厚板表面可见网状裂纹（如图 7−18 所示），在裂纹处取样进行金相缺陷分析，基体和裂纹处可见氧化铁和白色异金属（如图 7−19、图 7−20 所示），经能谱分析，含 Cu、Zn 元素，为黄铜（如图 7−21、图 7−22 所示）。裂纹处组织不脱碳，白色异金属沿晶界分布（如图 7−23、图 7−24 所示）。

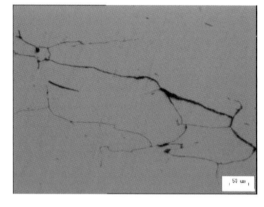

图 7−18　网状裂纹形貌

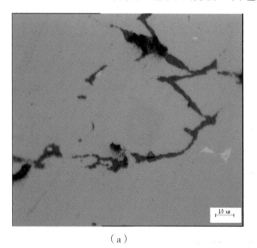

（a）

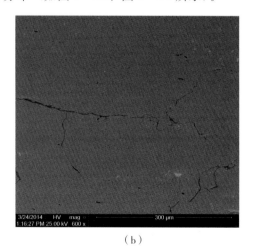

（b）

图 7−19　网状裂纹形貌（基体和网状裂纹内可见白色异金属）

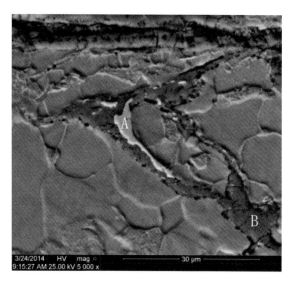

图 7 - 20　网状裂纹形貌

（裂纹内可见氧化铁和白色异金属）

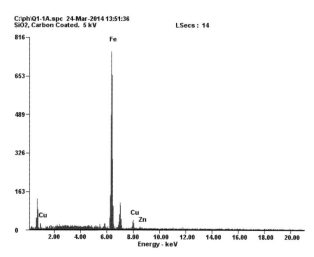

Element	Wt%	At%
FeK	89.71	90.91
CuK	07.28	06.49
ZnK	03.01	02.60

图 7 - 21　图 7 - 20 中 A 点成分（白色异金属为黄铜）

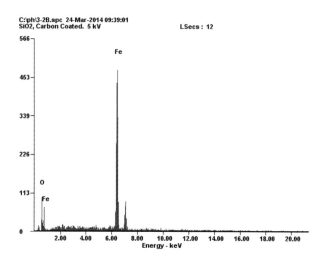

Element	Wt%	At%
OK	02.43	08.00
FeK	97.57	92.00

图 7 - 22　图 7 - 20 中 B 点成分（氧化铁）

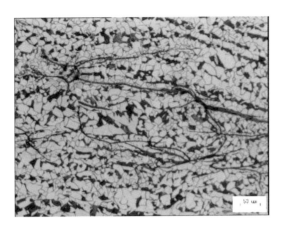

图 7-23　网状裂纹处显微组织
（试样显微组织为铁素体＋珠光体）

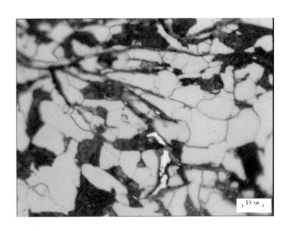

图 7-24　裂纹处显微组织
（异金属沿晶界分布）

（2）分析讨论

铜脆的主要特征：锻造时锻件表面龟裂，高倍观察时，有淡黄色的铜或铜的固溶体沿晶界分布。

锻造加热时，锻件上外来的异金属铜熔融，铜原子在高温下沿奥氏体晶界扩展，削弱了晶间结合力，在锻造过程中产生网状裂纹。

7.4.3　锻件分层缺陷检验分析（层状断口）

（1）概况

锻件探伤时发现内部存在单峰状缺陷，探伤缺陷波形如图 7-25 所示。

根据探伤缺陷，在工件上取拉伸试样进行拉伸试验。拉伸断口中部可见断口分层，对试样进行断口分析和金相缺陷分析。

拉伸断口上可见断续裂纹，断口微观形貌为韧窝（如图 7-26、图 7-27 所示），并可见条带状分布的非金属夹杂（如图 7-28 所示）。夹杂类别主要为 MnS 和点状氧化物，部分区域还可见偏析带，该区域存在 P 偏析，偏析区可见 MnS 夹杂，如图7-29 至图 7-33 所示。

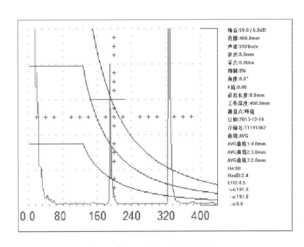

图 7-25　探伤缺陷波形图

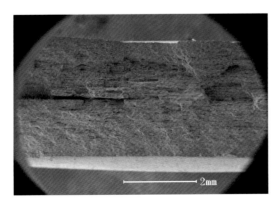

图 7-26　拉伸断口宏观形貌（断口中部分层）

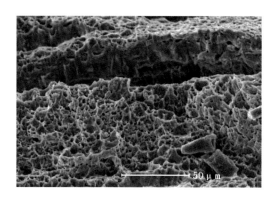

图 7-27　拉伸断口微观形貌
（正常区为韧窝）

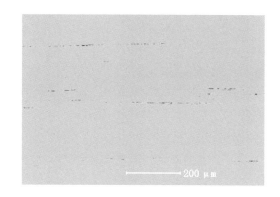

图 7-28　拉伸分层试样分层处夹杂形貌
（可见大量条状分布的非金属夹杂）

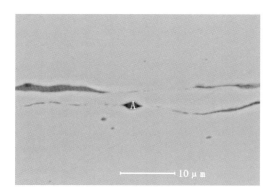

图 7-29　分层处非金属夹杂微观形貌

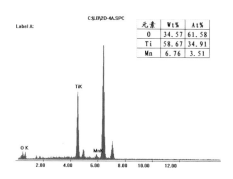

图 7-30　图 7-29 中 A 点夹杂成分
（点状氧化物）

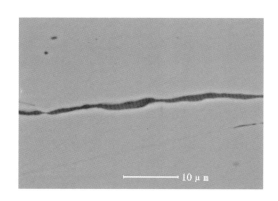

图 7-31　分层处非金属夹杂形貌

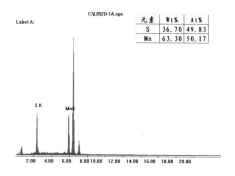

图 7-32　图 7-31 中条状硫化物成分

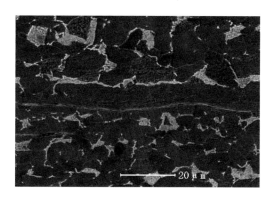

图 7-33　试样中部偏析区可见 MnS 夹杂

（2）分析讨论

层状断口又称木纹状断口，是指在锻件的纵向断口上呈现出非结晶状、无金属光泽、无氧化条带、无明显塑性变形的木层状结构，断口凹凸不平并呈现台阶状，多出现在钢的轴心区。微观特征为穿晶断裂，层断处一般含有非金属夹杂。

钢中存在的大量非金属夹杂物、偏析等缺陷，在轧制或锻造时被拉长而呈层状分布，部分地破坏了金属的连续性，断裂过程中，当基体还在塑性变形时，夹杂物却早已发生脆性断裂，使得金属断口上呈现出层状结构的特征。层状断口使钢的横向的塑性和韧性指标下降。这种断口用热处理不能消除，应改善锻件的熔炼和锻造工艺，以减少钢中夹杂物、偏析等缺陷的发生。

7.4.4　60号钢锻件折叠检验分析（锻造折叠）

折叠是由金属变形过程中已发生氧化的表层金属汇合在一起而形成的，如图7-34所示的典型折叠形貌。锻件折叠一般具有以下特征：

① 折叠与其周围金属流线方向一致。

② 折叠尾端一般呈小圆角，有时在折叠之前先有折皱，这时尾端一般呈树权形。

③ 折叠两侧有较重的氧化、脱碳现象。

图7-34　典型折叠形貌

图7-35所示为60号钢锻件的表面裂纹，裂纹内有氧化铁，周围有较多的氧化质点。裂纹处组织脱碳，试样缺陷显微组织为珠光体＋少量铁素体，如图7-36所示。

图7-35　折叠缺陷形貌（100×）

图7-36　锻件折叠缺陷显微组织（50×）

7.4.5　缩孔

（1）缩孔的形成

铸件在凝固过程中，液体收缩和补充凝固层的凝固收缩，体积缩减，液面下降，铸件内部出现空隙，直到内部完全凝固，在铸件上部形成缩孔。已经形成缩孔的铸件继续冷却到室温时，因固态收缩，铸件的外形轮廓尺寸略有缩小。缩孔形状不规则，表面粗糙，常伴有粗大的树枝晶、夹杂物、气孔、裂纹、偏析等缺陷。缩孔的形成过程如图 7-37 所示。

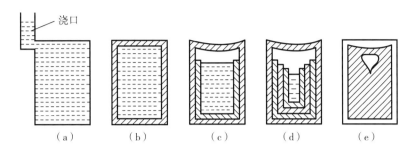

图 7-37　缩孔形成过程

（2）缩孔缺陷案例

4137H-21 圆钢探伤时发现内部存在探伤缺陷，圆钢探伤缺陷波形如图 7-38 所示。

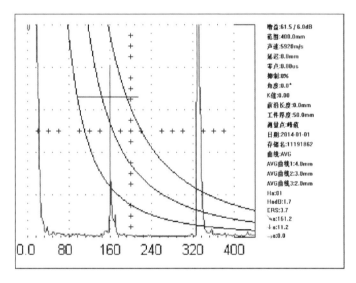

图 7-38　缺陷波形图

对圆棒进行解剖分析，发现内部存在两处缩孔缺陷，如图 7-39 所示。

在缺陷处取样打断口，断口上除可见两处大的孔洞缺陷外，还可见一些小的孔洞缺陷，断口形貌如图 7-40 所示。

图 7-39　圆钢截面宏观形貌

图 7-40　断口形貌

在孔洞缺陷处取样进行断口分析和缺陷金相检验。

圆钢缩孔经锻造变形后，如未被焊合，则在锻造变形的方向上被拉长，但微观观察可见原始结晶表面，如图 7－41、图 7－42 所示。金相缺陷检验观察试样上的多个孔洞，如图 7－43 所示。

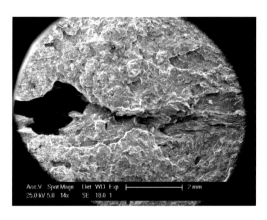

图 7－41　圆钢缩孔区宏观形貌

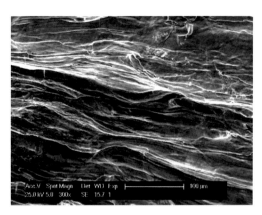 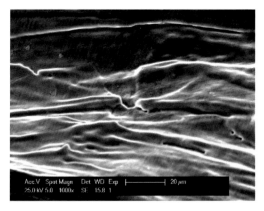

图 7－42　圆钢缩孔区微观形貌

 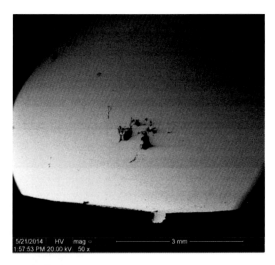

图 7－43　圆钢缩孔区金相检验

7.4.6　白点

（1）概况

白点又称发裂，是在轧材和锻件的横向或纵向剖面上像头发丝般细长的裂纹。如沿这些裂纹把试样打断，在断口上就会出现具有银白色光泽且比较平坦的椭圆形斑点，故称之为白点。

白点裂纹的实质是一种不可逆的氢损伤结果，可用氢压理论来解释，即原子氢扩散到钢中微观缺陷处复合成氢分子，在空腔内产生氢压。当氢压足够大时裂纹会扩展，随着氢分子的不断进入，裂纹不断长大，也就形成了白点裂纹。一般把空洞、微空隙、微裂纹等内部空腔称为白点核。

白点核是一些未被轧（锻）合的充氢的显微间隙，它们是钢中原先就存在的充氢的气泡或充氢的枝晶间隙。当温度较高时，这些显微间隙就已经存在。由于充满着氢气，热加工时不能压合，而仅被拉长。当钢中氢含量较高时，随着温度的降低，过饱和氢向这些空隙中扩散并使其空隙不断长大。如钢板中氢量低，则没有足够的氢使显微间隙长大，故不出现宏观发裂纹。

白点裂纹（氢诱发裂纹）的产生与是否存在外加应力无关，裂纹扩展方向也和外加应力的方向取向无关。

白点的微观判定：

① 白点核的存在。

② 以白点核为发源点向外扩张的断裂走势。

③ 断口上存在氢致脆性断裂形貌，可为沿晶断裂或穿晶断裂。

（2）合金钢白点缺陷

合金钢锻造坯料中部可见多条白点裂纹，裂纹细长呈锯齿形，分布无方向性，如图 7-44、图 7-45 所示。

在裂纹缺陷处打断口，进行断口分析。缺陷处断口微观形貌为沿晶断裂＋碎条状准解理断裂，正常处断口微观形貌为准解理断裂，如图 7-46 至图 7-50 所示。

图 7-44　合金钢锻造坯料低倍组织

图 7-45　合金钢锻造坯料裂纹形貌

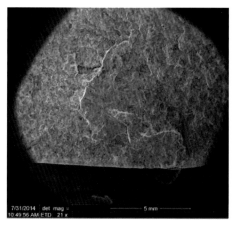

图 7-46　裂纹缺陷处断口宏观形貌

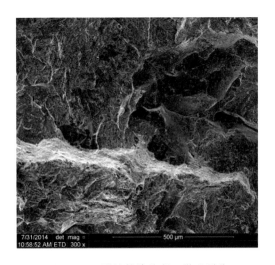

图 7-47　裂纹缺陷处断口微观形貌
（沿晶断裂＋碎条状准解理断裂）

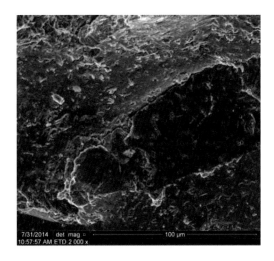

图 7-48　裂纹缺陷处断口微观形貌
（沿晶断裂）

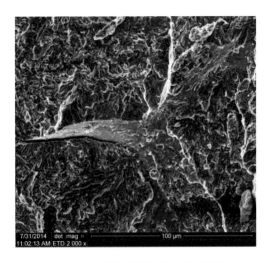

图 7-49　裂纹缺陷处断口微观形貌
（碎条状准解理断裂）

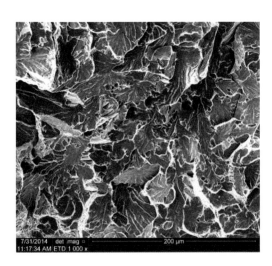

图 7-50　正常处断口微观形貌
（准解理断裂）

（3）环件氢滞滞后断裂

环件发生由白点裂纹引起的氢滞滞后断裂。经过超声波探伤，发现环件内部可见多处探伤缺陷。

以上下侧面为主探面进行全扫查。以内孔径面为辅，判别缺陷分布的方向性。探测灵敏度为 $\phi 2mm$ 平底孔当量，扫查时根据情况做适当提高。探伤结果如下：上下侧面扫查发现多个缺陷反射回波；各缺陷彼此相邻，探头移动时各缺陷反射波交替出现，并有不同深度的缺陷同时出现，缺陷反射当量大，径向探测时以上缺陷多数无反射回波出现，缺陷方向性明显。其中一处缺陷的探伤波形如图 7-51 所示。

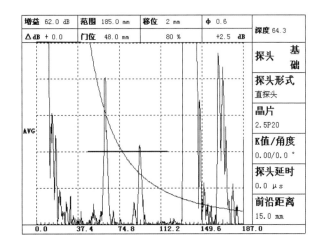

图 7-51　探伤波形图

对工件进行取样分析，用低倍、金相检验的白点裂纹形貌分别如图7-52、图7-53、图7-54所示。

主断口的断裂源为约13mm×17mm的椭圆区，断裂源区的宏观形貌如图7-55所示。源区的微观形貌为碎条状准解理＋二次裂纹，如图7-56、图7-57所示。断裂发源点附近有呈锯齿状的白点裂纹，如图7-58、图7-59所示。

图7-52　低倍组织（1∶1盐酸水溶液热蚀）

图7-53　裂纹微观形貌（100×）

图7-54　裂纹处的金相组织（500×）

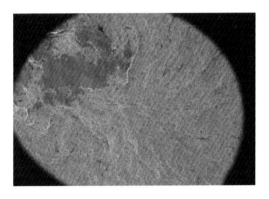

图7-55　断裂源区宏观形貌（6×）

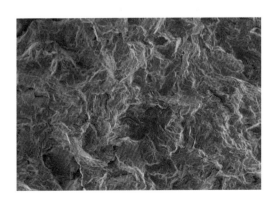

图7-56　断裂源区微观形貌（300×）

图7-57　断裂源区微观形貌（1000×）

图 7-58　断裂源点附近锯齿状
白点裂纹宏观形貌（9×）

图 7-59　断口上锯齿状的
二次裂纹微观形貌（800×）

7.4.7　裂纹

裂纹是锻件常见的缺陷之一，锻前、锻后、热处理、使用等各个环节均可能产生裂纹。不同工序产生的裂纹的形态也是不同的。

1. 案例 A：4130 阀盖中孔裂纹检验分析

（1）概况

4130 阀盖中孔精加工后，同一批次多件发现阀盖上表面与中孔交界处有裂纹。

失效阀盖和送检样块宏观形貌如图 7-60、图 7-61 所示。

裂纹由中孔向内扩展深度约为 13mm，由上表面沿中孔下扩展深度约为 6mm。

阀盖热处理工艺：正火（900℃，保温 4h）→淬火（860℃，保温 4h）→回火（680℃，保温 6h）。

图 7-60　失效阀盖宏观形貌

热处理前粗车中孔时，阀盖上表面与中孔交界处先加工成直角。热处理后中孔精加工时，阀盖上表面与中孔交界处后加工了倒角。

金相样缺陷样取样位置和金相检验面如图 7-62 所示。

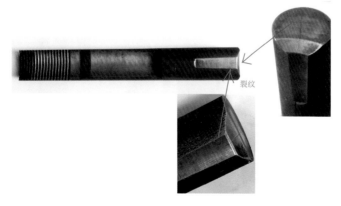

图 7-61　送检试块的宏观形貌

图 7-62　阀盖试块取样示意图

（2）检验结果

用扫描电子显微镜和金相显微镜对裂纹缺陷进行金相分析，检验结果如下。

1号样品：试样由倒角处向内可见一条长裂纹，裂纹长约为9mm。由中孔向内的裂纹长约为13mm。裂纹呈锯齿形，裂纹内有氧化铁，裂纹根部、尾部的宏观、微观形貌如图7-63至图7-66所示，裂纹内氧化铁成分如图7-67所示。裂纹处组织不脱碳，为索氏体，试样显微组织为索氏体，如图7-68、图7-69所示。裂纹尾部宏观形貌如图7-70所示，微观形貌如图7-71所示。

2号样品：试样由表向内可见一条裂纹，裂纹深约为7mm，裂纹呈锯齿形，裂纹内有氧化铁。裂纹处组织不脱碳，为索氏体＋贝氏体，试样显微组织为索氏体＋贝氏体。

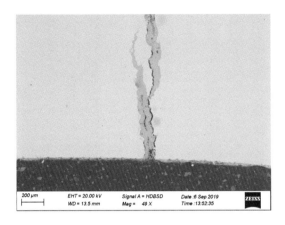

图7-63 裂纹根部宏观形貌（1号样品）

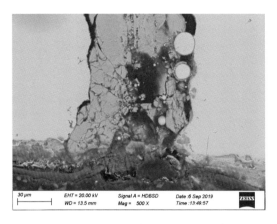

图7-64 裂纹根部微观形貌（1号样品）

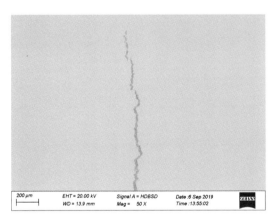

图7-65 裂纹尾部宏观形貌（1号样品）

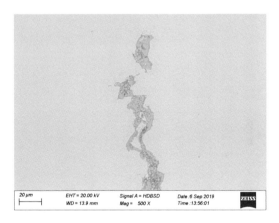

图7-66 裂纹尾部微观形貌（1号样品）

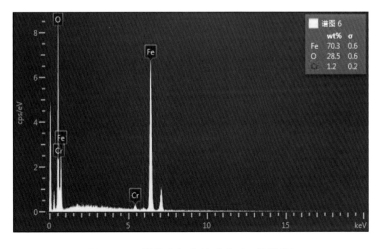

图7-67 裂纹处氧化铁成分（1号样品）

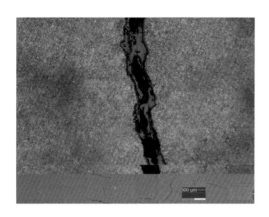

图 7-68　裂纹处显微组织（1）（1号样品）

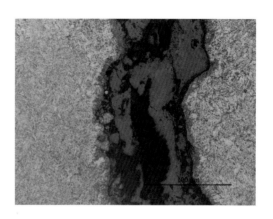

图 7-69　裂纹处显微组织（2）（1号样品）

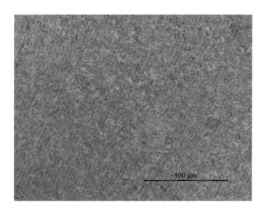

图 7-70　裂纹尾部宏观形貌（1）（1号样品）

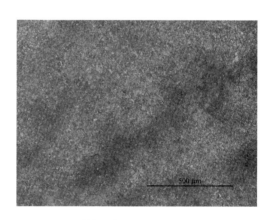

图 7-71　裂纹尾部微观形貌（2）（1号样品）

（3）分析讨论

阀盖中孔裂纹垂直中孔表面向内，裂纹呈锯齿形，裂纹内有氧化铁，裂纹两侧组织不脱碳，属于典型的淬火裂纹。据此推断起裂位置应该是内孔与上表面交界位置。

阀盖热处理工艺控制正常，显微组织正常，以索氏体为主，未见组织粗大等不良情况。

热处理前粗车中孔。阀盖上表面与中孔交界处被加工成直角，如拐角加工得尖锐、毛糙，则容易在拐角处产生淬火裂纹。

建议将阀盖上表面与中孔交界处加工成圆角，提高表面加工质量，减少该区域淬火时出现裂纹的概率。

（4）结论

该工件中孔处裂纹属于淬火裂纹。开裂起源于阀体中孔与上表面的拐角处。

建议阀盖粗车中孔时将上表面与中孔交界处加工成圆角，提高表面加工质量，减少该区域淬火时出现裂纹的概率。

2. 案例 B：乳化液泵泵头裂纹检验分析

（1）概况

一件乳化液泵泵头在整机使用过程中发生漏油。检查后发现泵头正中间高压缸套孔内壁有两处裂纹，失效泵头宏观形貌如图 7-72 所示。送检试块宏观形貌如图 7-73 所示，材质为 40CrNiMoA。

在泵头高压缸套孔内壁可见两条平直径向裂纹，两条裂纹分布在供油孔两侧，在穿过供油孔中心的一条直线上。高压缸套孔内壁加工光洁，使用后仍然呈金属色。供油孔内壁加工得很粗糙，使用后，明显有氧化变色现象。

泵头生产工艺：钢锭锻造→沙坑缓冷→正火处理→粗加工→热处理（调质处理）→精加工→成品。

图 7-72　失效乳化液泵泵头宏观形貌

图 7-73　失效泵头送检样品宏观形貌

（2）探伤检查

送检试块超声波探伤检查，发现高压缸套孔裂纹向内延伸一定深度。磁粉探伤后，裂纹显现得更加清晰，试块磁粉探伤后的情况如图 7-74 所示。试块 1 缸套孔内壁裂纹长约 18mm，沿供油孔内壁向下延伸深度约 20mm，缸套孔外表面向下延伸浓度约 2mm。试块 2 缸套孔内壁裂纹长约 30mm，沿供油孔内壁向下延伸深度约 33mm。

（a）试块1裂纹形貌

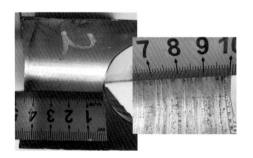

（b）试块2裂纹形貌

图 7-74　试块磁粉探伤结果

（3）检验结果

① 断口分析

采用人工法将裂纹打开，两条裂纹的断口宏观形貌如图7-75所示。

（a）

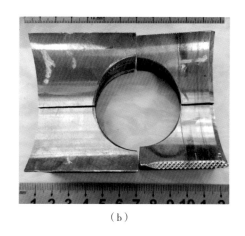

（b）

图7-75　泵头裂纹处断口宏观形貌

两件断口样的断口面平坦，属于脆性断裂。从断裂走势判断，两件断口样的断裂起源处应该在缸套孔与供油孔交界的拐角处，并向内沿径向扩展。靠供油孔处断口明显发黑，有氧化腐蚀痕迹。

断口1：断裂起源于缸套孔与供油孔交界的拐角处，源区微观形貌为碎条状准解理，供油孔附近断口有氧化腐蚀产物，主要含C、O、Cu、Al、Si、S、Cr、Mn、Fe等元素。断裂源处断口宏观、微观形貌和氧化腐蚀产物成分如图7-76至图7-80所示。裂纹快速扩展区微观形貌为碎条状准解理，局部可见一些硫化锰夹杂，断口形貌和硫化锰成分如图7-81至图7-83所示。裂纹处老断口与人工压断的新断口交界处可见韧窝带，新断口处断口形貌为准解理断裂＋韧窝，局部也可见硫化锰夹杂，形貌如图7-84、7-85所示。

断口2：其裂纹处断口情况同断口1。

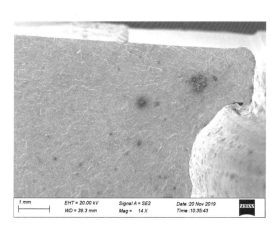

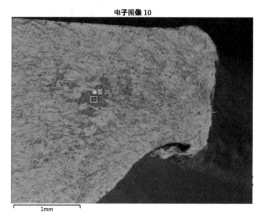

图7-76　断裂源处宏观形貌（1）（断口1）　　　　图7-77　断裂源处宏观形貌（2）（断口1）

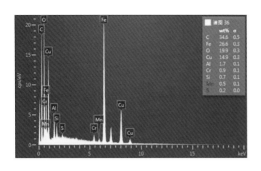

图 7 - 78　断裂处供油孔附近腐蚀物成分（断口 1）

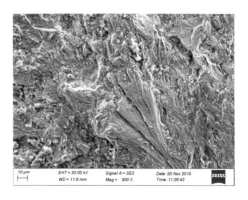

图 7 - 79　起源处断口微观形貌（1）（断口 1）

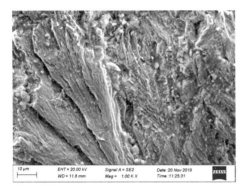

图 7 - 80　起源处断口微观形貌（2）（断口 1）

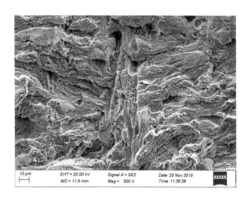

图 7 - 81　裂纹快速扩展区微观形貌（1）（断口 1）

图 7 - 82　裂纹快速扩展区微观形貌（2）（断口 1）

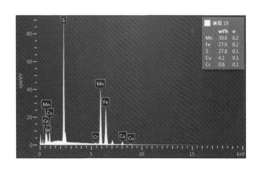

图 7 - 83　裂纹快速扩展区硫化锰夹杂成分（断口 1）

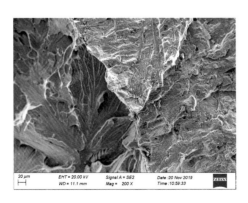

图 7 - 84　裂纹处老断口与人工压断的
新断口交界处断口形貌（断口 1）

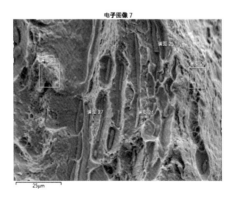

图 7 - 85　新断口断口形貌（断口 1）

② 金相检验

在断口 1 和断口 2 处进行金相检验，检验结果如下。

断口 1：裂纹处未见氧化铁，裂纹处组织不脱碳。裂纹处和正常处显微组织均为珠光体＋铁素体，如图 7-86 至图 7-89 所示。

断口 2：同断口 1。

图 7-86　裂纹处显微组织（1）（1 号样品）

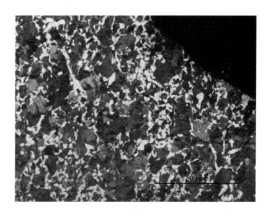

图 7-87　裂纹处显微组织（2）（1 号样品）

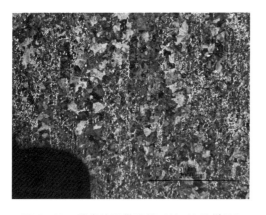

图 7-88　正常处显微组织（1）（1 号样品）

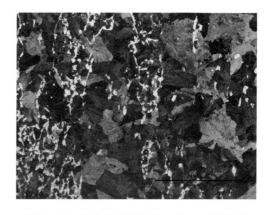

图 7-89　正常处显微组织（2）（1 号样品）

（4）分析讨论

失效泵头材质为 40CrNiMoA，属于合金结构钢，具有强度高、韧性好、淬透性良好等优点，但白点敏感性高。

失效工件的显微组织为珠光体＋铁素体，属于热轧态组织。可见该工件并没有按工艺要求进行调质处理。

泵头高压缸套孔裂纹平直，沿径向扩展。两条裂纹断裂均起源于缸套孔与供油孔交界的拐角处。靠供油孔处断口发黑，有氧化腐蚀痕迹。裂纹处断口面平坦，为脆性断裂，形貌为碎条状准解理，裂纹区由韧窝带包裹，正常区形貌为准解理断裂＋韧窝。裂纹区与正常区显微组织相同，两个区都有条状硫化物存在。但裂纹区材料明显有变脆的现象，所以推断裂纹为氢致断裂。

氢脆失效是材料发生环境失效的一种形式，由对氢脆敏感的元素组成的合金构件在含氢的环境中，尤其是存在耦合应力或者残余应力的条件下，合金构件的韧性、强度和承载能力都会大幅度下降。由于氢脆断裂具有延迟性和突发性，难以通过正常检查程序发现合金构件是否发生氢致断裂，因此危害性很大。高强钢在多种环境（如湿空气、水介质、有机溶剂）中都表现出氢脆敏感性。

乳化液泵是为液压设备提供高压工作液的动力源。服役时，靠曲轴的旋转带动活塞做往复运动，实现吸液和排液。所以，工作时，泵头高压缸套孔内壁和供油孔内壁会承受高压，在高压缸套孔和供油孔交界拐角处压力会更大。供油孔内壁加工粗糙，拐角处有尖角存在，会导致局部应力集中。由于服役时泵头缸套孔和供油孔内部有潮湿的介质存在，粗糙的内壁更容易发生腐蚀。管壁腐蚀会发生电化学反应，产生氢，并加剧氢的积聚。高应力诱导会导致氢在缺陷处局部偏聚。

由于泵头的高压缸套孔和供油孔交界的拐角处为高应力区，在腐蚀介质的作用下，氢局部偏聚导致裂纹萌生并向内扩展，最后发生氢致断裂，导致工件失效。

该工件的高压缸套孔裂纹属于应力腐蚀作用下的氢致裂纹。

（5）结论

该工件显微组织为珠光体＋铁素体，不是调质组织，所以其显微组织不符合工艺要求。

该工件的高压缸套孔裂纹属于应力腐蚀作用下的氢致裂纹。

第 八 章
锻件探伤典型缺陷失效分析案例

8.1 失效分析概况

8.1.1 失效分析定义和目的

所谓失效是指产品丧失规定的功能。我国国家标准 GB 3187—1994《可靠性、维修性技术术语》中定义：失效——产品终止完成规定功能的事件，即机械零件、部件或工程构件丧失规定功能的现象。失效主要包含：①零件破损或断裂，不能正常工作；②零件尚可安全工作，但不能满足原有的功能要求；③零件、部件不能安全工作。

失效分析的目的是判断产品的失效模式，查找产品失效机理和原因，提出预防再失效对策的技术活动和管理活动。失效分析的主要研究内容：明确分析对象，确定失效模式，研究失效机理，判定失效原因，提出预防措施（包括设计改进）。

8.1.2 失效分析的发展史

失效分析的发展历史主要分为失效分析初级阶段、近代失效分析阶段及现代失效分析阶段。

失效分析初级阶段又称远古失效分析阶段，从人类使用工具开始，失效就与产品相伴出现。由于远古时代的生产力极为落后，产品也极为简陋，不可能也没有必要对产品失效的原因进行分析，其解决办法就是更换。根据公元前 2025 年古巴比伦国王汉漠拉比撰写的世界最早的产品质量文件，可将公元前2025 年到第一次世界工业革命看作失效分析的初级阶段。这个时期是简单的手工生产时期，金属制品规模小且数量少，其失效不会引起人们的重视，失效分析基本上处于现象描述和经验阶段。

近代失效分析阶段始于第一次工业革命，即 18 世纪 60 年代。随着第一次工业革命开始，科学技术的发展突飞猛进，各种新技术、新发明层出不穷，并被迅速应用于工业生产。以蒸汽动力和大机器生产为代表的工业革命给人类带来巨大物质文明的同时，也不可避免地给人类带来了一系列前所未有的灾难。人们首先遇到的是越来越多的蒸汽锅炉爆炸事故，在总结这些失效事故的经验教训中，英国于 1862 年建立了世界上第一个蒸汽锅炉监察局，把失效分析作为仲裁事故的法律手段和和提高产品质量的技术手段。随后在工业化国家中，对失效产品进行分析的机构相继出现。在这一时期，失效分析也大大推动了相关学科的发展。如 Charpy 通过对大量锅炉爆炸和桥梁断裂事故的研究，发明了摆锤冲击试验机，用以检验金属材料的韧性；Wohler 通过对火车轴断裂系列失效的分析研究，揭示金属的"疲劳"现象，并成功地研制了世界上第一台疲劳试验机；20 世纪 20 年代，Griffith 通过对大量脆性断裂事故的研究，提出了金属材料的脆性断裂理论，推动了人们对带裂纹体在低应力下断裂的研究，从而在 20 世纪 50 年代中后期产生了断裂力学这一新型学科。然而由于科学技术的限制，这一阶段人们对产品的失效虽然具有专门的分析机构，但其分析手段仅限于宏观痕迹以及对材质的宏观检验。因此，这一时期的失效分析虽得到了一定的重视与发展，但人们不可能从宏观、微观上揭示产品失效的物理本质与化学本质。这一问题的解决也只是在电子显微学及其他相关学科得到高速发展后才成为可能。因此，从工业革命到 20 世纪 50 年代末电子显微学取得长足进步前，可看作失效分析发展的第二个阶段。

20 世纪 50 年代以后，随着电子行业的兴起、微观观测仪器的出现，特别是放大倍率大、景深长的透射及扫描电子显微镜的问世，使失效分析扩大了视野微观机制，随后大量现代物理测试技术的应用，如电子探针、X 射线显微分析、红外线光电子能谱分析、俄歇电子能谱分析等，促使失效分析迈上了新台阶。也就是说，20 世纪 50 年代以后失效分析在第三阶段，即现代失效分析阶段。电子显微分析使观察失效细节成为可能，促使断口学及痕迹学的完善，成为分析失效最重要的科学技术；断裂力学已成为研究含裂纹体及裂纹扩展的分支学科，断裂力学在失效分析诊断中起了重大作用，揭示含裂纹体的裂纹扩展规律，并推进失效预测预防工作的进展；失效分析集断裂特征分析、力学分析、结构分析、材料抗力分析及可靠性分析为一体，已发展成为跨学科的、综合的单独学科，不再是材料科学的附属。到目前为止，现代失效分析阶段所积累的失效分析知识与技术的数量，千百倍于失效分析前两个阶段的总和，而且它依然会随着人类生产实践的发展和科技的进步而发展。

8.1.3　锻件失效分析目的

锻件失效分析的主要目的是弄清问题，找出原因，采取适当措施从而制造出符合技术标准的锻件，以满足产品设计和使用的要求，并制定切实可行的对策，预防类似缺陷再次发生，使锻件质量不断提高。锻件失效分析的对象主要包括半成品件、成品件和使用件。就失效分析难度而言，半成品件、成品件和使用件的失效分析难度依次增加。对于使用件，不但要了解其设计情况、选材情况、热加工工艺情况、热处理情况，还要了解其安装情况、受力情况、使用环境情况、操作和维护情况等。

8.1.4　锻件失效分析分类

锻件失效分析主要有三类：裂纹、断裂失效；内部缺陷探伤超标；力学性能不合格。

（1）裂纹、断裂失效

裂纹是材料表面或内部完整性、连续性被破坏的一种现象，是断裂的前期；断裂则是裂纹发展的结果。裂纹分析包括裂纹的无损检测、表面分析、光学金相分析及裂纹打开后的断口宏观分析和微观分析等内容。

裂纹分析首先是要确定裂纹源或断裂源，即裂纹形成或断裂的先后顺序，判断方法有以下四种。

① 塑性变形量大小确定法：当锻件断裂成多块，有的部位没有明显塑性变形，有的部位塑性变形明显，则无失效变形的区域为首先断裂区域；当所有断裂部位均为延性断裂时，变形量大的部位为主裂纹，其他部位为二次或三次裂纹。

② "T" 型法：一个锻件上同时出现两条或多条裂纹，裂纹间构成 "T" 型关系时，可根据裂纹的相对位置关系来确定主裂纹。"T" 型头为主裂纹，形成在前；而 "T" 型尾为次裂纹，形成在后。

③ 裂纹分叉法：锻件在断裂的过程中，出现一条裂纹后，往往会引生出多条分支裂纹或分叉裂纹。裂纹的扩展方向为从主裂纹向分叉或分支裂纹方向，分叉或分支裂纹汇集的裂纹为主裂纹。

④ 断面氧化颜色法：锻件在经历锻造、机械加工、热处理等工序过程中形成的裂纹与断裂，主裂纹较次裂纹形成时间早，主断面较次断面暴露在高温环境中的时间长，氧化程度严重，氧化颜色和氧化的程度会随时间的增加而加重。

首先通过金相、扫描电子显微镜观察裂纹源或者断裂源是否有夹杂、气孔等材料冶金缺陷。其次是分析裂纹微观形态，对于淬火裂纹，其末端一般尖锐。对于锻件的锻造裂纹，如果裂纹在表面，一般有氧化脱碳现象，末端圆钝；锻造裂纹产生在内部，则在裂纹附近可见到组织变形；对于折叠裂纹，其附近不仅有严重的氧化脱碳，裂纹内还可能有夹杂，裂纹方向与锻件表面有小于 45°的交角。

（2）内部缺陷超声波探伤超标

超声波探伤发现的内部缺陷主要有夹杂或夹渣、内裂纹或白点裂纹、疏松或孔洞、粗晶或混晶等。

有些缺陷可根据超声检测波形直接定性，但是有些缺陷尚需通过解剖来分析、确认性质，找出缺陷的形成原因。针对缺陷原因采取适当措施，从而制造出符合技术标准规定的锻件，以满足产品设计和使用的要求，并制定出切实可行的防止对策，预防类似缺陷的再发生，使锻件质量不断提高。

（3）力学性能不合格

力学性能不合格的影响因素较多，主要与锻件的化学成分、锻造变形量、锻后热处理和锻件的最终性能热处理的组织等有关。多数情况下需要通过解剖分析，将性能合格的试样和不合格的试样进行对比分析，从显微组织、晶粒度、夹杂物等方面进行对比分析，找出影响试样力学性能不合格的具体原因，提出针对性解决措施，并通过试验验证。

8.1.5　锻件失效分析思路和步骤

锻件失效分析思路是指以物件失效的规律（即宏观表象特征和微观过程机理）为理论依据，把通过调查、观察和实验获得的失效信息（失效对象、失效现象和失效环境统称为失效信息）分别加以考察，然后有机结合起来作为一个统一整体进行全过程考察，以获取的客观事实为证据，全面应用逻辑推理综合分析的方法，来判断失效事件的失效模式，推断失效原因。

（1）制订实施方案

制订实施方案是分析半成品件、成品件和使用件质量问题的重要一环，内容包括锻件整个失效分析期间所要进行的工作、工作程序和完成进度。该实施方案在实施过程中可进行适当的补充和修改。

（2）现场调查阶段

主要调查锻件所用原材料的材料牌号、化学成分、材料规格、材料保证单上的试验结果，进厂复验的各种理化测试和工艺性能测试的结果，甚至还要查明原材料的冶炼和加工工艺情况。与此同时还应调查锻造的工艺情况，包括锻件应该用的材料、规格、下料工艺、锻造加热的始锻温度和终锻温度，所用锻压设备、加热设备、加热工艺、锻造的操作方式、锻后的冷却方式、热处理的工艺情况等。必要时还要调查操作者的情况和环境情况及执行工艺的原始记录。对于在后续工序和使用中出现的锻件质量问题还应调查后续工序的工艺及使用情况。现场调查情况要客观全面、实事求是，调查的情况一定要保证原始性，现场调查情况的真实性直接影响以后试验研究分析和结论的正确性。

（3）宏观分析阶段

仔细检查锻件缺陷的部位、裂纹或断口宏观形貌特征，初步分析判断缺陷的性质，即失效模式。根据初步分析判断的结果，确定取样部位和检验分析项目，如断口、成分、低倍、力学、金相等检验分析试样。对试样进行编号标识，绘制取样部位示意图，试样加工应进行现场跟踪。

（4）检验分析阶段

检验分析阶段的工作是比较复杂的动态分析过程，需要跟踪检验过程和判断检验数据的合理性。要根据每一检验过程中的分析结果并结合现场调查情况，随时调整分析思路，有针对性地补充必要的检验分析项目和选择相应的分析手段。只有这样才能避免由于测试手段、方法或分析思路不当而导致分析结论出差错。

（5）综合分析阶段

结合现场调查、宏观分析结果，根据解剖检验数据，通过宏观及微观的试验分析并辅以化学成分、力学性能测试结果等，进行归纳分析和必要的推理判断，确认产生缺陷或质量问题的原因及其机理。必要时结合工艺执行情况进行摸拟试验，验证结果的正确性。最后根据综合分析结果，得出准确的分析结论。

（6）提出解决措施阶段

在有了准确的锻件缺陷产生原因的基础上，结合生产实际提出切实可行的预防措施和解决办法。这里包括对锻造设备、加热设备、生产环境，所用原材料、锻造工艺和执行相关工艺操作人员的素质等提出改进意见和措施，并且在生产实践中得到验证，不断地修正措施，使提出的改进措施及防止对策具有实用性、正确性甚至先进性，进而使锻件质量得以不断提高。

8.2　锻件探伤缺陷分析案例

8.2.1　裂纹缺陷探伤分析案例

（1）概况

低合金钢 42CrMo、Φ350 圆坯经 5t 锻锤锻造成环件锻坯，环坯初加工尺寸为 $\phi900mm \times \phi810mm \times 80mm$。环件正火后淬火，淬火结束后约 20min，发现内外圆周表面均有不同程度的环向裂纹，如图 8-1 所示。

超声波探伤采用 2.5P20Hz 的单直探头，检测过程中发现层状、多条裂纹缺陷，近似与端面平行。超声波探伤缺陷波形层峰如图 8-2 所示。根据波形特征，疑似层状面缺陷。

图 8-1　环件外圆表面环向裂纹形貌

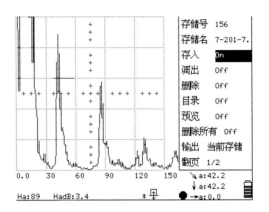

图 8-2　超声波探伤缺陷波形层峰图

（3）化学成分检验

化学成分光谱分析结果，除 Mn 含量为 0.94%，超过标准上限值 0.80% 外，其他元素均符合 GB/T 3077—2015 标准要求。

（4）低倍检验

根据超声波探伤确定的缺陷分布情况，在相应部位取横向低倍试样两块，低倍试样经机加工刨磨，置于 1:1 工业盐酸水溶液热侵蚀。低倍组织如图 8-3、图 8-4 所示，裂纹分布于环件的内外圆表面和端面，裂纹形貌刚直，尾部尖细，呈弧形分布，低倍组织较致密。

图 8-3　1 号低倍试样组织

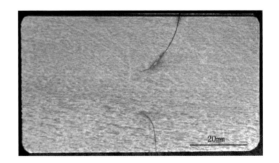

图 8-4　2 号低倍试样组织

（5）金相检验

金相试样取样部位如图 8-3 所示。1 号金相试样取自裂纹根部，裂纹形貌刚直，周围没有分支裂纹，裂纹内及其两侧无夹杂，如图 8-5 所示。腐蚀后观察，裂纹呈穿晶扩展，两侧组织不脱碳，组织为均匀细小回火索氏体，如图 8-6、图 8-7 所示。2 号金相试样取自裂纹尾部。裂纹尾部细长曲折，尾端尖细呈枝状扩展，裂纹内及其两侧无夹杂，如图 8-8 所示。腐蚀观察，裂纹呈穿晶扩展，两侧组织不脱碳，组织为均匀细小回火索氏体，如图 8-9 所示。试样基体组织为均匀细小回火索氏体，如图 8-10 所示。3号金相试样检验结果与 2 号试样相同。

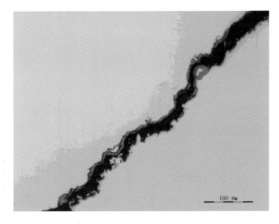

图 8-5　裂纹根部形貌（物镜 20×）

图 8-6　裂纹根部组织（1）（物镜 20×）

图 8-7　裂纹根部组织（2）（物镜 50×）

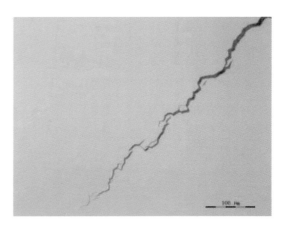

图 8-8　裂纹尾部形貌（1）（物镜 20×）

图 8-9　裂纹尾部组织（2）（物镜 20×）

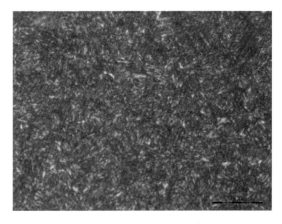

图 8-10　基体组织（物镜 50×）

（6）结果分析

环件裂纹是在淬火结束约 20min 后发现的，裂纹主要分布于环件的内外圆周表面，由内外表面向内扩展，裂纹细长刚直。金相检验裂纹内及其周围未见夹杂且不脱碳，裂纹尾端尖细，与热处理应力裂纹特征相符合。因此，裂纹是在淬火过程中形成的，属于淬火组织应力裂纹。

环件热处理尺寸为 $\phi900\times\phi810\times80$mm，热处理有效壁厚为 45mm。环件的内径与壁厚之比已接近薄壁环件，属于容易引起淬火变形或开裂的危险截面尺寸。化学成分分析 Mn 含量为 0.94%，超过 GB/T 3077—1999 标准中 42CrMo 的 Mn 含量上限值为 0.80% 的要求。GB/T 3077—1999 标准中的 42CrMnMo，其 Mn 含量为 0.90%～1.20%。因此，按照 42CrMo 的实际 Mn 含量，应为 42CrMnMo。无论是 42CrMo 还是 42CrMnMo，它们的淬透性均较好。42CrMo 的淬透层深度大于 50mm，大于环件的热处理有效壁厚 45mm。环件实际壁厚为 45mm，属于截面完全淬透性的尺寸。2 号金相试样接近于环件厚度的 1/2 处，金相组织与环件的内外圆表面组织相同，均为回火索氏体，表明环件截面已完全淬透，属于热处理危险截面工件。完全淬透的危险截面工件热处理应力以组织应力为主，组织应力的拉应力峰位于工件表面，拉应力超过材料的强度极限时就会在工件表面形成裂纹，并迅速向内扩展。

（7）结论

环件表面裂纹是在淬火组织拉应力作用下形成的，建议针对环件的几何形状特点，采用双介质淬火法。

8.2.2　白点缺陷探伤分析案例

（1）概况

40CrNiMo 异形锻件经粗加工和调质热处理，入库前进行超声波探伤，发现内部存在密集型缺陷。为确认缺陷性质，对其进行解剖检验分析。

（2）超声波探伤

① A 型超声波检测

超声波探伤采用 2.5P20Hz 的单直探头，在距表面 120mm 的内部发现林状缺陷波，波峰强大有力，尖锐而清晰。移动探头时，缺陷反射变化迅速。降低探测灵敏度后，缺陷反射波仍然很高，如图 8-11 所示。探伤结果：疑似白点裂纹。

② 相控阵检测

采用相控阵检测仪对试样进行检测，扫描长度 200mm，仪器自动做出内部缺陷 3D 图，如图 8-12 所示。由检测结果可知试样内部可能存在分散的点状或层状缺陷。

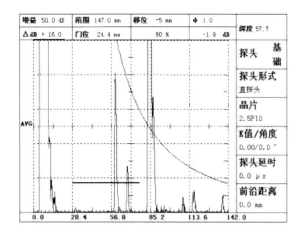

图 8-11　超声波探伤缺陷波形图

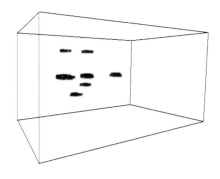

图 8-12　内部缺陷 3D 图

（3）低倍检验

在超声波探伤定位的缺陷处切取纵向低倍试样，低倍试样加工后经 1∶1 工业盐酸水溶液热侵蚀。由检验结果可知低倍组织致密，接近筒体内圆截面有较多分布方向不同的锯齿状小裂纹，如图 8-13 所示。

（4）断口试验

断口试样取样部位如图 8-13 所示，将断口试样沿中部加工成 V 形缺口，经断口试验机打断后的断

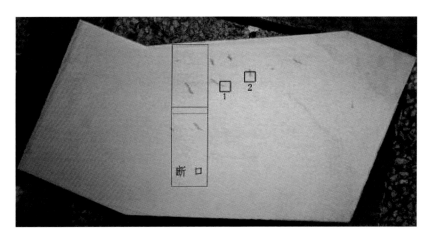

图 8-13 低倍组织

口宏观形貌如图 8-14 所示。断裂面可见白亮斑且尺寸较大，断裂源位于白亮斑中心，呈放射状扩展。转动试样，白亮斑对自然光的照射角度反映较敏感。

图 8-14 断口宏观形貌

（5）断口扫描电子显微镜分析

断口清洗后经扫描电子显微镜观察，断口面有多个小平台，图 8-15 所示是其中之一，小平台的断裂源位于斑内裂口处，小平台边缘被韧窝带包围。低倍率观察小平台，断裂形貌为穿晶准解理（如图 8-15 所示），高倍率形貌为碎条状准解理（如图 8-16 所示）。小平台与基体过渡区断裂形貌如图 8-17 所示，图中左下为小平台和其边缘的韧窝带形貌，右上为基体断裂形貌，为韧窝＋少量准解理。小平台断裂源区裂口内有较多非金属夹杂，如图 8-18 所示。夹杂经能谱无标样半定量分析可知，主要元素为 Al、O、Ca，如图 8-19 所示。

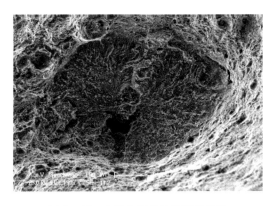

图 8-15 小平台区低倍率断裂形貌

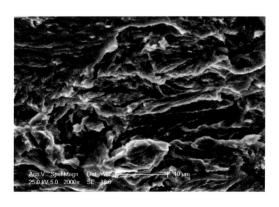

图 8-16 小平台区高倍率断裂形貌

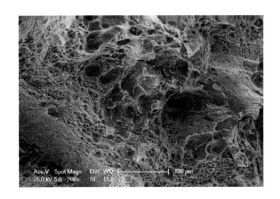

图 8-17　小平台与基体过渡区断裂形貌

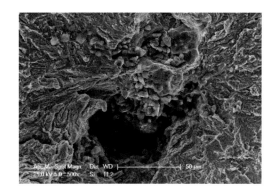

图 8-18　小平台断裂源区裂口内的夹杂形貌

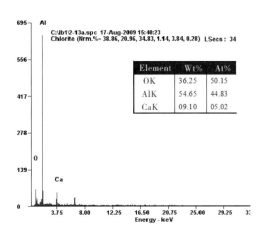

图 8-19　夹杂能谱分析

（6）金相检验

金相试样取自低倍试样裂纹处，如图 8-13 所示。1 号金相试样裂纹形貌为蠕虫状，如图 8-20 所示，裂纹内未发现夹杂物。腐蚀后观察到裂纹周围组织不脱碳，组织为贝氏体，如图 8-21 所示，基体组织与裂纹处相同。2 号金相试样检验结果与 1 号金相试样相似。

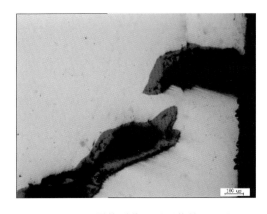

图 8-20　裂纹形貌（1）（物镜 10×）

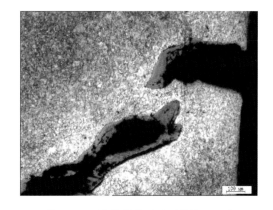

图 8-21　裂纹组织（2）（物镜 10×）

（7）结果分析

超声波探伤发现的缺陷波疑似为白点裂纹，定位解剖，低倍酸洗面在接近筒体内圆截面有较多分布方向不同的锯齿状小裂纹，与白点裂纹形貌相同，经宏观断口、扫描电子显微镜和金相检验分析，结果表明裂纹的分布位置及裂纹和其断口的宏微观形貌均符合白点裂纹的特征。白亮斑的裂纹起源于斑内裂口中的夹杂，具有应力作用下延迟滞后断裂裂纹的典型特征。因此，锻件内的裂纹是氢与夹杂在材料内应力共同作用下的延迟滞后所产生的断裂裂纹。

（8）结论

超声波探伤发现的缺陷波为白点裂纹，是氢与夹杂在材料内应力作用下的延迟滞后裂纹。

8.2.3 针孔、气泡缺陷探伤分析案例

（1）概况

1Cr13 马氏体不锈钢电渣钢锭，钢锭规格为 $\phi420mm$，钢锭经加热锻造成直径为 $\phi350mm$ 圆棒，圆棒粗加工并进行调质热处理。超声波探伤发现内部存在不同程度的粗晶或疏松状缺陷波。为确认缺陷性质，对圆棒端面和纵剖面进行超声波扫查，扫查部位如图 8-22 所示，并根据扫查结果进行定位解剖检验分析。

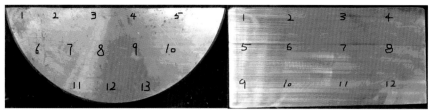

圆棒端面超声波探伤测试点   纵剖面超声波探伤测试点

图 8-22 圆棒超声波测试位置

（2）超声波探伤

① 圆棒端面超声波扫查

圆棒端面各测试点超声波探伤缺陷主要是草状波，草状波缺陷当量见表 8-1 所列，当量范围为 FBH0.3~0.5mm，代表性波形如图 8-23 所示。

表 8-1 工件超声波探伤各探测点缺陷当量汇总表   单位：dB

编　号	1	2	3	4	5	6	7	8	9	10	11	12	13
端　面	0.3	0.4	0.3	0.4	0.3	0.4	0.3	0.3	0.4	0.3	0.4	0.4	0.3
纵剖面	0.5	0.3	0.5	0.5	0.5	0.5	0.4	0.5	0.4	0.4	0.5	0.4	—

② 圆棒纵剖面超声波扫查

圆棒纵剖面各测试点超声波探伤结果与圆棒端面相似，草状波缺陷当量见表 8-1 所列，代表性波形如图 8-24 所示。

③ 工件端面底波降低量测量

工件端面底波降低量测量部位如图 8-22 所示，测量仪器灵敏度为 13dB，测量结果见表 8-2 所列。工件端面底波降低量测量范围为 7~18dB，材料的纵向衰减性较大且纵向均匀性较差。由表 8-2 中数据看出，6~13 号底波降低量较大，表明底波在此区域存在更大衰减。

表 8-2 工件端面底波降低量测量结果

编　号	1	2	3	4	5	6	7	8	9	10	11	12	13
一次波高（h_1%）	74	64	64	43	63	48	57	59	55	45	41	38	42
二次波高（h_2%）	25	23	34	19	28	11	10	10	10	6	5	9	6
两次波高差（dB）	9	9	5.5	7	7	13	15	15.5	15	17.5	18	12.5	17

④ 超声波探伤结论

综合圆棒端面、纵剖面和端面底波降低量的超声波探伤结果，材料内部可能存在粗晶或疏松状小缺陷。

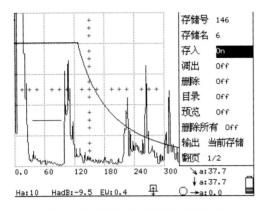

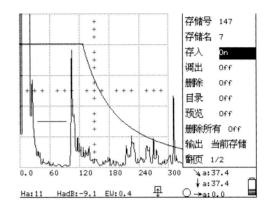

图 8-23　圆棒端面超声波探伤波形　　　　　　图 8-24　圆棒纵剖面超声波探伤波形

（3）低倍检验

低倍酸洗面为圆棒锻件的纵截面，经 1：1 工业盐酸水溶液热侵蚀，低倍酸洗面中心直径 120mm 范围内出现疏松、针孔状缺陷（如图 8-25 所示），图 8-26 所示是低倍试样中心区域局部放大形貌，针孔呈弥散分布。

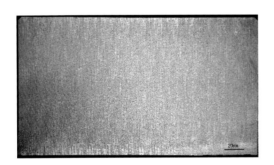

图 8-25　圆棒纵向低倍组织　　　　　　　　图 8-26　低倍试样中心区域局部放大

（4）金相检验

金相试样取自圆棒锻件心部缺陷区，金相检验发现检验面上有大量小孔洞状缺陷，孔洞直径小于 0.18mm。有些孔洞呈环形和牛眼形，孔洞内及其附近未见夹杂。如图 8-27 所示。腐蚀后观察，基体组织为细小均匀的回火索氏体，部分孔洞内有与基体相同的组织，如图 8-28 所示。

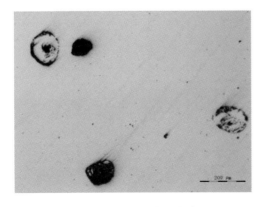

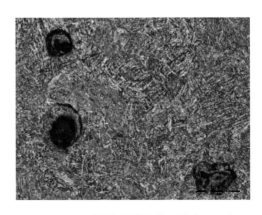

图 8-27　孔洞显微形貌（物镜 10×）　　　　　图 8-28　孔洞和显微组织（物镜 10×）

（5）结果分析

综合圆棒端面、纵剖面和端面底波降低量的超声波探伤结果，材料内部可能存在粗晶或疏松状小缺陷；低倍检验试样中心 120mm 直径范围内出现弥散分布的疏松针孔缺陷，针孔缺陷经金相检验，其形貌为圆形小孔洞。有些孔洞呈环形和牛眼形，孔洞内及其附近未见夹杂。环形和牛眼形孔洞内有金属填充物，填充物的组织与基体组织相同，属于未完全填充的气泡。因此，超声波探伤缺陷是气泡和未完全填充的小气泡，且气泡在锻造过程未能完全焊合。由于气泡尺寸小，且弥散分布，探伤时类似于疏松的草状波，而在低倍试样上表现为针孔。小气泡的形成原因主要与电渣锭冶炼的工艺过程有关。

由此表明，超声波探伤对圆棒内部缺陷在形态、分布范围进行了较好的定性描述。根据这个定性描述，解剖检验确认了缺陷性质及缺陷形成的主要原因，两者相辅相成。

（6）结论

超声波探伤发现圆棒的缺陷是气泡和未完全填充的气泡。

8.2.4　皮下缺陷探伤分析案例

（1）概况

37CrNi3 钢锭冶炼方式为：EBT＋LF＋VD。方坯制作工艺流程为：37CrNi3 钢坯 → 入炉加热（1200℃）→锻造→修整（终造温度为 800℃，锻造比为 6.5）→砂冷→正火热处理→初加工→超声波探伤→调质热处理→超声波探伤。锻坯尺寸为 590mm×550mm×230mm。锻坯经超声波探伤，发现近表面 10～40mm 内存在分散多点小缺陷。锻坯粗加工形貌如图 8-29 所示。

图 8-29　锻坯粗加工形貌

（2）超声波探伤

① A 型超声波探伤

超声波探伤采用 2.5P20 的单直探头，检测过程中发现锻坯两侧面边缘存在分散多点小缺陷，缺陷离侧面 10～40mm 以内，如图 8-29 所示，图中叉号为缺陷分布示意部位。从正面检测均能发现缺陷波反射，稍微移动探头仪器，波形陡降，分散多点小缺陷，最大当量 FBH2.6mm，深度为 117mm，距侧面边长为 20mm。以下是大于 FBH1mm 的超声波探伤缺陷波形，如图 8-30 所示。从左右两侧面检测均未发现缺陷波反射。

缺陷：2.0mm/133.8mm/10mm

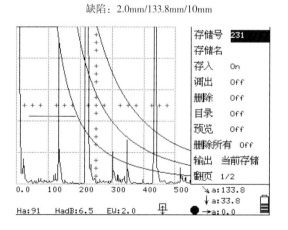

缺陷：2.6mm/117mm/20mm

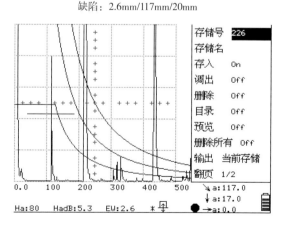

图 8-30　超声波探伤缺陷波形

② 相控阵探伤

用相控阵检测仪对工件进行检测，如图 8-31 所示，缺陷呈条状，疑似裂纹缺陷。

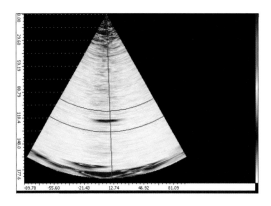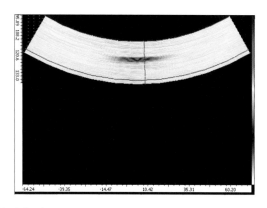

图 8-31　相控阵检测

③ 磁粉检测

沿如图 8-29 中所示解剖锯切线切开，剖面采用刨床刨削至超声波探伤确定的缺陷面。对缺陷面进行磁粉检测，发现两处线性缺陷，磁痕缺陷形貌刚直，周围没有分支磁痕，线性缺陷分布方向均为锻造拔长方向。其中一处为两条平行的线性缺陷，长度为 2mm 左右，缺陷间隔约 8mm；另一处有一条线性缺陷，长度约为 3mm，如图 8-32 所示，图中右侧为左侧缺陷的局部放大形貌。

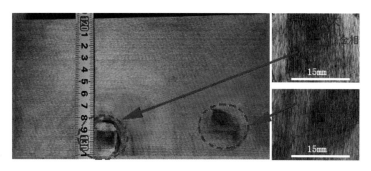

图 8-32　磁粉检测缺陷和金相试样取样示意图

（3）金相检验

金相试样取样部位如图 8-32 所示。1 号金相试样缺陷为裂纹，裂纹两端圆钝光滑，如图 8-33 所示。裂纹边缘有非金属类夹杂，如图 8-34 所示。腐蚀后观察，裂纹两侧无氧化脱碳，呈穿晶分布，如图 8-35 所示。裂纹两侧和基体组织均为回火索氏体，如图 8-36 所示。2 号金相试样检验结果与 1 号金相试样相同。

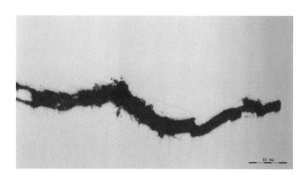

图 8-33　1 号金相试样裂纹形貌　　　　　　　图 8-34　1 号金相试样裂纹形貌
（物镜 10×）　　　　　　　　　　　　　　　（物镜 50×）

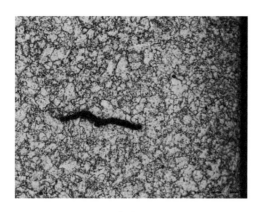

图 8-35 1号金相试样裂纹组织（物镜 10×）　　　图 8-36 1号金相试样裂纹组织（物镜 50×）

（4）扫描电子显微镜分析

将 1 号金相试样进行扫描电子显微镜分析，试样表面裂纹形貌如图 8-37 所示，裂纹边缘有较多夹杂物，见图中 A、B 标记。经能谱无标样半定量成分分析，夹杂物含有 Ca、Mg、Al 等元素（如图 8-38 所示）。

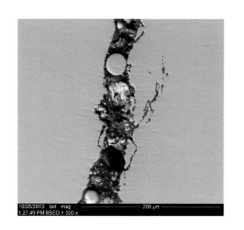
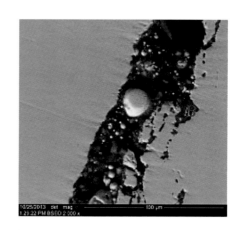

图 8-37 1号金相试样 SEM 裂纹形貌

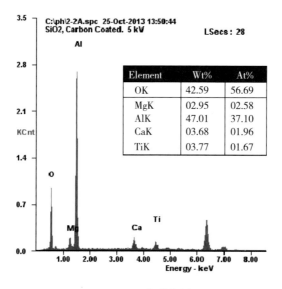

图 8-38 能谱分析

（5）结果分析

锻件调质热处理后经超声波探伤，发现近表面存在多点分散小缺陷。将缺陷部分切块再经超声波和磁粉探伤精细定位，并切取两块金相试样。金相检验缺陷形貌为裂纹。裂纹两端圆钝光滑，如蠕虫状且沿锻造方向分布。根据裂纹的形貌特征，裂纹的形成与气泡有关。钢中气泡在锻造力的作用下，沿锻造变形方向延伸拉长。由于裂纹边缘有较多夹杂，不能在锻造力的作用下完全焊合，只能以裂纹的形式残存于钢中。裂纹在距锻件表面 $10\sim40\text{mm}$ 范围内随机分布，裂纹两侧不脱碳，形成裂纹的气泡应属于钢锭的皮下小气泡。裂纹边缘的夹杂应与气泡有关，在钢液结晶凝固过程中，气泡壁对上浮的夹杂具有吸附作用，夹杂一旦被气泡壁捕获，特别是细小夹杂，就很难上浮到钢锭模中的渣层，而与气泡一起残存于钢中。

皮下气泡主要与钢锭模内壁清理不良、钢水中气体含量过高、浇注系统潮湿和保护渣潮湿有关。浇注时气体析集于皮下，刚开始浇注，温差大，模壁散热快，钢液凝固的速度也快。析集于皮下的气体不能及时逃逸，在固液相界面前沿被凝固的枝晶捕捉，形成皮下气泡。同理，裂纹边缘含有较多耐火材料性质的夹杂，也与浇注系统的清洁程度有关。防止措施主要是加强原材料烘烤，降低钢水含气量，保持浇注系统、保护渣干燥和清洁程度。

（6）结论

超声波探伤发现的锻件次表面缺陷为皮下小气泡。

8.2.5 中心偏析、疏松缺陷探伤分析案例

（1）概况

30CrMo 连铸坯锻造成齿轮锻坯，齿轮锻坯经粗加工和正火热处理后进行超声波检测，发现齿轮锻坯内部存在疑似疏松及裂纹的缺陷波。齿轮锻坯规格为 $\phi880\text{mm}\times\phi360\text{mm}\times130\text{mm}$，齿轮锻坯宏观形貌和低倍、金相试映取样部位示意图如图 8-39 所示。

（2）超声波检测

① A 型超声波检测

对齿轮锻坯工件端面进行超声波直探头检测，在距齿轮锻坯内孔壁径向 $1/2$ 处发现疏松状和裂纹缺陷波，波形特征：多峰、林状，少量草状波，信噪比大于 10dB，多个回波幅度不高，波形稳定，从不同方位探测，回波幅度变化较大，如图 8-40 所示。探伤结果：疑似中心疏松或中心偏析。

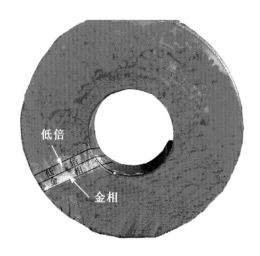

低倍

金相

图 8-39 齿轮锻坯宏观形貌和低倍、金相试块取样部位示意图

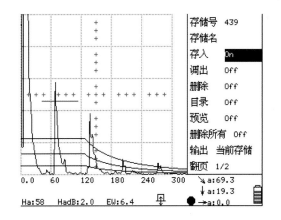
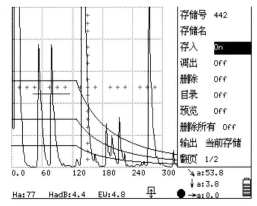

图 8-40 端面检测超声波波形

② 相控阵检测

采用相控阵检测仪对试样进行检测，扫描长度为200mm，仪器自动做出内部缺陷 3D 图，如图 8-41 所示。由检测结果可知试样内部可能存在密集状缺陷，疑似疏松。

（3）低倍检验

低倍取样部位如图 8-39 所示，酸洗检验面为齿轮锻坯的纵截面。试样经 1：1 工业盐酸水溶液热侵蚀，位于锻件心部存在明显的抛物线形偏析区，偏析范围距内圆表面约 120mm，如图 8-42 所示。偏析区组织较疏松，针孔和裂纹沿变形流线分布，如图 8-43 所示。

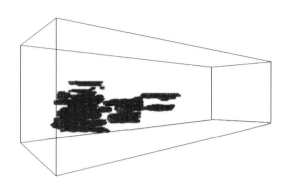

图 8-41　内部缺陷的 3D 图

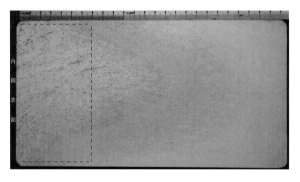

图 8-42　低倍组织

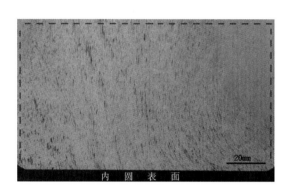

图 8-43　虚线框区放大形貌

（4）金相检验

金相试样取自如图 8-39 所示的金相试块，取样部位相当于低倍试样缺陷对应的位置。金相试样经研磨抛光后观察，裂纹呈曲直断续分布，裂纹内及其边缘未见非金属夹杂，裂纹附近有显微孔洞，裂纹类似孔洞扩展相连，如图 8-44 所示。腐蚀后观察，裂纹不脱碳，沿枝晶分布，如图 8-45、图 8-46 所示。裂纹处组织与基体相同，树枝晶组织比较明显，组织为铁素体＋珠光体＋少量贝氏体，可见较多小孔洞，如图 8-47 所示。

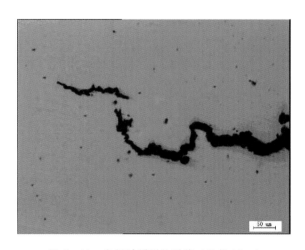

图 8-44　金相试样裂纹形貌（物镜 10×）

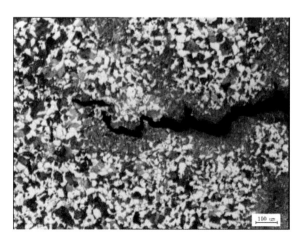

图 8-45　金相试样裂纹组织（物镜 5×）

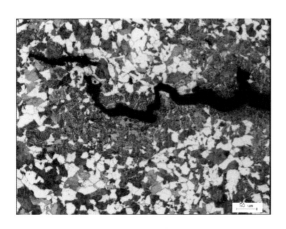

图8-46　金相试样裂纹组织（物镜10×）

图8-47　金相试样基体组织（物镜50×）

（5）结果分析

齿轮锻坯经超声波探伤疑似中心疏松或中心偏析，低倍检验发现位于锻件心部存在中心偏析。偏析线、疏松针孔和裂纹沿变形流线分布。金相检验发现偏析区树枝晶组织较为明显，存在大量显微孔洞，裂纹沿枝间分布，其形态类似于因孔洞形成的裂纹相互连接而成。缺陷的形成主要与钢锭的冶金质量或锻件的锻造质量有关，如果钢锭的中心部位结晶组织过于粗大或成分偏析较严重，在正常锻造变形量的情况下难以破碎铸态粗大的树枝组织和揉匀铸态组织，致使锻件的锻态组织较差。另外，如果锻造变形量不够或锻造设备能力不足，不能通过锻造变形将钢锭心部的铸态组织有效破碎和揉匀，也是锻件心部存在明显组织缺陷的主要原因。枝晶组织的枝杆和枝间存在较大的成分差异，对应的组织也不同，由图8-46可知，枝杆组织主要为铁素体，枝间为珠光体。铁素体和珠光体的硬度、强度相差较大，变形能力相差也较大。在锻造变形过程中，由于两相组织变形不协调，容易在两相界面产生裂纹。另外，材料内部组织不均匀，在锻件冷却过程中必然伴随着较大的组织应力，当组织应力和热应力之和大于两相界面结合力时，就会形成裂纹。因此，超声波探伤缺陷主要是锻件存在明显的中心偏析和疏松孔洞引起的。

（6）结论

齿轮锻坯超声波探伤缺陷是中心偏析和疏松孔洞，偏析区的裂纹形成原因与中心偏析和疏松孔洞有关。

8.2.6　带状偏析缺陷探伤分析案例

（1）概况

16MnV钢锭锻造成轴套，其工艺流程为拔长→镦粗→冲孔→芯棒拔长→芯棒扩孔→精锻整形→超声波探伤。超声波探伤检测发现轴套锻件一端面有缺陷反射波，缺陷分布在距离端面400～450mm范围内。锻件尺寸图及缺陷分布部位如图8-48所示，轴套锻件壁厚为195mm。

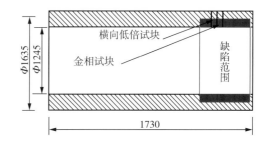

图8-48　轴套锻件尺寸图及缺陷部位

（2）超声波探伤

① A型超声波检测

超声波探伤采用2.5P20的单直探头，探测灵敏度为FBH2mm。检测过程中发现筒形锻件一端有偏析缺陷反射波。缺陷沿周向分布，缺陷区在距离端面400～450mm范围内，距内壁表面深度约105mm，如图8-48所示。缺陷反射波多而密集，最大当量在FBH8mm左右，超声波探伤缺陷波形如图8-49所示。根据波形特征，疑似偏析或裂纹。

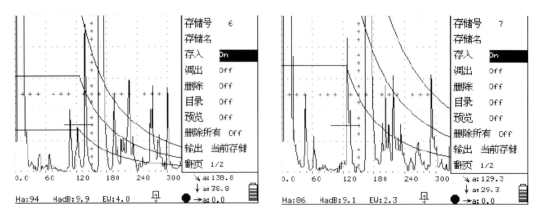

图 8-49　超声波探伤缺陷波形

② 相控阵检测

采用相控阵检测仪对试样进行检测，扫描长度150mm，仪器自动做出内部缺陷 3D 图，如图 8-50 所示。由检测结果可知试样内部可能存在密集状缺陷，疑似疏松。

（3）低倍检验

低倍检验试样取样位置如图 8-48 所示，低倍酸洗面为轴套锻件的横截面。试样经 1∶1 工业盐酸水溶液热侵蚀，低倍酸洗面距内壁表面约 100 mm 内存在断续分布的偏析线和裂纹，偏析线和裂纹沿周向锻造流线分布，如图 8-51 所示。图 8-52 为缺陷区局部放大形貌。

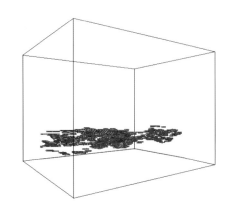

图 8-50　内部缺陷 3D 图

图 8-51　低倍组织

图 8-52　缺陷区局部放大形貌

（4）金相检验

在金相试块上取 3 块金相试样，取样部位与低倍试样缺陷区相对应，如图 8-53 所示，金相试样观察面为轴套锻件纵向。1 号试样面发现多条呈断续分布的长裂纹，裂纹取向为筒体锻件的纵向，裂纹内及其边缘未见非金属夹杂，如图 8-54 所示，裂纹尾部放大形貌如图 8-55 所示。腐蚀后观察，裂纹边缘不脱碳，裂纹位于珠光体内带，如图 8-56 所示。放大 500 倍观察，裂纹主要沿珠光体带内的网状铁素体扩展，如图 8-57、图 8-58 所示。试样基体组织为铁素体和珠光体，呈带状相间分布，如图 8-59 所示。珠光体带内组织为珠光体＋断续网状铁素体，相当于中高碳钢的显微组织，如图 8-57、图 8-58 所示，表明材料碳偏析较严重。

图 8-53　金相试样取样部位示意图

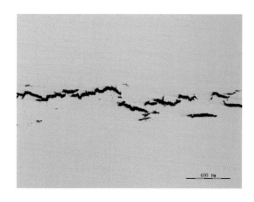

图 8-54　裂纹形貌（物镜 5×）

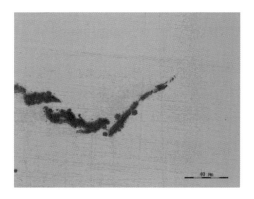

图 8-55　裂纹形貌（物镜 50×）

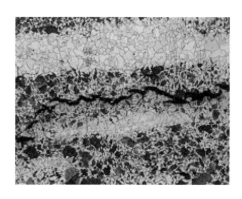

图 8-56　裂纹组织（物镜 10×）

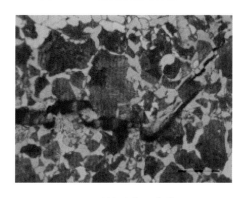

图 8-57　裂纹形貌（物镜 50×）

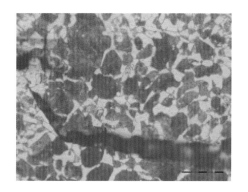

图 8-58　裂纹组织（物镜 50×）

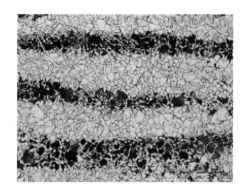

图 8-59　基体组织（物镜 10×）

（5）结果分析

　　轴套锻件超声波探伤缺陷经低倍检验，缺陷部位为沿周向锻造流线呈断续分布的偏析线和裂纹。偏析线和裂纹区域显微组织为带状组织，铁素体和珠光体条带相间分布，带状组织与筒形锻件纵向平行。16MnV 钢属于低合金高强度结构钢，C 含量不大于 0.20%，组织为铁素体为主，伴有少量珠光体。金相检验珠光体带内组织为珠光体＋断续网状铁素体，相当于中碳钢、高碳钢的显微组织，与 16MnV 材料的显微组织相差较大，表明珠光体条带组织的碳含量较高，属于较严重的碳偏析。裂纹均位于珠光体带内，沿珠光体带内的网状铁素体扩展，即裂纹的形成主要与珠光体带内的组织相关。珠光体带内的珠光体碳含量较高，对应的强度、硬度远远高于其周围的网状铁素体，这必然会形成较大的组织应力，增加裂纹产生的风险。在锻压变形过程中，含碳量较高的珠光体与其周围网状铁素体的变形能力相差较大，造成变形不协调，变形不能连续进行，势必要以裂纹的形式释放应力，促使变形能够连续进行。

超声波探伤显示缺陷区范围仅局限在锻件一端，距端面 400～450mm 范围内，解剖检验结果验证缺陷区组织是碳偏析。由此推测，缺陷区可能位于钢锭冒口下部。因为钢锭成分偏析在锭身的中上部及其中心，主要是正偏析，正偏析的主要元素是碳，越接近冒口，碳的偏析浓度越高。因此，锻件端部缺陷来源于钢锭，主要原因如下：一是与钢锭冒口切除量较小有关，冒口残留缺陷延续至锻件中；二是与钢锭浇铸质量有关，冒口缺陷延续到冒口线以下较深，在正常的冒口切除量下仍不能完全去除缺陷，继而残留至锻件中。

（6）结论

轴套锻件端部超声波探伤疑似偏析或裂纹缺陷是碳偏析引起的带状组织和裂纹，与钢锭帽口残留缺陷有关。

8.2.7 锭型偏析缺陷探伤分析案例

（1）概况

35CrMo 模铸锭经锻造和粗加工成方块锻件，方块锻件规格为 417mm×241mm×445mm，如图 8-60 所示。在调质热处理前进行超声波探伤检测发现缺陷波，为确认缺陷性质，对方块锻件进行解剖取样分析。35CrMo 模铸锭的冶炼方式为 EF＋LF＋VOD，热处理状态为锻后空冷。

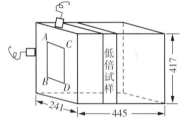

图 8-60 方块锻件尺寸
及探伤部位示意图

（2）超声波探伤

① A 型超声波检测

超声波检测采用 2.5P20Hz 的单直探头，按灵敏度 FBH2mm 调节设置参数，如图 8-61 所示。探头探测部位如图 8-60 所示，即探头在方块锻件的前后表面和上下表面移动探测。根据前后表面和上下表面探测的缺陷反射波波形，确定的缺陷位置如图 8-60 中的 ABCD 方框所示，方框所示缺陷沿锻件纵向连续分布。反射波形特征是双峰，伴有少量草状波，信噪波大于 10dB，从不同方位探测，波形稳定，回波幅度变化不大。探测代表性的缺陷反射波形如图 8-62 所示。

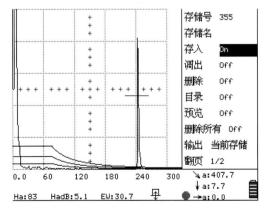

图 8-61 超声波探伤灵敏度调节

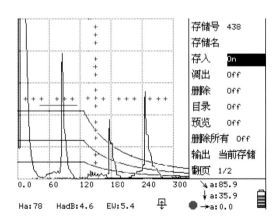

图 8-62 探头位于锻件上表面的缺陷波形

探伤结论：根据探伤缺陷在方块锻件中的分布位置及波形特征，疑似锭型偏析或裂纹。

② 相控阵检测

采用相控阵检测仪对试样进行检测，扫描长度为 100mm，仪器自动做出内部缺陷 3D 图，如图 8-63 所示。由检测结果可知，试样内部疑似存在锭型偏析。

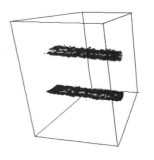

图 8-63　内部缺陷 3D 图

（3）低倍检验

在方块锻件探伤缺陷区取横向低倍试样 1 块，如图 8-60 所示。试样经 1:1 工业盐酸水溶液热侵蚀，低倍组织存在明显的锭型偏析，偏析框尺寸（长×宽）约为 260mm×100mm，如图 8-64 所示。按照 GB/T 1979—2001《结构钢低倍组织缺陷评级图》标准评级，锭型偏析级别为 2 级。偏析框线区可见疏松孔洞和裂纹，裂纹长度为 3～8mm，裂纹取向与偏析框线相同，局部放大图如图 8-65 所示。

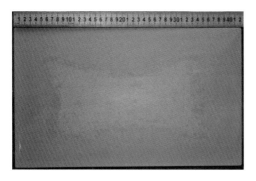

图 8-64　低倍组织

图 8-65　偏析框线区局部放大形貌

（4）显微检验分析

金相试样取自偏析框线区的缺陷处，试样检验面为方块的纵向。检验面发现多条裂纹，其中一条裂纹是由显微孔洞相互连接形成的，裂纹深度为 376.1μm，裂纹内有夹杂物，如图 8-66 所示；另一条为细小裂纹并呈断续分布，裂纹周围有显微孔洞和偏析斑点，如图 8-67 所示。腐蚀后观察，裂纹不脱碳，呈穿晶分布，组织为珠光体＋铁素体，如图 8-68 所示。试样基体组织为珠光体＋铁素体，如图 8-69 所示。孔洞裂纹和细小裂纹的位向均与锻件纵向一致。

试样经扫描电子显微镜分析，显微孔洞组成的裂纹形貌和其内的夹杂形貌如图 8-70 所示，夹杂经能谱无标样半定量分析，为氧化铝夹杂，如图 8-71 所示。

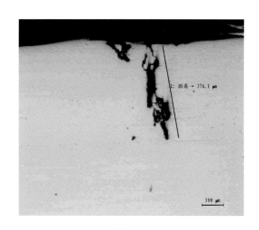

图 8-66　缺陷形貌（物镜 10×）

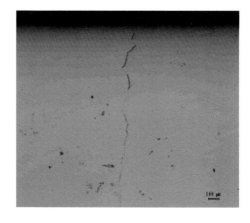

图 8-67　裂纹形貌（物镜 10×）

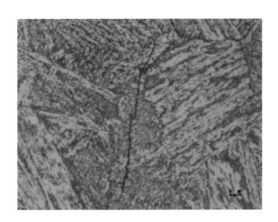

图 8-68　缺陷形貌（物镜 10×）

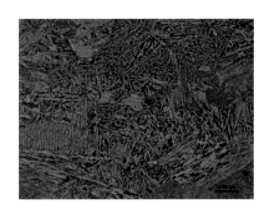

图 8-69　基体组织（物镜 10×）

图 8-70　电子显微镜扫描缺陷形貌（物镜 10×）

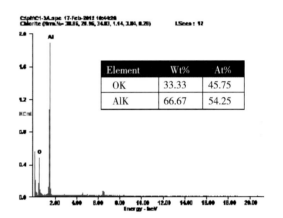

图 8-71　夹杂能谱图（物镜 10×）

Element	Wt%	At%
OK	33.33	45.75
AlK	66.67	54.25

（5）结果分析

在超声波探伤缺陷区内取低倍试样检验，低倍试样存在明显的锭型偏析，与探伤疑似锭型偏析的结论相吻合。偏析框线区的显微分析表明，框线区有由显微孔洞相互连接形成的孔洞裂纹，孔洞裂纹内有氧化铝夹杂。框线区内的一些断续分布的细小裂纹呈穿晶分布，属于应力裂纹，主要与框线区因成分偏析产生的组织应力有关。孔洞裂纹和细小裂纹周围有显微孔洞和偏析斑点，孔洞裂纹和细小裂纹的位向均与锻件纵向一致。上述检验结果都符合锭型偏析所具有的特征，因此，超声波探伤缺陷属于锭型偏析。锭型偏析是钢锭在结晶过程中，柱状晶生长时把低熔点组元如碳、硫、磷、气体和杂质元素推向尚未冷凝的中心液相区，从而在柱状晶区与中心等轴晶区交界处形成偏析和杂质集聚框。在横向低倍试片上呈现腐蚀较深并由密集的暗色小点组成的偏析带。

锭型偏析的形成主要与钢锭锭型大导致结晶时间长、浇注温度高造成钢锭结晶过程中成分偏析、钢中气体含量高和硫、磷杂质多等因素有关。

（6）结论

方块锻件的超声波探伤缺陷属于锭型偏析，形成原因主要与钢液的冶金质量和钢锭的浇铸工艺有关。

8.2.8　锻件内部夹渣缺陷探伤分析案例

（1）概况

材料 2Cr12 电渣重熔钢锭锻造成螺杆锻件，锻件热处理状态为正火＋调质热处理，入库前超声波探伤检测发现锻件大端面内部存在不允许的缺陷反射波。为查明缺陷性质，对锻件大端面进行解剖分析。螺杆锻件的加工尺寸及几何形状如图 8-72 所示，大端面直径为 640mm。

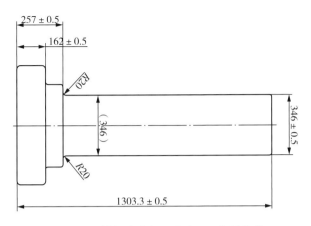

图 8-72　螺杆锻件加工尺寸及几何形状图

（2）超声波探伤

① A 型超声波检测

超声波探头在螺杆锻件的外圆周表面进行超声波扫查，发现位于锻件大端面内部一周多处有缺陷反射波。缺陷距外圆周表面 150～200mm，最大缺陷当量为 FBH2.6mm，其深度为 169mm，波形特征为断续密集，疏松状＋多峰林状，信噪比小，如图 8-73 所示。探伤结果：疑似夹渣或夹杂。

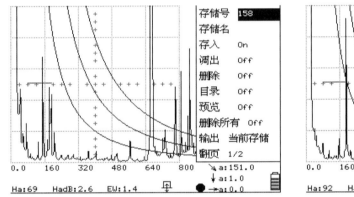
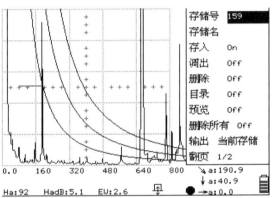

图 8-73　超声波探伤缺陷反射特征波形

② 相控阵检测

用相控阵检测仪对工件进行检测，如图 8-74 所示，提高检测灵敏度，结果显示工件内部存在两个比较大的点状或团状缺陷。

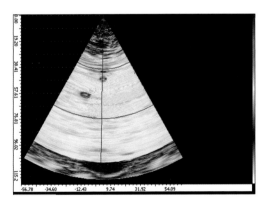
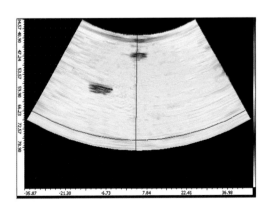

图 8-74　相控阵检测结果

（3）低倍检验

根据超声波探伤结果，在螺杆锻件大端面对应的缺陷部位取两块低倍试样，取样位置如图 8-75 所示。低倍试样经 1∶1 工业盐酸水溶液热侵蚀，检验结果为 1 号低倍酸洗面有两条长度分别为 10mm、15mm 左右的疏松孔洞连成的缺陷，缺陷距大端面外圆表面 170～200mm，如图 8-76 所示，缺陷放大形貌如图 8-77 所示，为疏松孔洞围成的椭圆区；2 号低倍酸洗面有两条长度分别为 23mm、25mm 左右的线形缺陷，缺陷距大端面外圆表面 90～125mm，如图 8-78 所示，缺陷放大形貌如图 8-79 所示，为疏松孔洞和偏析斑点连成的线形缺陷。两块低倍试样其余部分组织致密，未发现肉眼可见宏观夹杂。

图 8-75　大端面形状和
低倍取样位置示意图

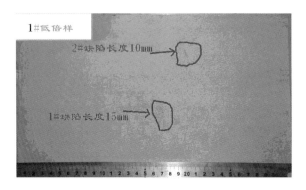

图 8-76　1 号低倍试样组织

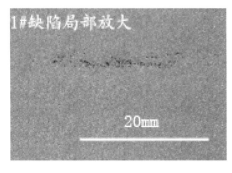

图 8-77　1 号低倍试样缺陷局部放大形貌

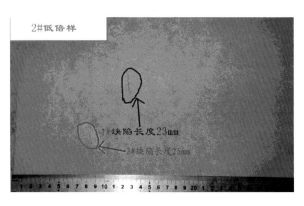

图 8-78　2 号低倍试样组织

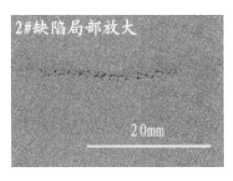

图 8-79　2 号低倍试样缺陷局部放大形貌

（4）金相检验

分别在 1 号、2 号低倍缺陷处各取一块金相试样，金相试样编号为 1 号和 2 号。

1 号试样金相磨面有较多链串状孔洞，孔洞内有较多夹杂，孔洞附近有微孔和夹杂，如图 8-80 所示，孔洞内夹杂高倍形貌如图 8-81 所示。夹杂经能谱无标样半定量成分分析，主要含有 O、Na、Mg、Al、Si、K、Ca、Ti、Cr、Mn 等元素，属于渣类夹杂，能谱分析谱图如图 8-82 所示。2 号试样金相磨面有较多断续分布的细小裂纹和显微孔洞，裂纹和孔洞内及其周围有较多夹杂，如图 8-83 所示。经扫描电子显微镜观察，裂纹尾部夹杂和孔洞形貌如图 8-84 所示。夹杂经能谱无标样半定量成分分析，主要由 O、Si、Mg、Mn、Cr、Al 元素组成，属于渣类夹杂，能谱分析谱图如图 8-85 所示。

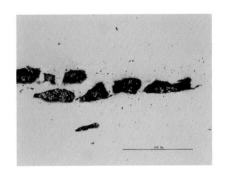

图 8-80　1 号试样孔洞和夹杂（物镜 10×）

图 8-81　1 号试样夹杂（物镜 50×）

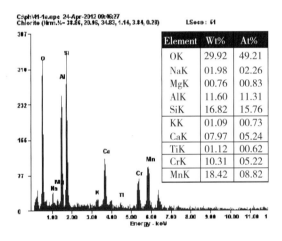

图 8-82　1 号试样夹杂能谱图

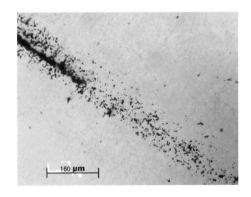

图 8-83　2 号试样裂纹夹杂形貌（物镜 20×）

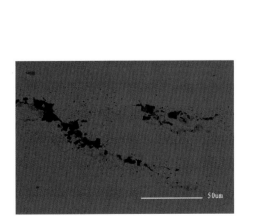

图 8-84　2 号试样裂纹夹杂形貌图

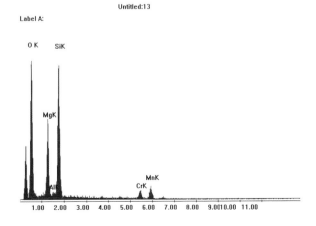

图 8-85　2 号试样夹杂能谱图

（5）结果分析

螺杆锻件超声波检测发现位于锻件大端面内部一周多处有缺陷反射波，缺陷距外圆周面150～200mm。在缺陷部位取低倍试样检验，缺陷距大端面外圆表面90～200mm，与探伤确定的缺陷部位基本相吻合，相当于锻件1/2半径的圆周区域。两块低倍检验面上的缺陷形态有所不同，但金相检验结果表明，两块低倍检验面上的缺陷性质基本相同，都是由孔洞、微裂纹、斑点偏析和渣类夹杂组成的缺陷。

由图8-72尺寸计算，螺杆锻件全长约为1303mm，大端面长度仅为162mm，表明缺陷仅局限在锻件头部162mm范围内，其余部位均无缺陷。由此推测，锻件中的缺陷来源于电渣钢锭的头部或尾部。若缺陷来源于钢锭的头部，可能的原因一是钢锭头部切除量不够，未能将钢锭头部缺陷完全去除，缺陷残存于锻件大端面；二是电渣锭头部的补缩工艺控制不当，使头部缺陷深度过深，在正常头部切除量下仍不能将缺陷完全切净。若缺陷来源于钢锭的尾部，可能是熔渣后的电极熔化速度过快，产生卷渣，根据缺陷位于1/2半径的圆周区域，卷渣的可能性较大。

（6）结论

螺杆锻件超声波缺陷与解剖检验结果相吻合，缺陷是由孔洞、微裂纹、斑点偏析和渣类夹杂构成的，与电渣锭的冶炼工艺控制不当有关。

8.2.9 氮化物夹杂缺陷探伤分析案例

（1）概况

材料35CrMoA钢锭经5t锻锤锻造成$\phi720mm×\phi330mm×485mm$滚轮本体锻坯，锻坯正火后经超声波探伤检查，未发现缺陷波。调质热处理之后再次超声波探伤检查，内部有断续分布的环形缺陷。

35CrMo钢冶炼工艺：铁水脱硫KR→氧气顶吹转炉（BOF）→精炼（LF）→真空处理（RH）→连铸钢锭（$\phi500mm$），锭重8.2MT。

锻件制作工艺流程：35CrMo钢锭→入炉加热（1250℃）→均热17h出炉→镦粗→锻外形→冲孔→修整（终锻温度800℃，锻造比为4.5）→正火热处理→初加工→超声波探伤→调质热处理→超声波探伤。

滚轮本体锻坯宏观形貌如图8-86所示，锻坯尺寸如图8-87所示。

图8-86　滚轮锻坯宏观形貌

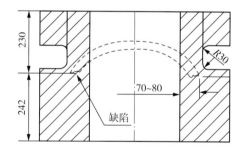

图8-87　滚轮锻坯探伤缺陷分布示意图

（2）超声波探伤

在上下端面经超声波探测均发现缺陷反射波，缺陷反射波的波形特征均相似，为多峰林状。以图8-86标注的1、2、3、4四个探测点为例，各点缺陷深度均在242mm左右，缺陷最大为FBH7.4mm，缺陷距内孔圆周表面深度为70～80mm。4个探测点缺陷反射波形如图8-88所示。在缺陷相应部位的锻件外圆周表面探测，均未发现缺陷波，说明缺陷面与锻件端面平行，与锻件轴线垂直。

探伤结果：初步确定锻件内部存在断续分布的层状缺陷，缺陷在锻件内部分布情况如图8-87所示。

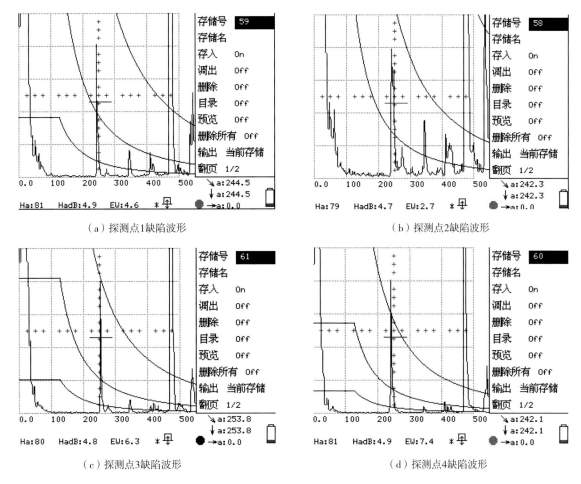

图 8-88　超声波探伤波形

（3）解剖检验取样

在超声波探测确定的缺陷部位取低倍、断口、金相试块各一块，化学成分分析试样取自金相试块。试块沿锻件纵向切取，如图 8-86 所示。

（4）化学成分分析

化学成分分析试样取自金相试块，光谱分析结果见表 8-3 所列，化学成分符合技术标准要求，但氮元素含量较高。

表 8-3　化学成分分析结果　单位：%

项　目	C	Si	Mn	P	S	Cr	Mo	N/PPm
缺陷样	0.36	0.24	0.52	0.012	0.007	1.00	0.20	230
无缺陷样	0.34	0.24	0.52	0.012	0.007	1.00	0.20	297
GB/T 3077—2015	0.32～0.40	0.17～0.37	0.40～0.70	≤0.025	≤0.025	0.80～1.10	0.15～0.25	—

（5）断口宏观分析

断口试块经磁粉探伤显示裂纹部位，用油压机沿裂纹压断。断口宏观形貌如图 8-89 所示，断裂位置与磁粉探伤显示的裂纹部位一致，图中标记的黑色断口部分为磁粉探伤显示的试块表面间断分布的裂纹。断口面有较多小平台，如图 8-89 中箭头所示，小平台的断裂形貌与主断口不同，属于试块内裂纹暴露于打开的断口表面。主断口与锻件轴线垂直，放射状撕裂清晰可见，属于塑性断裂形貌。

（6）低倍检验

低倍试样经 1:1 工业盐酸水溶液热侵蚀，低倍酸洗面没有发现肉眼可见疏松、孔洞、非金属夹杂，树枝晶组织较明显，如图 8-90 所示；与超声波探伤缺陷对应部位有断断续续分布的细小裂纹，裂纹两端分别终止于滚轮中心孔内壁和外圆凹槽 R 圆弧附近，局部放大形貌如图 8-91 所示。

图 8-89　试块压断的断口宏观形貌

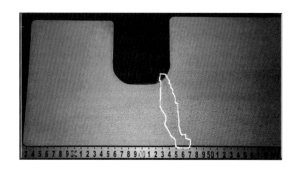

图 8-90　低倍试样组织和
超声波探伤缺陷对应部位的裂纹

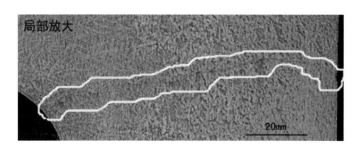

图 8-91　裂纹标记处局部放大形貌

（7）显微组织检验

在金相试块缺陷对应位置和无缺陷处各制取金相试样一块。缺陷处金相试样有断续分布且贯穿试样检验面的细裂纹，裂纹之间有较多不规则显微孔洞，即裂纹是由孔洞产生的微裂纹扩展相连接而成，如图 8-92 所示。裂纹分布呈网状趋势，裂纹附近有网络状物夹杂，如图 8-93 所示。孔洞裂纹高倍形貌如图 8-94 所示，孔洞内有金属填充物。腐蚀后观察，裂纹两侧组织与基体组织相同且不脱碳，呈穿晶分布，如图 8-95 所示。孔洞内填充物的组织与试样基体组织相同，如图 8-96 所示，即显微孔洞为未完全填充的小气泡。基体组织为回火索氏体＋贝氏体，如图 8-97 所示。

远离缺陷处金相试样上的夹杂形貌与缺陷处夹杂特征相同，为浅灰色，呈网络状分布，如图 8-98 所示，显微组织与缺陷试样组织相同。

非金属夹杂物检验结果见表 8-4 所列，执行标准为 GB/T 10561—2015，氮化物夹杂级别较高。

表 8-4　非金属夹杂物检验结果（级别）

试　样	A		B		C		D		氮化物类	
	细系	粗系	细系	粗系	细系	粗系	细系	粗系	细系	粗系
缺陷	0.5	0.5	0.5	0.5	0	0	1.5	1.0	2.0	1.5
无	0.5	0.5	0	0	0	0	2.0	1.0	2.0	1.5

注：缺陷处氮化物类粗系超宽 20μm，D 类粗系超宽 16μm，无缺陷样氮化物类粗系超宽 30μm。

试样中网络状夹杂经扫描电子显微镜分析，夹杂形貌为断续分布的条棒状，如图 8-99 所示。经能谱无标样半定量分析，是以 Nb 为主的 Nb、Ti 复合氮化物夹杂，如图 8-100 所示。

图 8-92 孔洞裂纹形貌（物镜 5×）

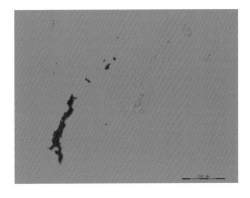

图 8-93 裂纹附近夹杂形貌（物镜 20×）

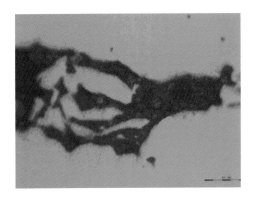

图 8-94 裂纹高倍形貌（物镜 50×）

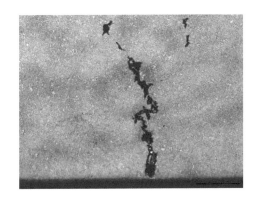

图 8-95 裂纹组织形貌（物镜 5×）

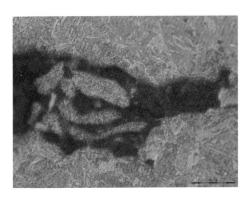

图 8-96 裂纹组织形貌（物镜 50×）

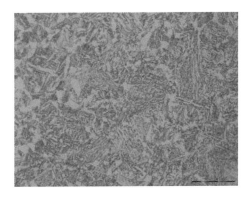

图 8-97 基体组织形貌（物镜 50×）

图 8-98 远离缺陷处的夹杂形貌（物镜 50×）

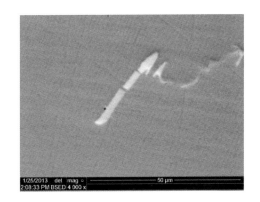

图 8-99 扫描电子显微镜夹杂形貌

（8）结果分析

化学成分光谱分析结果表明材料的化学成分符合 GB/T 3077—2015 要求，但是气体氮元素含量在缺陷区和远离缺陷区的试样光谱分析，均高达近 300 ppm。缺陷区和远离缺陷区金相试样上均有较多的氮化物夹杂，表明试样氮含量较高，与光谱分析结果相符合。尽管 GB/T 3077—2015 对氮元素含量没有具体规定，但对于非含氮 35CrMoA 低合金钢而言，如此高的氮含量显然不妥。

由超声波探伤、解剖试样的磁粉表面探伤并结合解剖检验结果可知，滚轮本体裂纹属于锻件内部裂纹，裂纹细小，呈间断不连续分布。裂纹分布区域距滚轮端面约 240mm，位于滚轮外圆表面凹槽的 R 圆弧处，裂纹面与端面平行，与纵轴线垂直，如图 8-87 所示。

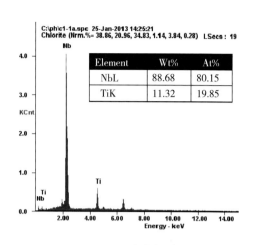

图 8-100 夹杂能谱图

金相检验裂纹细小呈断续网状趋势分布，裂纹之间有较多不规则显微孔洞，即裂纹是由孔洞萌生的微裂纹源，在应力的作用下扩展并相互连接而成。裂纹附近有氮化物夹杂，能谱分析为铌、钛复合碳氮化物。氮化物夹杂的分布特征与裂纹分布相同，也是呈断续网状分布，实质上是沿原奥氏体晶界分布，表明裂纹的形成原因与氮化物夹杂有关，因为通常晶界能量比晶内高，容易吸附杂质元素和氮元素，晶界氮元素的偏聚浓度随材料氮含量的增加而增大。当晶界氮元素的偏聚浓度达到碳、氮化物的析出量时，沿晶界析出细小的碳、氮化物。碳、氮化物在晶界成为应力集中源，在调质热处理应力作用下，晶界碳、氮化物与基体之间产生显微孔隙，显微孔隙进一步发展成沿晶微裂纹并相继扩展长大。这也是热处理之前探伤没有发现缺陷反射波的原因。另外，随着碳、氮化物沿奥氏体晶界析出，奥氏体晶界两侧形成较窄的无析出带，应力相对集中在较软的无析出带上，从而形成由微孔聚合而成的裂纹，且人工压断断口上暴露的内裂纹小平台是较好的佐证。另外，氮元素在晶界偏聚还会以杂质元素为核形成氮气泡，图 8-94 至图 8-96 所示的未完全填充的小气泡或许就是一种验证。因此，裂纹的形成原因与氮化物夹杂有关。

（9）结论

超声波探伤确定滚轮内部缺陷是断续分布的层状缺陷，是氮化物夹杂沿原奥氏体晶界析出引起的裂纹，与材料的氮含量较高有关。

7.2.10 组织缺陷探伤分析案例

（1）概况

2Cr13 模铸锭经入炉加热（1200℃）→均热 180min 出炉→拔长→镦粗→拔长至 ϕ310mm（终造温度 900℃，锻造比为 4）→砂冷→退火→粗加工→超声波探伤→不合格→入废品库。超声波探伤发现锻造而成的圆棒尾部中心存在大量的疏松＋林状缺陷，圆棒尾部对应钢锭的水口端。

（2）超声波探伤

① A 型超声波探伤

超声波探伤采用 2.5P20 的单直探头，探头沿圆棒圆周表面和端表面扫查，在圆棒圆周表面扫查时，发现圆棒尾端中心区域存在沿纵向断续分布的缺陷反射波，缺陷分布在距端面长度 750mm 范围内。代表性的探测部位如图 8-101 中的 A、B、C、D，波形特征是疏松＋林状，A、B、C、D 部位的缺陷大小和距表面深度分别是 FBH2.6/136mm、FBH3.0/148mm、FBH2.3/207mm、FBH2.0/212mm，A 部位的探伤波形如图 8-102 所示。在圆棒端面探测没有发现缺陷反射波。探伤结果：疑似裂纹和疏松孔洞。

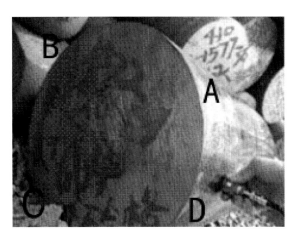

图 8-101 圆棒宏观形貌及探测部位

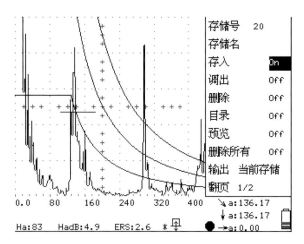

图 8-102 A 部位探伤缺陷波形

② 相控阵检测

用相控阵检测仪对工件进行检测，如图 8-103 所示，缺陷呈密集条状，疑似疏松或裂纹。

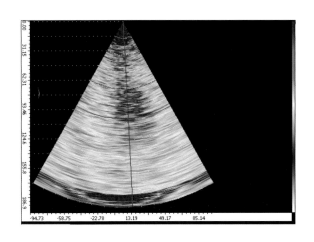
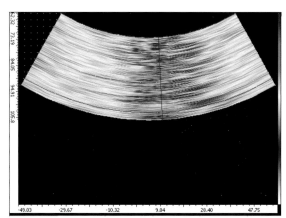

图 8-103 相控阵检测结果

（3）化学成份分析和铁素体含量计算

分别在圆棒中心缺陷处和圆棒次表层取化学分析试样各一块，试样经光谱分析，分析结果见表 8-5 所列，化学成分符合技术标准要求。根据表 8-5 化学成分析结果，采用 Schaeffler 计算公式计算铁素体含量，绘制的 Schaeffler 相图如图 8-104 所示。

表 8-5 化学成分分析结果　　　　　　　　　　　　　　　　　单位：%

项　目	C	Mn	Si	P	S	Ni	Cr	Cu	Mo	Ti	Nb
缺陷区	0.103	0.489	0.356	0.0092	0.0019	0.424	12.179	0.054	0.1798	0.0040	0.0001
次表面	0.134	0.496	0.361	0.0101	0.0023	0.431	12.267	0.054	0.1846	0.0044	0.0001
技术要求	≤0.15	≤1.00	≤1.00	≤0.025	≤0.025	≤0.50	11.50~13.50	—	≤0.50	—	—

（4）低倍检验

在圆棒探伤缺陷部位取横向低倍试样一块，低倍试样经机工刨磨后在 70℃ 的 1：1 工业盐酸水溶液中腐蚀 25min，试样中心区域存在多条裂纹，裂纹方向趋于同向分布，形态近似刚直，最长 8mm，最宽约 0.5mm，如图 8-105 所示。图中虚线框局部放大形貌如图 8-106 所示。低倍组织除中心裂纹外，没有发现其他冶金缺陷。

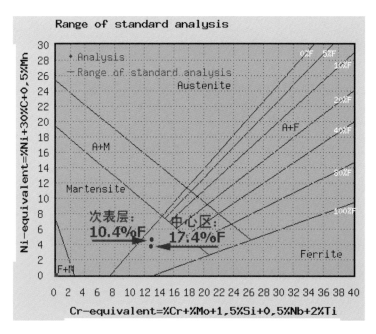

图 8-104　根据铁素体含量绘制的 Schaeffler 相图

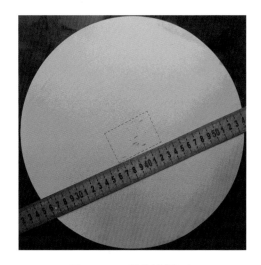

图 8-105　低倍试样组织

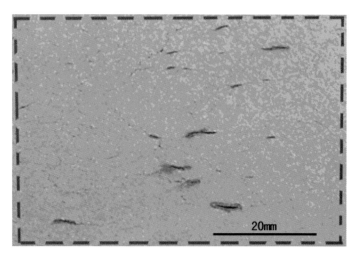

图 8-106　图 8-105 中虚线框局部放大形貌

（5）金相检验

金相试样取自缺陷区裂纹处，试样检验面为锻件纵向。试样上有较多裂纹，并沿锻件纵向分布，如图 8-107 所示。有些裂纹细长刚直，尾部尖细，如图 8-108 所示。有些裂纹呈断续分布，裂纹内及其附近有夹杂，如图 8-109 所示，夹杂高倍形貌如图 8-110 所示。夹杂经能谱无标样半定量成分分析，夹杂物含有 Ca、Mg、Al 类元素，为渣类和耐火材料夹杂。腐蚀后观察，裂纹两侧组织不脱碳，裂纹沿串链条状高温铁素体分布，如图 8-111 所示。有的裂纹沿细条状高温铁素体相对扩展，如图 8-112 所示。有的高温铁素体内有串链状孔洞，如图 8-113 所示。还有些裂纹沿高温铁素体附近的夹杂分布，如图 8-114 所示。缺陷处和试样基体组织均为索氏体＋串链条状高温铁素体，高温铁素体分布与锻件纵向平行。

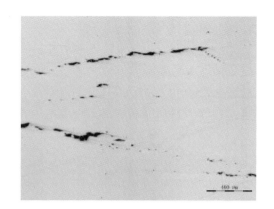

图 8-107 裂纹形貌 (1)(物镜 5×)

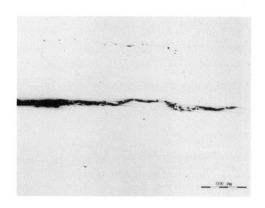

图 8-108 裂纹形貌 (2)(物镜 5×)

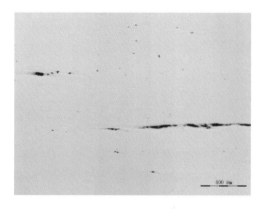

图 8-109 裂纹形貌 (3)(物镜 5×)

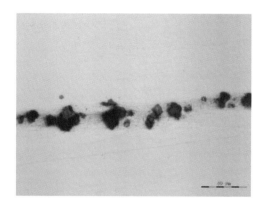

图 8-110 裂纹形貌 (4)(物镜 50×)

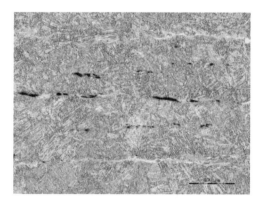

图 8-111 裂纹组织形貌 (1)(物镜 5×)

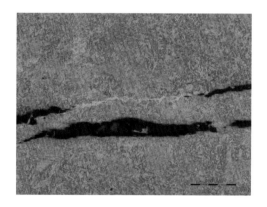

图 8-112 裂纹组织形貌 (2)(物镜 5×)

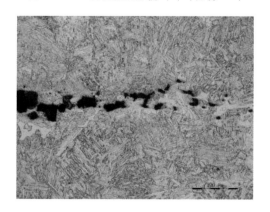

图 8-113 裂纹组织形貌 (3)(物镜 10×)

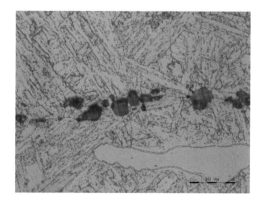

图 8-114 裂纹组织形貌 (4)(物镜 50×)

（6）结果分析

超声波探伤检测发现在圆棒尾端的近中心部位有疑似裂纹和疏松孔洞缺陷，低倍检验结果与探伤结果相似，主要是长度不等的细小裂纹。

金相检验缺陷区的组织有条链状相间平行分布的高温铁素体，多数裂纹沿条状高温铁素体分布，表明裂纹是由条状高温铁素体引起的。在锻造温度范围内，高温铁素体和奥氏体由于其强度的差别，变形抗力不同，高温铁素体相易变形，而奥氏体相不易变形，从而在两相界面的高温铁素体侧发生撕裂形成裂纹。此外，在低温和室温阶段，材料发生马氏体相变，高温保存下来的高温铁素体硬度低于马氏体，强韧性较差，当微裂纹或夹杂引起的裂纹处于高温铁素体边缘时，裂纹就会沿条状高温铁素体迅速扩展。

缺陷位于钢锭的水口端，就模铸钢锭而言，水口处于钢锭的化学成分负偏析区。负偏析区使强烈增加 Ni 当量的 C 等元素含量偏低导致 Ni 当量降低，增加 Cr 当量的元素 Cr、Mo、Nb、Ti 含量偏高导致 Cr 当量增加，其结果增加 Cr - Ni 当量比，相应材料的高温铁素体含量百分比增大。根据圆棒中心缺陷区及其次表层的化学成分分析结果，采用 Schaeffler 计算公式计算的结果表明，缺陷区的高温铁素体含量明显高于圆棒的次表层。同时也说明，负偏析区的同一截面，中心区域的负偏析程度大于边缘。

金相检验发现部分裂纹内及其附近有较多非金属氧化物夹杂，夹杂沿纵向呈链串状分布，部分裂纹沿夹杂轨迹分布，表明部分裂纹形成原因与夹杂密切相关。串链状氧化物夹杂属于脆性不变形夹杂，其存在一是割离材料基体的连续性，相当于微裂纹；二是脆性夹杂为不规则形貌，周边锐角较多，在锻造应力和热应力作用下，在夹杂锐角尖端形成较大的应力集中，引发裂纹的发生和扩展。夹杂经扫描电子显微镜能谱分析，主要含有 O、Ca、Mg、Al 等元素。由此可见，夹杂来源与渣和耐火材料有关。

（7）结果

超声波探伤在圆棒尾端近中心部位发现的疑似裂纹和疏松孔洞缺陷主要是由材料中含有较多的高温铁素体引起的，属于材料组织缺陷，与钢锭尾部存在较严重的成分负偏析有关。另外，也有部分裂纹是材料中链串状夹杂引起的，夹杂来源与渣和耐火材料有关。

8.2.11　热处理缺陷探伤分析案例

（1）概况

材料 20Cr13ϕ800mm 电渣锭经压机锻压成 ϕ500×850mm 圆坯，圆坯退火后经粗加工，再进行调质热处理。调质热处理奥氏体化温度为 1050℃，冷却介质为淬火油。淬火后经两次回火，第一次回火温度为 670℃（水冷），第二次回火温度为 650℃（空冷）。圆坯调质热处理后经超声波检测合格，并按相关技术文件要求进行理化性能检验，检验数据全部符合技术文件要求。

圆坯在精加工表面凹槽时，发现凹槽的加工表面逐渐露出裂纹，如图 8 - 115 中箭头所示，裂纹距端面距离为 250mm 左右。

图 8 - 115　工件宏观形貌

（2）超声波探伤

① A 型超声波检测

超声波探伤采用 2.5P20 的单直探头，大端面经超声波检测发现距大端面 239～262mm 范围内，存在大面积层状分布缺陷，人工缺陷当量范围为 FBH6.4mm＋（-9.9～7.9）dB，除距外圆周表面 0～40mm 区域不存在缺陷反射波外，缺陷范围几乎覆盖整个横截面。在大端面选择 5 个代表性的探测部位，如图 8 - 115中 1～5 标注，探测缺陷如下：

标注 1 缺陷：FBH6.4＋1.2dB/251mm；

标注 2 缺陷：FBH6.4＋1.2dB/251mm；

标注 3 缺陷：FBH6.4＋7.9dB/262mm；

标注 4 缺陷：FBH6.4＋5.0dB/255mm；

标注 5 缺陷：FBH6.4－9.9dB/239mm。

图 8-115 中标注 3 和标注 4 缺陷波形如图 8-116 所示。波形特征为单峰，低波损失较大。在距大端面 239～262mm 范围的外圆表面探测，没有发现缺陷波。探伤结论：疑似大面积层状、面缺陷，缺陷与工件轴向垂直。

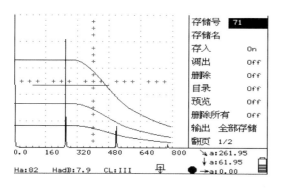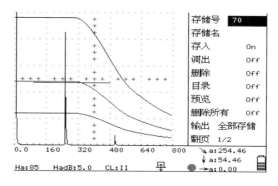

图 8-116　图 8-115 中标注 3（左）和标注 4（右）缺陷波形

② 相控阵检测

采用相控阵检测仪对试样进行检测，扫描长度为 150mm，仪器自动做出内部缺陷 3D 图，如图 8-117 所示。由检测结果可知试样内部存在疑似裂纹。

（3）制取工件横向断口及断口宏观分析

采用锯切方法沿图 8-115 中的 CD 线将工件切成两段，再沿 ABC 中心线将 CB 线所在的圆柱体切成两个半圆柱，由图 8-117 可知，探伤发现的层状缺陷，实质是内部横向裂纹。沿图 8-118 中心裂纹打开，得到图 8-119 所示的半圆柱横向断口。

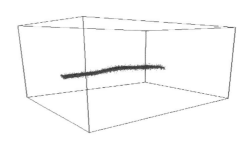

图 8-117　内部缺陷 3D 图

图 8-119 是两个相互匹配的断口宏观形貌。由断口放射状撕裂条痕判断，断口的裂纹源位于工件的中心，断口颜色呈金属光泽，断裂扩展区以恒稳扩展为主，最后扩展断裂区为人工压断区，即瞬时断裂区。人工压断区断口形貌较新鲜，位于工件圆周表层，径向长度为 40mm 左右。整个断口形貌较平坦，与工件轴向垂直。

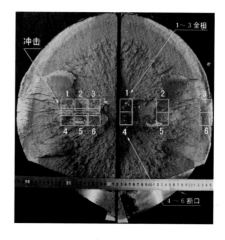

图 8-118　半圆柱纵截面　　　　　　　　图 8-119　半圆柱横向断口形貌

（4）低倍检验

距断口面 25mm 处取工件横截面约四分之一圆作为低倍试样，试样厚度 30mm。试样浸入 70℃ 的 1：1 工业盐酸水溶液中腐蚀 25min 后观察，试样低倍组织致密，没有发现明显的缺陷，如图 8-120 所示。

（5）断口剖面金相检验

断口剖面金相试样取样部位及编号如图 8-119 所示，1 号金相试样断口纵剖表面有较多网状二次裂纹，二次裂纹和断口表面没有氧化现象，裂纹内及其周围未见非金属夹杂，如图 8-121 所示。远离裂纹的基体也没有夹杂。腐蚀后观察，裂纹以沿晶分布为主，裂纹两侧不脱碳，组织为回火索氏体，如图 8-122 所示。试样基体组织与裂纹处组织相同。2 号、3 号试样检验结果与 1 号试样检验结果相同。

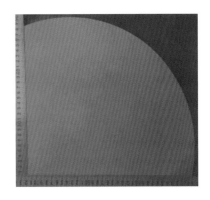

图 8-120　低倍组织

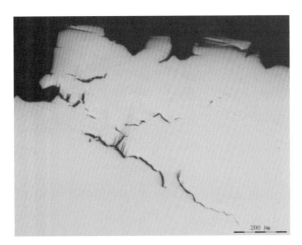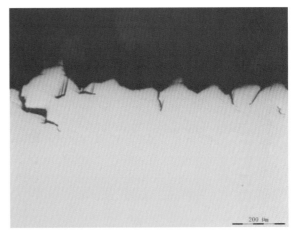

图 8-121　断口表面二次裂纹形貌（物镜 10×）

图 8-122　断口表面二次裂纹组织形貌（物镜 10×）

（6）扫描电子显微镜断口分析

扫描电子显微镜断口试样取样部位和试样编号如图 8-119 所示。4 号断口试样位于断裂源区，源区微观断裂形貌以沿晶断裂为主，只有极少量撕裂岭，如图 8-123 所示；5 号断口微观形貌分析结果与 4 号相同；6 号断口试样位于工件表层，属于打断的新鲜断口，断口微观形貌为准解理＋沿晶的混合断裂形貌，如图 8-124 所示。

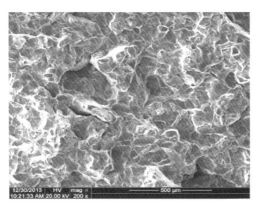

图8-123　4号断口微观断裂形貌

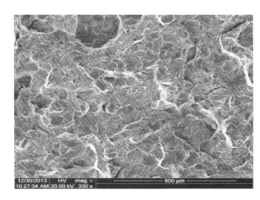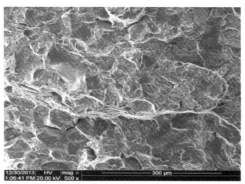

图8-124　6号断口微观断裂形貌

（7）结果分析和试验验证

工件精加工时，在加工表面凹槽过程中发现槽底表面逐渐露出裂纹，超声波探伤和打开的裂纹断口表明，凹槽表面裂纹是工件内部裂纹扩展到次表层所致。工件常规理化检验结果均满足技术要求，低倍检验也没有发现明显的冶金缺陷。但是在剖面金相检验和断口分析时，发现断口面二次裂纹为沿晶分布，断裂源区和扩展区的断口微观形貌为沿晶断裂。工件发生大面积内裂，而且是在最终热处理到客户精加工的较长期间内发生内裂，应为延迟性脆性内裂。发生脆性断裂的原因较多，以上检验分析结果均没有找到脆性断裂的原因。分析调质热处理的工艺，一次回火为670℃保温油冷，二次回火为650℃保温空冷。据此推测，工件脆性断裂与二次回火空冷发生了高温回火脆性有关。

为了验证是否与二次可逆回火脆性有关，在断口相邻部位取两组V形冲击试样，如图8-119所示。1～3号试样不回火直接进行冲击试验，4～6号试样进行重新回火，回火温度为680℃，保温1h，出炉水冷。两组试样冲击试验结果见表8-6所列，重新回火水冷试样的冲击功是没有回火的5倍多。冲击断口形貌如图8-125所示，重新回火的冲击断口有明显的剪切唇和较大的侧向膨胀量，为韧性较好的断口形貌。没有回火的断口无明显的剪切唇和侧向膨胀量，为结晶状脆性断口形貌。二次高温回火脆性是可逆的，试验将试样加热至略高于上次回火温度重新回火并快冷，消除了试样的二次高温回火脆性，恢复了材料原有韧性。

综上所述，超声波探伤检测工件内部存在大面积层状缺陷的主要原因是工件热处理二次回火空冷，冷却速度较慢，使材料产生了高温回火脆性，弱化了界面强度。在工件精加工时，在切削应力和内应力的作用下，发生了沿晶脆性断裂。

本案例分析过程表明超声波探伤无损检测在锻件质量失效分析中的作用，特别是在确定缺陷类型和解剖试样的定位等中具有极大优势，为失效分析程序的合理制定和正确思路的构思提供了不可取代的参考依据。超声波探伤能确定缺陷的类型，但多数探伤类型相同，缺陷的形成原因可能各不相同，需通过失效解剖分析，确定失效模式及其原因。总而言之，正如以上所述，失效分析可以借助超声波探伤对缺陷类型定性判断和缺陷部位准确定位、明确失效分析思路和制订适宜的分析方案，为找出缺陷的形成原因提供技术支持。

表 8-6　两组试样冲击试验结果

项　目	没有回火			重新回火		
试样编号	1	2	3	4	5	6
冲击功/J	10.0	8.9	6.8	36.4	49.2	46.7
平均值/J	8.6			44.1		

（a）重新回火冲击断口形貌　　　　　　（b）未经回火冲击断口形貌

图 8-125　冲击断口形貌

（8）结论

超声波探伤检测工件内部存在大面积层状缺陷是二次可逆回火脆性引起的延迟脆性断裂，工件凹槽表面裂纹是内部裂纹在机械加工过程中暴露于加工表面所致。

8.2.12　斑点状偏析探伤分析案例

（1）概况

齿轮坯材料 18CrNiMo7-6 冶炼方法为 EF+LF+VD，浇铸成 15T 钢锭，热处理为退火。

锻造工艺流程：15T 钢锭入炉加热，始锻温度为 1220℃，终锻温度为 800℃，分 3 火次锻成，总锻造比为 8.8，锻后等温正火。

（2）超声波探伤

齿轮坯图纸和超声波探伤缺陷分布如图 8-126 所示。

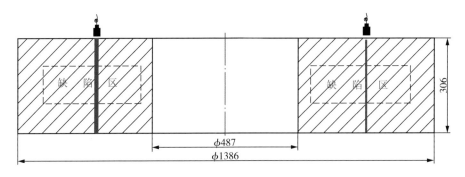

图 8-126　齿轮坯图纸和超声波探伤缺陷分布示意图

超声波探伤，端面检测发现大量沿周向分布的缺陷波，缺陷深度在距端面 1/3 至 2/3 区域范围内。缺陷波形为林状和草状，周向面检测未发现缺陷反射波，缺陷与工件轴向垂直，缺陷分布位置和缺陷波形分别如图 8-126 和图 8-127 所示。探伤结论：疑似疏松及裂纹。

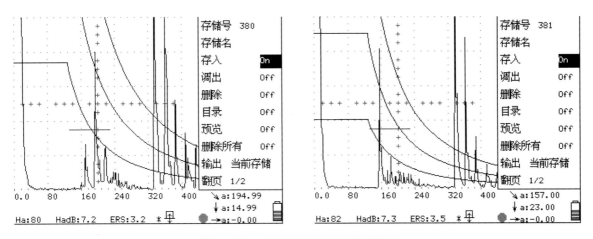

图 8 - 127　齿轮坯超声波探伤缺陷波形

（3）低倍检验

沿齿轮坯径向剖开，切取一块厚度为 30mm 的全截面试块作为低倍试样，试样浸入 70℃的 1∶1 工业盐酸水溶液中腐蚀 25min。腐蚀后观察，试样组织致密，表面有点状偏析和短条形偏析流线，并有数条裂纹，如图 8 - 128 所示。裂纹主要沿偏析线分布，形态刚直，最长约 6mm，局部放大形貌如图 8 - 129 所示。

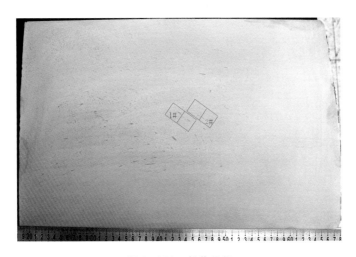

图 8 - 128　低倍组织

图 8 - 129　低倍组织局部放大

（4）金相检验

金相试样取自裂纹处，如图 8-128 所示。试样观察面裂纹比较刚直，尾部尖锐。裂纹内部及其两侧无氧化脱碳和夹杂，如图 8-130、图 8-131 所示；腐蚀后观察，试样组织呈块状和断续条带分布，裂纹位于深色偏析区呈穿晶扩展，深色偏析区组织为贝氏体，如图 8-132、图 8-133 所示。白色区组织为铁素体＋珠光体＋少量贝氏体，晶粒度级别为 6.0 级。

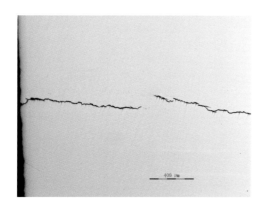

图 8-130 裂纹形貌（物镜 5×）

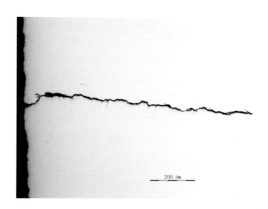

图 8-131 裂纹根部形貌（物镜 10×）

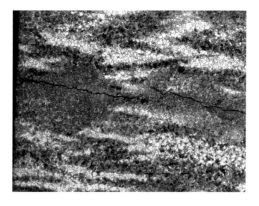

图 8-132 裂纹组织（物镜 5×）

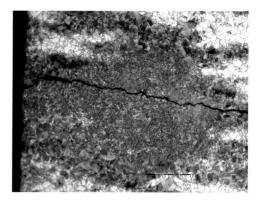

图 8-133 裂纹组织（物镜 10×）

（5）结果分析

18CrNiMo7-6 齿轮坯锻件超声波探伤发现的内部缺陷经低倍检验分析，确认缺陷为裂纹和点状偏析、断续短条形偏析线。断续短条形偏析线是偏析斑点在锻造过程中沿金属变形方向拉长所致，实为斑点状偏析。

金相检验，裂纹形貌刚直，尾部尖锐。裂纹内部及其两侧无氧化脱碳和夹杂，低倍组织致密，金相组织晶粒度细于 6 级，表明裂纹形成与夹杂和锻造缺陷无关。试样裂纹区组织均呈深色块状和断续条带分布，组织为贝氏体，裂纹位于贝氏体组织区呈穿晶扩展，属于应力裂纹。金相检验结果与低倍组织相吻合，表明裂纹形成主要是贝氏体区域的组织应力引起的。

18CrNiMo7-6 锻件锻后正火，组织应该是铁素体＋珠光体，而金相检验组织中存在大量块状、断续条带贝氏体，其形成应该与点状偏析、断续条形偏析流线有关。因为点状偏析、短条形偏析都是正偏析，主要元素是 S、P、C、Cr、Ni、Mn、Si、Al 等。在相变过程中，这些合金元素都是在抑制珠光体转变的同时，促进贝氏体转变，因此，在锻后等温正火时，点状偏析区域在冷却过程中发生贝氏体转变。

18CrNiMo7-6 钢的结晶凝固特点是液-固相温差较大，在铸锭冷却过程中的偏析倾向较大。因此，对冶炼、浇注工艺等必须从严控制，防止钢锭中形成点状偏析。

（6）结论

裂纹形成的主要原因是贝氏体区域组织应力引起的，等温正火形成的贝氏体与点状偏析、短条形偏析流线密切相关。

8.2.13 异金属（铌金属）夹杂案例分析

（1）概况

材料 15-5PH 钢锭经 35MN 油压机锻压成 658mm×540mm×1436mm 矩形锻坯，锻坯粗加工后经固溶时效热处理。锻坯几何形状如图 8-134 所示。根据客户订单要求，分别在图 8-134 所示的部位取拉伸试样进行力学性能检验。检验结果为取样位置 2 的拉伸性能不符合技术要求。

（2）超声波探伤检测

对锻坯三个方向进行超声波直探头检测，未发现超声波缺陷反射显示。在上表面进行超声波直探头检测，粗糙表面状态草状波显示不大于 FBH0.6mm，特征波形如图 8-135 所示。

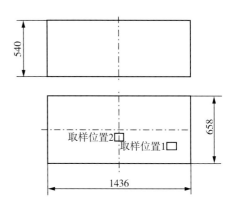

图 8-134 锻坯几何形状

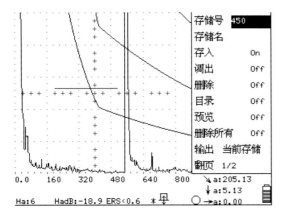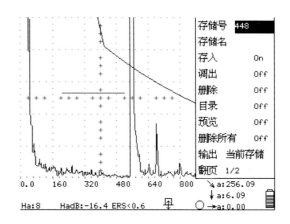

图 8-135 锻坯超声波探伤特征波形

（3）拉伸性能检验

在图 8-134 的取样位置 1 和取样位置 2 处分别各取两根拉伸试样，编为 1～4 号。拉伸检验结果见表 8-7 所列，3 号、4 号试样的断面收缩率远低于技术要求，延伸接近技术要求下限值。

表 8-7 力学性能检验结果

项 目	取样部位	屈服强度 $R_p0.2$/MPa	拉伸强度 R_m/MPa	延伸率 A/%	断面收缩率 Z/%
1号/2号	位置 1	1017/1040	1069/1089	17/17	63/57
3号/4号	位置 2	1071/1040	1110/1075	8/9	15/18
技术要求	—	≥965	≥1068	≥8	≥27

（4）拉伸试样断口分析

1 号、2 号拉伸断口为正常塑性拉伸断口形貌。3 号、4 号拉伸断口没有明显的缩颈，断口形貌为剪切断裂，以脆性断裂为主，断口中间有木纹状断口形貌。4 号断口宏观形貌如图 8-136 所示；4 号断口经扫描电子显微镜分析，断口中间木纹状断裂形貌如图 8-137 所示；微观形貌是由微孔聚集型小韧窝和小平台组成的脆性断裂形貌，如图 8-138 所示。小平台实质是拉伸试样拉伸过程中的断裂源，断裂源形成后以微孔聚集型小韧窝扩展至断裂。小平台区背散射电子像 BSED 形貌如图 8 - 139 所示，具有较多白亮色块状第二相，经能谱无标样半定量成分分析，第二相组成元素主要为 Nb，并伴有微量 N，能谱图如图 8 - 140 所示。

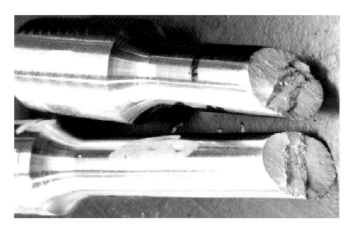

图 8 - 136　4 号断口宏观形貌

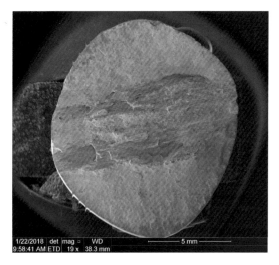

图 8 - 137　4 号拉伸断口 SEM 形貌 (1)

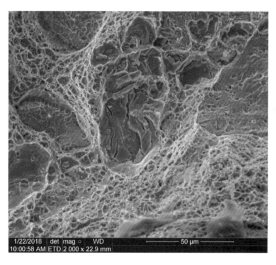

图 8 - 138　4 号拉伸断口 SEM 形貌 (2)

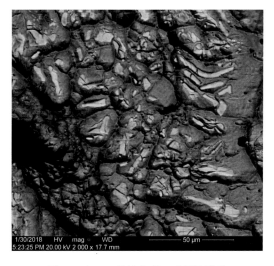

图 8 - 139　4 号拉伸断口 BSED 形貌

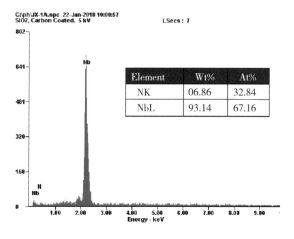

Element	Wt%	At%
NK	06.86	32.84
NbL	93.14	67.16

图 8 - 140　4 号拉伸断口 SEM 能谱图

（5）非金属夹杂检验分析

在 3 号、4 号拉伸断后试棒取金相试块进行非夹杂检验，检验结果见表 8-8 所列。氮化物类夹杂物级别过高，远远超过 ND-M30023-02 Rev E 标准不大于 1.0 级的要求。其中 4 号试样氮化物夹杂呈网状分布，其形貌如图 8-141、图 8-142 所示。

4 号试样氮化物夹杂经扫描电子显微镜分析，BSED 形貌如图 8-143 所示，第二相组成元素主要为 Nb，伴有少量 N 和 C，其能谱图如图 8-144 所示。

表 8-8　3 号、4 号拉伸断后试棒金相试块夹杂物评级评定级别

项　目	A		B		C		D		B（氮化物）	
	细系	粗系	细系	粗系	细系	细系	细系	粗系	细系	粗系
3	0	0	0.5	0.5	0	0	1.0	0.5	3.0	3.5
4	0	0	1.5	0.5	0	0	1.0	1.0	4.0	4.0

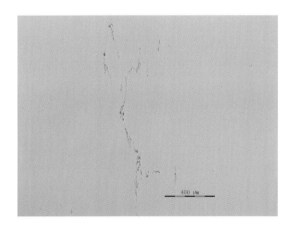

图 8-141　4 号试样 N 化物夹杂形貌（物镜 5×）

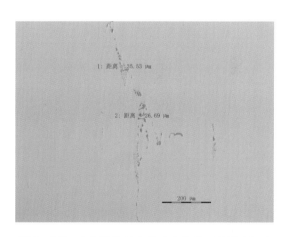

图 8-142　4 号试样 N 化物夹杂形貌（物镜 10×）

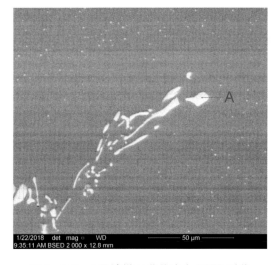

图 8-143　4 号试样 N 化物夹杂 BSED 形貌

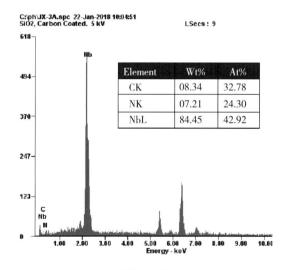

图 8-144　4 号试样氮化物夹杂 SEM 能谱图

（6）结果分析

材料 15-5PH 矩形锻坯经固溶时效热处理后，靠近锻坯心部拉伸性能的延伸接近技术要求下限值，断面收缩率远低于技术要求。拉伸断口没有明显的缩颈，以脆性断裂形貌为主。断口微观形貌是由众多

小平台组成的断裂源，以微孔聚集型小韧窝方式扩展致脆性断裂。小平台区有较多亮白色块状第二相，第二相组成元素主要为 Nb，伴有微量 N。金相检验，氮化物类夹杂级别过高且呈网状分布。氮化物夹杂经扫描电子显微镜分析，其分布、形貌特征及元素组成与断口上的第二相相似。由此可见，金相试样面上的所谓氮化物类夹杂与断口上面的第二相应属同类物相。由于该物相中 N 和 C 的含量极低，不满足构成非金属氮化物夹杂分子式所需的含量，应是异金属夹杂，即铌金属夹杂。锻坯心部含有如此多的块状铌金属夹杂，其来源应与材料的冶炼和浇铸工艺过程有关。

综上所述，锻坯心部拉伸断面收缩率不合格原因是网状分布的块状铌金属夹杂引起的脆性断裂。

（7）结论

锻坯心部拉伸断面收缩率不合格原因是网状分布的块状铌金属夹杂引起的脆性断裂。

8.2.14　中心缩孔案例分析

（1）概况

材料 410 钢锭经 35MN 油压机锻压成 $\phi260\times13600$mm 圆形锻坯，锻后进行超声波检测，发现存在较多的冶金缺陷，超出了采购技术要求的规定。锻件实物形貌如图 8-145 所示。

图 8-145　锻件实物形貌

（2）超声波探伤检测

超声波直探头沿锻件圆周表面探测，发现多数缺陷波明显大于底波，缺陷最大当量为 FBH6.2mm。缺陷位于锻件中心部位，沿纵向连续分布和间断分布。缺陷特征波形如图 8-146 所示，分布部位示意图如图8-147所示。探伤结论：疑似中心孔洞＋疏松。

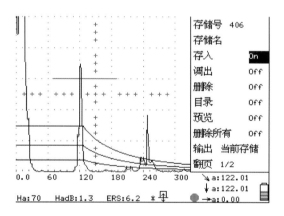
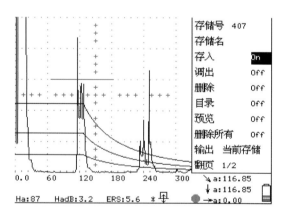

图 8-146　缺陷特征波形

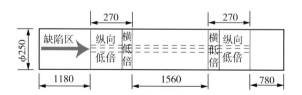

图 8-147　缺陷分布部位及取样示意图

（3）解剖试块及试块缺陷形貌

按图8-147所示切割试块，横向、纵向试块在锻件中心部位发现宏观可见缺陷。横向试块缺陷形貌为椭圆形孔洞，椭圆长轴方向长度约12mm，如图8-148所示，其放大形貌如图8-149所示；纵向试块缺陷形貌为拉长的孔洞和裂纹，缺陷末梢圆顿，未见缺陷分叉，最长的缺陷长度约27mm，如图8-150所示，其放大形貌如图8-151所示。

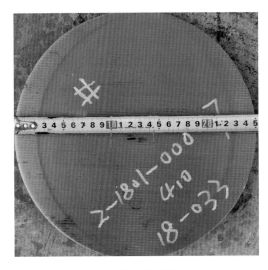

图8-148 横向试块缺陷形貌

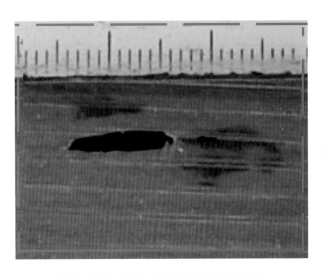

图8-149 图8-148缺陷局部放大形貌

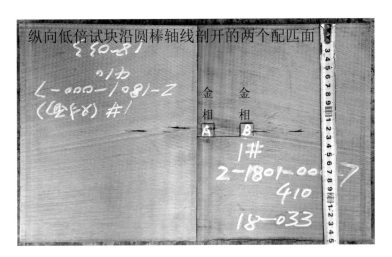

图8-150 纵向试块缺陷形貌

图8-151 图8-150左边缺陷局部放大形貌

（4）低倍检验

试样在70℃的1∶1盐酸水溶液中腐蚀20min后，经观察，试样表面宏观组织正常，可见中心缩孔缺陷，中心缩孔周围存在大量疏松，疏松、孔洞区范围大约为100mm×100mm，如图8-152所示。缺陷区局部放大形貌如图8-153所示。

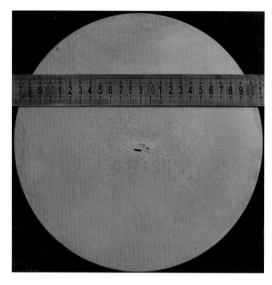

图 8－152　横向低倍组织

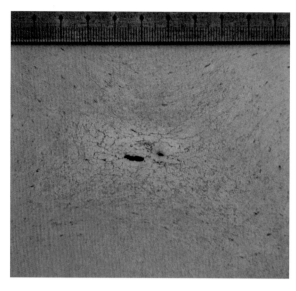

图 8－153　缺陷区局部放大形貌

（5）金相检验

　　试样 A 金相检验面有较多孔洞和裂纹，孔洞和裂纹内及其附近未见夹杂。部分孔内填充有与基体相同的材料，如图 8－154、图 8－155 所示。裂纹呈断续分布，两端圆钝，如图 8－156 所示。腐蚀后观察，孔洞和裂纹周围无氧化、脱碳，孔洞内的填充物组织与基体相同，如图 8－157、图 8－158、图 8－159 所示。

　　试样 B 金相检验结果与试样 A 相似。

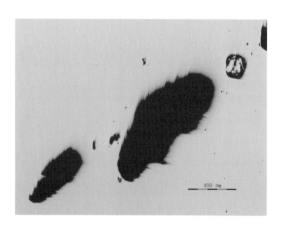

图 8－154　孔洞形貌（物镜 5×）

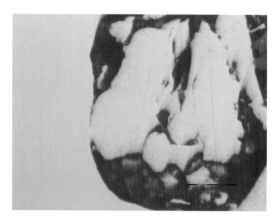

图 8－155　孔洞形貌（物镜 50×）

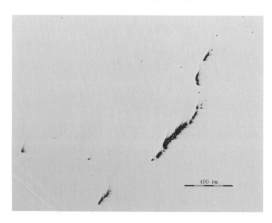

图 8－156　裂缝形貌（物镜 5×）

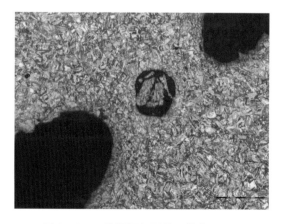

图 8－157　孔洞组织形貌（物镜 10×）

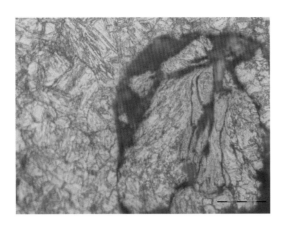

图 8 - 158　孔洞组织形貌（物镜 50×）

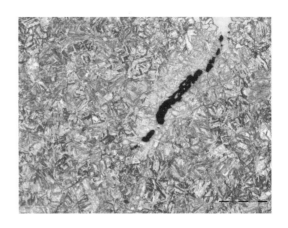

图 8 - 159　裂纹组织形貌（物镜 10×）

（6）结果分析

用超声波检测圆坯锻件发现锻件心部存在大量缺陷反射波，缺陷沿轴心纵向间断分布，总长度约 2100mm。超声波检测结论：疑似缩孔＋疏松。缺陷区纵向、横向试块中心区有肉眼可见的椭圆孔洞和沿纵向分布的裂纹。纵向、横向低倍试样检验面除椭圆孔洞和沿纵向分布的裂纹外，低倍组织致密，表明锻件锻造工艺正常。

通过金相检验发现，孔洞和裂纹内及其附近未见夹杂、氧化脱碳，裂纹两端圆钝。部分孔洞内的填充物组织与基体相同，表明孔内填充材料是圆坯锻件基体金属，属于钢液没有完全填充的残余缩孔。沿轴向分布的裂纹两端圆钝，是在锻造变形过程中一些较小缩孔沿轴向变形没有完全焊合而形成的。总之，超声波检测发现圆坯锻件心部的大量缺陷反射波属于铸锭内部的中心缩孔和疏松缺陷。

（7）结论

圆坯锻件超声波检测缺陷是铸锭内部存在的中心缩孔和疏松所致，中心缩孔与钢锭铸造工艺控制不当有关。

8.2.15　粗晶致裂案例分析

（1）概况

6.0tF65 钢锭经 3.5MN 油压机开坯，开坯尺寸规格为 350mm×350mm×5200mm。开坯坯料再经 5t 锻锤锻造成轮毂锻件毛坯。轮毂锻件几何尺寸及锻造工艺参数如图 8 - 160 所示。方坯锻造比为 8.4，轮毂锻造比为 23.3，锻后冷却方式为空冷。轮毂锻件粗加工后经超声波探伤，发现内部有缺陷波。

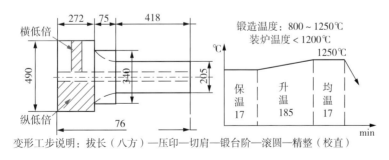

图 8 - 160　轮毂锻件几何尺寸及锻造工艺参数

（2）超声波探伤检测

对轮毂锻件的圆周面进行超声波直探头检测，检测发现锻件大头端有大量的缺陷波，最大当量为 FBH7.4mm/197mm。缺陷位于中心孔附近区域，沿纵向断续分布。缺陷特征：林状＋草状波，超声波探伤波形如图 8 - 161 所示。结论：裂纹＋疏松。

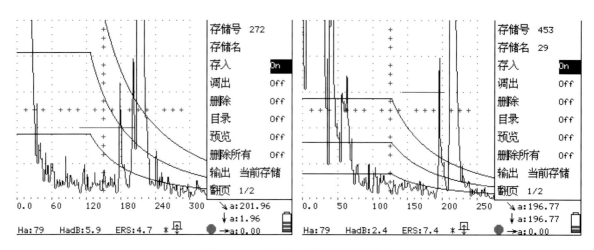

图 8-161　轮毂超声波检测缺陷波形

（3）低倍检验

根据超声波检测结果，按图 8-160 所示取样部位取横向低倍和纵向低倍各一块。

横向低倍试样组织致密，距表面约 1/2 半径范围内可见明显的粗晶，位于试样中心部位有数条裂纹，如图 8-162 中的红线标记。裂纹局部放大形貌如图 8-163 所示，裂纹两尖端长度为 4~6mm 范围内。

纵向低倍试样组织与横向试样相似，距表面约 40mm 处有一条裂纹，如图 8-164 所示，裂纹局部放大形貌如图 8-165 所示，裂纹两尖端长度为 12mm 左右。

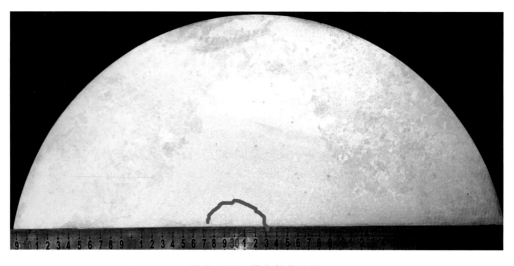

图 8-162　横向低倍组织

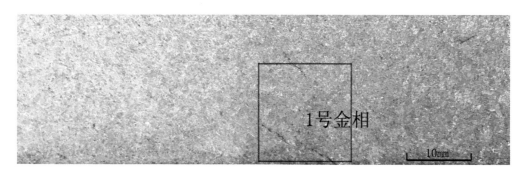

图 8-163　图 8-162 红色标示处裂纹局部放大形貌

图 8-164　纵向低倍组织

图 8-165　图 8-164 红色标示处裂纹局部放大形貌

（4）金相检验

1号金相试样取自锻件横向低倍试样的裂纹处，呈锯齿状断续分布，尾部尖锐。裂纹内部及其两侧无氧化和夹杂，如图 8-166、图 8-167 所示。腐蚀后观察，裂纹两侧不脱碳，呈穿晶扩展。裂纹扩展与沿晶界网状铁素体相遇时，多数沿相邻铁素体界面穿越或者终止扩展，并重新萌生裂纹源相继扩展，如图 8-168、图 8-169 所示。裂纹尾部终止于网状铁素体，如图 8-170、图 8-171 所示，显微组织粗大不均匀，为贝氏体＋沿晶界分布铁素体。晶粒粗大混晶，铁素体晶粒度级别为 3.0～5.5，由沿原奥氏体晶界析出网状铁素体构成的晶粒度级别为 0～3 级，有些晶粒级别大于 00 级。

2号金相试样取自锻件纵向低倍试样的裂纹处，金相检验结果与 1 号相同。

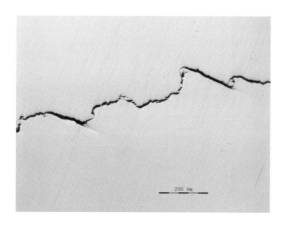

图 8-166　裂纹形貌（1）（物镜 10×）

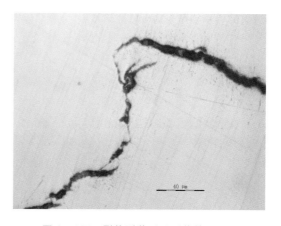

图 8-167　裂纹形貌（2）（物镜 50×）

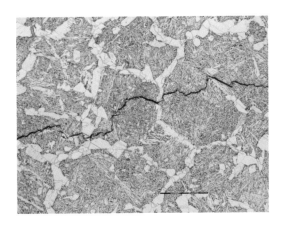

图 8-168   裂纹形貌（3）（物镜 50×）

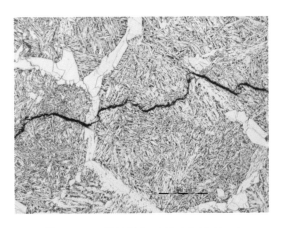

图 8-169   裂纹形貌（4）（物镜 10×）

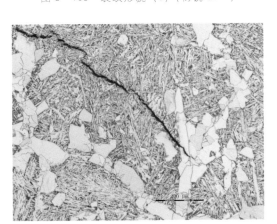

图 8-170   裂纹形貌（5）（物镜 10×）

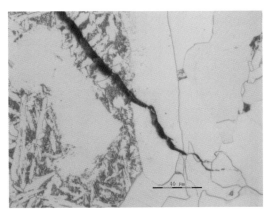

图 8-171   裂纹形貌（6）（物镜 50×）

（5）结果分析

纵向、横向低倍试样在轮毂锻件相接近的部位均发现裂纹，裂纹呈锯齿状断续分布，尾部尖锐，裂纹内部及其两侧无氧化和夹杂，表明裂纹形成与材料缺陷无直接关联。

纵向、横向金相试样检验结果相似，裂纹呈穿晶扩展。裂纹扩展与沿晶界网状铁素体相遇时，多数沿相邻铁素体界面穿越，或者终止扩展，并重新萌生裂纹源相继扩展。显微组织粗大不均匀，为贝氏体＋沿晶界分布铁素体。晶粒粗大，铁素体晶粒度级别为 5.5～3.0，由沿原奥氏体晶界析出网状铁素体构成的晶粒度级别为 0～3 级，有些晶粒级别大于 00 级。综合轮毂锻件裂纹的宏微观特征和显微组织检验结果，裂纹形成原因与粗大晶粒和不均匀的显微组织有关。其一，锻件的残余应力与其组织密切相关，组织均匀细小，则组织引起的残余应力小，反之亦然；其二，根据 Hall-petch 公式材料的屈服强度与晶粒尺寸倒数的平方根成正比，细小晶粒既能提高材料的强度，又能提高材料塑性。显然粗大的晶粒在组织等应力的作用下容易产生裂纹并有助于裂纹的扩展，因此，引起锻件形成粗晶组织的原因应与锻造工艺、锻后热处理工艺有关。建议结合轮毂的锻造工艺、锻后热处理工艺进行分析，找出粗晶缺陷的形成原因。

（6）结论

轮毂锻件形成裂纹的原因与粗大晶粒和显微组织不均匀有关。建议结合轮毂的锻造工艺、热处理工艺进行分析，找出粗晶缺陷的形成原因。

8.2.16   形状结构导致热处理裂纹案例

（1）概况

悬挂器锻件材料为 AISI410，锻坯粗加工后进行调质热处理，其热处理工艺如下：淬火加热温度 955℃→保温 210min→聚合物介质淬火→第一次回火温度 715℃→保温 300min→水冷→第二次回火温度

660℃→保温 210min→空冷。锻件宏观形貌如图 8-172 所示。锻件经调质热处理和半精加工后，进行无损检测，检测发现内孔壁局部有缺陷。

图 8-172　锻件宏观形貌及解剖方案

（2）无损检测与解剖分析

超声波探伤仪对锻件圆周表面进行检测，分别经直探头和斜探头检测均未发现缺陷反射。采用内窥镜对锻件内孔壁检测，检测发现在距小头端面 460～540mm 位置有疑似裂纹缺陷。因此，为找出缺陷形成原因，对锻件进行解剖分析。

锻件解剖方法如图 8-172 所示，首先将锻件左右两端切开，再沿图中红色纵剖线进行纵向剖开。剖开纵向断面形貌如图 8-173 所示，位于锻件台阶附近的孔壁表面有一条与轴线约呈 25°夹角的裂纹，见图中红色虚线。裂纹形貌刚直，尾端尖端，长约为 75mm，其放大形貌如图 8-174 所示。

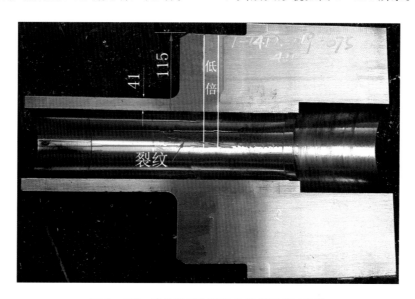

图 8-173　锻件纵剖面形貌及低倍取样示意图

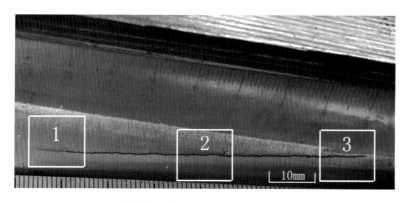

图 8-174　锻件内孔表面裂纹放大形貌及金相取样示意图

（3）低倍检验结果

低倍取样部位如图 8-173 所示，试样经 70℃的 1∶1 工业盐酸水溶液腐蚀 25min。腐蚀后观察，试样中心孔表面有一条裂纹，裂纹与孔边垂直，由内孔表面向外圆呈径向扩展，如图 8-175 所示。裂纹形貌呈锯齿状，尾端尖细，长约 8mm，如图 8-176 所示。试样低倍组织致密，除裂纹外，没有发现其他明显的冶金缺陷。

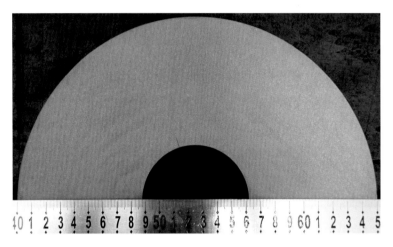

图 8-175　锻件低倍组织

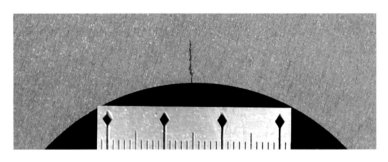

图 8-176　裂纹形貌局部放大

（4）金相检验结果

3 块金相试样取样部位如图 8-174 所示，金相试样检验面均为横向面。

1 号金相试样表面有一条断续分布的裂纹，即由多条细小裂纹组合而成的长裂纹，裂纹深度距锻件内孔表面约为 4.5mm，裂纹尾部尖细。裂纹附近可见分叉的细小裂纹，如图 8-177 所示。裂纹内及其附近没有夹杂且充满氧化铁，如图 8-178、图 8-179 所示。腐蚀后观察，裂纹以穿晶分布为主，局部沿晶分布，如图 8-180 至图 8-182 所示。裂纹两侧轻微脱碳，如图 8-183 所示。裂纹两则组织与基体相同，为回火索氏体，组织较粗大。

2 号、3 号金相试样裂纹深度距锻件内孔表面分别为 8.5 mm、5.5mm，裂纹形貌和显微组织均与 1 号试样相同。

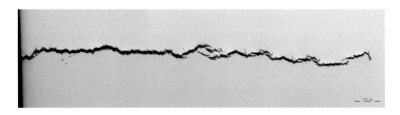

图 8-177　1 号试样裂纹形貌（物镜 5×）

图 8-178 1号试样裂纹根部形貌（1）（物镜 50×）

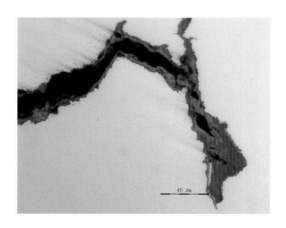
图 8-179 1号试样裂纹根部形貌（2）（物镜 50×）

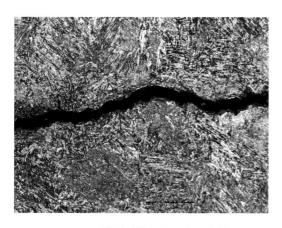
图 8-180 1号试样裂纹根部组织（物镜 10×）

图 8-181 1号试样裂纹中部组织（物镜 10×）

图 8-182 1号试样裂纹尾部组织（物镜 10×）

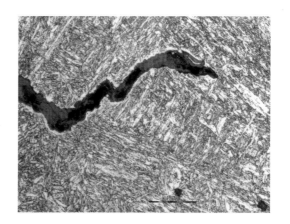
图 8-183 1号试样裂纹尾部组织（物镜 50×）

（5）结果分析

悬挂器锻件经内窥镜检测，发现内孔表面距小头端面 460～540mm 位置有一条裂纹。低倍、金相检验，低倍组织致密，没有发现明显的冶金缺陷，裂纹内及其附近没有夹杂，可排除裂纹是由冶金缺陷引起的。裂纹形貌刚直，以断续穿晶分布为主，尾部尖细，属于应力裂纹。裂纹两侧轻微脱碳，表明裂纹是在热处理淬火过程中，或在回火之前形成的，属于淬火应力裂纹。裂纹内的氧化铁和轻微脱碳是在高温调质回火过程中产生的。

根据宏观检测、低倍检验结果和金相检验结果，内孔裂纹在锻件内部的分布情况如图 8-184 所示。由图 8-184 可知，裂纹源萌生 A、B 台阶附近的内孔壁表面。由于 A、B 台阶所代表的截面厚度差别过于悬殊，属于热处理淬火危险截面。危险截面工件在淬火时，如果不采取有效措施防范，在危险截面的表层或次表层形成淬火拉应力。当拉应力超过材料的破断应力时，便会形成淬火裂纹。其次，显微组织较粗大，降低了材料的强韧性，对淬火裂纹的形成起到了促进的作用。

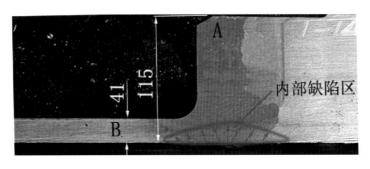

图 8-184　内孔裂纹形成部位示意图

（6）结论

悬挂器锻件内壁表面裂纹的形成主要是悬挂器的形状结构因素导致，另外显微组织较粗大也是其中原因之一。建议对危险截面工件淬火时，应采取有效保护措施防范热处理裂纹的形成。

附　录　一
连铸锭超声波探伤缺陷 A 型特征图谱

（1）单峰

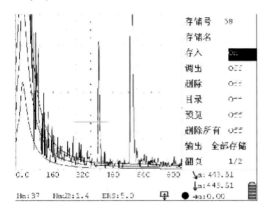 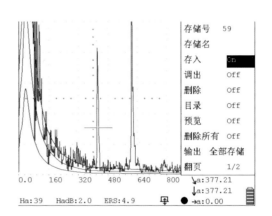

（2）多峰

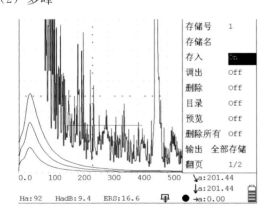 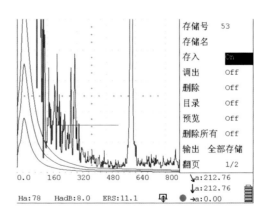

（3）宝塔峰

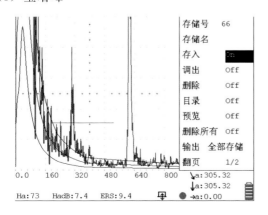 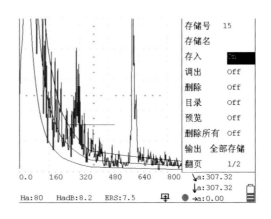

（4）缩孔峰

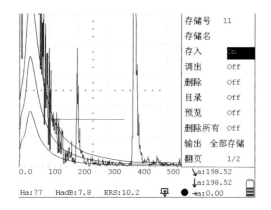
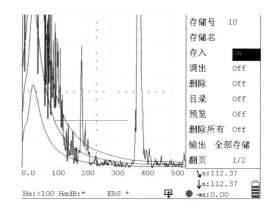

（5）降低草状波

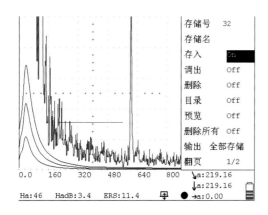
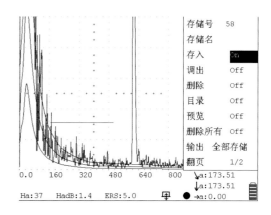

附　录　二
模铸锭超声波探伤缺陷 A 型特征图谱

（1）单峰

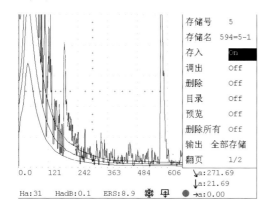 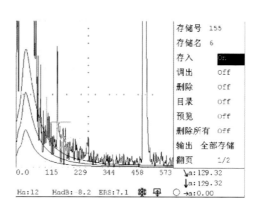

（2）多峰

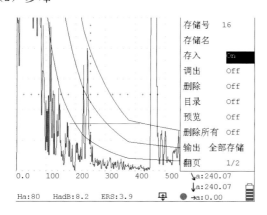 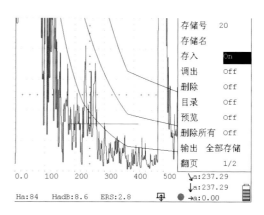

（3）宝塔峰

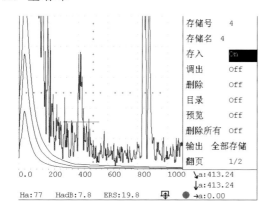 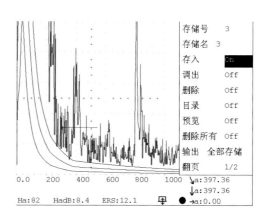

（4）缩孔峰

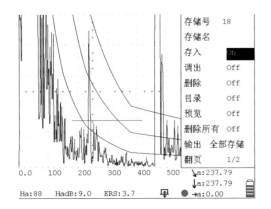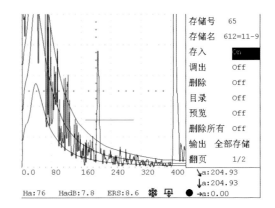

（5）降低草状波

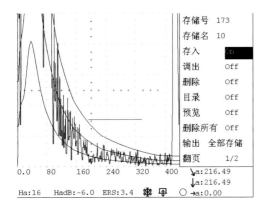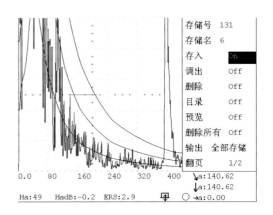

附 录 三
电渣重熔锭超声波探伤缺陷 A 型特征图谱

（1）单峰

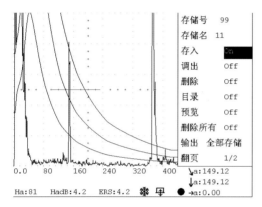 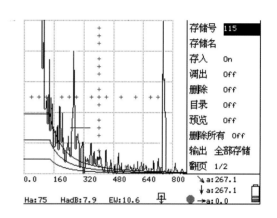

（2）多峰

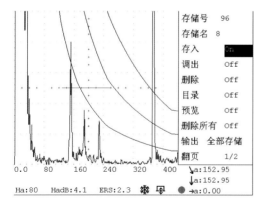 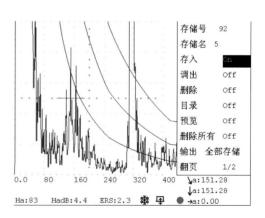

（3）宝塔峰

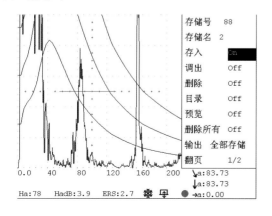 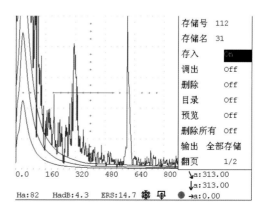

（4）缩孔峰

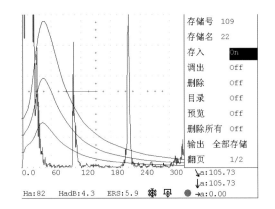 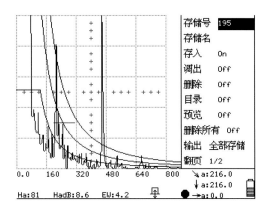

（5）降低草状波

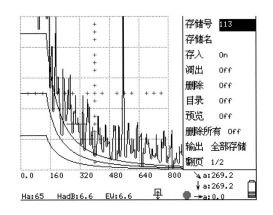 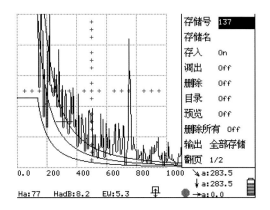

附　录　四
锻件超声波探伤缺陷 A 型特征图谱

（1）无缺陷

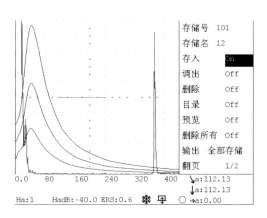

（2）单峰

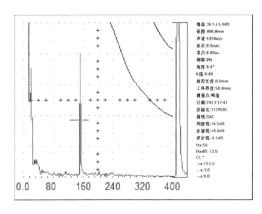
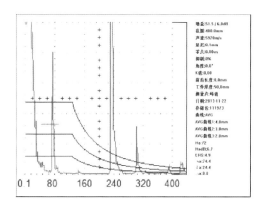

（3）多峰

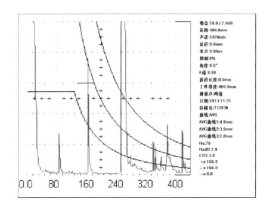
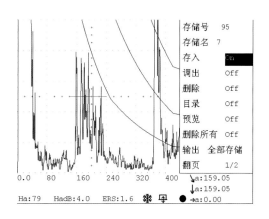

（4）连峰

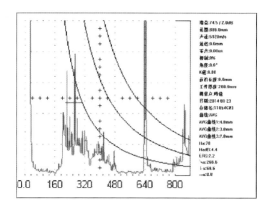

（5）宝塔峰

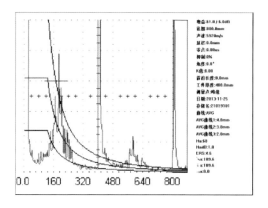

（6）缩孔峰

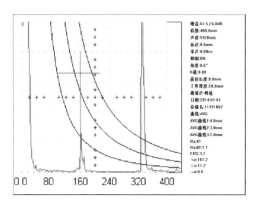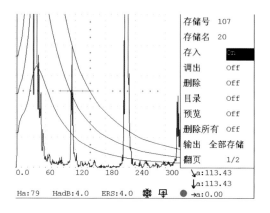

（7）偏析峰

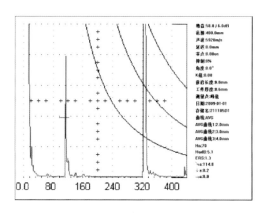

（8）层峰

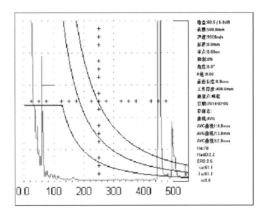

（9）草状波

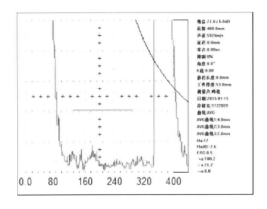

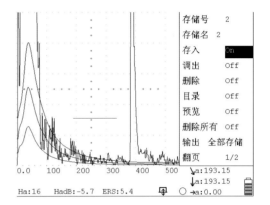

（10）降低草状波

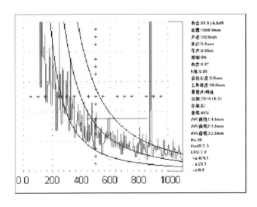

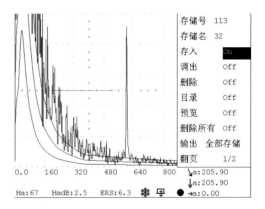

（11）单峰＋草状

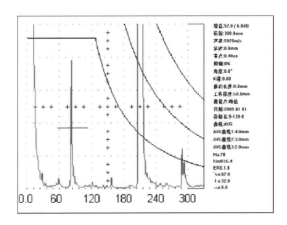

（12）单峰＋降低草状

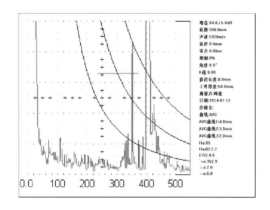 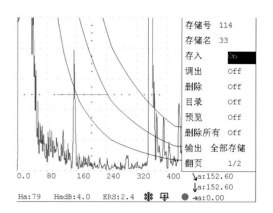

（13）多峰＋草状

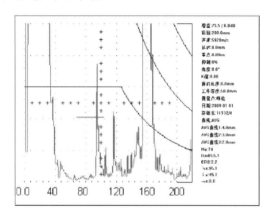 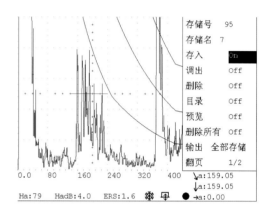

（14）多峰＋降低草状

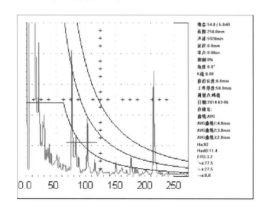 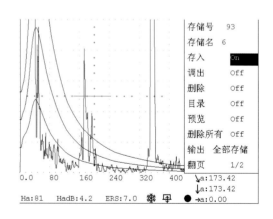

（15）连峰＋草状

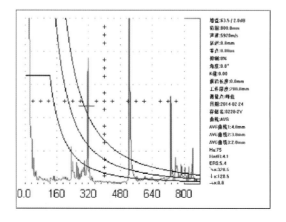

（16）连峰＋降低草状

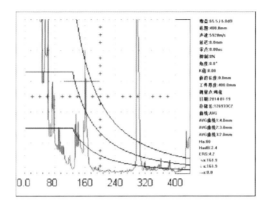

（17）宝塔峰＋草状

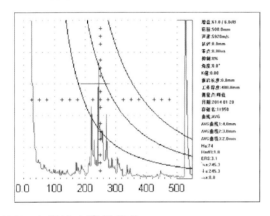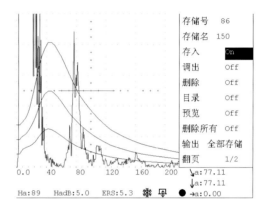

（18）宝塔峰＋降低草状

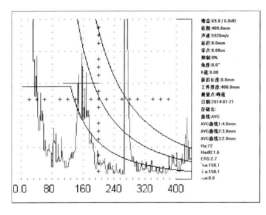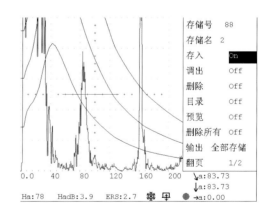

（19）缩孔峰＋草状

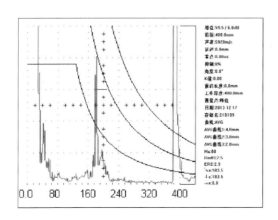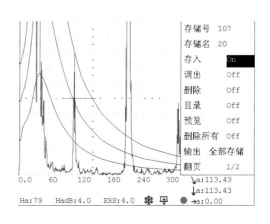

（20）缩孔峰＋降低草状

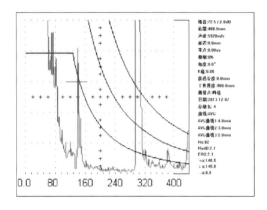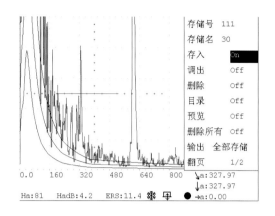

（21）偏析峰＋草状

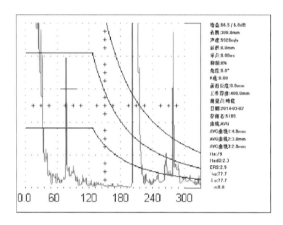

（22）偏析峰＋降低草状

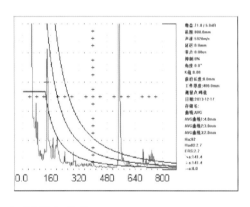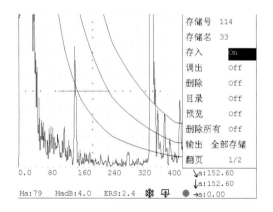

（23）层峰＋草状

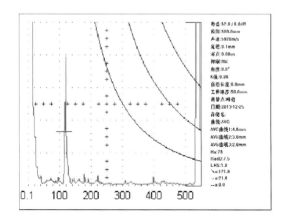

（24）层峰＋降低草状

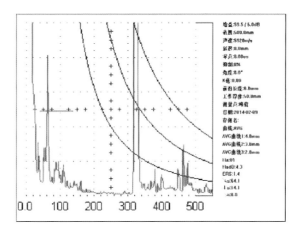

附　录　五
实心轴锻件内部缺陷的超声波截面图识别方法

　　实心轴（或方）锻件内部缺陷的超声波截面图识别方法可操作性强，缺陷的位置分布、几何特征描述更为准确，图示化结果直观可靠，检测便于永久保存，这为缺陷的定位、定量、定性的最终判定提供了有利的判定依据。利用超声波截面扫描（如附录图 5 - 1 所示）可获得实心轴锻件的超声剖面成像，进而获得缺陷的具体形状和精确位置，这为实心轴锻件的安全评定、寿命评估和残余应力计算等提供了准确的预测依据。超声波相控阵截面扫描设备包括超声波探头、旋转式编码计数器。X 方向和 Y 方向为笛卡尔坐标的二维方向。

　　（1）超声波探伤截面图像中缺陷的 X 方向与 Y 方向的宽度比小于 3 时，缺陷为点状缺陷，如附录图 5 - 2 所示。

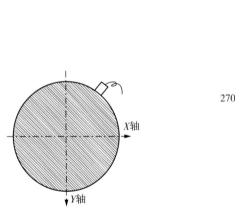
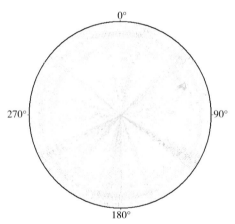

附录图 5 - 1　超声波探伤截面扫描图　　　　　　　附录图 5 - 2　点状缺陷

　　（2）超声波截面图像中缺陷的 X 方向与 Y 方向的宽度比不小于 3 时，缺陷为条状缺陷，如附录图 5 - 3 所示。

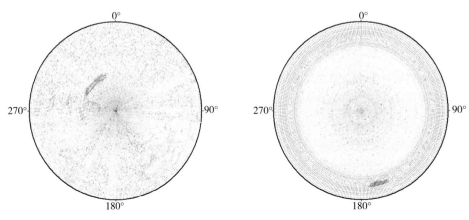

附录图 5 - 3　条状缺陷

（3）超声波截面图像中缺陷的数量为多个（两个或两个以上）且在某处的多点缺陷群中，缺陷中的最大长度不小于缺陷之间的最大间距时，缺陷为多点密集，如附录图5-4所示。

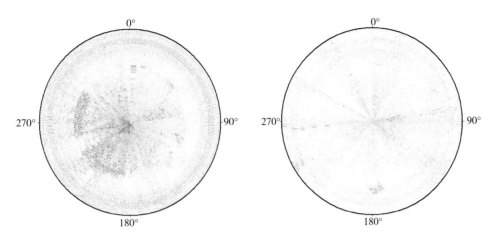

附录图5-4　多点密集

（4）超声波截面图像中缺陷的数量为多个（两个或两个以上）且在某处的多点缺陷群中，缺陷中的最大长度小于缺陷之间的最大间距时，缺陷为多点分散，如附录图5-5所示。

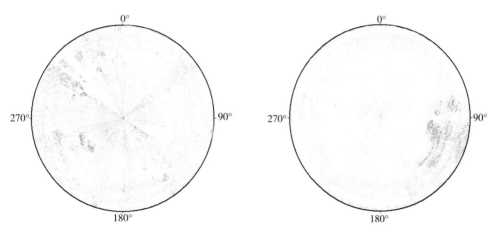

附录图5-5　多点分散

（5）当超声波截面图像中缺陷的深度在一定范围内渐变或不变，且在周向的连续或断续的长度与缺陷之间的间距之和大于90度时，缺陷为环状，如附录图5-6所示。

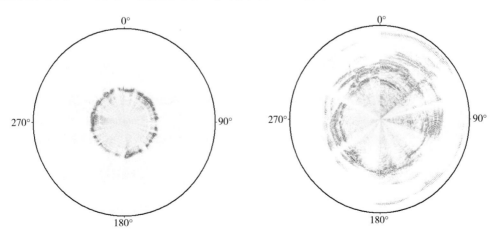

附录图5-6　环状

（6）超声波截面图像中心存在一缺陷，其形状为椭圆形、圆形或多边形时，缺陷为中心缩孔状，如附录图 5-7 所示。

（7）超声波截面图像中心存在一缺陷，其形状不是椭圆形、圆形或多边形时，缺陷为中心疏松状，如附录图 5-8 所示。

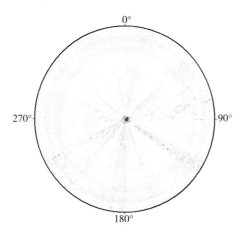 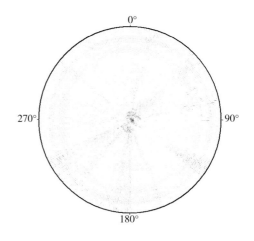

附录图 5-7　中心缩孔状　　　　　　　　　　附录图 5-8　中心疏松状

（8）超声波截面图像中缺陷，存在多个（两个或两个以上）类型，且面积最多类型（A 类型）写在前面、面积次之类型（B 类型）写在后边、面积最少类型（C 类型）写在最后，组合缺陷书写形式为 A＋B＋C，缺陷为 A＋B＋C，如附录图 5-9～附录图 5-12 所示。

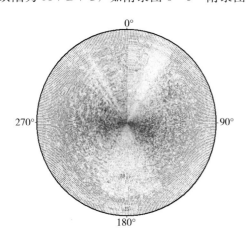 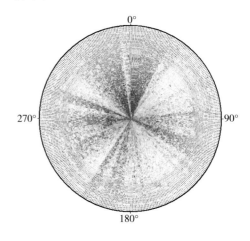

附录图 5-9　多点密集＋条状　　　　　　　附录图 5-10　多点密集＋多点分散＋条状

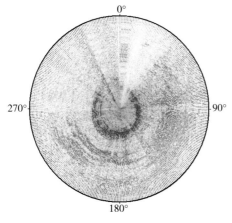 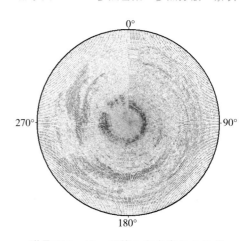

附录图 5-11　环状＋多点密集＋条状　　　　附录图 5-12　环状＋多点密集＋条状

附　录　六
连铸锭超声波探伤低倍图谱

（1）缩孔

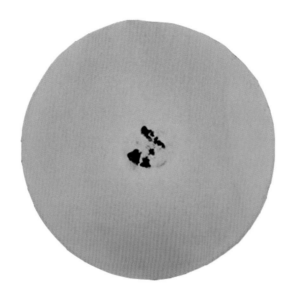

中心缩孔

（2）疏松

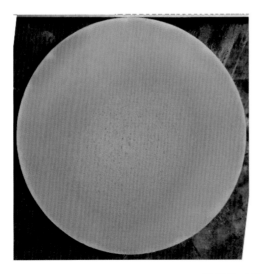 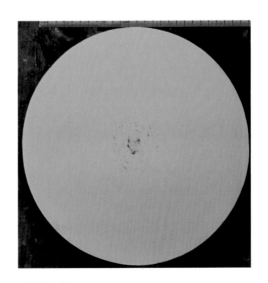

一般疏松（左）＋中心疏松（右）

（3）裂纹

皮下裂纹

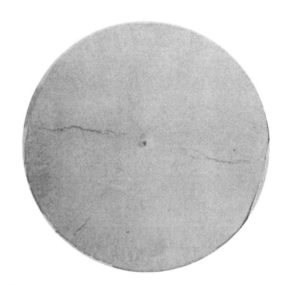

中间裂纹

中心裂纹

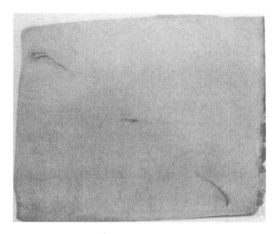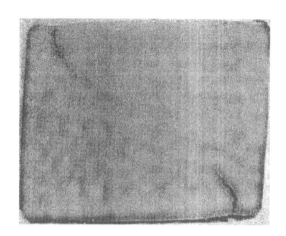

角部裂纹

（4）偏析

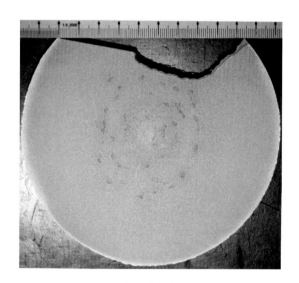

斑点状偏析

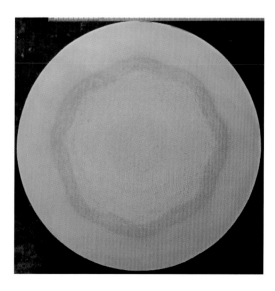

锭型偏析

（5）气孔

气孔

（6）白点

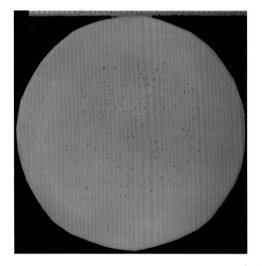 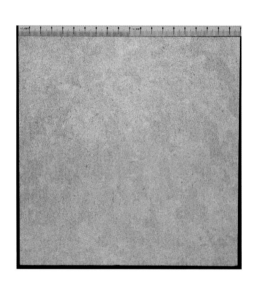

白点

（7）翻皮

 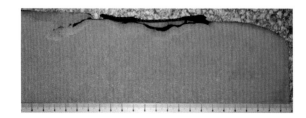

翻皮

（8）粗晶

粗晶

（9）夹杂物

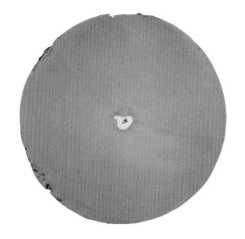 

中心夹杂（左）和边部夹杂（右）

（10）白亮带

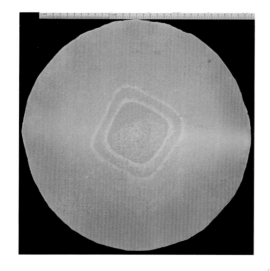 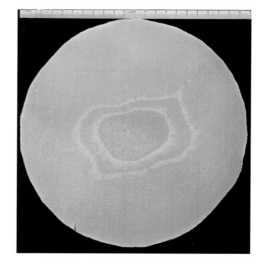

白亮带

（11）加工裂纹

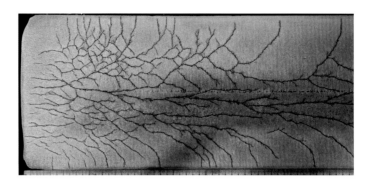

加工裂纹

（12）金属异物

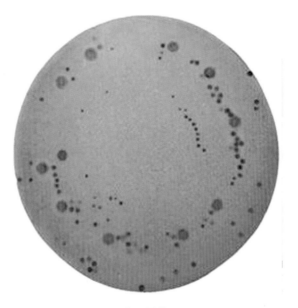

金属异物

（13）白亮带、柱状组织、铸模渣

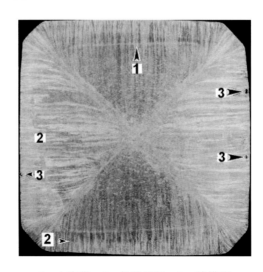

1—白亮带；2—柱状组织；3—铸模渣

（14）针孔、散射气孔

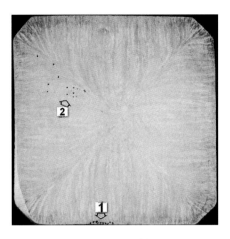

1—针孔；2—散射气孔

（15）组合缺陷

疏松＋皮下裂纹

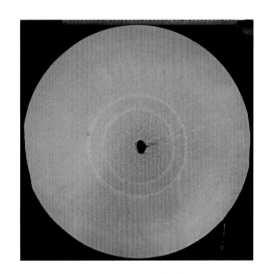

中心缩孔＋白亮带

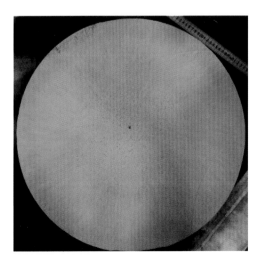

中心缩孔＋疏松＋皮下裂纹

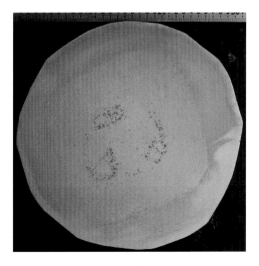

疏松＋偏析

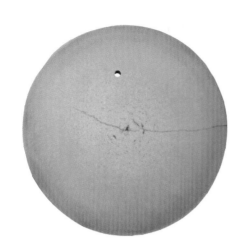

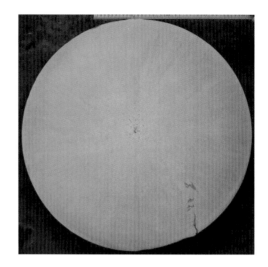

中心疏松 + 裂纹

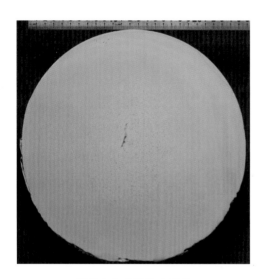

疏松 + 中心裂纹 + 折叠

中心缩孔 + 边部夹杂

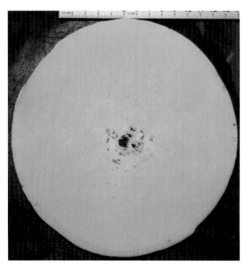

中心缩孔 + 皮下裂纹 + 边部夹杂

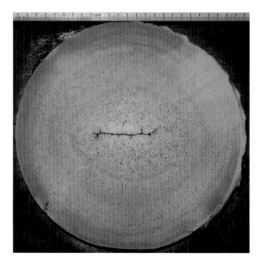

疏松 + 中心裂纹 + 皮下裂纹

附　录　七
锻件超声波探伤低倍图谱

（1）裂纹

（2）白点

（3）偏析

（4）夹杂物

（5）疏松

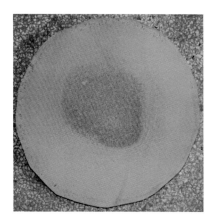

（6）缩孔

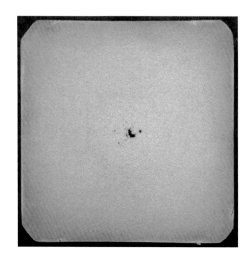

附　录　八
锻件超声波探伤金相图谱

（1）裂纹

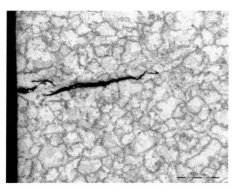 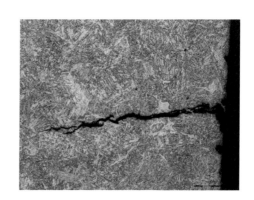

（2）白点

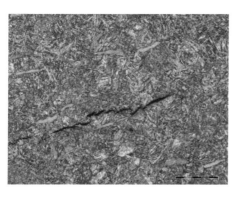 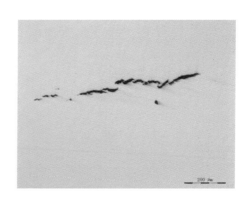

（3）折叠

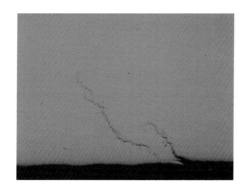 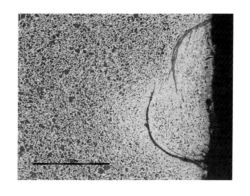

（4）孔洞

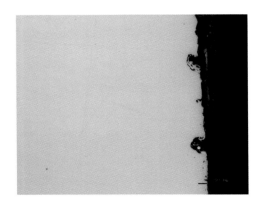 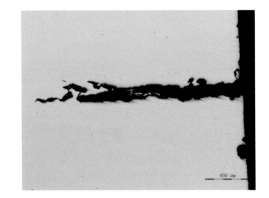

（5）夹杂

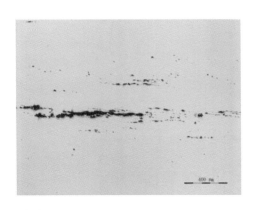 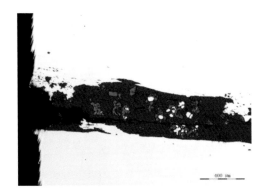

（6）脱碳

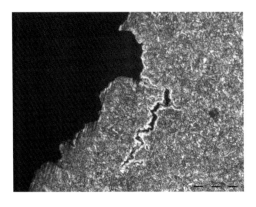 

（7）偏析

（8）过热

附 录 九
锻件非金属夹杂物的金相检验

（1）硫化物（A）类

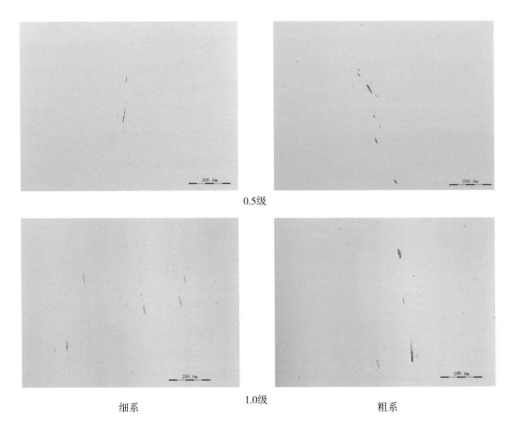

0.5级

细系   1.0级   粗系

（2）氧化铝（B）类

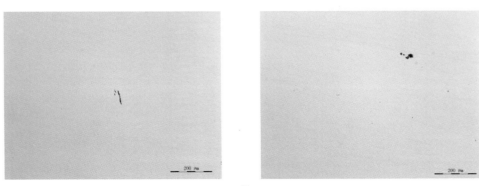

0.5级

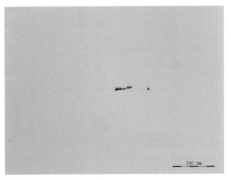 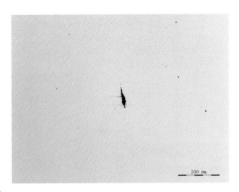

细系　　　　　　　　　1.0级　　　　　　　　　粗系

（3）硅酸盐（C）类

0.5级

 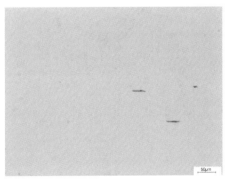

细系　　　　　　　　　1.0级　　　　　　　　　粗系

（4）无规则分布的颗粒状（D）类（球状氧化物类）

0.5级

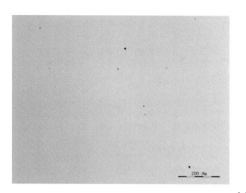 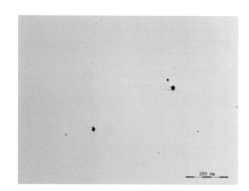

细系　　　　　　　　1.0级　　　　　　　　粗系

（5）DS 类（单颗粒球状）

 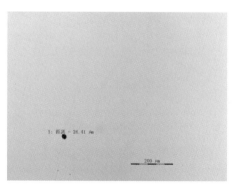

0.5级　　　　　　　　　　　　　　　1.0级

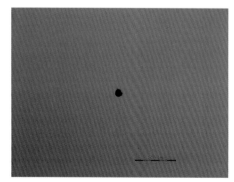 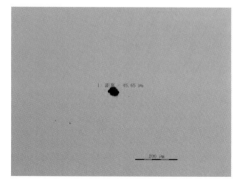

1.5级　　　　　　　　　　　　　　　2.0级

附　录　十
锻件超声波探伤扫描电子显微镜图谱

（1）裂纹

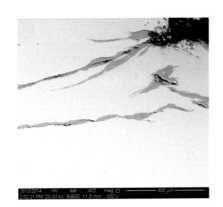

裂纹形貌①（裂纹内有氧化铁）

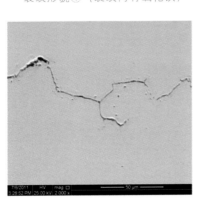（这是裂纹形貌②）

裂纹形貌②（裂纹内有非金属夹杂）

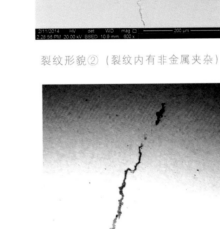

裂纹形貌③（裂纹呈网状分布）

裂纹形貌④

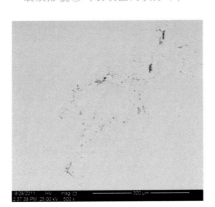

裂纹形貌⑤（裂纹呈网状分布，裂纹附近可见氧化质点）

（2）夹杂物

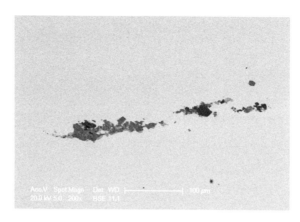

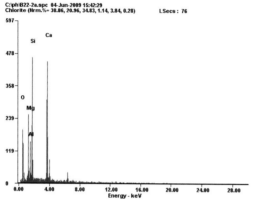

Element	Wt %	At %
O K	37.45	54.05
MgK	10.01	09.51
AlK	05.40	04.62
SiK	18.97	15.59
CaK	28.17	16.23

锻件大尺寸夹杂形貌和成分① （夹杂尺寸为 $358\mu m \times 43\mu m$）

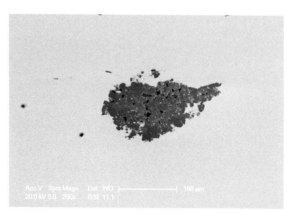

Element	Wt %	At %
O K	33.53	50.20
NaK	00.81	00.85
MgK	06.06	05.97
AlK	08.07	07.16
SiK	19.64	16.75
CaK	31.90	19.07

锻件大尺寸夹杂形貌和成分② （夹杂尺寸为 $204\mu m \times 112\mu m$）

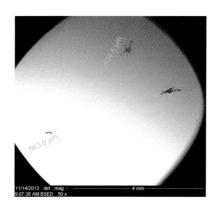 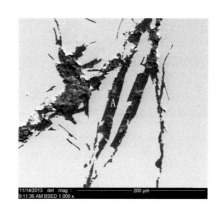

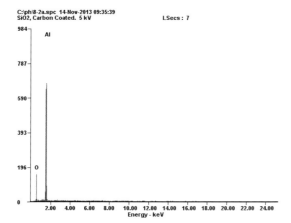

Element	Wt%	At%
OK	08.87	14.10
AlK	91.13	85.90

锻件大尺寸夹杂形貌和成分③

（3）缩孔

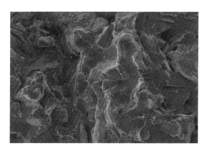 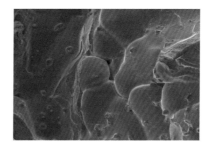

锻造坯料缩孔区的形貌①（断口试样）

（缩孔区可见原始结晶表面，上面还可见一些非金属夹杂）

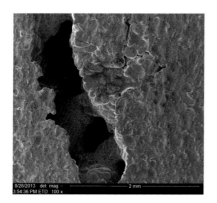 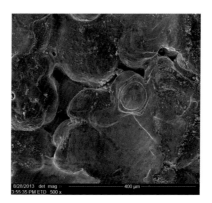

锻造坯料缩孔区的形貌②

（缩孔区可见孔洞和枝晶头，枝晶头处可见原始结晶表面）

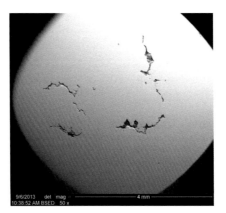

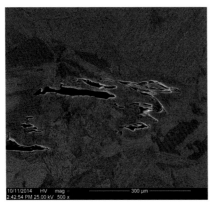
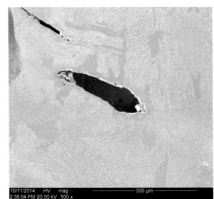

锻造坯料缩孔区的形貌③（金相试样）

（4）疏松

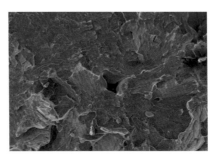

锻件打断断口上的显微孔隙（100×）

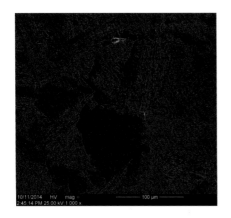
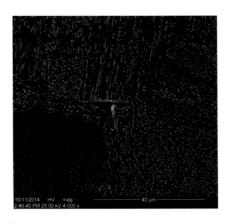

锻件上疏松区形貌（试样可见小孔洞）

（5）网状碳化物

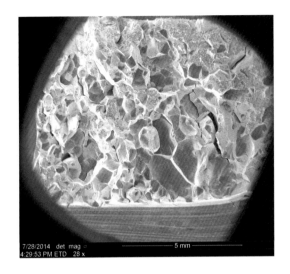
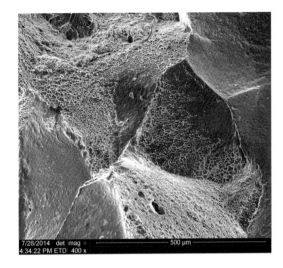

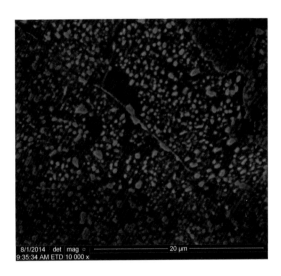

（6）白点

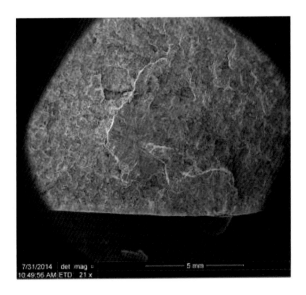

（7）粗大碳化物

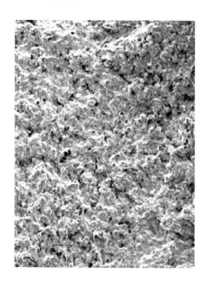 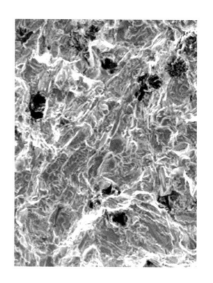

（8）过热裂纹

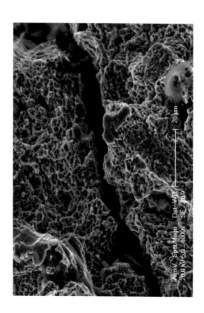

（9）过烧

 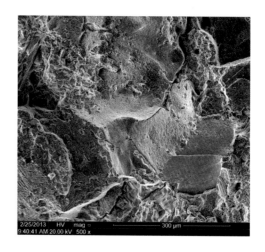

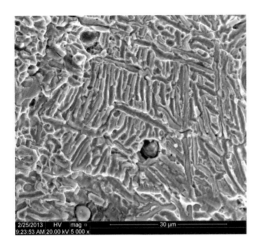
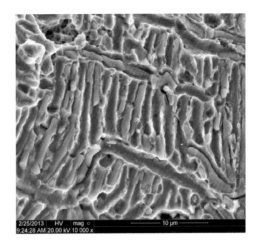
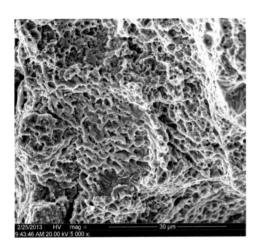
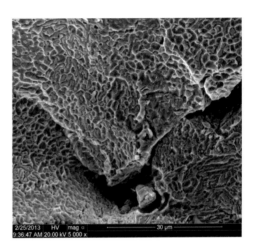

附录十一
锻件超声波探伤对比试块制作

（1）单晶探头探测平面锻件平底孔对比试块制作

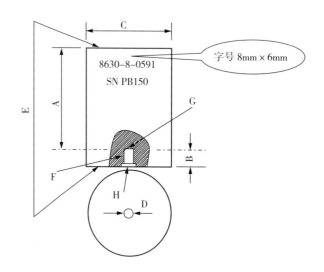

字号 8mm×6mm

8630-8-0591

SN PB150

对比试块制作参数（以 8630 为例）

序号	试块类型	A 高度/mm（in）	C 直径/in（mm）	B 孔深/in（mm）
1	8630－4－0025 DA006	6.35（00.25）	2（50.8）	0.75（19）
2	8630－4－0050 DA013	12.7（00.50）	2（50.8）	0.75（19）
3	8630－4－0100 DA025	25.4（01.00）	2（50.8）	0.75（19）
4	8630－4－0150 DA038	38.1（01.50）	2（50.8）	0.75（19）
5	8630－4－0197 DA050	50（01.97）	2（50.8）	0.75（19）
6	8630－8－0100 PB025	25.4（01.00）	2（50.8）	0.75（19）
7	8630－8－0150 PB038	38.1（01.50）	2（50.8）	0.75（19）

（续表）

序号	试块类型	A 高度/mm（in）	C 直径/in（mm）	B 孔深/in（mm）
8	8630－8－0197 PB050	50（01.97）	2（50.8）	0.75（19）
9	8630－8－0394 PB100	100（03.94）	2（50.8）	0.75（19）
10	8630－8－0591 PB150	150（05.91）	2（50.8）	0.75（19）
11	8630－8－0787 PB200	200（07.87）	2.5（63.5）	0.75（19）
12	8630－16－0394 PC100	100（03.94）	2（50.8）	0.75（19）
13	8630－16－0591 PC150	150（05.91）	2（50.8）	0.75（19）
14	8630－16－0787 PC200	200（07.87）	2.5（63.5）	0.75（19）
15	8630－16－1181 PC300	300（11.81）	2.5（63.5）	0.75（19）
16	8630－16－1575 PC400	400（15.75）	3.5（88.9）	0.75（19）
17	8630－16－2362 PC600	600（23.62）	4.5（114.3）	0.75（19）
18	8630－16－3150 PC800	800（31.50）	5.0（127.0）	0.75（19）

制作评定要求：

A——金属行程±0.015″（0.38 mm）。

B——孔深 3/4″公称±1/16″（1.6 mm）。

C——试块直径公差±0.030″（0.76 mm）。

检测距离≤6″（152 mm），直径 2″（50.8－mm）；6″<检测距离≤12″（305 mm），直径 21/2″（63.5－mm）；检测距离＞12″，可以要求更大的直径或锯齿。

D——≤1/16″（1.6 mm）的孔，孔径公差 ±0.0005″（0.013 mm）；＞1/16″（1.59 mm）的孔，孔径公差 ±0.001″（0.03 mm）。

E——表面平整度/平直度在 0.0005″（0.01 mm）内且平行度在 0.001″（0.02 mm）内，由于镀层/电镀期间边缘可能堆起，因此该公差仅适用于试块边缘 1/8″（3.2 mm）以外的部分。

F——孔必须竖直并与测试面垂直，（偏差）在 0°～20°最小值。

G——孔底的平直度必须在 0.001″/1/8″（1 mm/125 mm）并位于纵轴的 0.015″（0.38 mm）。

H——浅扩孔（或平地扩孔），φ0.250×0.064″深。

I——典型试块标识。

4130＝典型合金标号。

8＝孔尺寸 1/64″增量。

1181＝金属行程，单位 00.00″。

（2）双晶探头探测平面锻件对比试块制作

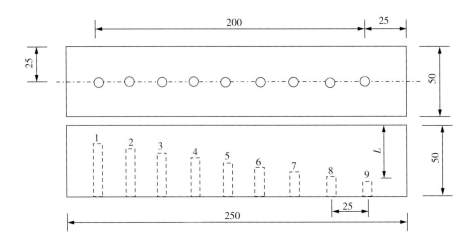

				对比试块制作参数			检测距离 L（mm）	
序号	1	2	3	4	5	6	7	8	9
孔深	5	10	15	20	25	30	35	40	45

（3）纵向斜探测曲面锻件沟槽对比试块制作

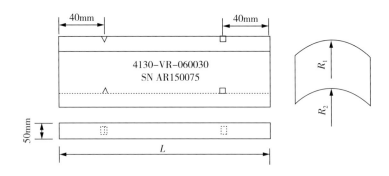

粗糙度 $R_a \leqslant 6.3\mu m$，在锻件的内外表面，分别沿周向加工平行的 V 形及矩形槽作为标准沟槽。对比试块制作参数见下表。原材料质保书、锻造工艺、热处理参数、加工尺寸检验记录等要齐全。

对比试块制作参数

序号	试块类型	R_1 半径/mm	R_2 半径/mm	槽长/in（mm）	L/长度 mm
1	4130 - VR - 020010 AR050025	50	25	1（25.4）	200
2	4130 - VR - 040020 AR100050	100	50	1（25.4）	200
3	4130 - VR - 060030 AR150075	150	75	1（25.4）	300
4	4130 - VR - 079040 AR200100	200	100	1（25.4）	300
5	4130 - VR - 099050 AR250125	250	125	1（25.4）	400

（续表）

序号	试块类型	R_1 半径/mm	R_2 半径/mm	槽长/in（mm）	L/长度 mm
6	4130 – VR – 118059 AR300150	300	150	1（25.4）	400
7	4130 – VR – 138069 AR350175	350	175	1（25.4）	500
8	4130 – VR – 158079 AR400200	400	200	1（25.4）	500
9	4130 – VR – 236118 AR600300	600	300	1（25.4）	800

制作评定要求：

A——矩形或 60°V 形切槽，深度等于 1/4″（6.35mm）或 3％壁厚（取较小者，最大 1/4″），长度约为 1″（25.4mm），宽度不大于深度的两倍（最大 1/8″（3.2mm）），切槽必须和检测方向成 90°。

B——槽深公差 ±0.0005″（0.013 mm）。

I——典型试块标识。

4130＝典型合金标号。

R＝矩形切槽，V＝60°V 形切槽。

118＝11.8″，金属半径，单位 00.0″。

AR＝轴向斜探测。

前三位：456＝外半径 456mm；

后三位：123＝内半径 123mm。

（4）纵向斜探测曲面锻件横孔对比试块制作

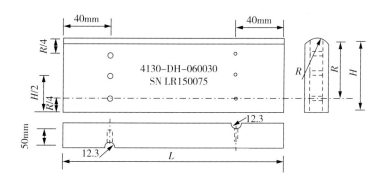

粗糙度 R_a≤6.3μm，在试块的上下表面各 1/4 高度及中间位置处，分别沿周向加工平行的横孔作为标准孔。横孔直径分别为 0.0625in（1.6mm）、0.125in（3.2mm），分两侧布置。对比试块制作参数见下表。原材料质保书、锻造工艺、热处理参数、加工尺寸检验记录等要齐全。

对比试块制作参数

序号	试块类型	R 半径/mm	H 高度/mm	孔深/in（mm）	L 长度/mm
1	4130 – DH – 020025 LR050063	50	63	1（25.4）	200
2	4130 – DH – 040049 LR100125	100	125	1（25.4）	250

（续表）

序号	试块类型	R 半径/mm	H 高度/mm	孔深/in（mm）	L 长度/mm
3	4130－DH－060074 LR150188	150	188	1（25.4）	300
4	4130－DH－079098 LR200250	200	250	1（25.4）	350
5	4130－DH－099123 LR250313	250	313	1（25.4）	400

制作评定要求：

A——横孔，深度等于 $1''$（25.4mm），直径等于 $1/16''$（1.6mm）或 $1/8''$（3.2mm），钻孔必须和检测方向成 $90°$。

B——孔深公差 $±1/16''$（1.6 mm）。

D——$≤1/16''$（1.6 mm）的孔，孔径公差 $±0.0005''$（0.013 mm）；$>1/16''$（1.6 mm）的孔，孔径公差 $±0.001''$（0.03 mm）。

I——典型试块标识。

4130＝典型合金标号。

DH＝钻孔。

118＝$11.8''$，金属半径或高度，单位 $00.0''$。

LR＝纵向斜探测。

前三位：456＝半径 456mm；

后三位：123＝高度 123mm。

（5）周向斜探测曲面锻件沟槽对比试块制作

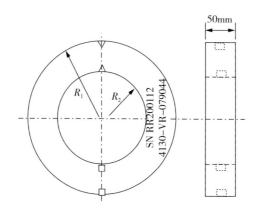

粗糙度 $R_a≤6.3um$，在锻件的内外表面，分别沿轴向加工平行的 V 形及矩形槽作为标准沟槽。对比试块制作参数见下表，各 8 块，共 16 块。原材料质保书，锻造工艺，热处理参数，加工尺寸检验记录等要齐全。

34°对比试块制作参数

序号	试块类型	R₁ 半径/mm	R₂ 半径/mm	槽长/in（mm）
1	4130－VR－020011 RR050028	50	28	1（25.4）
2	4130－VR－039022 RR100056	100	56	1（25.4）

（续表）

序号	试块类型	R_1 半径/mm	R_2 半径/mm	槽长/in（mm）
3	4130 - VR - 059033 RR150084	150	84	1（25.4）
4	4130 - VR - 079044 RR200112	200	112	1（25.4）
5	4130 - VR - 098055 RR250140	250	140	1（25.4）
6	4130 - VR - 118066 RR300168	300	168	1（25.4）
7	4130 - VR - 138077 RR350196	350	196	1（25.4）
8	4130 - VR - 158088 RR400224	400	224	1（25.4）

45°对比试块制作参数

序号	试块类型	R_1 半径/mm	R_2 半径/mm	槽长/in（mm）
1	4130 - VR - 020014 RR050036	50	36	1（25.4）
2	4130 - VR - 039028 RR100071	100	71	1（25.4）
3	4130 - VR - 059042 RR150107	150	107	1（25.4）
4	4130 - VR - 079056 RR200142	200	142	1（25.4）
5	4130 - VR - 098070 RR250177	250	177	1（25.4）
6	4130 - VR - 118084 RR300213	300	213	1（25.4）
7	4130 - VR - 138098 RR350248	350	248	1（25.4）
8	4130 - VR - 158111 RR400283	400	283	1（25.4）

制作评定要求：

A——矩形或 60°V 形切槽，深度等于 1/4″（6.35mm）或 3％壁厚（取较小者，最大 1/4″），长度约为 1″（25.4mm），宽度不大于长度的两倍（最大 1/8″（3.2mm）），切槽必须和检测方向成 90°。

B——槽深公差 ±0.0005″（0.013 mm）。

I——典型试块标识。

4130＝典型合金标号。

R＝矩形切槽，V＝60°V 形切槽。

118＝11.8″，金属半径，单位 00.0″。

RR＝周向斜探测。

前三位：456＝外半径 456mm；

后三位：123＝内半径 123mm。

（6）曲面探头入射点、角度、声速及零点标定对比试制作

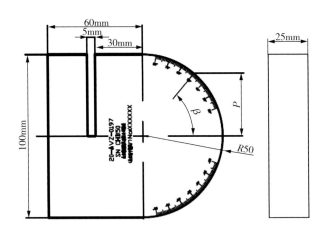

　　曲面探头入射点、角度、声速及零点标定对比试块称为脚跟试块，脚跟试块厚度等于 $2''$（50mm），宽度为 $2R$，高度为 $R+60$。半圆形侧面的角度长刻线位置 P 的计算公式为 $P=R_x Sin（\beta）$，其中 β 为 30°、40°、50°、60°、70°、80°。角度短刻线位置 P 的计算方法同角度长刻线，短刻线分别为 35°、45°、55°、65°、75°。角度刻线位置制作参数见下表。

半圆形侧面的角度刻线位置制作参数

序号	试块类型	R 半径 /mm	30° P 位置	40° P 位置	50° P 位置	60° P 位置	70° P 位置	80° P 位置
1	4130－AVZ－0197 FTB50	50	25	32.1	38.3	43.3	47.0	49.2
2	4130－AVZ－0394 FTB100	100	50	64.3	76.6	86.6	94.0	98.5
3	4130－AVZ－0591 FTB150	150	75	96.4	114.9	129.9	141.0	147.7
4	4130－AVZ－0787 FTB200	200	100	128.6	153.2	173.2	187.9	197.0
5	4130－AVZ－0984 FTB250	250	125	160.7	191.5	216.5	234.9	246.2
6	4130－AVZ－1181 FTB300	300	150	192.8	229.8	259.8	281.9	295.4
7	4130－AVZ－1378 FTB350	350	175	225.0	268.1	303.1	328.9	344.7
8	4130－AVZ－1575 FTB400	400	200	257.1	306.4	346.4	375.9	393.9

　　备注：长度单位均为 mm。

　　粗糙度 $R_a \leqslant 6.3$ um，原材料质保书，锻造工艺，热处理参数，加工尺寸检验记录等要齐全。对比试块制作参数见下表，共 8 块。

对比试块制作参数

序号	试块类型	R 半径/mm	W 宽度/mm	H 高度/mm
1	4130 - AVZ - 0197 FTB50	50	100	110
2	4130 - AVZ - 0394 FTB100	100	200	160
3	4130 - AVZ - 0591 FTB150	150	300	210
4	4130 - AVZ - 0787 FTB200	200	400	260
5	4130 - AVZ - 0984 FTB250	250	500	310
6	4130 - AVZ - 1181 FTB300	300	600	360
7	4130 - AVZ - 1378 FTB350	350	700	410
8	4130 - AVZ - 1575 FTB400	400	800	460

制作评定要求：

R——半圆形，公差 $\pm 0.015''$（0.38 mm）。

W——宽度，公差 $\pm 0.030''$（0.76 mm）。

H——高度，公差 $\pm 0.030''$（0.76 mm）。

P——角度位置线，公差 $\pm 0.001''$（0.25 mm）。

I——典型试块标识。

4130＝典型合金标号。

A＝角度，V＝声速，Z＝零点。

0118＝01.18''，金属半径，单位 00.00''。

FT＝脚跟，B＝试块；

FTB＝脚跟试块。

三位：456＝外圆半径 456mm。

（7）周向斜探测鸟形对比试块制作

曲面锻件入射点、角度、声速及零点标定对比试块称为鸟形试块，鸟形试块厚度等于 $2''$（50mm），宽度为 $R+0.83r$，高度为 $R+30$。在位置 A 点的左侧附近制作成 25mm 刻线，每隔 1mm 刻一个线，长刻线为 0、5、10、15、20、25，短刻线为其他线。位置 A 点的刻线深度 3mm，刻线长度为 10mm（不大于 $r/3$）。左侧的 1/4 圆柱体由半径 R 和半径 r 组成，$\cos(\beta)=r/2R$，其中 R 为大半径，r 为小半径。按照 $r/2R=\cos(80°)=0.174$ 进行设计，鸟嘴形状制作参数见下表所示。右侧 1/4 圆柱体的上表面和/或下表面的角度长刻线位置 P 的计算公式为 $P=R\times\sin(\beta)$，其中 β 为 20°、30°、40°、50°、60°、70°、80°。角度短刻线位置 P 的计算方法同角度长刻线，短刻线分别为 25°、35°、45°、55°、65°、75°，角度刻线位置制作参数见下表。

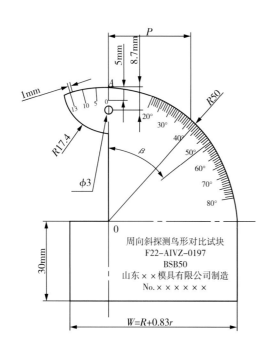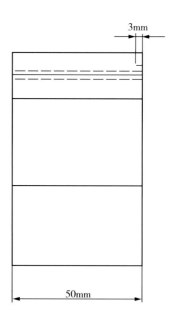

鸟嘴形状制作参数

序号	1	2	3	4	5	6	7
R 半径	50	100	150	200	250	300	350
r 半径	17.4	34.8	52.2	69.6	87.0	104.4	121.8

半圆形侧面的角度刻线位置制作参数

序号	试块类型	R 半径 /mm	20° P 位置	30° P 位置	40° P 位置	50° P 位置	60° P 位置	70° P 位置	80° P 位置
1	F22 – IAVZ – 0197 BSB50	50	17.1	25	32.1	38.3	43.3	47.0	49.2
2	F22 – IAVZ – 0394 BSB100	100	34.2	50	64.3	76.6	86.6	94.0	98.5
3	F22 – IAVZ – 0591 BSB150	150	51.3	75	96.4	114.9	129.9	141.0	147.7
4	F22 – IAVZ – 0787 BSB200	200	68.4	100	128.6	153.2	173.2	187.9	197.0
5	F22 – IAVZ – 0984 BSB250	250	85.5	125	160.7	191.5	216.5	234.9	246.2
6	F22 – IAVZ – 1181 BSB300	300	102.6	150	192.8	229.8	259.8	281.9	295.4
7	F22 – IAVZ – 1378 BSB350	350	119.7	175	225.0	268.1	303.1	328.9	344.7

备注：长度单位均为 mm。

粗糙度 $R_a \leqslant 6.3$ um，原材料质保书，锻造工艺，热处理参数，加工尺寸检验记录等要齐全。对比试块制作参数见下表。

对比试块制作参数

序号	试块类型	R 半径/mm	W 宽度/mm	H 高度/mm
1	F22 - IAVZ - 0197 BSB50	50	65	80
2	F22 - IAVZ - 0394 BSB100	100	129	130
3	F22 - IAVZ - 0591 BSB150	150	194	180
4	F22 - IAVZ - 0787 BSB200	200	258	230
5	F22 - IAVZ - 0984 BSB250	250	323	280
6	F22 - IAVZ - 1181 BSB300	300	387	330
7	F22 - IAVZ - 1378 BSB350	350	451	380

制作评定要求：

R、r——半圆形，公差 $\pm 0.015''$（0.38 mm）。

W——宽度，公差 $\pm 0.030''$（0.76 mm）。

H——高度，公差 $\pm 0.030''$（0.76 mm）。

P——角度位置线，公差 $\pm 0.001''$（0.25 mm）。

I——典型试块标识。

4130＝典型合金标号，I＝入射点，A＝角度，V＝声速，Z＝零点。

0394＝03.94″，金属半径，单位 00.00″。

BS＝鸟形，B＝试块；

BSB＝鸟形试块。

四位：1575＝大外圆半径 400mm。

（8）周向斜探测凹曲面锻件角度、声速及零点标定对比试块制作

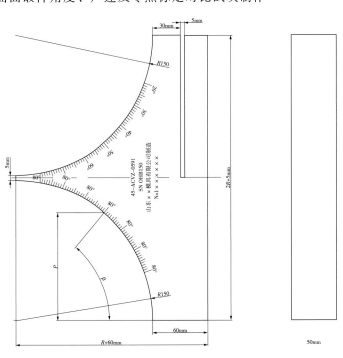

凹曲面锻件角度、声速及零点标定对比试块称为肚兜试块，肚兜试块厚度等于 $2''$（50mm），宽度为 $2R+5$，高度为 $R+60$。半圆形侧面的角度长刻线位置 P 的计算公式为 $P=R_x\,Sin\,(\beta)$，其中 β 为 $20°$、$30°$、$40°$、$50°$、$60°$、$70°$、$80°$。角度短刻线位置 P 的计算方法同角度长刻线，短刻线分别为 $25°$、$35°$、$45°$、$55°$、$65°$、$75°$、$5°$，之间的超短刻线以每度一格线。角度刻线位置制作参数见下表。制作材料类型为 45 钢。

半圆形侧面的角度刻线位置制作参数

序号	试块类型	R 半径 /mm	20° P 位置	30° P 位置	40° P 位置	50° P 位置	60° P 位置	70° P 位置	80° P 位置
1	45-CAVZ-0197 BBB50	50	17.1	25	32.1	38.3	43.3	47.0	49.2
2	45-CAVZ-0394 BBB100	100	34.2	50	64.3	76.6	86.6	94.0	98.5
3	45-CAVZ-0591 BBB150	150	51.3	75	96.4	114.9	129.9	141.0	147.7
4	45-CAVZ-0787 BBB200	200	68.4	100	128.6	153.2	173.2	187.9	197.0
5	45-CAVZ-0984 BBB250	250	85.5	125	160.7	191.5	216.5	234.9	246.2
6	45-CAVZ-1181 BBB300	300	102.6	150	192.8	229.8	259.8	281.9	295.4
7	45-CAVZ-1378 BBB350	350	119.7	175	225.0	268.1	303.1	328.9	344.7
8	45-CAVZ-1575 BBB400	400	136.8	200	257.1	306.4	346.4	375.9	393.9

备注：长度单位均为 mm。

粗糙度 $R_a \leqslant 6.3$ um，原材料质保书、锻造工艺、热处理参数、加工尺寸检验记录等要齐全。对比试块制作参数见下表。

对比试块制作参数

序号	试块类型	R 半径/mm	W 宽度/mm	H 高度/mm
1	45-CAVZ-0197 BBB50	50	105	110
2	45-CAVZ-0394 BBB100	100	205	160
3	45-CAVZ-0591 BBB150	150	305	210
4	45-CAVZ-0787 BBB200	200	405	260
5	45-CAVZ-0984 BBB250	250	505	310
6	45-CAVZ-1181 BBB300	300	605	360

（续表）

序号	试块类型	R 半径/mm	W 宽度/mm	H 高度/mm
7	45 - CAVZ - 1378 BBB350	350	705	410
8	45 - CAVZ - 1575 BBB400	400	805	460

制作评定要求：

R——半圆形，公差 ±0.015″（0.38 mm）。

W——宽度，公差 ±0.030″（0.76 mm）。

H——高度，公差 ±0.030″（0.76 mm）。

P——角度位置线，公差 ±0.001″（0.25 mm）。

I——典型试块标识。

45＝典型合金标号。

C＝凹曲面，A＝角度，V＝声速，Z＝零点。

0118＝01.18″，金属半径，单位 00.00″。

BB＝肚兜，B＝试块；

BBB＝肚兜试块。

三位：456＝外圆半径 456mm。

（9）小角度纵波探头周向斜探测曲面锻件沟槽对比试块制作

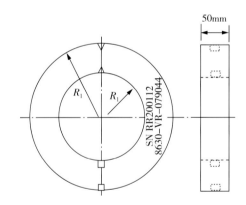

粗糙度 $R_a \leqslant 6.3 \mu m$，在锻件的内外表面，分别沿轴向加工平行的 V 形槽及矩形槽作为标准沟槽。对比试块制作见下表。原材料质保书、锻造工艺、热处理参数，加工尺寸检验记录等要齐全。

入射角 6°（小角度纵波探头）的对比试块制作参数

序　号	试块类型	R_1 半径/mm	R_2 半径/mm	槽长/in（mm）
1	8630 - VR - 020004 RR050011	50	11	1（25.4）
2	8630 - VR - 039009 RR100023	100	23	1（25.4）
3	8630 - VR - 059013 RR150034	150	34	1（25.4）
4	8630 - VR - 079018 RR200046	200	46	1（25.4）

（续表）

序　号	试块类型	R_1 半径/mm	R_2 半径/mm	槽长/in（mm）
5	8630 - VR - 098022 RR250057	250	57	1（25.4）
6	8630 - VR - 118027 RR300069	300	69	1（25.4）
7	8630 - VR - 138032 RR350080	350	80	1（25.4）
8	8630 - VR - 158036 RR400092	400	92	1（25.4）

入射角 10°（小角度纵波探头）的对比试块制作参数

序　号	试块类型	R_1 半径/mm	R_2 半径/mm	槽长/in（mm）
1	8630 - VR - 020008 RR050019	50	19	1（25.4）
2	8630 - VR - 039015 RR100038	100	38	1（25.4）
3	8630 - VR - 059022 RR150057	150	57	1（25.4）
4	8630 - VR - 079030 RR200076	200	76	1（25.4）
5	8630 - VR - 098037 RR250095	250	95	1（25.4）
6	8630 - VR - 118045 RR300113	300	113	1（25.4）
7	8630 - VR - 138052 RR350132	350	132	1（25.4）
8	8630 - VR - 158060 RR400151	400	151	1（25.4）

制作评定要求：

A——矩形或 60°V 形切槽，深度等于 1/4″（6.35mm）或 3％ 壁厚（取较小者，最大 1/4″），长度约为 1″（25.4mm），宽度不大于深度的两倍（最大 1/8″（3.2mm））。切槽必须和检测方向成 90°。

B——槽深公差 ±0.0005″（0.013 mm）。

I——典型试块标识。

4130＝典型合金标号。

R＝矩形切槽，V＝60°V 形切槽。

118＝11.8″，金属半径，单位 00.0″。

RR＝周向斜探测。

前三位：456＝外半径 456mm；

后三位：123＝内半径 123mm。

（10）周向斜探测鱼形对比试块制作

凸曲面锻件入射点、声速及零点标定对比试块称为鱼形试块，多功能鱼形试块厚度等于 1″（25mm），宽度为两圆相交跨距，$r_1 = R$，高度为 r_1 减去弦弧高。在位置 O 点的附近制作成左右各 25mm 刻线，每隔 1mm 刻一个线，长刻线为 0、5、10、15、20、25，短刻线为其他线，矩形刻线的长度为 10mm，深度为 3mm。右侧的 1/4 圆柱体由半径 R 和半径 r_2 组成，$\cos(\beta) = r_2/2R$，其中 R 为大半径，r_2 为小半径。按照 $r_2/2R = \cos(80°) = 0.174$ 进行设计，$AB \leqslant 2r_1/5$，鱼形状制作参数见下表。

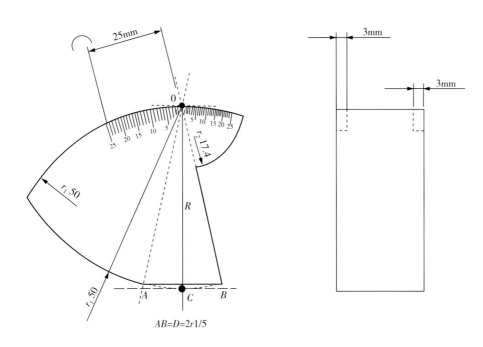

右侧的鱼嘴形状制作参数

序号	1	2	3	4	5
R 半径	50	100	150	200	250
r_2 半径	17.4	34.8	52.2	69.6	87.0

左侧的鱼嘴形状制作参数

序号	1	2	3	4	5
R 半径	50	100	150	200	250
r_1 半径	50	100	150	200	250

　　粗糙度 $R_a \leqslant 6.3\mu m$，对比试块制作参数见下表。原材料质保书、锻造工艺、热处理参数、加工尺寸检验记录等要齐全。

对比试块制作参数

序号	试块类型	R 半径/mm	AB 弦长/mm	W 宽度/mm	H 高度/mm
1	4130 – IVZ – 020020007 FSB50	50	20	50	49
2	4130 – IVZ – 040040014 FSB100	100	40	50	98

（续表）

序号	试块类型	R 半径/mm	AB 弦长/mm	W 宽度/mm	H 高度/mm
3	4130 - IVZ - 060060020 FSB150	150	60	50	147
4	4130 - IVZ - 079079027 FSB200	200	80	50	196
5	4130 - IVZ - 098098034 FSB250	250	100	50	245

制作评定要求：

R，r——半圆形，公差 ±0.015″（0.38 mm）。

W——宽度，公差 ±0.030″（0.76 mm）。

H——高度，公差 ±0.030″（0.76 mm）。

O——两侧刻度位置线，公差 ±0.001″（0.25 mm）。

I——典型试块标识。

4130＝典型合金标号。

I＝入射点，V＝声速，Z＝零点。

040＝04.0″，金属半径，单位 00.0″。

FSB＝鱼形试块。

第一个三位：020＝大外圆 R 半径 50mm；

第二个三位：020＝小外圆 r_1 半径 50mm；

第三个三位：007＝小外圆 r_2 半径 17.4mm。

（11）双晶探头的焦聚测量对比试块制作

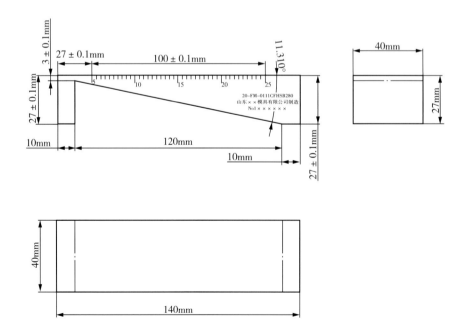

平面锻件的双晶探头的焦聚测量对比试块称为焦聚对比试块，厚度等于 40mm，长度为 130mm，高度为 27mm。测量深度刻线的计算公式 $y=kx+b=0.2x+3$，式中，y 为测量深度刻度，x 为测量深度刻度的位置距离，左右缓冲区均为 10mm.

粗糙度 $R_a \leqslant 6.3 \mu m$，对比试块制作见下表。原材料质保书、锻造工艺、热处理参数、加工尺寸检验记录等要齐全。

对比试块制作参数

序号	试块类型	S_1 起始刻度/mm	S_2 终点刻度/mm	L 长度/mm	W 宽度/mm	H 高度/mm
1	8630－F－002010 DFB25	5	25	130	40	27
2	8630－F－010020 DFB50	25	50	255	40	27
3	8630－F－020030 DFB75	50	75	380	40	27
4	8630－F－030040 DFB100	75	100	505	40	27

制作评定要求：

L——长度，公差 $\pm 0.015''$（0.38 mm）。

W——宽度，公差 $\pm 0.030''$（0.76 mm）。

H——高度，公差 $\pm 0.030''$（0.76 mm）。

I——典型试块标识。

8630＝典型合金标号。

F＝焦聚。

020＝02.0″，测量深度刻度，单位 00.0″。

DFB＝双晶探头聚焦试块。

第一个三位：002＝测量深度起始刻度 5mm；

第二个三位：010＝测量深度终点刻度 25mm。

（12）鼓形对比试块制作

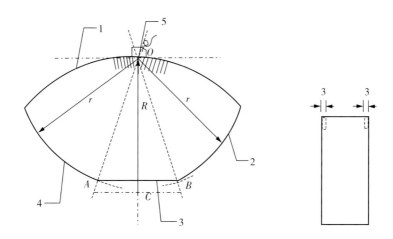

凸曲面锻件入射点、声速及零点标定对比试块称为鼓形试块，鼓形试块厚度等于 1″（25mm），宽度为两圆相交跨距，高度为 r 减去弦弧高。在位置 O 点的附近制作成左右各 25mm 刻线，每隔 1mm 刻一个线，长刻线为 0、5、10、15、20、25，短刻线为其他线。O 点的两侧均设置有弧长刻线，$R>r$，可优选 $R=2r$ 制作试块，刻线向 R 圆心方向。

粗糙度 $R_a \leqslant 6.3 \mu m$，对比试块制作参数见下表。原材料质保书、锻造工艺、热处理参数、加工尺寸检验记录等要齐全。

对比试块制作参数

序号	试块类型	R 半径/mm	r 半径/mm	AB 弦长/mm	W 宽度/mm
1	4130 – IVZ – 0197 DSB50	50	25	20	25
2	4130 – IVZ – 0394 DSB100	100	50	40	25
3	4130 – VZ – 0591 DSB150	150	75	60	25
4	4130 – IVZ – 0787 DSB200	200	100	80	25
5	4130 – IVZ – 0984 DSB250	250	125	100	25

制作评定要求：

R，r——半圆形，公差 ±0.015″（0.38 mm）。

W——宽度，公差 ±0.030″（0.76 mm）。

H——高度，公差 ±0.030″（0.76 mm）。

AB——弦长，公差为±0.015″（0.38mm）。

I——典型试块标识。

4130＝典型合金标号。

I＝入射点，V＝声速，Z＝零点。

040＝04.0″，金属半径，单位00.00″。

DSB＝鼓形试块。

四位：0197＝大外圆半径 50mm。

（13）碗形对比试块制作

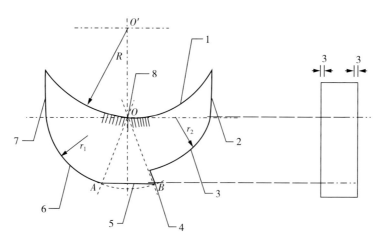

凹曲面锻件入射点、声速及零点标定对比试块称为碗形试块，新型碗形试块厚度等于 1″（25mm），宽度为两圆相交跨距，高度为 r_1 减去弦弧高。在位置 O 点的附近制作成左右各25mm刻线，每隔1mm刻一个线，长刻线为0、5、10、15、20、25，短刻线为其他线，$AB=2r_1/5$；$R>r_1>r_2$，可优选 $R=2r_1$ 制作试块。

粗糙度 $R_a \leqslant 6.3\mu m$，对比试块制作参数见下表。原材料质保书、锻造工艺、热处理参数、加工尺寸检验记录等要齐全。

对比试块制作参数

序号	试块类型	R 半径/mm	r_1 半径/mm	r_2 半径/mm	AB 弦长/mm	W 宽度/mm
1	4130 – VZ – 020010008 BSB50	50	25	20	10	50
2	4130 – VZ – 040020020 PSB100	100	50	40	20	50
3	4130 – VZ – 059030024 PSB150	150	75	60	30	50
4	4130 – VZ – 079040031 PSB200	200	100	80	40	50
5	4130 – VZ – 098010040 PSB250	250	125	100	50	50

备注：$R > r_1 > r_2$，上述五块试块的 r_2 半径选用公差为 20mm 的等差数列依次进行制作。

制作评定要求：

R，r——半圆形，公差 $\pm 0.015''$（0.38 mm）。

W——宽度，公差 $\pm 0.030''$（0.76 mm）。

H——高度，公差 $\pm 0.030''$（0.76 mm）。

AB——弦长，公差为 $\pm 0.015''$（0.38mm）。

I——典型试块标识。

4130＝典型合金标号。

V＝声速，Z＝零点。

040＝04.0''，金属半径，单位 00.00''。

BSB＝碗形试块。

第一个三位：020＝大外圆半径 R 50mm；

第二个三位：010＝小外圆半径 r_1 25mm；

第三个三位：008＝小外圆半径 r_2 20mm。

附录十二
各类锻件超声波探伤工艺卡

（1）圆棒类锻件

圆棒类（$H>D$）锻件：P_1 从两端面直探伤，P_2 从圆周面直探伤，如附录图 12-1 所示。

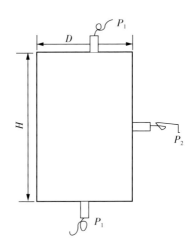

附录图 12-1　圆棒类（$H>D$）锻件探伤

圆棒类（$D<4.43\sqrt{H}$）锻件：P_1 从圆周面上直探伤，P_2 纵向斜探伤，如附录图 12-2 所示。

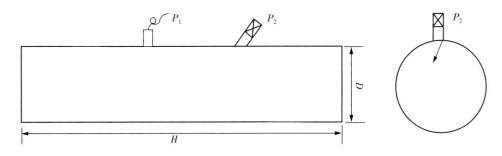

附录图 12-2　圆棒类（$D<4.43\sqrt{H}$）锻件探伤

（2）轴类锻件

直探伤：P_1 从两端面和圆周面上直探伤，如附录图 12-3 所示。

斜探伤：P_2 周向和纵向斜探伤，如附录图 12-4 所示。此方法可发现锻件中存在的径向及轴向的片状缺陷。对于有多个直径不等的轴段的锻件，用直探头难以检出缺陷，必须使用斜探头进行检测。考虑到缺陷的取向，检测时探头应作正、反两个方向的全面扫查。

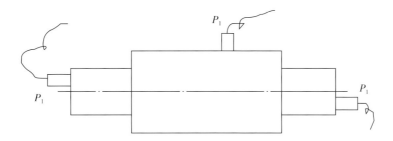

附录图 12-3　轴类锻件直探伤

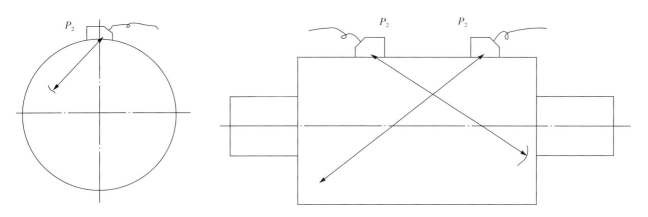

附录图 12-4　轴类锻件斜探伤

（3）矩形锻件

P_1 从端面直探伤，P_2 从端面直探伤，P_3 从端面直探伤，如附录图 12-5 所示。

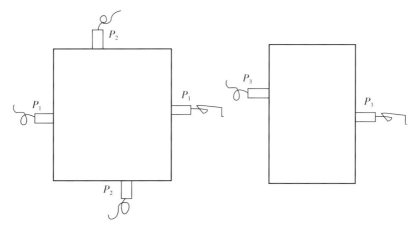

附录图 12-5　矩形锻件探伤

（4）圆饼类锻件

圆饼类（$H < D$）锻件：P_1 从两端面直探伤，P_2 从圆周面直探伤，如附录图 12-6 所示。

（5）筒形类锻件

筒形件 OD 和 ID 比大于 2，轴长大于 $2''$（50mm）：P_1 从两端面直探伤，P_2 从圆周面直探伤，如附录图 12-7 所示。

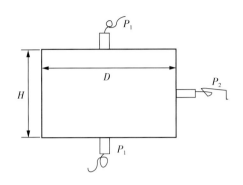

附录图 12-6　圆饼类锻件探伤

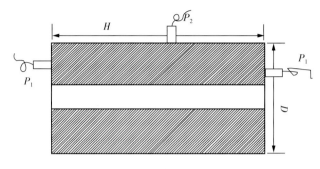

附录图 12-7　筒形件探伤 (一)

筒形件 OD 和 ID 比小于 2，轴长大于 $2''$（50mm）：P_1 从两端面直探伤，P_2 从圆周面直探伤，P_3 从圆周面周向斜探伤，如附录图 12-8 所示。

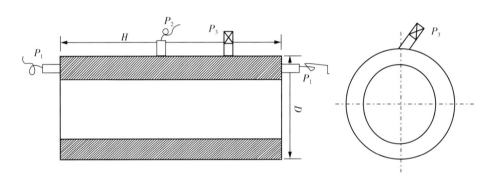

附录图 12-8　筒形件探伤 (二)

筒形件 OD 和 ID 比小于 2，轴长大于 $2''$（50mm），壁厚不大于 $4.43\sqrt{H}$：P_1 从圆周面直探伤，P_2 从圆周面周向斜探伤，P_3 从圆筒纵向斜探伤，如附录图 12-9 所示。

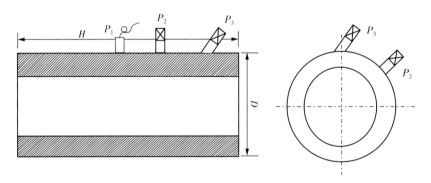

附录图 12-9　筒形件探伤 (三)

双晶探头检测：为了探测筒体近表面缺陷，需采用双晶探头从外圆面或端面检测，如附录图 12-10 所示。

（6）环形类锻件

环形件 OD 和 ID 比大于 2，轴长大于 $2''$（50mm）：P_1 从两端面直探伤，P_2 从圆周面直探伤，如附录图 12-11 所示。

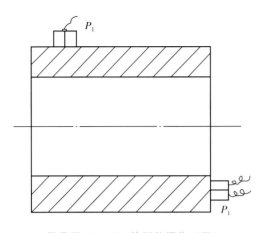

附录图 12-10　筒形件探伤（四）

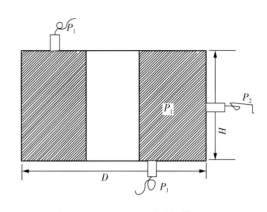

附录图 12-11　环形件探伤（一）

环形件 OD 和 ID 比小于 2，轴长大于 $2''$（50mm）：P_1 从两端面直探伤，P_2 从圆周面直探伤，P_3 从圆周面周向斜探伤，如附录图 12-12 所示。

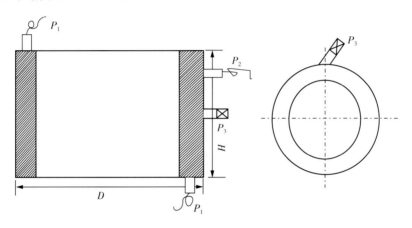

附录图 12-12　环形件探伤（二）

环形件 OD 和 ID 比小于 2，壁厚不大于 $4.43\sqrt{H}$：P_1 从圆周面直探伤，P_2 从纵向面斜探伤，P_3 从圆周面周向斜探伤，如附录图 12-13 所示。

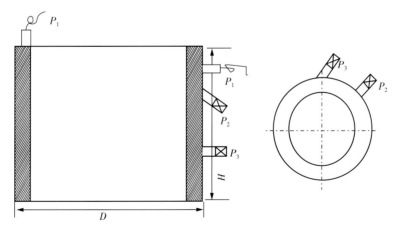

附录图 12-13　环形件探伤（三）

（7）异形件和带边轴管

阀盖类（不带孔）：P_1 从两端面直探伤，P_2 从圆周面直探伤，P_3 从圆周面周向斜探伤，如附录图 12-14 所示。

　　阀盖类（带孔）：P_1 从两端面直探伤，P_2 从圆周面直探伤，P_3 从圆周面周向斜探伤，如附录图 12 - 15 所示。

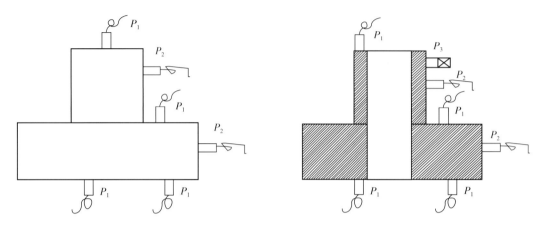

附录图 12 - 14　阀盖类（不带孔）锻件探伤　　　　　　附录图 12 - 15　阀盖类（带孔）锻件探伤

　　带边轴管类：P_1 从端面直探伤，P_2 从端面直探伤，P_3 从圆周面直探伤，P_4 从圆周面直探伤，P_5 从圆周面直探伤，如附录图 12 - 16 所示。

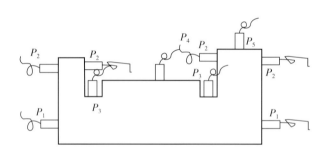

附录图 12 - 16　带边轴管类锻件探伤

　　（8）阀体类

　　阀体类（不带法兰边和孔）：P_1 从端面直探伤，P_2 从端面直探伤；P_3 从周面直探伤；P_4 从周面直探伤，如附录图 12 - 17 所示。

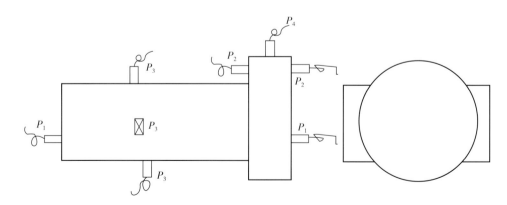

附录图 12 - 17　阀体类（不带法兰边和孔）锻件探伤

　　阀体类（有孔）：P_1 从端面直探伤；P_2 从周面直探伤；P_3 从周面直探伤；P_4 从周面直探伤，如附录图 12 - 18 所示。

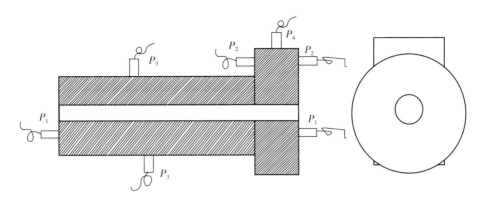

附录图 12 - 18　阀体类（有孔）锻件探伤

　　阀体类（有法兰）：P_1 从端面直探伤；P_2 从端面直探伤；P_3 从周面直探伤；P_4 从周面直探伤；P_5 从周面直探伤，如附录图 12 - 19 所示。

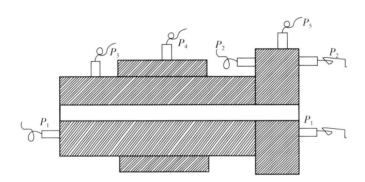

附录图 12 - 19　阀体类（有法兰）锻件探伤

附录十三
相控阵 A 型、B 型试块测试方法

（1）垂直动态聚焦

① 用相控阵 B 型试块（如附录图 13-1 所示）作为垂直动态聚焦的测试试块。

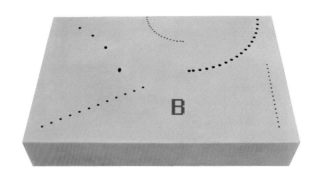

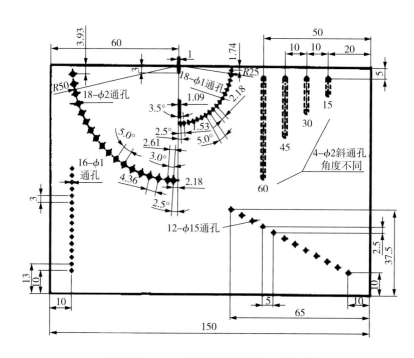

附录图 13-1　相控阵 B 型试块及其尺寸

② 仪器及测试示意图（如附录图 13-2 所示）。

附录图 13-2　相控阵仪器及测试示意图

③ 进入测试软件的垂直动态聚焦检测界面，设置聚焦深度为 50mm，即 B 型试块大圆弧上箭头所指横孔 1 到其圆心的距离，如附录图 13-3 所示。进入扇形扫描界面，将 1×32 相控阵探头置于大圆弧圆心附近，找到横孔 1 的最高回波，将回波高度调节到屏幕的 80%，如附录图 13-4 所示。

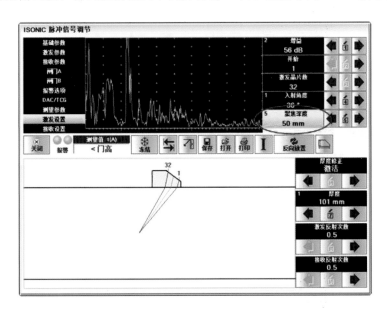

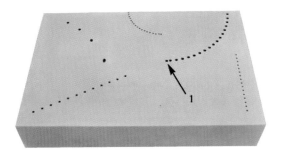

附录图 13-3　聚焦深度设置（上）和测试横孔（下）

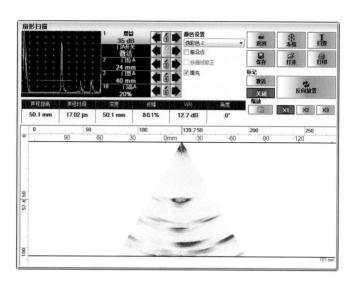

附录图 13-4　回波调到 80% 屏幕高度

④ 在其他设置与探头位置均不变的情况下，调节聚焦深度为 40mm，再进入扇形扫描截面发现回波高度从 80% 变为 39.5%，降低了将近一半，如附录图 13-5 所示。

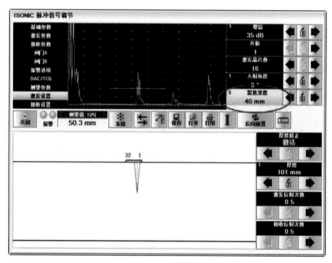

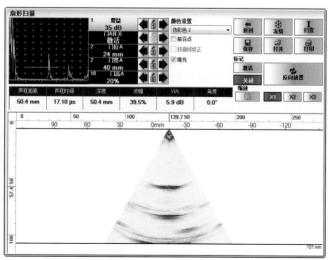

附录图 13-5　聚焦深度为 40mm 时的回波高度

⑤ 在其他设置与探头位置均不变的情况下，调节聚焦深度为 60mm，再进入扇形扫描截面发现回波高度从 80％变成 40.3％，也降低了将近一半，如附录图 13-6 所示。

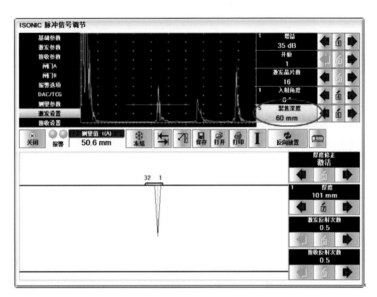

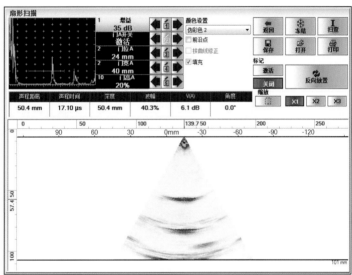

附录图 13-6　聚焦深度为 60mm 时的回波高度

⑥ 结论

当设置的聚焦深度恰好等于缺陷的深度的时候，缺陷的反射回波最强，增大或减小聚焦深度都会使缺陷回波降低。

（2）相控阵 A 型试块检测案例

① 圆弧的测试

a. 测试半径为 50mm 和 100mm 的两个圆弧，探头位置如附录图 13-7 所示。

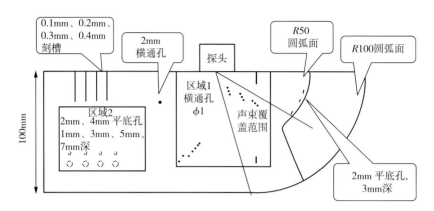

附录图 13 - 7　A 型试块及测试圆弧时探头位置示意图

b. 采用斜探头，聚焦深度为 100mm，如附录图 13 - 8 箭头所指即为两个圆弧的扇形扫描形貌。

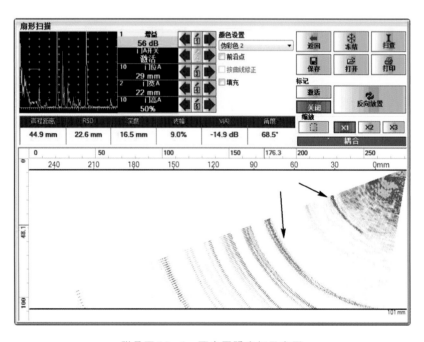

附录图 13 - 8　两个圆弧扇扫示意图

② 横通孔的测试

a. 选取区域 1 的横通孔为测试的对象，如附录图 13 - 9 箭头所指处。

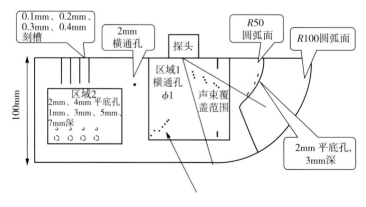

附录图 13 - 9　横通孔示意图

　　b. 采用斜探头，聚焦深度为 100mm。将探头置于横通孔上方，左右移动探头，直到扇形扫描界面出现了 7 个横通孔，如附录图 13-10 箭头所指处。

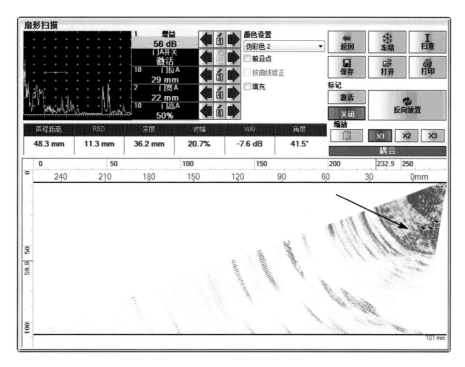

附录图 13-10　横通孔扇扫示意图

（3）相控阵 B 型试块检测案例

① 弧形孔

a. 测试半径为 50mm 的弧形孔，如附录图 13-11 所示。

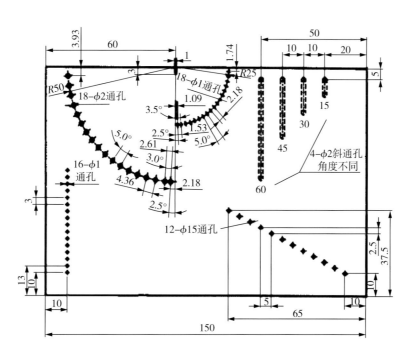

附录图 13-11　B 型试块

b. 探头置于"位置 2"或者"位置 3",位置 3 为位置 2 旋转 180°。

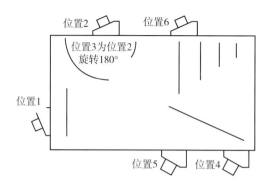

附录图 13 - 12　探头位置

c. 探头为斜探头,聚焦深度设置为 50mm。

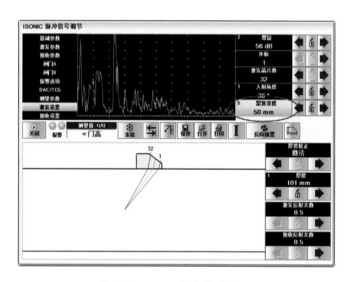

附录图 13 - 13　聚焦深度设置

d. 在扇形扫描界面上,可看到半径为 50mm 的圆弧上的横通孔的形貌,它们颜色相近,说明回波强度相似,如附录图 13 - 14 所示。

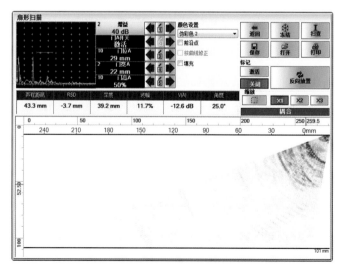

附录图 13 - 14　半径为 50mm 横通孔形貌

② 直通孔

a. 测试的是 B 型试块上的直通孔，探头置于"位置 1"，如附录图 13 - 15 所示。

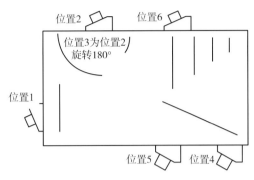

附录图 13 - 15　探头位置

b. 采用斜探头，设置聚焦深度为 15mm，如附录图 13 - 16 所示。

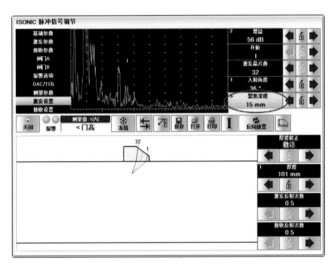

附录图 13 - 16　聚焦深度设置

c. 在扇形扫描界面上，可看到直通孔的形貌，它们颜色相近，说明回波强度相似，如附录图 13 - 17 所示。

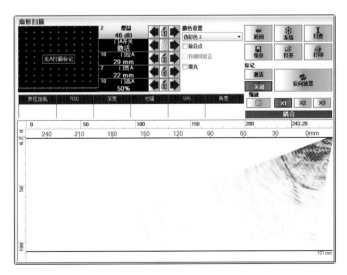

附录图 13 - 17　直通孔形貌

附录十四
锻件断口检验图谱

（1）纤维状断口

（2）结晶状断口

（3）瓷状断口

（4）台状断口

（5）撕痕状断口

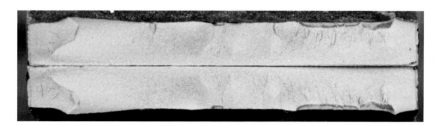

（6）层状断口

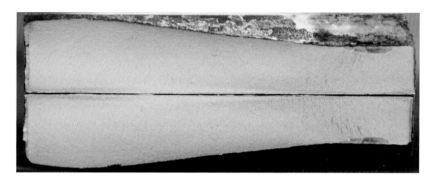

（7）缩孔残余断口

（8）白点断口

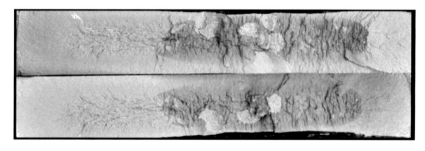

（9）气泡断口

（10）内裂断口

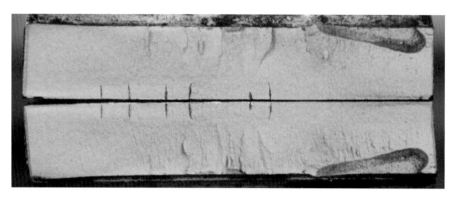

（11）非金属夹杂物断口

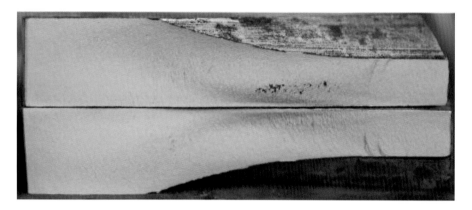

（12）异金属夹杂物断口

（13）黑脆断口

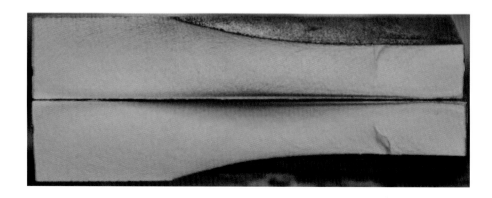

（14）石状断口

（15）萘状断口

（16）彩色断口

附录十五
超声波相控阵探伤缺陷的 B、C、D、S 扫描特征图描述

（1）缺陷图谱定义（如附录图 15-1 所示）

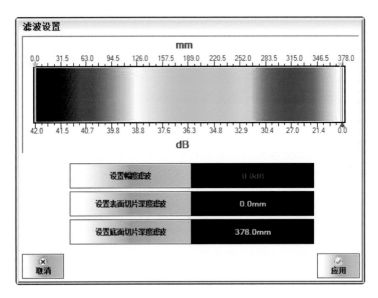

附录图 15-1 　缺陷图谱定义

① 黑色为缺陷最大的地方，白色为没有缺陷的地方。

② 图谱上面的刻度是设置工件的厚度，下面的刻度是增益值。

③ "设置幅度滤波" 的作用是：小于这个增益值的缺陷不会在端面图、俯视图和侧视图里面显示。

④ "设置表面切片深度滤波" 的作用是：小于这个刻度值的波形不会被显示。

⑤ "设置底面切片深度滤波" 的作用是：大于这个刻度值的波形不会被显示。

（2）超声相控阵成像显示类型

相控阵检测系统的基本显示方式（投影图）：B 扫描显示、C 扫描显示、D 扫描显示、S 扫描显示，见附录表 15-1 所列。

附录表 15-1 　相控阵检测系统的基本显示方式

名称	显 示 意 义	示意图
B 扫描	缺陷在工件厚度方向的投影图，即侧视图。	附录图 15-2
C 扫描	缺陷在工件底面方向的投影图，即俯视图。	附录图 15-3
D 扫描	缺陷在工件端面方向的投影图，即端视图。	附录图 15-4
S 扫描	沿探头扫描方向，所有角度声束的采集结果的图像显示。	附录图 15-5

① B 扫描显示

B 扫描是工件厚度方向的投影图像显示，如附录图 15-2 所示，图中的横坐标代表扫查距离，纵坐标代表工件厚度。

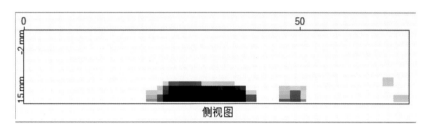

附录图 15-2　B 扫描显示

② C 扫描显示

C 扫描是工件底面方向的投影图像显示，如附录图 15-3 所示，图中的横坐标代表扫查距离，纵坐标代表扫描的宽度。

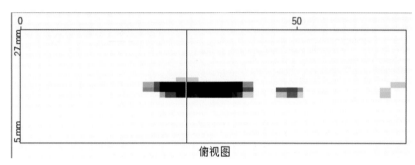

附录图 15-3　C 扫描显示

③ D 扫描显示

D 扫描是工件端面方向的投影图像显示，如附录图 15-4 所示，图中的横坐标代表工件的厚度，纵坐标代表扫描的宽度。

④ S 扫描显示

S 扫描中，视图中的数据与相控阵探头的特征（例如超声路径、折射角度、索引轴和反射波束）有关。其中一个轴显示的是波束距探头的距离，另一个轴显示的是超声轴。S 扫描的所有数据形成了扇形扫描的视图，包括起始角度、终止角度及角度步进，如附录图 15-5 所示。

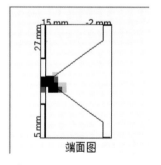

附录图 15-4　D 扫描显示

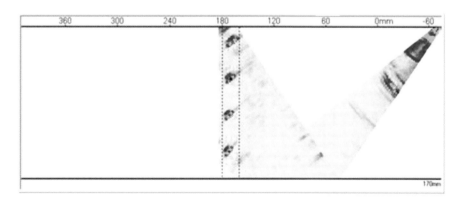

附录图 15-5　S 扫描显示

（3）B+C+D+S 型特征图谱分类依据（主视、府视、左视、扇形扫描）

采集方法：沿探头扫描方向，移动 1～3λ，获得 B+C++D 动态图像，在扫描方向上任意处获得 S 静态图像，其中 λ 为超声波相控阵探头的波长。设置表面切片深度滤波的作用为消除始波的显示，设置底面切片深度滤波的作用为消除底波及以后的显示。

① 单点缺陷

B 扫描的动态图像为非中心区域的一条断续条状色带，C 扫描的动态图像为中心区域的一条断续条状色带，D 扫描的动态图像为非中心区域的一条点状色斑，S 扫描的静态图像为非中心区域的一条点状色斑。

② 多点缺陷

B 扫描的动态图像为非中心区域的多条断续条状色带，C 扫描的动态图像为中心区域的多条断续条状色带，D 扫描的动态图像为非中心区域的多条点状色斑，S 扫描的静态图像为非中心区域的多条点状色斑。

③ 局部疏松缺陷

B 扫描的动态图像为非中心区域的一条断续渐变条状色带，C 扫描的动态图像为中心区域的一条断续渐变条状色带，D 扫描的动态图像为非中心区域的一条渐变点状色斑，S 扫描的静态图像为非中心区域的一条渐变点状色斑。

④ 中心疏松缺陷

B 扫描的动态图像为中心区域的一条断续渐变条状色带，C 扫描的动态图像为中心区域的一条断续渐变条状色带，D 扫描的动态图像为中心区域的一条渐变点状色斑，S 扫描的静态图像为中心区域的一条渐变点状色斑。

⑤ 缩孔缺陷

B 扫描的动态图像为中心区域的一条断续突变条状色带，C 扫描的动态图像为中心区域的一条断续突变条状色带，D 扫描的动态图像为中心区域的一条突变点状色斑，S 扫描的静态图像为中心区域的一条突变点状色斑。

⑥ 无缺陷

B 扫描的动态图像为无色带，C 扫描的动态图像为无色带，D 扫描的动态图像为无色斑，S 扫描的静态图像为无色斑。

附录十六
连铸锭超声波探伤缺陷 B＋C＋D＋S 型特征图谱

（1）单点缺陷

例一：

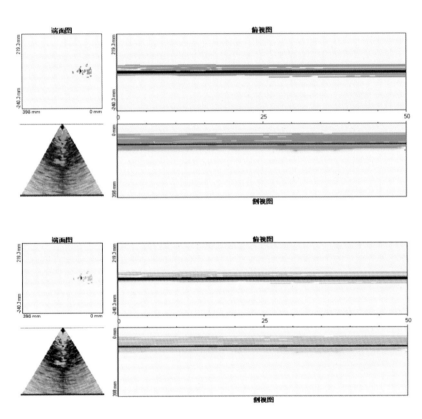

例二：

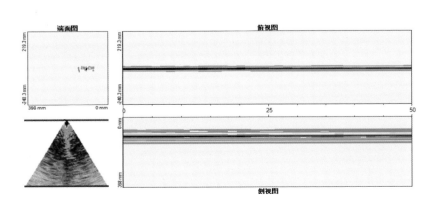

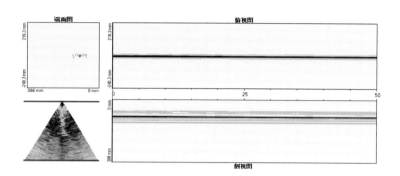

（2）多点缺陷

例一：

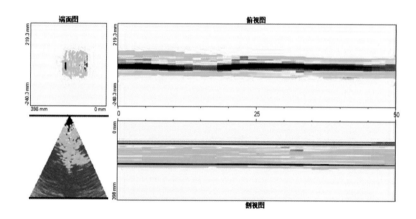

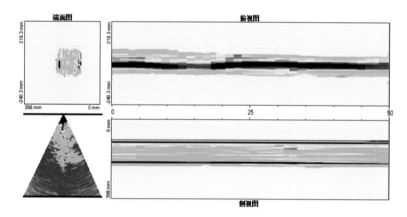

例二：

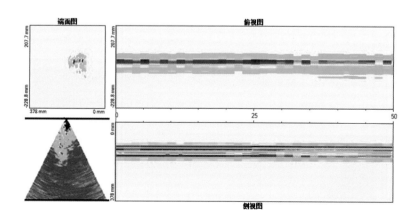

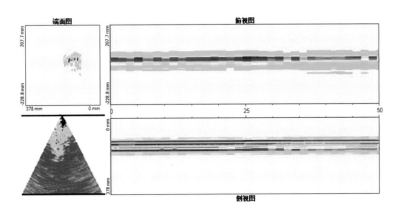

（3）局部疏松缺陷

例一：

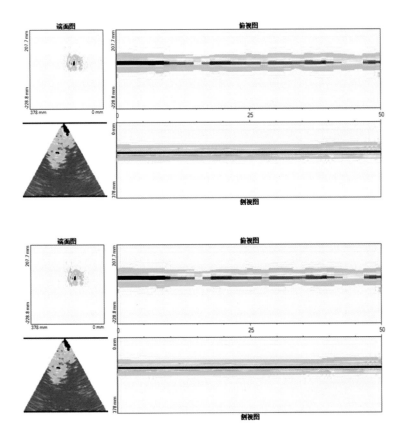

例二：

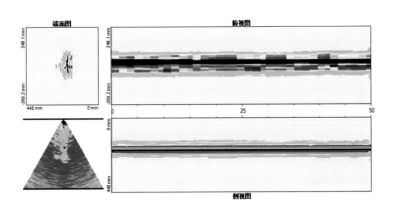

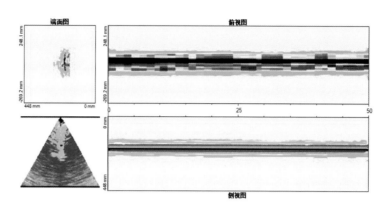

（4）中心疏松缺陷

例一：

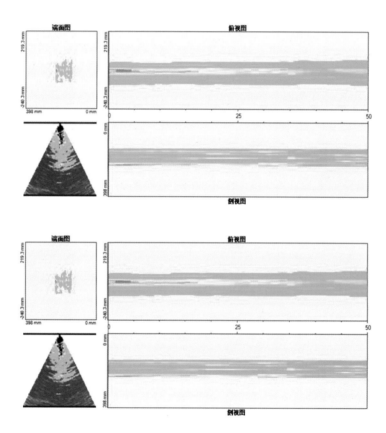

例二：

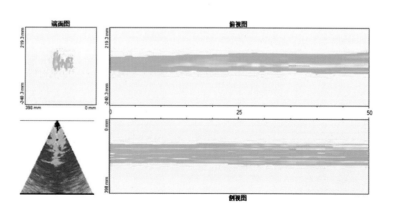

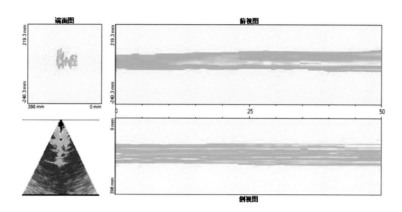

（5）缩孔缺陷

例一：

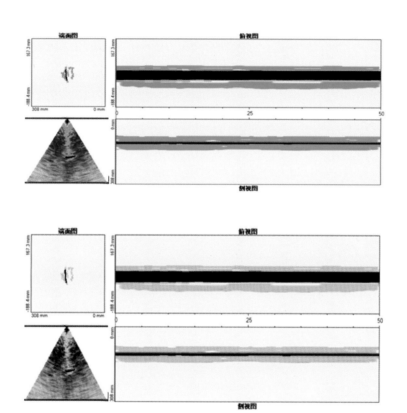

例二：

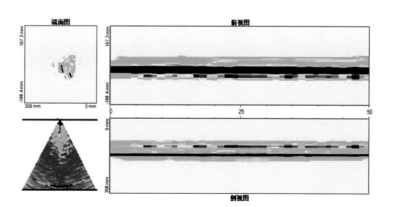

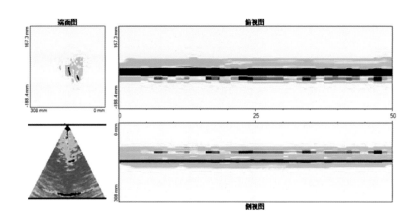

（6）无缺陷

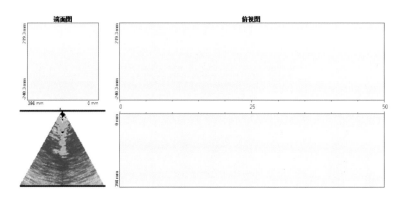

（7）单点＋中心疏松

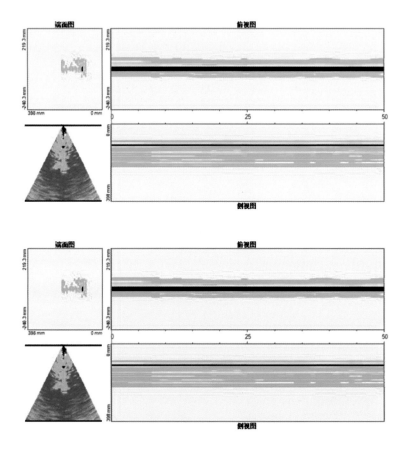

（8）单点＋中心缩孔

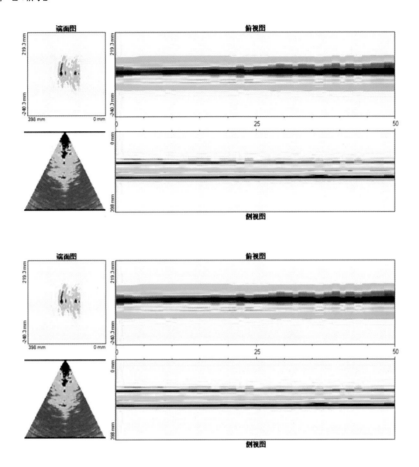

附录十七
模铸锭超声波探伤缺陷 B＋C＋D＋S 型特征图谱

（1）单点缺陷

例一：

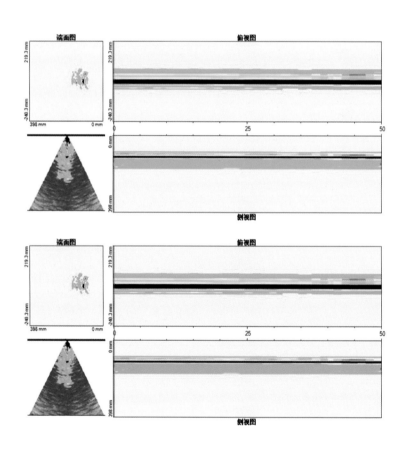

例二：

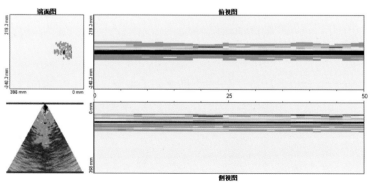

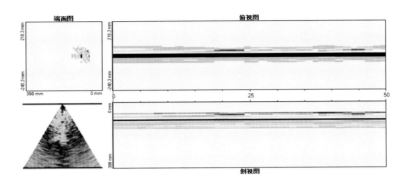

（2）多点缺陷

例一：

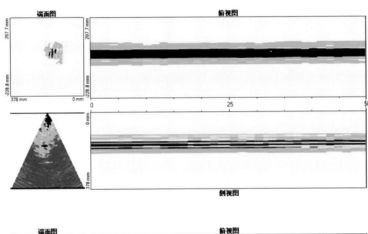

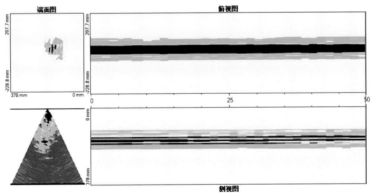

例二：

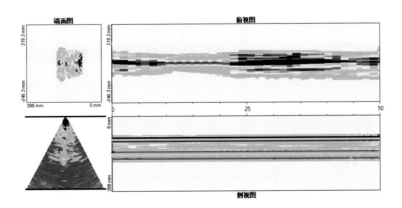

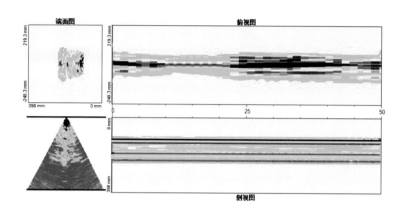

（3）局部疏松缺陷

例一：

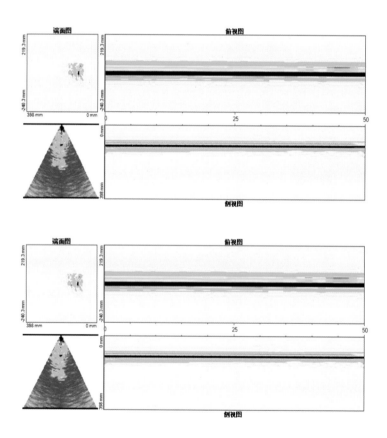

例二：

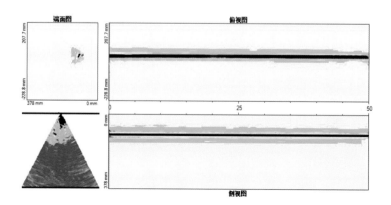

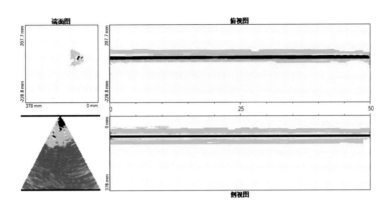

（4）中心疏松缺陷

例一：

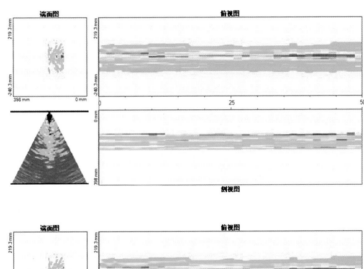

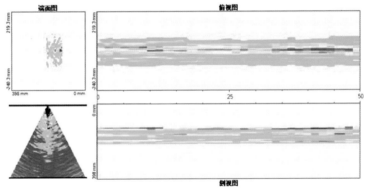

例二：

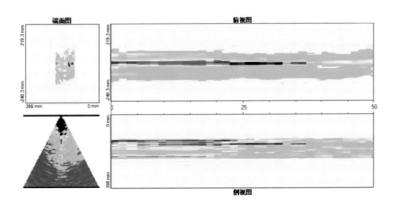

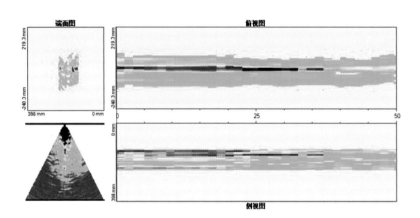

（5）缩孔缺陷

例一：

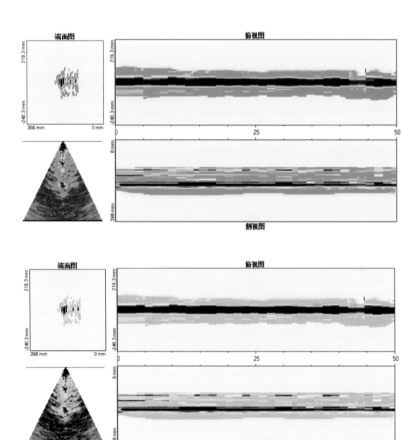

例二：

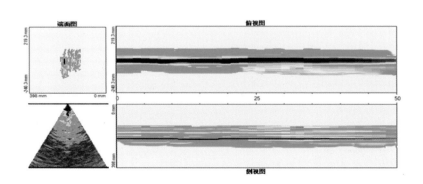

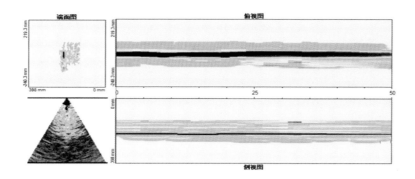

（6）无缺陷

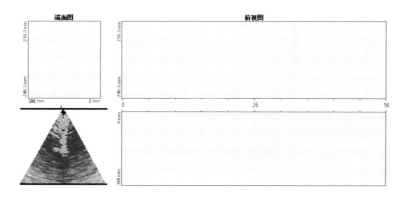

（7）单点＋中心疏松

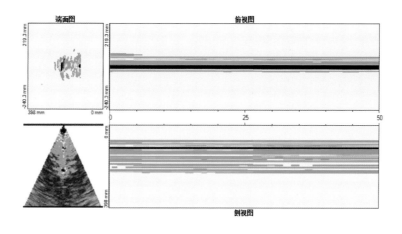

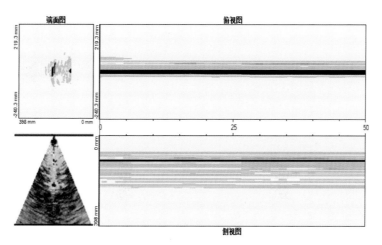

（8）单点＋中心缩孔

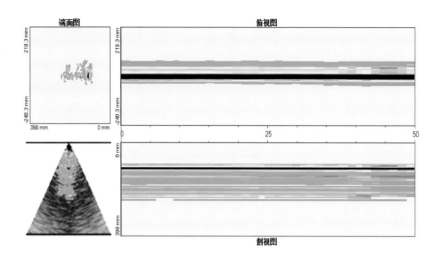

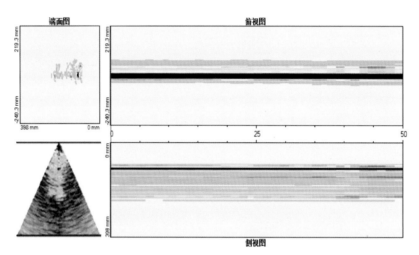

附录十八
电渣重熔锭超声波探伤缺陷 B＋C＋D＋S 型特征图谱

（1）单点缺陷

例一：

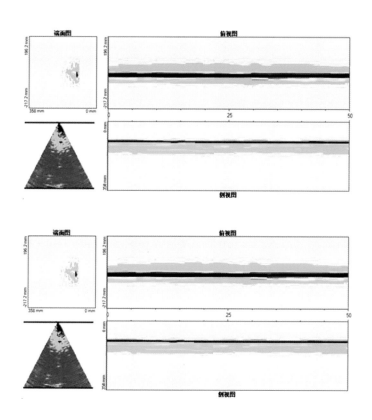

例二：

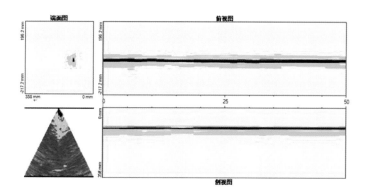

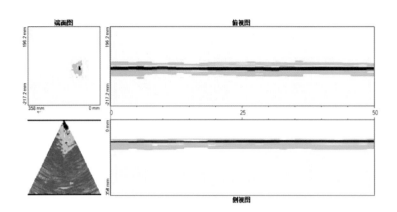

（2）多点缺陷

例一：

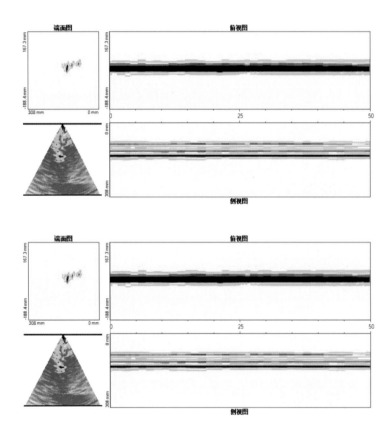

例二：

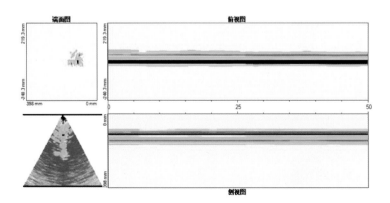

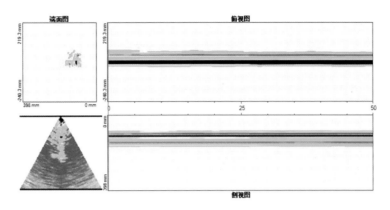

（3）局部疏松缺陷

例一：

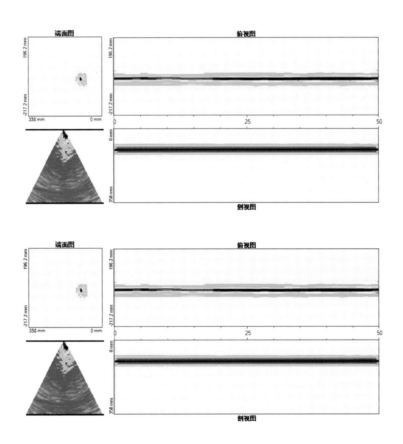

例二：

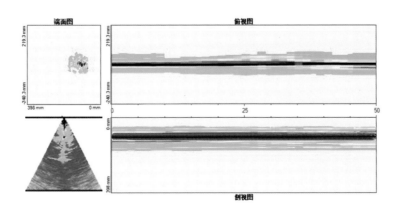

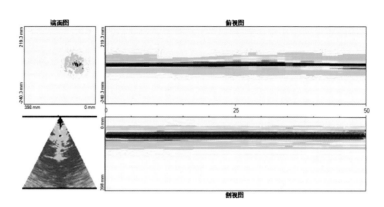

（4）中心疏松缺陷

例一：

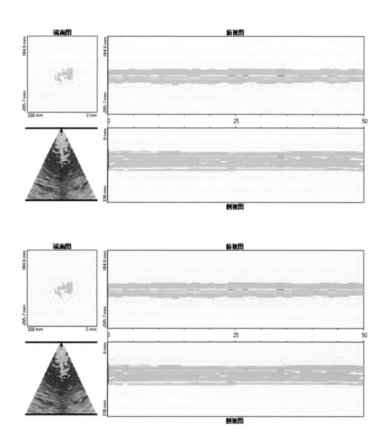

例二：

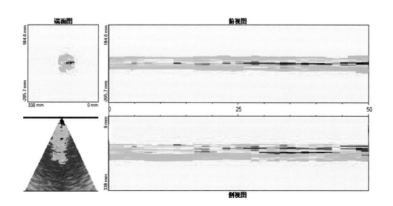

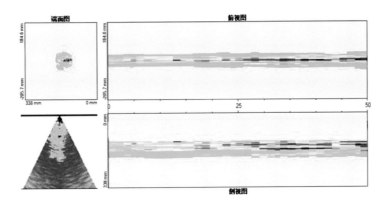

（5）缩孔缺陷

例一：

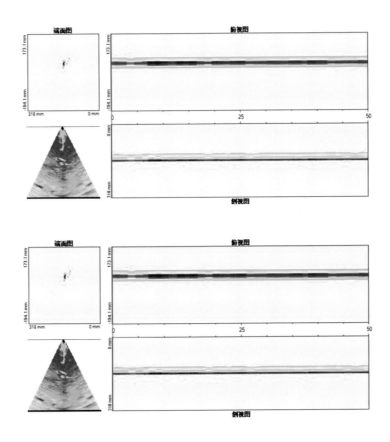

例二：

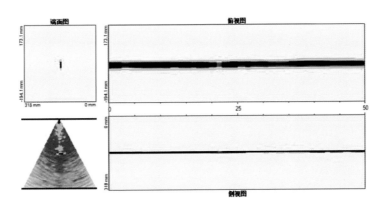

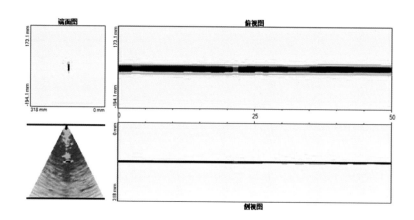

（6）无缺陷

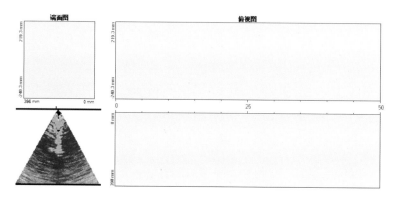

（7）中心疏松＋缩孔

例一：

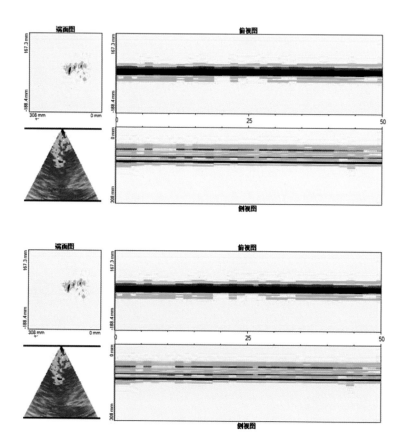

例二：

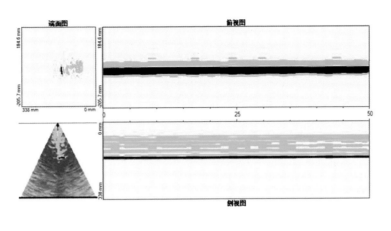

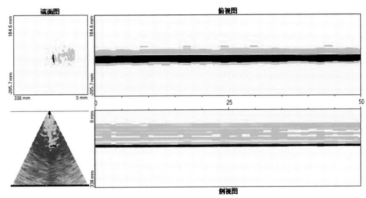

例二：

附录十九
锻件超声波探伤缺陷 S 型特征图谱

下列图片中左图为超声波相控阵缺陷 S 型特征图，右图为其闸门区域放大展示。

（1）点状

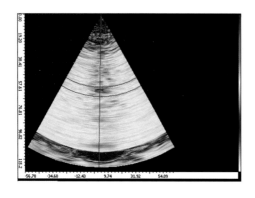 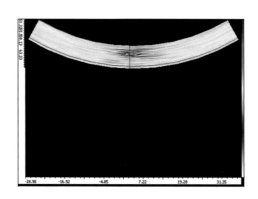

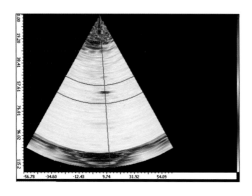 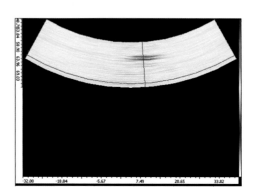

（2）线状

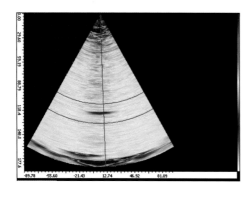 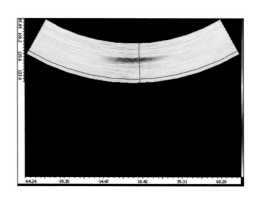

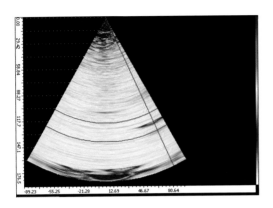 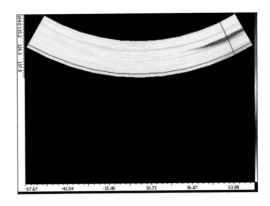

（3）条状

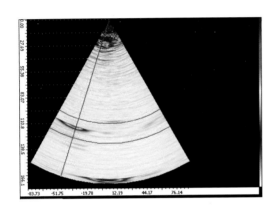 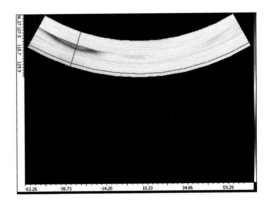

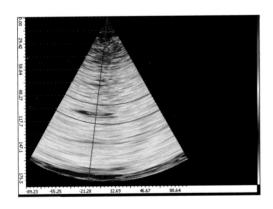 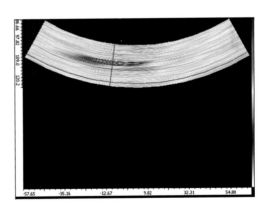

（4）片状

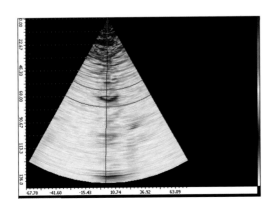 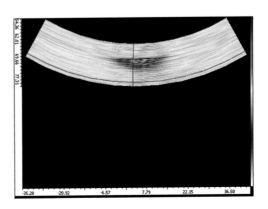

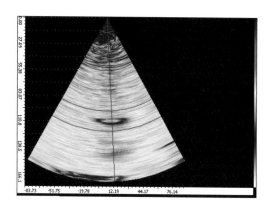
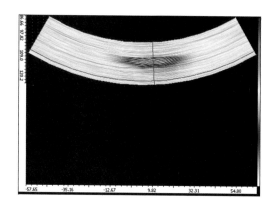

（5）体积型

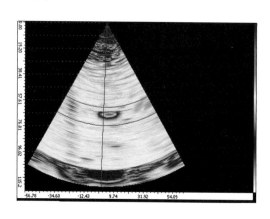
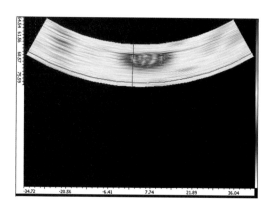

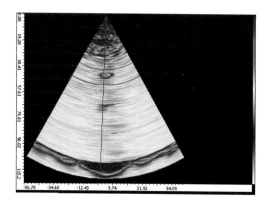
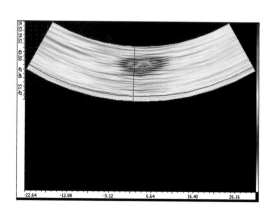

（6）团重叠状

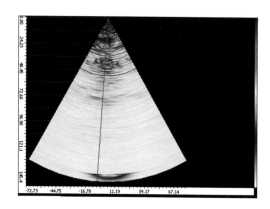
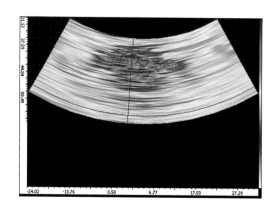

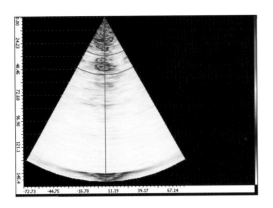
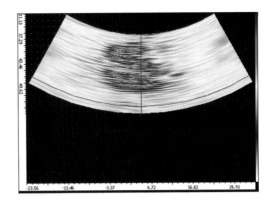

（7）多点分散型

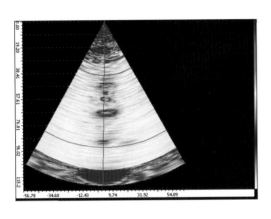
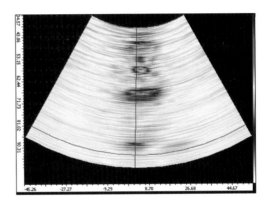

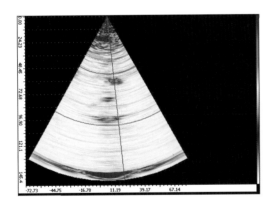
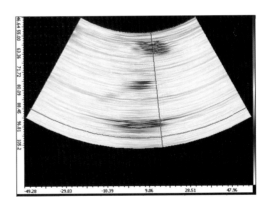

（8）多点密集型

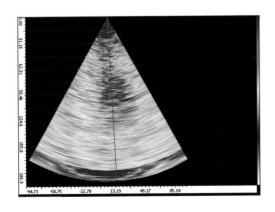
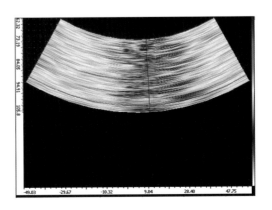

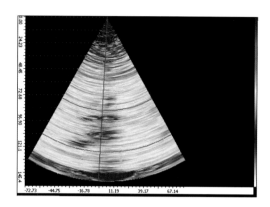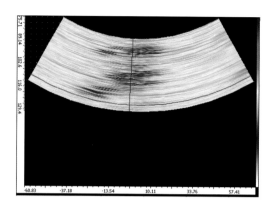

附录二十
锻件超声波探伤缺陷 C 型特征图谱

（1）点状类型缺陷

C 扫描幅度法显示 1（Φ2 灵敏度）　　　　　C 扫描幅度法显示 2（Φ2 灵敏度）

（2）条状类型缺陷

C 扫描幅度法显示（Φ2 灵敏度）

以下从左至右依次选取缺陷层析图像第 44～49 层。

第 44 层　　　　　　　　　　　　　　　　　第 45 层

第 46 层　　　　　　　　　　　　　　　　　第 47 层

第 48 层　　　　　　　　　　　　　　　　　第 49 层

（3）片状类型缺陷

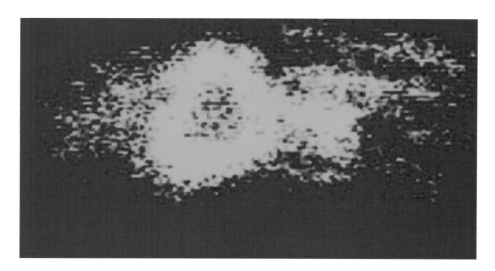

C 扫描幅度法显示 1（Φ2 灵敏度）

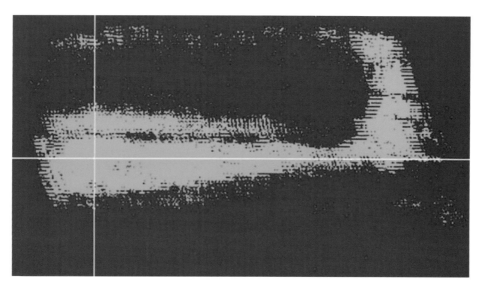

C 扫描幅度法显示 2（Φ2 灵敏度）

（4）体积类型缺陷

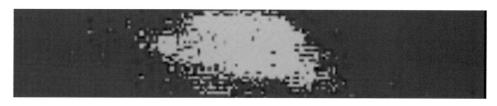

C 扫描幅度法显示 1（Φ2 灵敏度）

以下从左至右依次选取缺陷层析图像第 20～23 层与第 28～33 层。

第 20 层

第 21 层

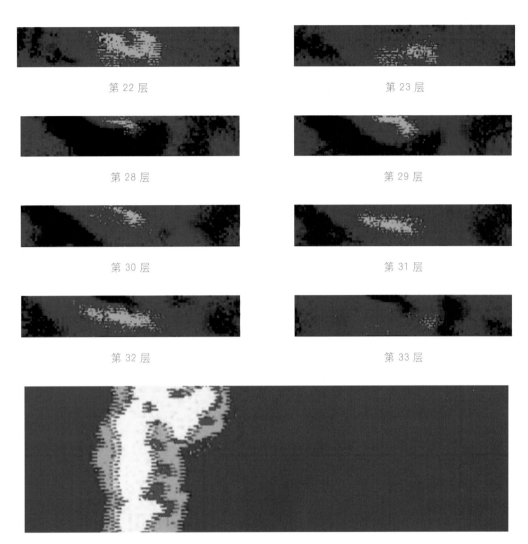

第 22 层　　　　　　　　　　　　第 23 层

第 28 层　　　　　　　　　　　　第 29 层

第 30 层　　　　　　　　　　　　第 31 层

第 32 层　　　　　　　　　　　　第 33 层

C 扫描幅度法显示 2（*Φ*2 灵敏度）

以下从左至右依次选取缺陷层析图像第 3~16 层。

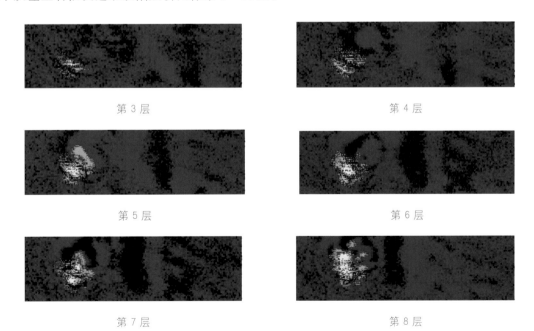

第 3 层　　　　　　　　　　　　第 4 层

第 5 层　　　　　　　　　　　　第 6 层

第 7 层　　　　　　　　　　　　第 8 层

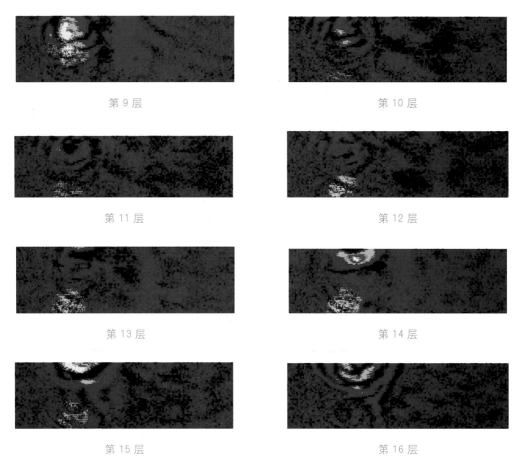

<table>
<tr><td>第 9 层</td><td>第 10 层</td></tr>
<tr><td>第 11 层</td><td>第 12 层</td></tr>
<tr><td>第 13 层</td><td>第 14 层</td></tr>
<tr><td>第 15 层</td><td>第 16 层</td></tr>
</table>

（5）多点类型缺陷

① 多点分散型（小缺陷）

C 扫描幅度法显示（$\Phi2$ 灵敏度）

② 多点分散型（大缺陷）

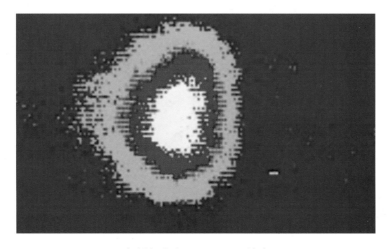

C 扫描幅度法显示（$\Phi2$ 灵敏度）

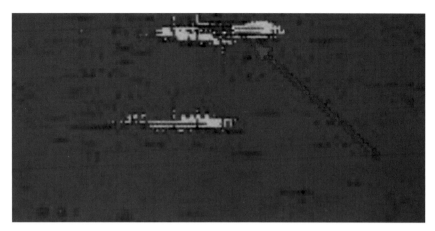

截面主视图

以下从左至右依次选取上图中箭头所指缺陷的层析图像第 43～50 层。

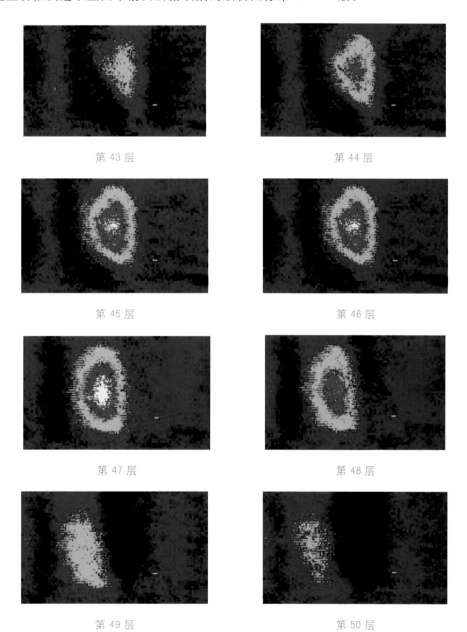

第 43 层　　　　　　　　　　　第 44 层

第 45 层　　　　　　　　　　　第 46 层

第 47 层　　　　　　　　　　　第 48 层

第 49 层　　　　　　　　　　　第 50 层

③ 多点密集型（小缺陷）

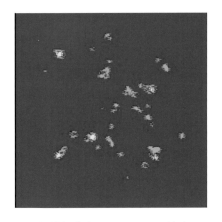 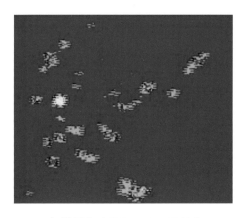

C 扫描幅度法显示 1（Φ2 灵敏度）　　　　　　　C 扫描幅度法显示 2（Φ2 灵敏度）

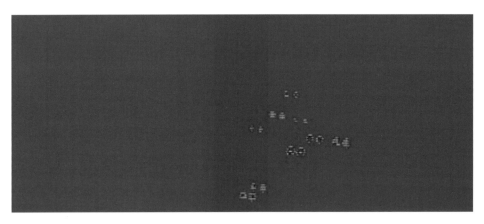

C 扫描幅度法显示 3（Φ2 灵敏度）

④ 多点密集型（大缺陷）

C 扫描幅度法两处缺陷显示（Φ2 灵敏度）

以下从左至右依次选取左侧缺陷层析图像第 444～459 层。

 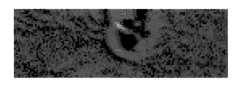

第 444 层　　　　　　　　　　　　　　　　第 445 层

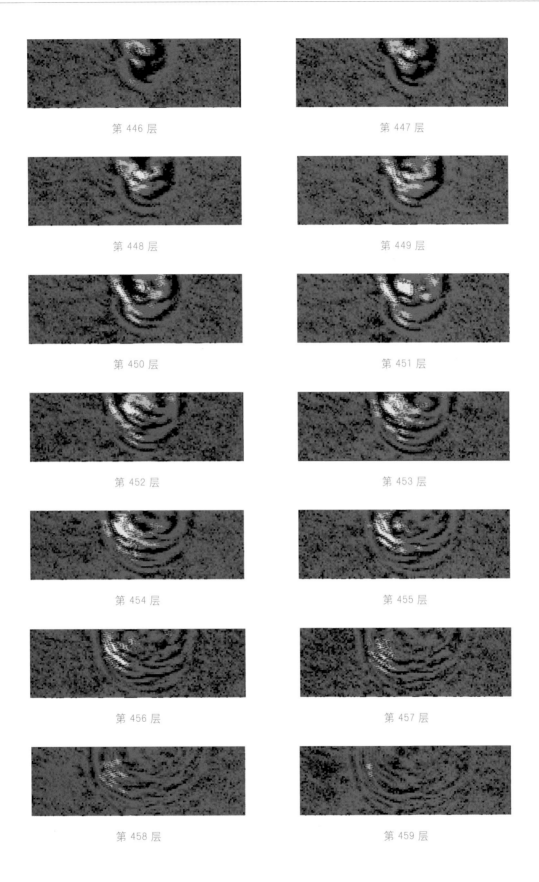

第 446 层　　　　　　　　　　　　　第 447 层

第 448 层　　　　　　　　　　　　　第 449 层

第 450 层　　　　　　　　　　　　　第 451 层

第 452 层　　　　　　　　　　　　　第 453 层

第 454 层　　　　　　　　　　　　　第 455 层

第 456 层　　　　　　　　　　　　　第 457 层

第 458 层　　　　　　　　　　　　　第 459 层

附录二十一

钢锭冶金缺陷仿真技术

（1）启动 ProCAST，点击 Application，从下拉菜单中选择 Mesh 模块进入 Visual Mesh 模块，点击 File 出现下拉菜单，可选择各类文件相关操作，如附录图 21-1 所示。

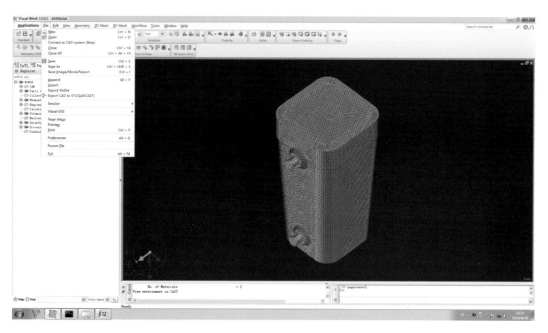

附录图 21-1　Visual Mesh 模块

① 点击 OPEN，打开一个 CAD/CAE 格式软件包的几何模型。

② 几何图形文件优化完成后，用 Cast 工具栏开始进行面网格和体网格划分。

● 检查几何模（Repair）：点击"Check"，检查模型缺陷，点击"AuTo Correct All"，自动优化缺陷。

● 交叉关系（Intersection）：点击"Check"，如果有交叉点 Intersection All 自动优化，且优化不合理则需进行人工修改。

● 生成面网格（Surface Mesh）：点击生成面网格按钮出现界面如附录图 21-2 所示。点击"Set Element Size"，设置网格大小，自行设置数值，点击"To All"，以红色显示出面网格线条数。

点击"Groups"，添加组别，选中需重新划分网格的线，再次设置网格大小。点击"Edge Handes"，可查看节点。点击"Mesh All Surface"，即生成面网格。

● 面网格检查（Check Surface Mesh）：点击"Check"，显示"Surface Mesh is OK"，面网格划分完成。如面网格显示不合理，点击"Auto Correct"，软件自动优化。然后点击"Create Surface Mesh"，

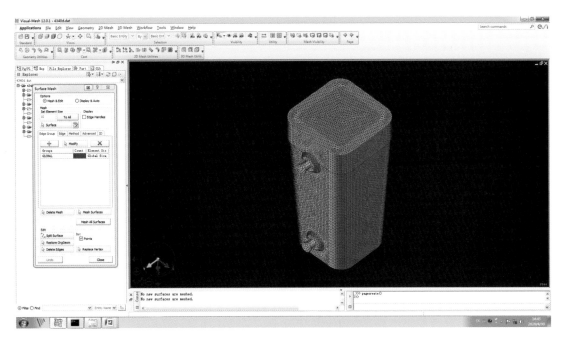

附录图 21-2　网格设置

面网格即生成。

● 生成体网格（Create Volumes Mesh）：点击生成体网格按钮，体网格即生成。

● 体网格检查（Check Solid Mesh）：可查看网格和提高网格的质量。

● 输出（Export）：点击工具栏中"File"里的"Export"，确定保存路径文件名保存为"面网格：sm．""体网格：．mesh"格式。

③ 进入 Visual Cast 模块，点开菜单栏"Cast"下拉菜单，出现如附录图 21-3 所示的工作界面。

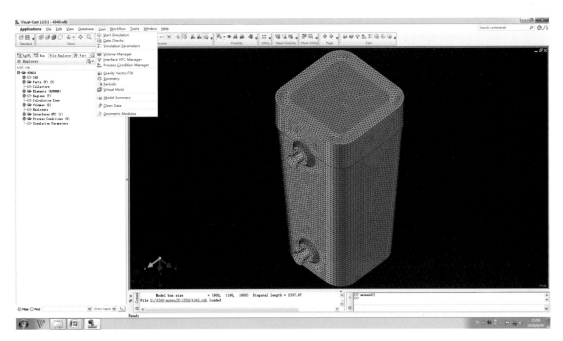

附录图 21-3　Visual Cast 工作界面

● 点击"Gravity Vector/Tilt"，确认重力方向，根据铸件的重力方向设置 $X/Y/Z$ 轴。

● 点击"Volume Manager"，设置铸件参数，给出铸件的材料，定义每个材料的类型。

Name：名字，根据铸件的实际情况命名。

Type：种类，根据需要模拟的铸件来选择有 Alloy（合金）、Channel（渠道）、Core（核心）等8 类。

Material：铸件材质，根据材质在数据库里选择，有 Public（公共）、User（自定义），可选择公用数据库里材质，也可自行定义。

Fill％：设置充型百分比，可显示充型 100％和 0％。

Initial Temp：设置铸件浇注初始温度。

Stress Type：计算应力场。

注：Volume Manager 设置完成后，工作界面会显示 Mass of casting alloy（铸件的模拟重量）与铸件实际重量进行对比，确认参数设置是否存在偏差。

● 点击"Interface HTC Manager"，显示界面换热系数如附录图 21-4 所示，铸件整体材料存在局部差异性，不同材料界面对应不同温度，选中要加载的铸件，在 Type 中，有如下 3 个选项。

EQUIV：表示界面是同种材料物性，有连续的温度场和速度场。

COINC：在两种不同料的界面上，因为是铸件和铸型，有一个温度降，为了缩小温度，在网格生成过程中，在界面上只有一个节点，我们要设置加倍节点。

NCOINC：非一致性的指定界面，即节点不重叠，界面不匹配。

注：可以有 Public(公共)、User(自定义)，还可以根据情况选择 Model（模型实际的换热系数）。

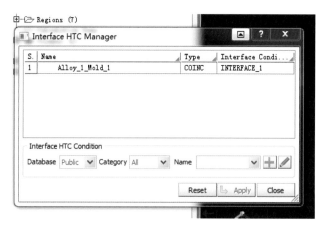

附录图 21-4　界面换热系数

● 点击"Process Condition Manager"，工艺的边界条件如附录图 21-5 所示，选择 Thermal（热量）中的 Heat Exchange（周围环境热交换）进行设置。

附录图 21-5　工艺边界条件

Name：根据铸件的实际情况给出名字。

Type：选中要加载的铸件，点击 Type，出现 Add（添加）、HTC Calculator（计算器）、Thermal Regulation（温度调节），根据铸件的种类选择。

Entity：选择热交换的实体。

Boundary Cond：热交换边界条件，在 Process Condition 里的材料数据库选择要施加的工艺条件，根据铸件的实际工艺自定义工艺条件。

Area（Sq. mm）：施加工艺条件的地域。

Fluid flow：流体的设置，Inlet（入口）用来设定与充型时间相当的入口速度和入口温度，即浇注参数设置，如附录图 21-6 所示。

Name：命名。

Type：选择加载的铸件，点击 Type，包括 Add（添加）、Mass Flow Rate Calculator（质量流量计算器）、Ladle Calculator（长度计算器）的种类选择。

Entity：选择热交换的实体，在 Selection（选择）中选择入口实体有面选择、Region（区域）选择和自定义选择。

Boundary Cond：入口边界条件，在材料数据库选择需施加的工艺条件，根据铸件的实际工艺自定义工艺条件。

Area（Sq. mm）：入口覆盖地域。

Fluid flow（流体的设置）里：Wall（速度零边界）设置配合其他条件设置的。

附录图 21-6　浇注参数设置

● 点击"Simulation Parameters"，模拟参数设置如附录图 21-7 所示，在 Pre-defined Parameters 中有离心铸造、砂箱、连铸、重力铸造、高压铸造、低价铸造等。选择 Gravity Fillng，在 General 中设置如下模拟参数。

NSTEP：设定当前计算中采用的时间长的数量。

TFINAL：设定结束模拟计算时间。

TENDFILL：设定结束充型计算后的延迟时间以结束计算。

TSTOP：设定停止计算的最低温度。

DT：设定初始时间步长。

DTMAXFILL：设定仅在充型阶段使用的时间步长。

DTMAX：设定最大时间步长。

TUNITS：设定温度单位。

QUNITS：设定热流单位。

VUNITS：设定速度单位。

PUNITS：设定压力单位。

Pre-defined Parameters	Select Pre-Defined Set	☑ Show String Selection				
General Thermal Flow +						
Parameter		Type	Value	Value ...	F...	
NSTEP	Stop criterion :...	Const.	500000			
TFINAL	Stop criterion :...	Const.	1.5000e+004	sec ▾		
TENDFILL	Stop criterion :...	Const.	0.0000e+000	sec ▾		
TSTOP	Stop criterion :...	Const.	5.0000e+001	C ▾		
TSTOP_PART	Stop criterion :...					
INILEV	Restart Step	Const.	0			
DT	Initial Timestep	Const.	1.0000e-003	sec ▾		
DTMAXFILL	Maximum Timestep...	Const. ▾	1.0000e-001	sec ▾	s. ▾	
DTMAX	Maximum Timestep...	Const. ▾	1.0000e+000	sec ▾	s. ▾	
TUNITS	Temperature resu...	Const.	C ▾			
QUNITS	Heat Flux result...	Const.	W/m^2 ▾			
VUNITS	Velocity results...	Const.	m/sec ▾			
PUNITS	Pressure results...	Const.	bar ▾			
☐ Advanced						

附录图 21-7 模拟参数设置

● 在 Thermal（温度场）中设置模拟参数如下所示。

THERMAL：指定要进行的传热分析。

TFREQ：设定把温度数据写到一个非格式化结果文件中的时间步长的间隔。

MFSPATH：异步读取文件。

POROS：设定进行收缩计算的控制参数。

MACROFS：宏观缩松的判断。

PTPEFS：用于预测缩管形成的参数值。

FEEDLEN：补缩长度距离。

NIYAMA：NIYAMA 评判。

NIYAMA_STAR：NIYAMA 开始。

NYS_ADJUST：NIYAMA 决定因素的标准。

GATEFEED：内浇口补缩。

GATENODE：该参数是对 GATEFEED 的一个补充。

MOLDRIG：铸型刚度。

GATEFS：在压铸的持压阶段，如果超过了临界固相率，则停止补缩。

ACCORDION：复数。

HOTSPOTS：热节。

THMODULE：热模激活。

BURNON：滑轮装置。

● 在 Fiow（流动）中设置模拟参数如下所示。

FLOW：控制流体方程的使用。

FREESF：设置要使用的用于计算自由表面的模型的序号。

FREESFOPT：充型算法。

GAS：设置是否考虑气体卷入的效果。

VFREQ：设置把速度计算结果和压力计算结果写入一个非格式文件的时间步长间隔。

LVSURF：提供一种切换方法，当瞬间流动模式向因漂移和收缩引起的对流模式转换时用的参数。

COURANT：设定时间步长的 COURANT 限值。

WSHEAR：壁面剪切把沿壁面的速度边界考虑在内。

WALLF：用于计算铸型壁面处自由表面的速度。

PFREQ：设置求解其中粒子跟踪启用频率。

JUNCTION：用于激活金属流动前沿跟踪算法。

OXIDATION：氧化剂等。

TILT：对倾斜铸造，应激活此模块，必须设置为 1。

注：此外还有应力运算参数模块、微观组织模块等。

Data Checks：材料库检查，点击此按钮，进行检查，优化通过就可以开始计算，如果有错误，根据提示回到上面步骤进行修改。

Start Simulation：启动计算，Work Directory 和 CaseName 不能出现中文字符，然后点击 RUN 计算，等待计算完成。

● 其他操作如下。

Symmetry：几何对称。

Periodic：周期 。

Virtual Mold：虚拟砂箱。

Model Summary：模型定义。

Clean Data：清除数据。

Geometric Modulus：几何模量。

（2）进入 Visual Viewer 模块工作界面如附录图 21 - 8 所示。

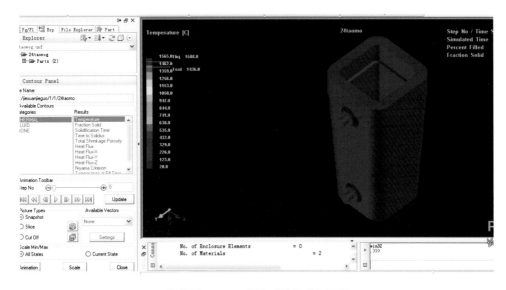

附录图 21 - 8　模块"后处理"界面

① 在模块后处理可得到以下结果

● Snapshot：快照（或图），某一时刻的结果显示。

● Slices：切片图。

● Cut Off ：模型内部的 X 射线透视。

● 根据结果类型，可观察下列结果（实体或变量的原始结算结果）。

Temperature：温度。

Fraction Solid：固相分数。

Solidification Time：凝固时间。

Time to Solidus：固相时间。

Total Shrinkage Porosity：总收缩率。

Hert Flux：热流率。

Hert Flux－X，Hert Flux－Y，Hert Flux－Z：XYZ 轴热流率。

Niyama Criterion：Niyama 评判。

Temperature at Fill Time：浇铸温度。

② 显示类型

● 点击 "Snapshot"：3D，进行所选项目的三维观察（如温度）。

● 点击 "Slices"：2D，二维截面，可以选择一个或几个切片，可沿 X、Y 和 Z 平面或其他平面，点击 "Slices"，单击 "Add"，选择 XYZ 平面，就会出现相应切片显示出来。

● 点击 "Cut Off"：模型内部的 X 射线透视，模型是部分透明的，点击 "Cut Off"，出现如附录图 21-9 所示界面，可以用两个值（如温度）来定义；然后用户可以在 4 个不同显示方式中选择：

AboveMax：只显示高于最大值的区域。

BelowMin：只显示低于最小值的区域。

Between Min/Max：只显示最小值和最大值之间的区域。

Not Between Min/Max：只显示不在最小值和最大值之间的区域。

③ Animation Control：动画控制，在这里可以根据步数、充型时间来选择动画快慢（如附录图 21-10 所示）。

附录图 21-9　Cut Off 界面　　　　　　附录图 21-10　动画控制

④ 结果查看，还可在工具栏 Results 中依次查看结果（如附录图 21-11 所示）。

⑤ 查看曲线图，点击就出现如附录图 21-12 所示的设置，按需要选择 Pick Node（选择点），然后生成如温度场的曲线图。

附录图 21-11　结果查看

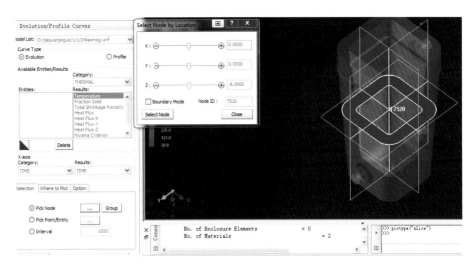

附录图 21 - 12　曲线图设置

⑥ 结果输出，在 File 中找到 Save Image/Movie/Report（如附录图 21 - 13 所示），选择你要输出的方式，有图片、动画、报告的形式，注意保存的路径和文件名不能有中文字符。

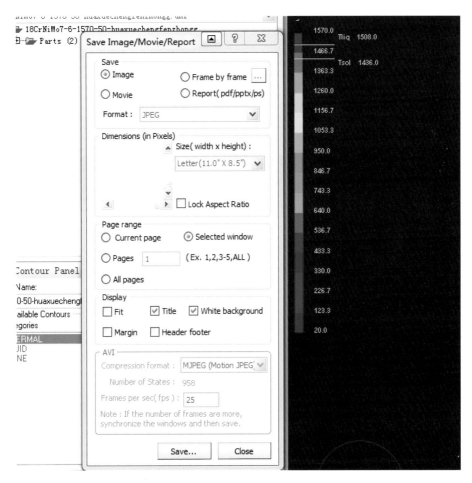

附录图 21 - 13　图片/动画/报告的输出

参 考 文 献

［1］陈昌华，哈曜，王司男，等．数字超声波无损检测扫描技术［J］．物理测试，2018，36（5）：7.

［2］蒋危平，王务同．超声波探伤仪发展简史［J］．无损检测，1997，19（1）：2.

［3］吴朝晖．超声无损检测的应用与探讨［J］．宁波工程学院学报，2005（4）：22－24.

［4］陈昌华．超声波显微镜在无损检测中的应用［R］．北京，2008 年国际冶金及材料分析测试学术报告会，2008.

［5］陈昌华．激励脉冲信号对超声波检测的影响［R］．北京，冶金及材料分析测试学术报告会，2010.

［6］高捷．有限元方法在超声检测中的应用［J］．科技风，2019（13）：1.

［7］刘松，顾继俊．基于 Abaqus 的超声波 A 扫法的仿真实验验证［J］．设备管理与维修，2019（16）：4.

［8］李树榜，李书光，刘学锋．固体中圆柱形孔脉冲超声波散射的有限元模拟［J］．声学技术，2007，26（3）：417－421.

［9］梁升，王新晴．A 型脉冲反射式超声波探伤仪的正确使用［J］．工业计量，2008，18（5）：3.

［10］辽宁省质量技术监督局特种设备处组．超声波检测［M］．沈阳：辽宁大学出版社，2008.

［11］郑晖，林树青．超声检测［M］．北京：中国劳动社会保障出版社，2008.

［12］蒋志峰，吴作伦，吴瑞明，等．材料缺陷超声检测中谱分析技术的研究［J］．兵器材料科学与工程，2009，32（4）：4.

［13］超声波探伤技术及探伤仪编写组．超声波探伤技术及探伤仪［M］．北京：国防工业出版社，1977.

［14］宋黎明．数字超声波探伤扫描技术在锅炉检测中的应用［J］．金属材料与冶金工程，2011，39（2）：4.

［15］杨青，刘颖韬．航空航天领域中超声波 C 扫描检测系统的发展与应用［J］．无损检测，2012，34（07）：53－56.

［16］张明如，陈昌华等．车轮轮箍超声波探伤缺陷图谱［M］．合肥：合肥工业大学出版社，2012.

［17］冯宝伟．超声检测新技术 TOFD 原理及其特性［A］．重庆市机械工程学会.2010 年重庆市机械工程学会学术年会论文集［C］．重庆市机械工程学会，2010：6.

［18］余国民，常永刚，丁小军，张鸿博．超声 TOFD 法在无损检测领域中的应用［J］．焊管，2007，（06）：39－44＋95.

［19］金南辉，成德芳，牟彦春.TOFD 检测技术在压力容器定期检验中的应用前景［J］．压力容器，2009，（06）：59－62＋64.

［20］马崇．超声波 TOFD 检测技术［J］．华北电力技术，2003（9）：31－33.

［21］单宝华，喻言，欧进萍．超声相控阵检测技术及其应用［J］．无损检测，2004（5）：235－238.

［22］潘亮，董世运，徐滨士，等．相控阵超声检测技术研究与应用概况［J］．无损检测，2013（5）：4.

［23］汪春晓，张浩，高晓蓉，等．超声相控阵技术在车轮轮辋探伤中的应用［J］．中国铁路，2009

(5)：3.

[24] 王彦骏．超声无损检测新技术的发展［J］．科技信息，2012（29）：50.

[25] 薛利杰，张建华，符栋良．超声导波技术在管道检测中的应用［J］．广州化工，2013，41（15）：3.

[26] 夏纪真．无损检测新技术-超声导波检测技术简介［A］．贵州机械工程学会无损检测专业委员会．西南地区第十届NDT学术交流会论文集［C］．贵州机械工程学会无损检测专业委员会，2009：3.

[27] 崔鹏，解腾云，王小保．长距离超声导波检测应用研究［J］．辽宁化工，2011，40（3）：299－301.

[28] 杨理践，陈晓春，魏兢，等．多通道数字化超声探伤仪的研制［C］．中国机械工程学会无损检测分会第七届年会/国际无损检测技术交流会论文集．1999：329－332.

[29] 蒋危平．超声波探伤仪及数字化超声波探伤仪［J］．无损检测，1997（2）：55－59.

[30] 林俊明，王琪．多通道超声检测仪的研制及其在管材检测中的应用［C］．第十五届冶金及材料分析测试学术报告会（CCATM2010）论文集．2010：1400－1403.

[31] 北京钢铁学校等．钢锭浇注问答［M］．北京：冶金工业出版社，1980.

[32] 盖尔绍维奇．铸铁学［M］．北京：机械工业出版社，1958.

[33] 李魁盛．铸造工艺及原理［M］．北京：机械工业出版社，1989.

[34] 天津市第一机械工业局．浇注工必读［M］．北京：机械工业出版社，1982.

[35] 牛俊民．钢中缺陷的超声波定性探伤［M］．北京：冶金工业出版社，1990.

[36] 机械工业职业技能鉴定指导中心．高级铸造工技术［M］．北京：机械工业出版社，1999.

[37] 沈才芳．电弧炉炼钢工艺与设备［M］．北京：冶金工业出版社，2001.

[38] 孟凡钦．钢锭浇注与钢锭质量［M］．北京：冶金工业出版社，1994.

[39] 南京工学院铸冶教研组．铸造合金原理［M］．北京：机械工业出版社，1965.

[40] 史宸兴．连铸钢坯质量［M］．北京：冶金工业出版社，1980.

[41] 蔡开科．连铸坯质量控制［M］．北京：冶金工业出版社，2010.

[42] 陆锡才．电渣重熔与熔铸［M］．东北：东北大学出版社，2002.

[43] 李正邦．电渣冶金的理论与实践［M］．北京：冶金工业出版社，2010.

[44] 张波，黄华南．工艺参数对电渣重熔锭质量和电耗的影响［J］．冶金丛刊，2013（2）：24－27.

[45] 冶金部钢铁研究院炼钢室．电渣重熔知识［M］．北京：冶金工业出版社，1974.

[46] 周启明．防止球墨铸铁件缩孔、缩松方法的新进展［J］．现代铸铁，2012，32（5）：6.

[47] 雷亚等．炼钢学［M］．北京：冶金工业出版社，2010.

[48] 机械工业部农机工业局．浇注工艺学［M］．北京：机械工业出版社，1988.

[49] 杨振恒等．锻造工艺学［M］．西安：西北工业大学出版社，1986.

[50] 机械工业职业技能鉴定指导中心．高级锻造工技术［M］．北京：机械工业出版社，2000.

[51] 张志文．锻造工艺学［M］．北京：机械工业出版社，1983.

[52] 王允禧．锻造与冲压工艺学［M］．北京：冶金工业出版社，1994.

[53] 吕炎．锻造工艺学［M］．北京：机械工业出版社，1995.

[54] 胡亚民．锻造工艺过程及模具设计［M］．北京：中国林业出版社，2006.

[55] 王德拥．谈过热和过烧（上）［J］．机械工人，1986（2）：44－48.

[56] 王德拥．谈过热和过烧（下）［J］．机械工人，1986（3）：48－53.

[57] 辽宁省质量技术监督局特种设备处．超声波检测［M］．沈阳：辽宁大学出版社，2008.

[58] 戚鹰．超声法检测轴类锻件中的白点缺陷［J］．一重技术，2007（1）：3.

[59] 冯斌，陈涛，许广军，等．锻件超声检测缺陷信号特征分析［J］．压力容器，2012，29（10）：4.

[60] 王德全，臧春和．超声波探伤用于锻件白点缺陷的定性研究［J］．柴油机设计与制造，2011，17（1）：2.

[61] 张如华．钢的锻造温度范围［J］．南昌大学学报：工科版，1998（2）：67－73.

［62］王洋，刘团兵．锻造比大小对锻件锻造效果的影响［J］．重工与起重技术，2013（3）：4.

［63］迟春生，宫显宇，唐康．中国锻造行业的发展现状及趋势［J］．金属加工（热加工），2010（23）：3－5.

［64］王德拥，李平．中国锻造的发展历程和近况［J］．河北工业科技，2001（3）：39－42.

［65］王忠诚．钢铁热处理基础［M］．北京：化学工业出版社，2007.

［66］《钢的热处理裂纹和变形》编写组．钢的热处理裂纹和变形［M］．北京：机械工业出版社，1978.

［67］王忠诚．热处理常见缺陷分析与对策［M］．北京：化学工业出版社，2007.

［68］刘宗昌．钢件的淬火开裂及防止方法［M］．北京：冶金工业出版社，2008.

［69］刘天佑．钢材质量检验［M］．北京：冶金工业出版社，2007.

［70］隋晓红，高玉明，谢广群．连铸钢坯宏观检验方法的发展及其标准化［J］．物理测试，2011（S1）：4.

［71］王志道．低倍检验在连铸生产中的应用和图谱［M］．北京：冶金工业出版社，2009.

［72］张阳．金相史学探源与实践［C］．烟台：中国机械工程学会工业炉分会，2011.

［73］黄振东．钢铁金相图谱［M］．北京：中国科技文化出版社，2005.

［74］崔忠圻．金属学与热处理［M］．2版．北京：机械工业出版社，2007.

［75］吴立新，陈方玉．现代扫描电镜的发展及其在材料科学中的应用［J］．武钢技术，2005，43（6）：5.

［76］张栋，钟培道，陶春虎．失效分析［M］．北京：国防工业出版社，2004.

［77］孙盛玉等．热处理裂纹分析图谱［M］．大连：大连出版社，2002.

［78］陈联满，孟江英，陈锐，等．缓慢拉伸法在确认低倍白点中的应用［J］．钢铁，2001，36（7）：50－53.

［79］陈联满．磨辊开裂原因分析［J］．理化检验——物理分册，2003（7）：371－374.

［80］陈昌华．车轮轮箍超声波探伤计算机检测技术［A］．国际机械工程学会联合会．第一届国际机械工程学术会议论文集［C］．国际机械工程学会联合会，2000：1.

［81］陈昌华，汤志贵，陈能进，等．列车车轮缺陷的超声波相控阵分析［J］．物理测试，2012（1）：7.

［82］邹强，钱健清，陈昌华．列车车轮缺陷的超声波C扫描分析［J］．物理测试，2012（2）：5.

［83］桂兴亮，肖峰，陈昌华，等．火车车轮超声检测水浸法与接触法的对比试验［J］．物理测试，2013，31（3）：5.

［84］陈昌华．车轮轮箍密集型缺陷分析［J］．无损探伤，2009（6）：5.

［85］陈昌华．车轮轮箍超声波探伤计算机检测技术［J］．物理测试，2003（1）：4.

［86］李日．铸造工艺仿真ProCAST从入门到精通［M］．北京：中国水利水电出版社，2010.

［87］王芹，袁守谦，邓林涛，等．锻造用钢锭凝固过程温度场数值模拟及其应用［J］．大型铸锻件，2005（1）：10－12.